原 子 物 理

（第二版）

郑乐民 编著

北京大学出版社
PEKING UNIVERSITY PRESS

图书在版编目(CIP)数据

原子物理/郑乐民编著.—2版.—北京:北京大学出版社,2010.01
ISBN 978-7-301-15921-7

Ⅰ.原… Ⅱ.郑… Ⅲ.原子物理学-高等学校-教材 Ⅳ.O562

中国版本图书馆CIP数据核字(2009)第173677号

书　　　名:原子物理(第二版)
著作责任者:郑乐民　编著
责 任 编 辑:王剑飞
标 准 书 号:ISBN 978-7-301-15921-7/O·0801
出 版 发 行:北京大学出版社
地　　　址:北京市海淀区成府路205号　100871
网　　　址:http://www.pup.cn　电子邮箱:zpup@pup.pku.edu.cn
电　　　话:邮购部62752015　发行部62750672　编辑部62752021
出版部62754962
印　刷　者:三河市北燕印装有限公司
经　销　者:新华书店
730毫米×980毫米　16开本　18.5印张　296千字
2000年9月第1版
2010年1月第2版　**2013年4月第2次印刷**
定　　　价:35.00元

内 容 提 要

本书主要含原子物理及分子物理部分.与传统内容相比,重点增加了与“辐射场与原子的共振相互作用”有关的内容.第一章介绍量子力学以前的原子物理学,增加了关于谱线的定量描述及对二能级间跃迁问题的讨论.第二章为量子力学初步,其中重点增加了“量子跃迁”一节,阐明了拉比跃迁,介绍了瞬态光谱现象.第三、四章分别介绍碱金属原子、复杂原子的结构和光谱.第五章讨论磁场中的原子,较深入地介绍了磁共振.第六章讨论辐射场与原子的共振相互作用,给出了经典理论(含量子力学修正),阐明了共振吸收与色散过程.在此基础上,分析了量子放大与振荡(含激光原理),以及微观粒子的陷俘问题,涉及了有关玻色-爱因斯坦凝聚、原子激光等现象.第七章为分子结构与光谱.作为附篇,第八章给出了关于固体物理的一些知识.第九章为原子核物理简介.

除正文外,书中有内容较为广泛的附录,以及思考题和习题,读者从中可以更多地了解原子物理的最新发展,体会到综合运用基础物理知识、联系实际、思索问题和解决问题的乐趣.

本书可作为综合大学理工科的基础物理教材,也可以作为其他高等院校和中学物理教师的教学或自学参考读物.

第 二 版 序

本书在内容更新方面，继续第一版的精神，进一步增加与“原子与辐射场的相互作用”有关的材料. 回顾近十年间，又有三次诺贝尔物理学奖被授予与原子物理研究密切相关的科学家，他们的工作，包含原子的冷却和囚禁、玻色-爱因斯坦凝聚、高分辨激光光谱、光波频率的测量等方面. 一位初学者，如果具有初步的原子与场的相互作用方面的知识，想对这些新的发展有一点浅近的了解，不是不可能的. 基于这种认识，本书在第二章“量子力学初步”中，增加了“量子跃迁”一节，重点在介绍孤立的、自发发射可以忽略的原子与辐射场的相互作用，引进拉比跃迁、能态的制备等知识，然后以简化的方式过渡到气体原子的稳态吸收问题. 我们认为，初学者有了这些知识后，将容易理解不少原子物理的新发展，对以后学习物理也会有所帮助. 当然，这还是一次试验，请识者与读者指正.

有了上述知识，在其后几章中得以增加有关原子、离子的陷俘与操控问题，以及若干新的重要应用.

又为了适应教学的需要，增加了“原子核物理简介”一章，以备选用.

如以本书作为主要教材，则对新增内容的取舍，可根据课程的基本要求来确定.

北京大学信息科学技术学院量子电子学研究所的王义遒、董太乾两教授，长期从事原子、离子的冷却、储存，以及原子频标的研究. 以上关于在原子物理课程方面的改革意见，是我们三人的共识. 书中新增加的部分内容，即来自他们两位及其合作者的工作. 我做的事，就是将新增加的内容“普通物理化”.

新增加的“原子核物理简介”和“量子跃迁”书稿曾请教过王正平教授. 有关核裂变问题曾请教过黄祖洽教授，特在此致谢. 书后附有习题的部分解答，感谢王延辉博士为此付出了辛勤的劳动.

在本书编辑过程中，王剑飞和孙琰两位编辑深入细致的工作，使书稿得到不少的改进，专此致谢.

郑乐民
2009 年 11 月

第一版序*

本书是作为信息与电子科学类专业及应用物理专业基础物理课程的教材而编写的，包含原子物理学和分子物理学部分，亦可作为其他专业基础物理中“原子物理”部分的教学参考书.

本书在内容更新方面，主要是增加了与“场与原子共振相互作用”有关的材料.场与原子共振相互作用本是原子物理学不可分割的一部分，而近几十年来，原子物理学(及与其密切有关的学科)有了很大的发展，其中突出的，如量子放大与振荡(含激光)、磁共振、非线性光学等等，都充分反映了场与原子共振相互作用的丰富内容.编者认为，这些内容，应该成为原子物理课程的有机组成部分，而不仅限于随手举例而已.再者，原子物理学早已走出象牙之塔，日益渗入到各个学科以至技术部门中去，产生了巨大的影响.其中，与信息及电子科学类专业密切有关的，有光通信、纳米电子学、计量技术、医学电子学等等.电子器件向原子尺度方向发展，更是本世纪科技发展的方向之一.传统的以原子结构为中心的课程内容，看来难以充分反映这种状况.因此，本书在重视原子物理学作为近代物理的导引课程这一重要特点的同时，做了将场与原子共振相互作用问题“普通化”的努力.编者认为，应用经典模型，并加上必要的量子力学修正，可以在普通物理框架内，较为系统地介绍有关问题.某些较为深入的理论问题、物理现象或重大应用问题的原理，则放在附录中.

由于本书内容偏多，在进行教学时，可以有所选择.作为最基本的要求，可以选第一至第四章的主要内容进行教学.其次，可增加第五、七两章中若干内容.有关场与原子共振相互作用的材料，虽散见于各章.但集中反映在第六章中，建议学习之.编者以为，不论教师是否系统地讲授，学生能认真地读一遍也是有益的.

大学生需要生动活泼地学习，本书为此提供了一些条件.书中的思考题，内容较为广泛，涉及新的原子物理实验方法，以及多种应用的可能性.

---

* 本书在2000年出版时，是北京大学信息科学技术学院“面向21世纪课程教材”中《基础物理教程》中的一本，该教程有总序一篇，现从略.其中《原子物理》一书的序现仍立于此，作为第一版序.

编者建议,教师不必拘泥于讲授的内容,而可主动向学生介绍正文、思考题、附录中一些感兴趣的问题,而学生更不妨主动地去翻阅.有些思考题可能不好问答,存疑亦可.读者可能会发现,这有利于了解新动态、思考新问题,有助于开动脑筋,增加兴趣,而不致于把原子物理看成是一大堆难以记忆的公式的堆积.

此外,作为附篇,本书列入了“固体物理学的一些知识”一章,含固体结构、晶格振动、固体能带结构、半导体等节,其目的在于使后续课中不设置固体物理学或固体电子学课的时候,在此可以得到一些初步的理论知识.

本教材不含原子核物理及粒子物理部分.如有教学需要,请选用其他教材.

本教材曾先后多次在北京大学电子信息科学与技术专业及微电子学专业试用,经过几次修改.其间,编者曾请教过多位专家教授,并得到了他们的宝贵的意见,特在此致谢.他们是:王国文、叶佩弦、叶朝辉、许祖华、宋增福、李守中、李师群、尚仁成、高政祥、曾谨言、韩汝琦等诸位教授.本丛书主编王楚教授审阅了全稿,并提出了重要的意见.张量博士对全书文字作了修饰,并整理了全部习题,亦在此致谢.

郑乐民

2000 年 5 月

目　　录

第一章　量子力学以前的原子物理学

§1.1　玻尔理论以前的原子物理学

1.1.1　原子结构的模型

以“原子”作为物质组成基本单元，在古代仅是一种假说. 到了 19 世纪，人们对原子已有了相当的了解. 由气体动理论可知，1 mol 原子物质含有的原子数是阿伏伽德罗数 N_A. 因此，由一定量的原子总质量就可以求出每个原子的质量. 最轻的原子——氢原子的质量约为 1.67×10^{-27} kg. 原子的大小也可以从气体动理论估计出来，其半径是 0.1 nm 量级. 1869 年，门捷列夫(D. L. Mendeleev)发现元素周期律，它系统地总结了元素的物理、化学性质，对于人们认识原子有极其重要的意义.

以上所说，都属于原子的外部特性. 更深一个层次的问题是：它为什么会有这样一些性质？原子的内部结构是怎样的？

在 19 世纪中，从溶液导电(电解)和气体放电现象中，人们得知原子可以带有正或负电荷而形成离子. 对于“电”的本质的认知延续了相当长的时间. 到了 19 世纪末、20 世纪初，两个著名的实验确认了电子的存在，由实验结果得知电子的一些基本性质. 第一个是 1897 年汤姆孙(J. J. Thomson)阴极射线实验. 他指出，阴极射线就是电子流，实验测量出了电子的荷质比 e/m. 第二个是 1910 年的密立根(R. A. Millikan)油滴实验. 由实验求得电子电荷的值 $e\approx1.6\times10^{-19}$ C，再由 e/m 之值求得电子质量 $m\approx9.11\times10^{-31}$ kg.

由此可以推断，原子中包含有电子成分. 由于电子的质量仅是原子质量的 $10^{-5}\sim10^{-3}$，且带负电荷，所以中性原子中存在着质量占原子的极大部分、且带有等量正电荷的成分. 中性原子如失去电子，即成正离子；如获得额外电子，即成负离子.

现在，核心问题就是：带正电荷的成分究竟是什么？两种成分是如何结合成原子的？

汤姆孙曾提出过一个模型. 他设想带正电荷部分是一个原子那样大的球体，正电荷均匀分布于球体中，而电子则嵌在其中. 这个模型为后来的实验事实所否定.

1911 年,卢瑟福(E. Rutherford)提出了原子结构的核式模型.通过对 α 粒子被原子散射的实验结果的分析,他认为,一个原子序数为 Z 的原子,它的带正电荷 Ze 的部分,集中于半径小于 10^{-14} m 的原子核内.原子核的质量占原子质量的绝大部分,而其半径仅为原子半径的 10^{-4} 量级.Z 个电子则分布于核外,以库仑力与核相联系,并绕核运动,如同行星绕太阳转动似的.用这个模型来计算 α 粒子被原子散射的结果,理论与实验完全一致.

下面我们定性地分析一下两种模型中 α 粒子被原子散射后运动方向改变的情况.α 粒子是带两个电量 e 的正电荷的氦原子核,当它与原子碰撞时,原子中的电子,由于质量仅为 α 粒子的 1/8000 左右,对 α 粒子的运动方向的影响可以忽略不计.原子中带正电部分的作用,对两种模型是很不相同的.图 1.1(a)是汤姆孙模型,正电荷分布在半径 $R\approx10^{-10}$ m 的球体内;图 1.1(b)是卢瑟福模型,正电荷分布在半径 $R\approx10^{-14}$ m 的核内.两者质量完全相同.当 α 粒子接近原子时,如距原子中心的距离 $r\geqslant R$,则它受到的原子中正电荷的斥力,对两种模型而言是相同的.但当 $r<R$ 时,情况完全不同.在图 1.1(a)中,α 粒子受力随 r 的减小而线性地趋于零,原子很容易穿越这种原子.总起来讲,α 粒子被原子散射而偏转的角度总是非常小的.在图 1.1(b)中则不然,α 粒子受力随 r 的减小,按二次方反比规律急剧增大.α 粒子的偏转角可能很大,而当"对头"碰撞时,α 粒子可能折回(偏转 180°),这在图 1.1(a)中根本不可能出现.理论计算表明,α 粒子偏转角在 $\theta\sim\theta+\mathrm{d}\theta$ 范围内的概率正比于 $\cot^4(\theta/2)$,实验结果与此相符.在实验中,曾观察到粒子折回($\theta\approx180°$)的概率达 10^{-4} 量级.简言之,核式模型得到了实验的有力支持.

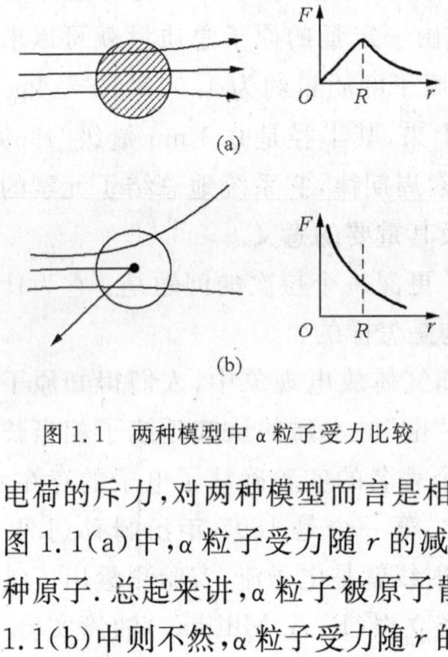

图 1.1　两种模型中 α 粒子受力比较

但是,从经典理论看,原子的核式模型有内在的不可克服的矛盾.由电学得知,具有加速度的带电粒子将发射电磁波.电子绕原子核转动时,具有加速度,由于发射电磁波而不断损失能量,转动的轨道半径将越来越小,最后落入核内,从而使正负电荷中和,原子崩溃.理论估算表明,这个时间极短,仅约 10^{-9} s 量级.这就是说,根本不可能出现稳定的原子,而这与众所周知的事实不符.

1.1.2　原子光谱的一些经验规律

本小节将从另一方面提出问题. 我们知道,原子太小,其内部结构无法直接观察. 只有利用外部手段影响原子,并观察其反应,通过对实验结果的分析来推断原子结构. 卢瑟福用 α 粒子撞击原子,这属于"碰撞"的实验方法. 原子物理学中另一大类实验方法就是光谱方法. 由于原子发射或吸收特定波长的电磁波这一行为,必定与原子内部的运动过程相联系,应该能从光谱的规律性中得到有关原子内部结构的信息. 在玻尔理论提出以前,人们已经发现了原子光谱的许多经验规律,但当时的理论都无法解释光谱实验结果. 下面举两个例子.

1. 氢原子光谱　氢原子谱线相对地比较简单,只有不多的谱线,它们的频率(波长)分布初看起来似乎杂乱无章. 巴耳末(J. T. Balmer)经过仔细分析,发现可见光部分四条谱线(H_α: 656.21 nm; H_β: 480.7 nm; H_γ: 434.01 nm; H_δ: 410.12 nm)的波数 σ①满足下列关系:

$$\sigma = A\left(\frac{1}{2^2} - \frac{1}{n^2}\right), \quad n = 3,4,5,6 \tag{1.1.1}$$

此式叫巴耳末公式,式中 A 是一个常数. 接着,里德伯(R. J. Rydberg)得出对氢原子光谱普遍适用的公式:

$$\sigma = R_H\left(\frac{1}{m^2} - \frac{1}{n^2}\right), \quad n = m+1, m+2, \cdots \tag{1.1.2}$$

对某一正整数 m 值,n 取大于 m 的各值,形成线系. $m=2$ 时即为巴耳末线系. 式中 R_H 称为氢的里德伯常数:

$$R_H = 1.09677 \times 10^7\ \text{m}^{-1} \tag{1.1.3}$$

可以看出,式(1.1.1)或(1.1.2)是一个非常简洁的数学关系,它必然反映了氢原子结构中的某种物理本质. 这究竟是什么关系? 当时难以设想. 按照经典理论,原子或其他物体发射或吸收光谱,是由于电偶极矩的振动. 原子的电偶极矩,如果做简谐振动,且振动的固定频率为 $\nu_1, \nu_2, \cdots$,就会发射频率为 $\nu_1, \nu_2, \cdots$ 的谱线;如果做非简谐振动,则对应于每一固有振动 ν_i 就会发射基频与倍频系列的谱线 $\nu_i, 2\nu_i, 3\nu_i, \cdots$. 式(1.1.2)当然不反映倍频系列. 人们也无法解释,氢原子的固有振动频率为什么会按这样的数

① 光谱学中,常使用波数这一物理量,记做 σ: $\sigma = 1/\lambda = v/c$,式中 λ 是真空中波长. 波数的单位是 m^{-1}.

学规律分布.

1908 年,里兹(W. Ritz)进一步将上述规律普遍化.他发现,各种原子光谱谱线的波数均可以用下式表示:

$$\sigma_{mn} = T_m - T_n \tag{1.1.4}$$

式中 m, n 为正整数,T 称做光谱项,简称谱项.原子中存在一系列不连续的光谱项,而谱线的波数就由两个项值之差决定.这就是里兹组合原理,它给后来的研究者以启示,引导人们思考,原子中可能具有一种不连续的能量状态.

2. X 射线谱 自从 1895 年伦琴(W. C. Röntgen)发现 X 射线后,原子 X 射线谱的研究迅速发展.原子发射具有元素特征的线状谱,称作原子的 X 射线标识谱(参看 §4.4).不同元素的标识谱结构相似,都由 K, L, M, …等线系组成.莫塞莱(H. G. Moseley)发现,不同元素对应的谱线频率之间,存在着简单的规律.例如,K_α 线的频率,满足关系

$$\nu \approx 2.48 \times 10^{15} (Z-1)^2 \ \mathrm{Hz} \tag{1.1.5}$$

式中 Z 是原子序数.这叫莫塞莱定律.经典理论不能解释这种简单的规律.

1.1.3 普朗克的量子假说

上面所述在解释原子结构方面所遇到的困难,实际上是 19 世纪末、20 世纪初整个物理学所遇到的困难的一部分.下面大致回顾一下这种情况.

到 19 世纪末,经典物理学已在各个方面取得显著成绩.人们普遍认为,物理学的主要规律均已被发现,以后需要从事的仅是细节问题的研究.有人甚至认为:"未来的物理学真理将不得不在小数点后第六位去寻找".然而,事物的发展并非如此.除了经典物理学体系本身存在的问题外,许多新的实验事实都在动摇经典物理学的基本概念.例如,关于以太的实验、关于放射性的发现、关于黑体辐射的实验等,于是就出现了"物理学危机"的呼声.这正反映了物理学需要突破经典概念的束缚.

第一个突破是 1900 年普朗克(M. Planck)在研究黑体辐射问题时提出的量子假说.黑体辐射是一种热辐射.任何物体在一定的温度下,都能发射电磁波,称为热辐射.一般物体热辐射的特性是很复杂的,只有黑体的热辐射才可以作严格的理论计算.所谓黑体,是能全部吸收投射于其上的电磁辐射而没有丝毫反射的物体.天然的、理想的黑体是很难寻找的,

但人们可以制造出黑体来. 如图 1.2 所示，一个较大的空腔，在腔壁上有一小孔 A. 若有一束电磁辐射经开口 A 射入腔内，它将在腔壁上作多次反射. 由于每次反射时总有部分辐射被腔壁吸收，所以入射的电磁辐射经 A 再次逸出腔外的可能性是极小的. 这样，开口 A 就可以看做一个近似理想的黑体.

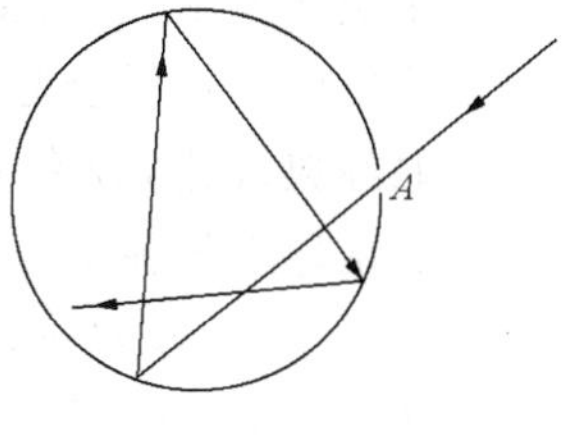

图 1.2　黑体

由于黑体易于制造，研究它的辐射特性，就具有重要意义. 实验时，将腔体均匀加热到某一温度，用光谱仪器测量从开口 A(黑体)辐射出的电磁波的频谱和强度. 由于腔的温度稳定，腔内电磁辐射的能量密度 ρ 也稳定，所以由 A 辐射出的电磁波的频谱与腔内电磁波的频谱相同. 由辐射的强度可以求出腔内能量密度.

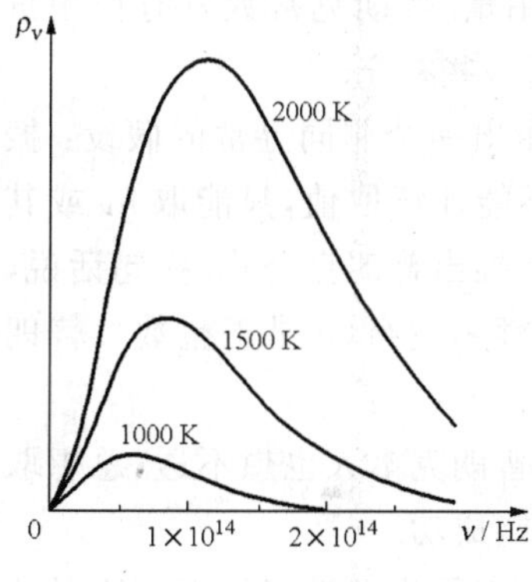

图 1.3　黑体辐射

实验结果如图 1.3 所示. 图中横坐标是频率 ν，纵坐标是单位频率间隔中的能量密度 ρ_ν①，它亦称能量频谱密度，ρ_ν 与 ρ 的关系是

$$\rho = \int_0^\infty \rho_\nu \mathrm{d}\nu \qquad (1.1.6)$$

ρ 就是曲线下覆盖的面积. 由图可见黑体辐射有两个主要特点：(1) 辐射具有连续谱，且随着温度的提高，频谱的主要部分向高频方向移动；(2) 能量密度(即曲线下面积，也正比于辐射强度)随温度的升高而急剧增大.

黑体辐射现象可以在理论上进行严格的分析. 在分析中，应该考虑到，腔壁与腔中电磁辐射处于热平衡状态. 它的物理实质如下：腔壁可以认为是由大量作简谐振动的电偶极矩(简称谐振子)组成，振动的固有频率可以从零到无限大连续分布. 谐振子通过发射与吸收电磁波，与腔中辐

① ρ_ν 与 ρ 是两个不同量纲的物理量，ρ 的单位是 $\mathrm{J\cdot m^{-3}}$，而 ρ_ν 的单位是 $\mathrm{J\cdot s\cdot m^{-3}}$. 又，$\rho_\lambda$ 是单位波长间隔中的能量密度，单位是 $\mathrm{J\cdot m^{-4}}$. 人们经常也用 ρ_ω 表示单位圆频率间隔中的能量密度. 因为

$$\int_0^\infty \rho_\nu \mathrm{d}\nu = \int_0^\infty \rho_\omega \mathrm{d}\omega = \int_0^\infty \rho_\omega \cdot 2\pi \mathrm{d}\nu$$

故有 $\rho_\nu = 2\pi\rho_\omega$. 由于有时作者说的频率实际上就是圆频率，所以读者要注意符号写法.

射场不断交换能量.当温度一定时,该能量交换过程达到平衡状态,由此可以推算出腔中辐射场能量密度.

按照经典理论,频率为 ν 的谐振子,其能量是可以连续取值的.根据这个观点推导出的关于 $\rho_\nu(\nu)$ 的理论公式,却无法圆满地解释全部实验曲线.这成为经典物理的一大失败之处.

1900 年,普朗克利用拟合的方法,发现下列公式能正确表示实验结果:

$$\rho_\nu = \frac{8\pi h\nu^3}{c^3}\cdot\frac{1}{\exp(h\nu/k_B T)-1} \tag{1.1.7}$$

式中 k_B 是玻尔兹曼常数,h 是一个新的常数,后被称做普朗克常数:

$$h = 6.626\times 10^{-34}\ \mathrm{J\cdot s} \tag{1.1.8}$$

式(1.1.7)称做普朗克公式.h 的量纲是 ET,即能量乘以时间.一个过程的能量与作用时间的乘积在力学上称为作用量.普朗克常数具有作用量的量纲.本章附录 A 还对黑体辐射问题作了一些补充.

为了寻找理论根据,普朗克发现,必须作出一个非同寻常的假设:振动频率为 ν 的谐振子所吸收或发射的能量不能连续取值,只能取 $h\nu$ 或其整数倍的数值.有了这个假设,就能从理论上推出普朗克公式.换句话说,腔壁与电磁场交换能量时,只能按 $nh\nu$ 的份额来进行(n 是正整数).普朗克把 $h\nu$ 称作能量子.

这个假设是如此之"离经叛道",以至于普朗克本人也想不透,总想取消这个假设而仍能推出普朗克公式,但终未能成功.

普朗克的量子假说,具有划时代的意义,它是物理学家认识事物时从连续的世界向不连续的世界过渡的第一次突破.

随后是 1905 年爱因斯坦(A. Einstein)为解释光电效应而提出的光量子(光子)理论.该内容已为读者所熟知,不再详述.

§1.2　玻尔理论

玻尔(N. Bohr)于 1913 年提出了他的氢原子结构理论.里兹组合原理、普朗克的量子假说、卢瑟福的核式模型和爱因斯坦的光量子理论为这一新理论的产生创造了条件.

1.2.1　玻尔理论要点

玻尔理论的要点有三:(1) 应用核式模型,但突破经典物理学的限制，假定电子沿圆轨道绕核运动时，不辐射能量，而是处于稳定状态（定态）.(2) 定态的条件是，电子绕核运动的轨道角动量 L 必须满足量子化条件[①]，第 n 个轨道角动量值为

$$L_n = n\hbar = n\frac{h}{2\pi}, \quad n = 1,2,3,\cdots \tag{1.2.1}$$

式中 n 叫主量子数.(3) 电子从能量较高的定态跃迁到能量较低的定态时，将放出一个光子，光子的能量等于两定态能量之差. 设两定态的能量分别是 E_1 和 $E_2(E_2>E_1)$，则有

$$E_2 - E_1 = h\nu \tag{1.2.2}$$

上式一般称为玻尔频率关系. 反之，电子从 E_1 态吸收一个能量为 $h\nu$ 的光子，可以跃迁到 E_2 态.

下面进行具体的计算. 设氢原子核的质量为 M，带电荷 $+e$；电子质量为 m，带电荷 $-e$. 氢原子问题是一个两体问题，由力学得知，它相当于一个折合质量为 $\mu\left(\frac{1}{\mu}=\frac{1}{M}+\frac{1}{m}\right)$ 的电子绕静止的原子核运动的体系. 如图 1.4，电子受核的吸引力为库仑力 F：

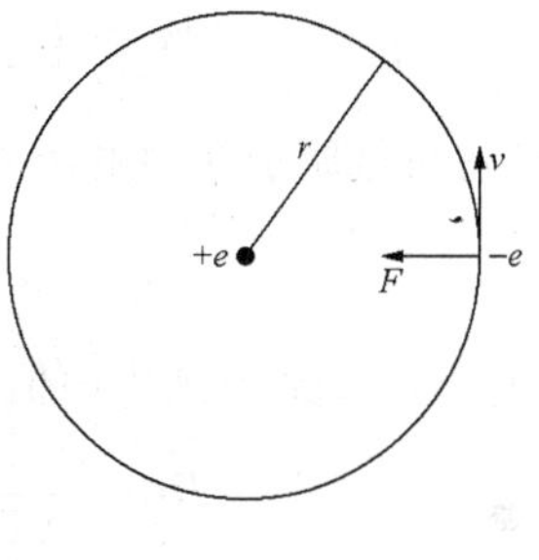

图 1.4 氢原子中电子受力图

$$F = \frac{1}{4\pi\varepsilon_0}\cdot\frac{e^2}{r^2}$$

式中 r 为电子到核的距离，即电子轨道半径. F 使电子获得向心加速度 v^2/r，式中 v 是电子作匀速圆周运动时的速率. 由 $F=\mu v^2/r$ 得

$$\frac{1}{4\pi\varepsilon_0}\cdot\frac{e^2}{r^2} = \frac{\mu v^2}{r} \tag{1.2.3}$$

电子的总能量 E 等于它的动能 $\frac{1}{2}\mu v^2$ 与其势能 $-\frac{e^2}{4\pi\varepsilon_0 r}$ 之和，即

$$E = \frac{1}{2}\mu v^2 - \frac{e^2}{4\pi\varepsilon_0 r}$$

应用式(1.2.3)，可得

$$E = -\frac{e^2}{8\pi\varepsilon_0 r} \tag{1.2.4}$$

能量反比于轨道半径，但受量子化条件的限制，电子轨道的半径不能取任意值. 由式(1.2.1)，$L_n=\mu vr=n\hbar$. 将此式与式(1.2.3)联立，可解出

① 从历史上看，玻尔是从对应原理推出这个条件的，参看§1.4. 这里把它看作普遍的量子化条件的一部分，更为直接.

$$r_n = \frac{4\pi\varepsilon_0 n^2 \hbar^2}{\mu e^2} = n^2 a_1, \quad n = 1,2,3,\cdots \tag{1.2.5}$$

式中

$$a_1 = r_1 = \frac{4\pi\varepsilon_0 \hbar^2}{\mu e^2} \tag{1.2.6}$$

是 $n=1$ 时的轨道半径，又叫第一玻尔半径. 式(1.2.5)表示了轨道的量子化，最小的轨道半径为 a_1，第 n 个轨道的半径为 a_1 的 n^2 倍.

将式(1.2.5)代入式(1.2.4)，得到电子处在第 n 轨道的能量值

$$E_n = -\frac{\mu e^4}{2(4\pi\varepsilon_0)^2 \hbar^2} \cdot \frac{1}{n^2} \tag{1.2.7}$$

即电子的总能量也是量子化的.

当电子从 n_2 轨道(也称 n_2 态)跃迁到 n_1 轨道(也称 n_1 态，$n_2 > n_1$)时，将放出频率为 ν 的光子. 由玻尔频率关系(1.2.2)，

$$h\nu = E_{n_2} - E_{n_1} = \frac{\mu e^4}{2(4\pi\varepsilon_0)^2 \hbar^2}\left(\frac{1}{n_1^2} - \frac{1}{n_2^2}\right)$$

将它与氢原子光谱的经验公式(1.1.2)

$$\nu = \sigma \cdot c = R_{\mathrm{H}} c\left(\frac{1}{m^2} - \frac{1}{n^2}\right)$$

相比较，立刻得到里德伯常数的理论表达式

$$R_{\mathrm{H}} = \frac{1}{(4\pi\varepsilon_0)^2} \cdot \frac{\mu e^4}{4\pi \hbar^3 c} = \frac{1}{4\pi\varepsilon_0} \cdot \frac{1}{hc} \cdot \frac{e^2}{2a_1} \tag{1.2.8}$$

上式中等式右边包含的都是一些已知常数，将常数值代入后求得

$$R_{\mathrm{H}} = 1.09677 \times 10^7 \ \mathrm{m}^{-1} \tag{1.2.9}$$

与实验值完全一致. 应用式(1.2.8)，能量表达式(1.2.7)可简写为

$$E_n = -R_{\mathrm{H}} hc \frac{1}{n^2} \tag{1.2.10}$$

由式(1.2.6)求得玻尔第一半径 a_1 的理论值为

$$a_1 = 0.529 \times 10^{-10} \ \mathrm{m} \tag{1.2.11}$$

这是一个表征原子尺度的重要数值.

从以上讨论可以看出，玻尔理论的突出结论是原子结构的不连续性(量子化)，而量子数则是表征这种不连续性的一个特征数值. 在量子理论中，量子数总是与某些守恒的物理量相联系的. 在玻尔理论中，主量子数反映了氢原子中轨道角动量、轨道半径和系统总能量的守恒性. 在以后的讨论中，我们将发现，主量子数仅反映总能量的不连续性和守恒性.

玻尔理论给予里兹原理一个非常清晰的物理解释，而谱项就是一个

正比于能级能量的值.

1.2.2 氢原子能级及光谱

由式(1.2.5)和(1.2.10)可以作出氢原子的电子轨道图及能级图,见图 1.5 和图 1.6.

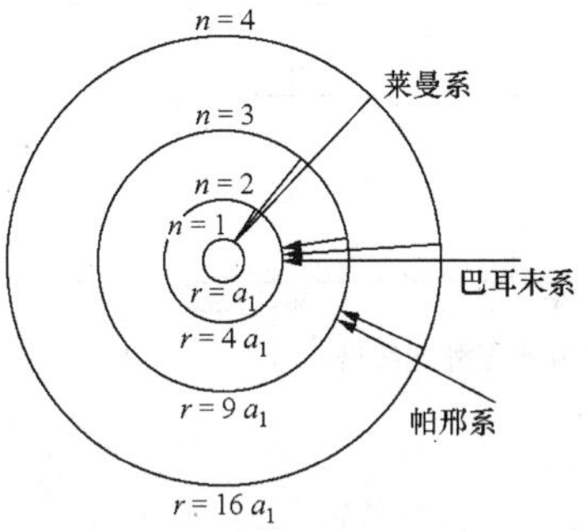

图 1.5 氢原子中电子轨道

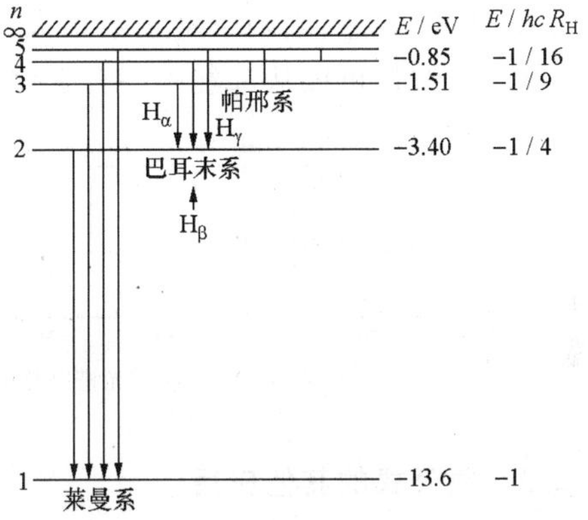

图 1.6 氢原子能级

在图 1.6 中,纵坐标是能量. 按式(1.2.10),最低态(基态,$n=1$)的能量是 $E_1=-R_{\mathrm{H}}hc=-2.18\times10^{-18}$ J. 但在原子结构问题中,一般不取焦耳为能量的单位. 通常有几种选择: 一种是取电子伏(eV)为能量单位;还有一种是取 E/h 的值(频率,单位为 Hz,MHz,GHz,…)或 E/hc 的值(波数,单位为 m^{-1},cm^{-1},…)来表示能量,而且在这样做的时候常常不加说明. 例如,氢原子的基态能量为-13.6 eV,人们也可以说是-3.29×10^3 THz 或是$-1.097\times10^7\ \mathrm{m}^{-1}$. 用前者便于获得跃迁频率,而用后者便于获得跃迁波长. 有关能量各种表示法的折算关系见书末附表三,请读者学会使用.

$n\geqslant2$ 的各态(能级)是激发态(能级),$n=\infty(E=0)$的能级又称为电离限. 一般规定,在电离限时,原子(核及电离了的电子)体系的总能量等于零. 氢原子在基态时,至少需要获得 13.6 eV 的能量,才能使电子电离. 13.6 eV 就是氢原子的电离能. 使电子由基态到达激发态所需的能量称为激发能. 在图 1.6 中电离限上面画斜线的区域是连续能级区域. 在该区域,原子体系的总能量是正值,电子处在双曲线轨道上,携带着一定能量飞向远方. 这个能量的取值是连续的. 由连续能级向分立能级(或反之)的跃迁产生连续光谱.

氢原子部分谱线所对应的能级跃迁也在图 1.5 和图 1.6 中标出. 莱

曼(T. Lyman)系是从 $n=2,3,\cdots$ 跃迁到基态 $n=1$ 的谱线，波长在真空紫外区域. 巴耳末系($n=3,4,5,\cdots\rightarrow n=2$)位于可见区，最易观察. 图 1.7 给出巴耳末系各谱线及其连续谱区图. 从长波算起，头三条线是 H_α，H_β，H_γ，以 H_α(656.2 nm)线为最强，氢放电时所呈现的红色即由此线产生. 线系的极限位于 $\sigma=\frac{1}{4}R_H=2.7419\times10^6\ m^{-1}$，$\lambda=364.7\ nm$ 处. 其他线系位于红外区. 注意，当两个量子数很大的能级间发生跃迁时，光子的频率可以很低，波长可以从远红外一直延伸到无线电波区域.

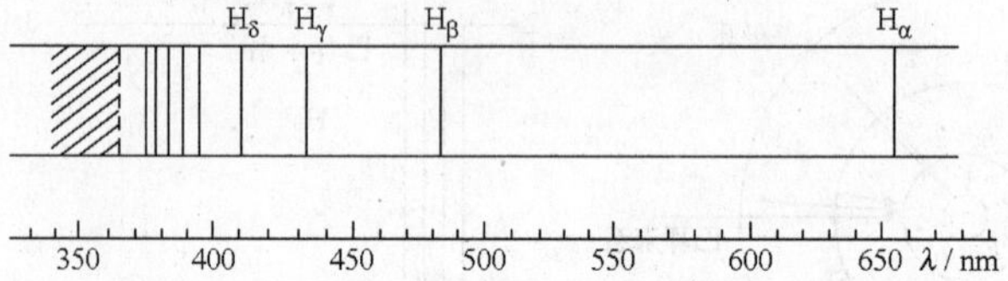

图 1.7 氢原子光谱巴耳末系和系限外连续谱

1.2.3 氢公式的其他应用

1. 氢光谱的同位素移位 由式(1.2.8)得知，氢原子的里德伯常数是与折合质量成正比的. 氢的同位素氘(D)和氚(T)，除折合质量比氢略大以外，其他均相同，所以 D 和 T 的能级比 H 的相应能级略低. 因此，它们的谱线频率均有微小变化，这叫谱线的同位素移位. 作为练习，读者试求：$n=2\rightarrow n=1$ 谱线的同位素移位 $\sigma_D-\sigma_H=22\ cm^{-1}$.

顺带指出，折合质量对里德伯常数的影响不是很大. 核质量为无穷大时的里德伯常数值

$$R_\infty = 1.09737\times10^7\ m^{-1} \tag{1.2.12}$$

R_H 比 R_∞ 小万分之五，其他原子的里德伯常数与 R_∞ 的差别更小. 当不考虑同位素移位，对能级能量的计算精度要求不高时，可取 R_∞(简写做 R)作为里德伯常数的通用值.

2. 类氢离子光谱 所谓类氢离子，是指核电荷数 $Z>1$，而核外只有一个电子的离子，如 He^+，Li^{++}，Be^{3+} 等等. 在光谱学中，把中性的 H、一次电离的 He^+、二次电离的 Li^{++} 等等分别记作 HⅠ，HeⅡ，LiⅢ…. 这一个系列叫做氢原子的等电子序列. 类氢离子的能级显然也可以从玻尔理论求出. 不同的是，电子所受的库仑力不是 $\frac{1}{4\pi\varepsilon_0}\cdot\frac{e^2}{r^2}$ 而是 $\frac{1}{4\pi\varepsilon_0}\cdot\frac{Ze^2}{r^2}$. 只要把氢公式中的 e^2 置换成 Ze^2，有关公式即可使用. 参考式(1.2.5)及(1.2.7)，有

$$r_n = \frac{n^2}{Z} a_1 \tag{1.2.13}$$

$$E_n = -Rhc\frac{Z^2}{n^2} \tag{1.2.14}$$

在式(1.2.14)中已忽略里德伯常数的微小差异. 由以上两式可知：(1) 随着原子序数 Z 的加大，电子轨道半径按反比例缩小. 这反映了核的吸引力把电子束缚得更紧. (2) 能级结构形式与氢相同，但 $E_n \propto Z^2/n^2$，随着 Z 的加大，相应谱线频率亦按 Z^2 的比例加大. 例如，同是 H_α 线，对 Ne Ⅹ (Ne^{9+}) 而言，波长已缩小 100 倍，为 6.56 nm，进入 X 射线区. 利用重或较重原子高次电离的离子能级间的跃迁，可以产生 X 射线，这是产生 X 射线谱的重要方法之一，近来在 X 射线激光研究中得到应用.

3. 对莫塞莱定律的解释 在§1.1 中曾指出，莫塞莱发现，在与不同元素相对应的特征 X 射线谱线的频率之间，存在着简单的关系. 如 K_α 线，有

$$\nu \approx 2.48 \times 10^{15}(Z-1)^2\,\mathrm{Hz}$$

起先无法对这一经验规律作出物理解释. 玻尔理论发表后，莫塞莱受到启发，很快提出一个解释. 他发现上述规律可以写成如下形式：

$$\nu \approx Rc(1-1/4)(Z-1)^2 \approx RcZ^2(1-1/4) \tag{1.2.15}$$

设一个重原子，核电荷为 Ze，$n=1$ 层有一个电子. 当人们用高速电子轰击此原子时，如果将 $n=1$ 的电子击出了原子，就在此层留下一个空穴；随后 $n=2$ 层上的一个电子将跃入 $n=1$ 层. 则按玻尔理论，由此发出的光子频率恰好就是

$$\nu = RcZ^2(1-1/4).$$

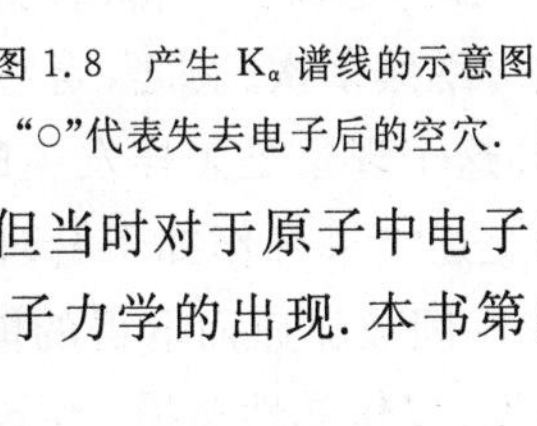

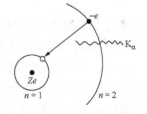

图 1.8 产生 K_α 谱线的示意图
"○"代表失去电子后的空穴.

莫塞莱关于 X 射线是由原子中内层电子跃迁所产生的解释，定性地是正确的. 但当时对于原子中电子的壳层结构还没有了解清楚，确切的理论，有待量子力学的出现. 本书第四章中有关于 X 射线更多的介绍.

莫塞莱定律提供了一个测定元素的原子序数的方法.

§1.3 弗兰克-赫兹实验

玻尔关于原子具有分立能级的理论，与光谱实验结果是一致的，但它

也可以用“碰撞”的实验方法直接验证.在玻尔理论发表后的第二年,弗兰克(J. Franck)和赫兹(E. Hertz)就进行了下述实验.如图1.9,一个真空管中装有阴极K、阳极A和栅极G.把管子抽空后充以适量待测的气体.栅极G对阴极K有正电压,使电子加速.阳极A对G有0.5 V的反向电压.电子从热阴极K发出后,在K与G之间被加速,到达G时,如能量大于0.5 eV,就可以克服G-A间反向电场的作用,而到达阳极A,形成阳极电流.如电子在到达G时能量小于0.5 eV,就不能到达阳极.

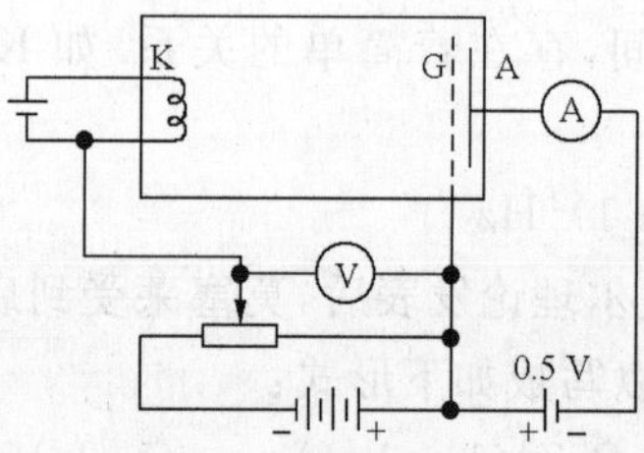

图1.9　弗兰克-赫兹实验

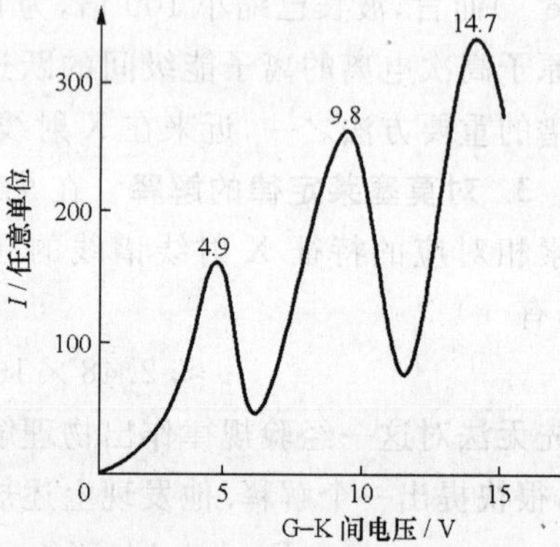

图1.10　弗兰克-赫兹实验曲线

最初进行研究的是汞蒸气.实验时,逐渐增加G-K间电压,观察电流计中显示的阳极电流值,结果得到如图1.10所示的曲线.图中显示当G-K间电压①由零逐渐增加时,阳极电流(I)起初上升,当电压达到4.9 V时,电流突然下降,不久又上升,到9.8 V时,电流又下降,然后再上升,到14.7 V时,电流又下降.注意,三个电流突然下降的电压相差都是4.9 V,如此可继续多次.总之,当G-K间电压在4.9 V的倍数时,电流就会突然下降.这个现象是怎样发生的呢?

上述结果可作如下合理的解释:当G-K间电压低于4.9 V时,电子在G-K间被加速而取得的能量小于4.9 eV,在与汞原子碰撞时不足以使其激发,仅作弹性碰撞.当K-G间电压达到4.9 V时,电子在G-K间开始能通过非弹性碰撞,释放自己的全部能量给予汞原子,使汞原子达到它的第一个激发态.而电子由于失去能量,到达不了阳极,所以阳极电流下降,等到G-K间电压超过4.9 V较多时,电流又开始上升.当G-K间电压达

① 考虑到电流环路中存在接触电势差,此电压是指电压表读数的修正值.

到 2×4.9 V 时，电子在 G-K 间有可能经过两次非弹性碰撞而失去全部能量，因而又造成电流下降，以此类推. 简言之，实验表明，汞原子由基态到第一个激发态的能量差是 4.9 eV.

我们可以推想，用相近的方法，可以测出原子更高激发态的能量，直至原子的电离能.

弗兰克-赫兹实验具有代表性. 原子的内部结构必须通过原子与外部物质的相互作用才能表现出来. 在原子物理学中，有两大类实验方法：其一，通过原子与辐射场的相互作用来实现，这主要是指光谱方法. 其二，通过原子与其他实物粒子(如电子等)碰撞时的相互作用来实现，这就是碰撞的方法. 后一种方法偏于纯基础性的研究，本书介绍很少.

§1.4　玻尔理论的推广和意义

1.4.1　玻尔理论的推广

在玻尔理论中，电子沿圆轨道运动，有一个量子化条件和一个相应的量子数 n. 索末菲(A. Sommerfeld)将理论推广到椭圆轨道，即电子在一个平面上作椭圆运动，是二自由度的运动. 索末菲提出应该有两个量子化条件：如图 1.11，用极坐标 r,φ 表示轨道上的位置，与 r 对应的有动量 p_r，$p_r=m\dot{r}$；与 φ 对应的有角动量 p_φ，$p_\varphi=m|\boldsymbol{r}\times\boldsymbol{v}|=mr^2\dot{\varphi}$，索末菲提出的两个量子化条件是①

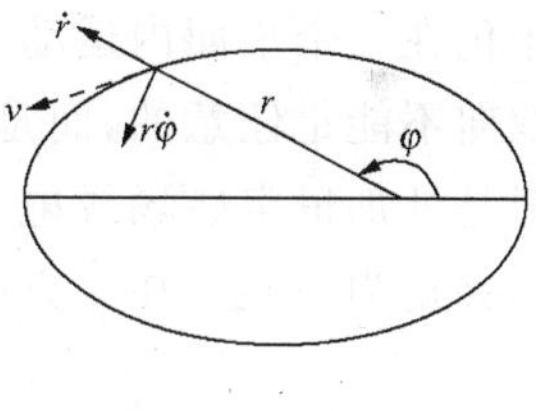

图 1.11　椭圆轨道

$$\oint p_r \mathrm{d}r = n_r h, \quad n_r = 0,1,\cdots \quad (1.4.1)$$

$$\oint p_\varphi \mathrm{d}\varphi = n_\varphi h, \quad n_\varphi = 1,2,\cdots \quad (1.4.2)$$

式中符号 $\oint$ 表示绕轨道一周的积分，n_r 和 n_φ 都是整数，分别称为径量子数和角量子数，而 $n=n_r+n_\varphi$ 是主量子数. 经过计算，得到如下的结果.

体系的总能量仍如式(1.2.10)所示：

$$E_n = -R_\mathrm{H} hc\,\frac{1}{n^2}$$

① 在理论力学中，r 和 φ 都属于广义坐标 q；p_r 和 p_φ 都属于广义动量 p，量子化条件可以写成更普遍的形式 $\oint p\mathrm{d}q=mh,\ m=1,2,3,\cdots$.

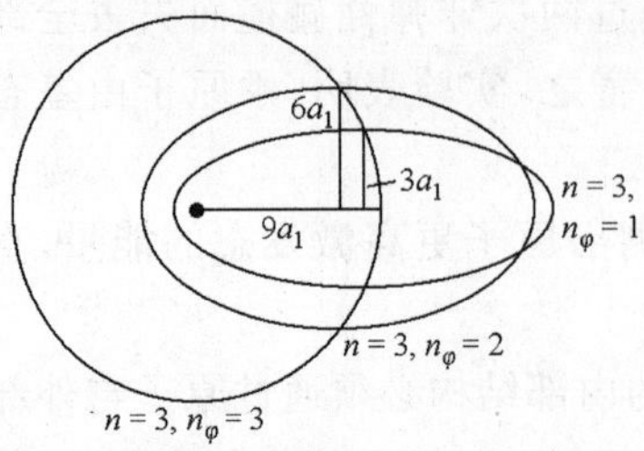

图 1.12　椭圆轨道($n=3$)

对应于每一个 n 值，n_φ 可取 $n, n-1, \cdots, 1$ 等 n 个不同的值. 不同的 n_φ 对应的轨道形状不同. 图 1.12 给出了 $n=3$ 时三个不同的轨道. n_φ 的不同表示轨道角动量的差异. 其中 $n_\varphi=n$ 时是圆轨道，这时，量子化条件

$$\oint p_\varphi \mathrm{d}\varphi = \int_0^{2\pi} mr^2\omega \mathrm{d}\varphi = \int_0^{2\pi} L\mathrm{d}\varphi = n_\varphi h$$

或

$$L = n\hbar$$

即是玻尔给出的条件. 量子数 n_r 一般不常用.

凡 E_n 相同而运动状态不同的态称做简并态，每一 E_n 包含的状态数称做简并度. 按玻尔理论，氢原子 E_n 态的简并度是 n. 但后来索末菲发现，在氢原子中需要考虑由于相对论效应而必须加上能量修正. 不同的 n_φ，此修正也不同，故 n 能级的简并应解除. 经索末菲补充后的理论称为玻尔-索末菲理论.

下面进一步考虑电子在三维空间中的运动. 原子作为一个孤立体系，其角动量是守恒的. 令原子的角动量为 $\boldsymbol{l}$，$|\boldsymbol{l}|=n_\varphi\hbar$，因 $\boldsymbol{l}$ 的方向守恒，电子仍在一个平面内运动，但此平面的取向守恒. 进一步研究认为，$\boldsymbol{l}$ 的空间取向不能是任意的，而是量子化的(空间量子化). 设有一个参考方向(一般是外加恒定磁场或电场的方向)，定为 z 向，并且设角动量 $\boldsymbol{l}$ 与 z 方向的夹角为 θ，则 $\boldsymbol{l}$ 在 z 方向上的投影

$$l_z = n_\varphi \hbar \cos\theta$$

是量子化的，量子化条件为

$$l_z = m\hbar \quad (m = n_\varphi, n_\varphi - 1, \cdots, -n_\varphi) \tag{1.4.3}$$

对应于每一个 n_φ 值，$\boldsymbol{l}$ 有 $2n_\varphi+1$ 个不同的空间取向角 θ. m 称做磁量子数①，它表征轨道角动量的 z 分量 l_z 的不连续性和守恒性质. 图 1.13 给出了 $n=3$ 时空间量子化示意图.

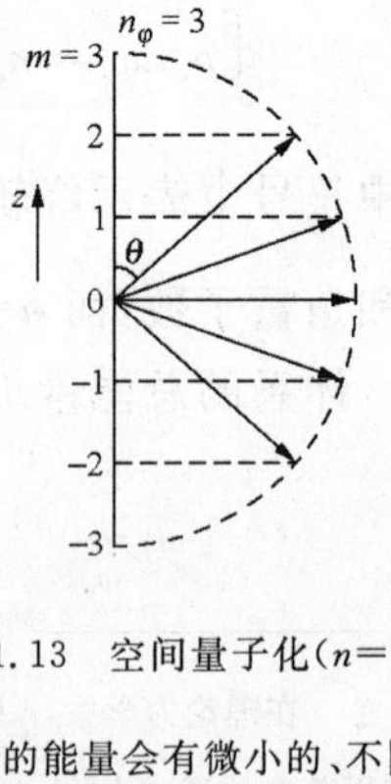

图 1.13　空间量子化($n=3$)

空间量子化可以通过实验直接证明，这将在

① 当原子放在外加恒定磁场中时，某一 l 能级不同 m 值的状态的能量会有微小的、不同的变化，而这种变化可以用实验方法显示出来. 这就是"磁"量子数名称的由来，参看第五章.

第五章中再详述.

至此,我们知道,氢原子的运动状态需用三个量子数来表示,即主量子数 n,角量子数 n_φ 和磁量子数 m.

1.4.2　玻尔理论的意义

玻尔在他建立的原子结构理论中,突破经典概念的束缚,提出了量子化条件、分立轨道、频率条件、能级跃迁等极其重要的新概念,第一次从理论上解释了氢原子光谱频率分布的经验规律.他的成就是巨大的.

玻尔-索末菲理论并不能令人完全满意.它虽然舍弃了若干经典概念,但仍用经典力学来计算轨道.它虽然解释了氢光谱的频率,却不能给出强度.索末菲引进普遍量子化条件时,也缺少理论根据.玻尔-索末菲理论似乎是一个经典观念与量子观点的混合体,本身缺少逻辑的一致性.

值得指出,玻尔在建立他的理论时,提出了一条基本的原理,叫对应原理.这条原理指出,一个非经典理论,在能量相对大而能量的变化量相对很小的情况下,必定会过渡到经典理论.拿氢原子来说,氢光谱的频率,从经典理论来看,等于电子绕核转动的频率.使用上节的方法易算出对某一 n 轨道,这频率是 $\nu_{\mathrm{cl}}=\dfrac{2Rc}{n^3}$,而玻尔理论给出的频率是 $\nu_{\mathrm{B}}=Rc\left(\dfrac{1}{n_1^2}-\dfrac{1}{n_2^2}\right)$.当 n_1, n_2 都很大,而 $\Delta n=n_2-n_1=1$ 时,两者正好相等:

$$\nu_{\mathrm{B}}=Rc\,\frac{(n_2+n_1)(n_2-n_1)}{n_1^2 n_2^2}\approx\frac{2Rc}{n^3}=\nu_{\mathrm{cl}}$$

注意这里的条件:能量 $|E|$ 的量级是 Rhc/n^2,而能量变化 $|\Delta E|$ 的量级是 $2Rhc/n^3$,则 $|\Delta E|/|E|$ 的量级是 $1/n$,当 n 很大时 $|\Delta E|/|E|\to 0$,正好符合对应原理中所提的条件.在历史上,玻尔正是从对应原理推出圆轨道的量子化条件的.

但是,玻尔理论的缺陷是根本性的,自身无法补救,它能解决的问题很有限.从元素周期表上看,氢以后是氦.氦原子的结构也非常简单,它的核外仅有两个电子;但氦原子的光谱结构问题,用玻尔理论就根本无法解决.正确的原子结构理论需要建立在全新的量子力学基础之上.从原子结构理论的发展历史来看,玻尔理论处于承前启后的地位,是一个重要的里程碑.

在了解量子力学的基本概念和它给出的原子结构图像后,我们会发现,玻尔给出的物理图像和结果虽不确切,却具有简单、直观和生动的优点.在了解其局限性的基础上,人们仍常常引用它,以作出定性或半定量的描述.

§1.5　关于光谱产生的机制

光谱是了解物质结构的重要渠道.在科学技术以及生产应用的许多领域中,光谱也有非常重要的意义.为此,本书中对与光谱有关的问题涉及较多,将对光谱产生的机制以及谱线的定量分析等问题作较为深入的探讨.本节将对光谱的表征和特性作初步的介绍.前面已经提到,原子光谱覆盖的频率(波长)范围极广,大致可分为三个区域:(1)红外、可见与紫外区,这就是狭义的光谱区.(2)X射线区.(3)无线电波区,从微波一直延伸到低频.它们的实验方法不同,表征方法也不尽相同.这里着重介绍第一区域.

1.5.1　谱线的表征

1. 实验方法　光谱分发射光谱与吸收光谱两大类.它们的实验方法大体如图1.14所示.图中,S为光源,A为吸收室,R为记录器.

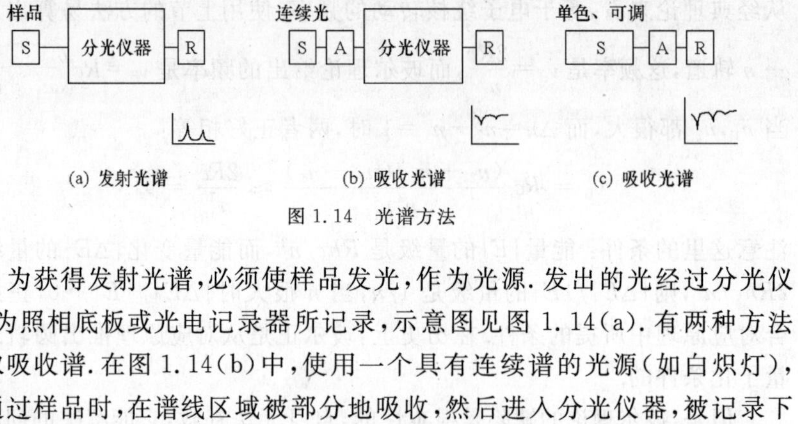

图1.14　光谱方法

为获得发射光谱,必须使样品发光,作为光源.发出的光经过分光仪器,为照相底板或光电记录器所记录,示意图见图1.14(a).有两种方法获取吸收谱.在图1.14(b)中,使用一个具有连续谱的光源(如白炽灯),光通过样品时,在谱线区域被部分地吸收,然后进入分光仪器,被记录下来.在图1.14(c)中,使用一个频率(波长)连续可调的光源,此光通过样品后直接被检测.当光源频率扫描时,检测器即记录下光谱.在传统方法中,这个光源是一个单色仪,它仍然是分光仪器.近代则可使用频率精确可调的激光器,这就省去了分光仪器,但提高了对光源的要求.

2. 发射谱的表征　简单地说,谱线有两个基本参数:频率与强度.但如进一步观察,就会发现,任何谱线都不可能是绝对"单"色的,而是具有一定的频率分布,有一定的线形.图1.15给出一个典型的例子,图中横坐标是频率ν,纵坐标I_ν是单位频率间隔中的光强(或称光的谱强度).谱线

的中心频率为 ν_0，这里的谱强度为极大值 $I_{\nu\,\max}$，称为峰值谱强度. 谱线上光强为 $\frac{1}{2}I_{\nu\,\max}$ 的两点间的距离 $\delta\nu$ 用来表征谱线的宽度，称为线宽(精确地应该称为半高全宽). 谱线的总强度 I 为

$$I=\int_0^{\infty}I_\nu \mathrm{d}\nu \qquad (1.5.1)$$

即 I_ν 曲线下覆盖的面积. 作为粗略的估计，谱线总强度约等于峰值谱强度与线宽之乘积，即 $I\approx I_{\nu\,\max}\cdot\delta\nu$. 简言之，对谱线最完备的描述方法是给出线形函数 $I_\nu(\nu)$.

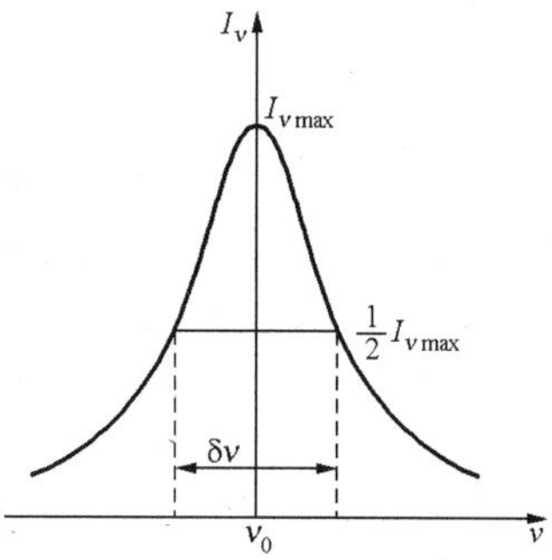

图 1.15　谱线的表征

谱线也常常以波长为变数来表征，单位波长间隔中的光强记为 I_λ，谱线总强度 $I=\int_0^{\infty}I_\lambda \mathrm{d}\lambda$.

3. 吸收谱的表征　吸收谱的定量表征稍复杂一些，因为记录到的谱线要受到许多因素的影响. 这里仅考虑最简单的情况，即假设入射光(频率 ν 接近于 ν_0)的频谱很窄，远小于吸收线宽. 又设入射光的谱强度是 I_ν，总强度是 $I=\int_0^{\infty}I_\nu \mathrm{d}\nu\approx I_\nu\delta\nu$，式中 $\delta\nu$ 为入射光频宽(参看图 1.17). 平行的入射光照射到样品上，在 $\mathrm{d}z$ 薄层内，谱强度的变化量为

$$\mathrm{d}I_\nu=-\alpha(\nu)I_\nu \mathrm{d}z \qquad (1.5.2)$$

由于入射光频带很窄，近似地也有

$$\mathrm{d}I=-\alpha(\nu)I\mathrm{d}z \qquad (1.5.2)'$$

式中 α 称做吸收系数，是频率的函数. 早在 19 世纪中叶比尔(A. Beer)发现，在 ν 一定时，$\alpha(\nu)$是个常数，与入射光强无关. 这就是说，光强衰减量，亦即样品对入射光强的吸收量，与入射光强成线性关系. 这就是比尔定律，或线性吸收律. 这个定律，一般说来，在吸收很弱的传统光谱学直至 X 射线谱学中都是适用的. 由于在 ν 一定时，α 是常数，所以由式(1.5.2)′的积分，可求出平行入射光 I_0 经过吸收样品距离 L 之后的强度

$$I_L=I_0\mathrm{e}^{-\alpha L} \qquad (1.5.3)$$

入射光强随传播距离增大按指数规律衰减. 吸收系统 α 的量纲是 L^{-1}. 图 1.16 给出了(1.5.2)和(1.5.3)两式中有关量之间的关系.

现在分析谱线的形状. 当入射光频率连续变化，通过吸收线区域时，有关系

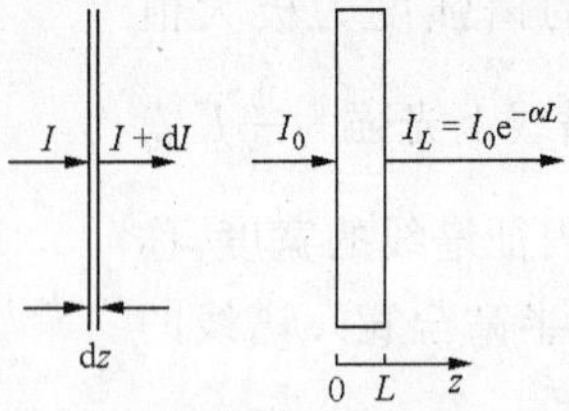

图 1.16　光的吸收

$$I_L(\nu) = I_0 e^{-\alpha(\nu)L} \tag{1.5.3$'$}$$

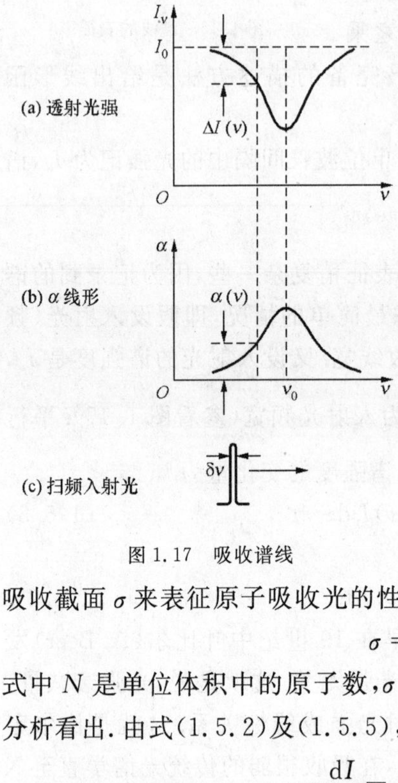

图 1.17　吸收谱线

可以记录到如图 1.17(a)所示的谱线.在远离谱线区域,记录到的是本底光强 I_0(这里忽略其他因素,包括容器的器壁等对入射光的吸收、散射等).在吸收线区域,光强与频率的关系由式(1.5.3)′给出,一般是比较复杂的.但如 $\alpha L \ll 1$,则

$$I_L(\nu) \approx I_0[1-\alpha(\nu)L] = I_0 - I_0 L\alpha(\nu)$$

图 1.17(a)中的 $|\Delta I|$ 为

$$|\Delta I(\nu)| = I_0 L\alpha(\nu) \propto \alpha(\nu) \tag{1.5.4}$$

这时实验记录到的吸收线形就是吸收系数 $\alpha(\nu)$ 线形的倒置.

除了用吸收系数外,还常常用吸收截面 σ 来表征原子吸收光的性质,定义

$$\sigma = \alpha / N \tag{1.5.5}$$

式中 N 是单位体积中的原子数,σ 的量纲是 L^2,它的物理意义可从以下分析看出.由式(1.5.2)及(1.5.5),有关系

$$-\frac{dI}{I} = \alpha dz = N\sigma dz \tag{1.5.5$'$}$$

设有面积为 A、厚为 dz 的一薄层原子,其中含有原子总数是 $NAdz$.可以认为每个原子具有吸收光的面积 σ(光投射于其上即被吸收,不能通过),则共有吸光面积 $(NAdz)\cdot\sigma$.此面积占总面积的分数是 $(NAdz)\cdot\sigma/A = N\sigma dz$,正好等于 $|dI|/I$,即光强被吸收的分数.从这个含义可以看出,σ 是表征单个原子吸收性质的物理量,可形象地理解为一个虚拟的原子遮光面积,当入射光投射于此面积上时即被全部吸收,参看图 1.18.

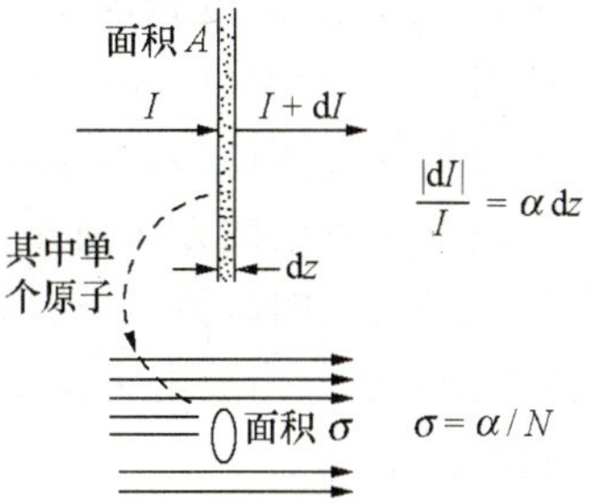

图 1.18 吸收截面

在使用截面这种经典术语时，宜注意两点.(1) 这里的"截面"并非粒子的真正几何截面.在受非共振光照射时，这个截面几近为零，只在共振光照射时，才有确定的值.不过，从原子的经典几何截面大小，可以粗略地估计吸收截面的上限.(2) 由式(1.5.5)和(1.5.5)′得知，吸收系数 α 正比于粒子数密度 N.这就需要每一瞬间，沿任何一条光路上，最多只能有一个粒子经过.否则，前面的粒子就会挡着后面的粒子，使其得不到光的照射.所以以上两式仅在稀薄气体样品中适用.

在结束本小节之前，应当指出，测量谱线的强度，并不是简单的事，一般测量的精度也比较低.在传统的光谱方法中，用相片记录谱线，谱线强度反映在底片的灰度上.近代常用光电器件记录谱线，从记录到的光电流值来推算光强值，对这两种方法，都需要作仔细的换算，才能得到较准确的光强值.

1.5.2 产生谱线的过程——经典理论

前面已指出，经典物理学认为，光谱的产生源于电偶极矩(谐振子，简称振子)的振动.在 19 世纪末、20 世纪初，洛伦兹(H. A. Lorentz)已经对有关问题建立起完整的理论，并取得了很大的成功.这里先作初步介绍，详细的讨论见第六章.

1. 发射光谱 一个粒子(如原子、分子……)在受到某种激励(如放电)时，能产生电偶极矩 $D=-er$.激励后，电偶极矩以其固有的圆频率 ω_0 作简谐振动.它在振动中不断发射电磁波，振幅不断减小.一般以

$$E=E_0\mathrm{e}^{-t/2\tau}\cos\omega_0 t \tag{1.5.6}$$

来表示发射的波.发射功率 P 和某一处的场强 I 也以指数规律衰减：

$$P(t)=P_0\mathrm{e}^{-t/\tau},\quad I=I_0\mathrm{e}^{-t/\tau} \tag{1.5.7}$$

因为总发射功率 $P=\int_0^\infty P(t)\mathrm{d}t=P_0\tau$，等于以起始功率 P_0 辐射了时间 τ，所以把 τ 叫做电偶极矩振子的平均寿命.

与宏观现象类比，每个粒子都好像是一个偶极子天线.当偶极子取向

固定时，它发射的电磁波是偏振的、有方向性的①. 但如果偶极子是各向同性的，即大量偶极子的空间取向是均匀分布的，则所发射的电磁波在总体上也是各向同性的、非偏振的.

通常用放电的方法使原子发光. 在放电时，各个粒子之间，特别是电子与原子之间的碰撞，导致原子电偶极矩的产生. 这些电偶极矩取向是各向同性的，所以由放电光源发出的原子谱线一般是非偏振的，光强是各向同性的.

2. 吸收光谱和共振荧光　吸收光谱是由原子(分子)的受迫振动产生的. 设以频率为 ω 的电磁波照射原子，原子的固有振动频率是 ω_0. 受入射光的作用，原子中将产生感生电偶极矩，它以外加频率(注意，不是固有频率)作受迫振动. 受迫振动具有突出的共振性质：当 ω 远离 ω_0 时，受迫振动极其微弱，但仍然产生可以观察到的现象——散射. 受迫振动从入射光中吸收微量能量，并向各个方向再发射. 散射强度正比于 ω^4. 当 $\omega \approx \omega_0$ 时发生共振. 此时，原子明显地吸收入射光，吸收性质用吸收系数 α 表示. 利用洛伦兹理论能求出 α 的理论表达式. 图 1.17(b)中所示 α 与频率关系的线形，实质上也是一种共振曲线.

当发生共振吸收时，原子又常将同频率的光射向各个方向，这种光叫共振荧光. 对个别谱线，共振荧光较强，便于观察. 如图 1.19，在一个玻璃泡中充以钠(Na)，并适当加温. 用一束钠光灯的黄光(其中主要含波长为 589 nm 及 589.6 nm 的光)照射玻璃泡. 当温度不高、Na 蒸气浓度不大时，可以看到 Na 蒸气中的黄色光束的径迹，其光强随光在泡中的传播距离增大而衰减. 如 Na 蒸气浓度大，则共振吸收将非常强，光束进入玻泡，将很快被全部吸收掉. 仅在靠近玻璃泡光入射端一薄层处有共振荧光射出. 共振荧光的观察是一种常用的实验方法.

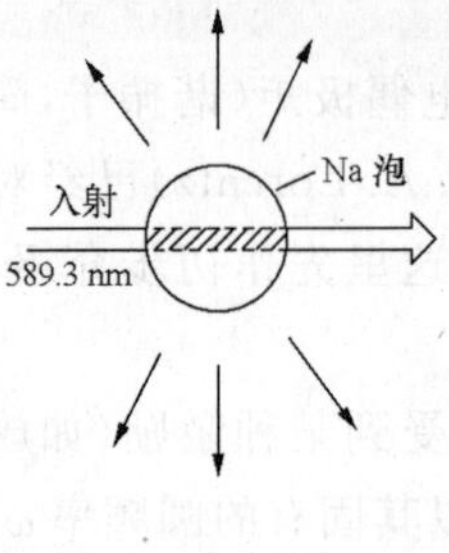

图 1.19　共振荧光

3. 谱线的线形与线宽　我们已经知道，任何谱线都不可能是绝对单色的，总有一定的频谱分布. 这里先讲两种基本的线形与线宽.

自然线宽　式(1.5.6)和(1.5.7)指出，原子等粒子在发射时，发出的是一列振幅按指数规律衰减的电磁波. 由波动理论得知，这样的波具有特定的频谱，可以由式(1.5.6)推出. 在第六章中，对此将有介绍，这里仅给

---

①　参看：王楚，汤俊雄. 光学. 北京：北京大学出版社，2000：第一章.

出结果.有关谱线的谱强度 I_ω 与圆频率 ω 的关系是

$$I_\omega = \frac{1}{2\pi\tau}\cdot\frac{I_0}{(\omega-\omega_0)^2+(1/2\tau)^2},\quad \int_{-\infty}^{\infty} I_\omega \mathrm{d}\omega = I_0 \qquad (1.5.8)$$

上式给出的线形称为洛伦兹线形,如图 1.20 所示.线的宽度 $\delta\omega$ 为 $1/\tau$.因为这个线宽是与发射的基本物理过程相联系的,所以叫做自然线宽.在通常取得光谱的条件下,这是线宽的极限,不能再减小.对一般比较强的光谱线而言,τ 大约在 $10^{-8}\sim10^{-6}$ s 之间,相当于线宽约 $10^5\sim10^7$ Hz.如果注意到波长 600 nm 的红光,其频率是 5×10^{14} Hz,则 $\delta\omega/\omega_0$ 大约是 $10^{-11}\sim10^{-9}$,可见自然线宽是非常窄的,无怪乎在激光发明以前,人们很难从实验上分辨出来.

以上是从粒子发射谱线的过程来分析的.在吸收光谱中同样有自然线宽.

需要注意的一点是,由其他因素引起的谱线增宽,常远大于自然线宽,致使自然线宽无法显现.下面着重讨论由于粒子运动而产生的多普勒线宽.

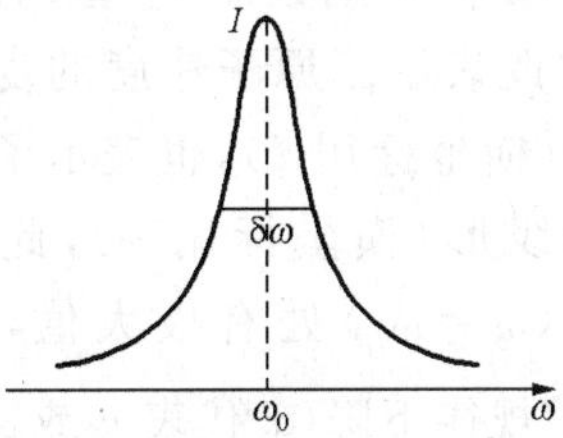

图 1.20　洛伦兹线形

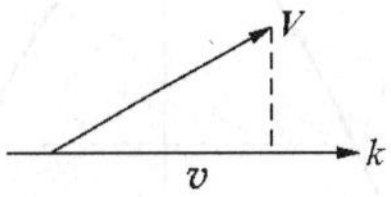

图 1.21　v 定义

多普勒增宽　设如图 1.21,光的波矢为 $\boldsymbol{k}$,原子速度为 $\boldsymbol{V}$,其在 $\boldsymbol{k}$ 方向的分速度为 v.如果原子谱线中心频率是 ω_0,则由于多普勒效应,它发射或吸收电磁波的频率 ω 是

$$\omega = \omega_0 + kv \approx \omega_0(1+v/c) \qquad (1.5.9)$$

这里出现的相对的频差 $\dfrac{\Delta\omega}{\omega_0}=\dfrac{\omega-\omega_0}{\omega_0}=\dfrac{v}{c}$ 是原子速率与光速之比,在普通气体中,$|v|$ 之值约为 $0\sim10^3$ m/s,则 $|\Delta\omega|/\omega_0$ 约为 $0\sim3\times10^{-6}$,$\delta\omega$ 约为 1 GHz,已远大于自然线宽,可见多普勒效应的重要性.这里的 $\Delta\omega$ 称做多普勒频移.

在热平衡时,原子的速度服从麦克斯韦分布,分速度为 v 的概率是

$$W(v) = \frac{1}{\sqrt{\pi}u}\exp\left(-\frac{v^2}{u^2}\right),\quad u^2 = \frac{2k_\mathrm{B}T}{m_\mathrm{a}} \qquad (1.5.10)$$

式中 k_B 是玻尔兹曼常数，m_a 是原子的质量. 具有某一分速度 v 的原子，贡献于谱线中频率为 $\omega=\omega_0(1+v/c)$的那部分. 由于谱线的强度正比于产生谱线的粒子数，谱线的强度分布也具有如同式(1.5.10)那样的形式. 把式(1.5.9)改写为

$$v^2 = c^2\left(\frac{\omega-\omega_0}{\omega}\right)^2. \tag{1.5.11}$$

代入式(1.5.10)，即得光谱线强度分布公式：

$$I(\omega) = \frac{1}{\sqrt{\pi}u}\exp\left[-\frac{c^2}{u^2}\left(\frac{\omega-\omega_0}{\omega}\right)^2\right] = \frac{1}{\sqrt{\pi}u}\exp\left[-\left(\frac{\omega-\omega_0}{k_B u}\right)^2\right] \tag{1.5.12}$$

应用定积分公式 $\int_{-\infty}^{\infty} e^{-a^2x^2}dx = \frac{\sqrt{\pi}}{a}$，把上式归一化，作为线形函数 $D(\omega)$：

$$D(\omega) = \frac{1}{\sqrt{\pi}k_B u}\exp\left[-\left(\frac{\omega-\omega_0}{k_B u}\right)^2\right],\quad \int_{-\infty}^{\infty} D(\omega)d\omega = 1 \tag{1.5.13}$$

$D(\omega)$叫多普勒线形或高斯线形，它给出的是高斯函数 $e^{-a^2x^2}$ 型的曲线，图1.22既表示了原子速度的麦克斯韦分布(横坐标用 v)，也表示了谱线的高斯线形(横坐标用 ω)，此线形在 $v=0(\omega=\omega_0)$处有极大值，两侧按 $e^{-a^2x^2}$ 规律下降(x 代表 v 或 $\omega-\omega_0$). 它与洛伦兹线形不同之处在于两侧下降得更陡一些. 谱线的半高线宽，即图中所示 A，B 两点间的距离，以 $\delta\omega_D$ 表示. $\delta\omega_D$ 的求法如下. 令 A，B 两点的横坐标分别为 $\omega_0-\omega'$ 及 $\omega_0+\omega'$. 因纵坐标是 $D(\omega_0)/2$，故有 $\exp(-\omega'^2/k_B^2u^2)=1/2$，解得 $\omega'=k_B u\sqrt{\ln 2}$，故

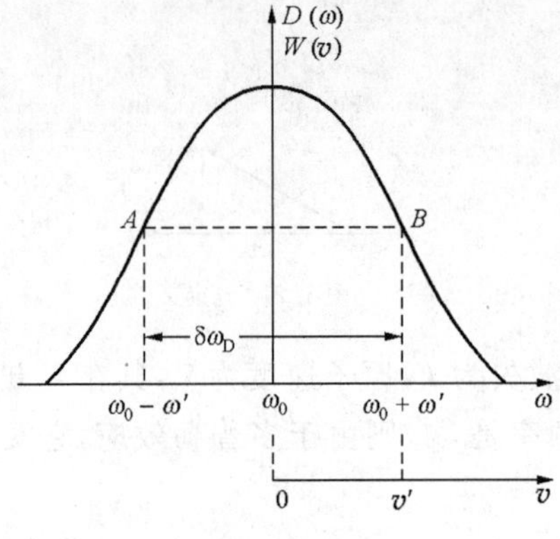

图 1.22 $D(\omega)$多普勒线形及 $W(v)$ 麦克斯韦分布

$$\delta\omega_D = 2\omega' = 2k_B u\sqrt{\ln 2} \tag{1.5.14}$$

上式可以进一步化为实用公式. 在 $u=\sqrt{2k_BT/m_a}$ 中，m_a 是单个原子的质

量. $m_a=10^{-3}M/N_A$①，其中 N_A 是阿伏伽德罗常数，M 是摩尔质量，$k_B=\omega_0/c$，代入式(1.5.14)，并把有关常数代入，得到

$$\delta\omega_D = 7.16\times 10^{-7}\omega_0\sqrt{T/M} \tag{1.5.15}$$

例如，氦的相对原子质量是 4，在室温 300 K 时，$\delta\omega_D/\omega_0=6.2\times10^{-6}$. 由式(1.5.15)可知，$\delta\omega_D$ 正比于 $\sqrt{T}$，且反比于 $\sqrt{M}$. 同一种原子，温度越高，谱线越宽；同一温度下，重量越大的原子，多普勒线宽越窄.

在光频段，多普勒效应十分重要. 在室温下，多普勒增宽比自然线宽大了约两个量级. 设有同等数量的原子参与产生光谱(发射或吸收)的过程，谱线的总强度应该相同，但对于静止原子来说，谱线窄而高；对作无规运动的原子来说，谱线宽而低，两种谱线所包围的总面积相等(总强度相等)，但是线形不同. 示意图见图 1.23(图中对气体原子的多普勒线形的高度是夸大了的，实际上，它的中心高度仅为静止原子谱线的 10^{-2} 左右).

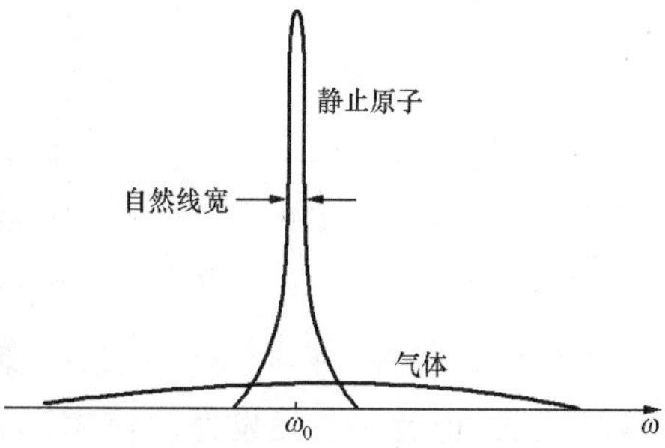

图 1.23　静止原子及气体原子谱线示意图

均匀增宽与非均匀增宽　以上两种增宽，在产生的物理机制方面，有所不同. 从发射谱线的机制可知，每一个粒子都贡献了谱线自然线宽的各个部分，这叫做均匀增宽. 而在多普勒增宽中，谱线的不同部分显然是由不同的粒子贡献的，这叫做非均匀增宽. 由于这个原因，人们有可能用各种方法，减小以至消除多普勒增宽. 有些方法本书以后将有所介绍.

1.5.3　产生光谱的过程——爱因斯坦理论

以上关于辐射的物理机制，与能级跃迁还没有联系起来. 所以，在玻尔理论提出后，需要一个与其相适应的有关跃迁与辐射的理论. 关于这个问题的完全解决，有待量子力学的建立. 但是爱因斯坦在 1917 年提出的理论，部分地解决了这个问题.

1. 爱因斯坦理论概要　设有一对能级，其能量分别为 E_1 和 E_2(E_2

---

① M 是摩尔质量，$10^{-3}M$ 是以 kg 为单位的摩尔质量，而 m_a 等于摩尔质量除以阿伏伽德罗常数.

$>E_1$)，简并度(统计权重)分别为 g_1 和 g_2，粒子数密度[①]分别为 N_1 和 N_2. 在这一对能级之间，可以发生三种跃迁过程：(1) 自发发射. 在无外光场作用的条件下，一个处于上能级的原子，能自发地跃迁到下能级，并释放出一个频率为 ν 的光子，$\nu=(E_2-E_1)/h$. (2) 当有频率为 ν 的外加辐射场照射此原子时，处在上能级的原子受外场的作用，能跃迁到下能级，并释放出一个光子，这叫受激发射. (3) 在同(2)情况下，一个处于下能级的原子能吸收一个外场光子而跃迁到上能级，这叫受激吸收. 受激发射与受激吸收合称受激跃迁. 示意图见图 1.24. 下面分别讨论其规律性.

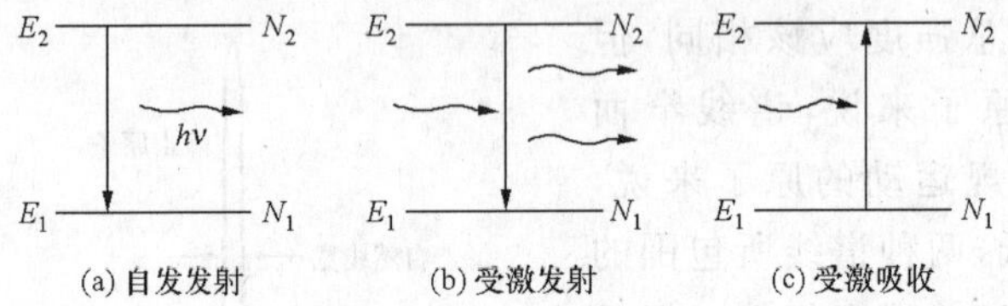

图 1.24　三种跃迁过程

自发发射跃迁. 每一个处于 E_2 的原子，在单位时间内自发跃迁到下能级的次数，也就是自发发射的速率[②]，记为 A. 对特定的一对能级，A 是个恒量. 因此，在 $\mathrm{d}t$ 时间内，单位体积中自发跃迁的总次数 $\mathrm{d}N$ 由下式给出：

$$-\mathrm{d}N_2=AN_2\mathrm{d}t \tag{1.5.16}$$

A 叫爱因斯坦 A 系数. 例如，设 $A=10^7\,\mathrm{s}^{-1}$(每秒一千万次)，$N_2=10^6\,\mathrm{m}^{-3}$，则在极短的时间 $\mathrm{d}t=10^{-9}$ s 中，从概率的角度看，每立方米中有 10^4 个原子会跃迁到下能级. 至于究竟是哪些原子会跃迁，这是随机的.

受激跃迁. 在外加频率为 ν 的电磁场作用下，原子中发生受激跃迁，有受激吸收和受激发射两种过程，见图 1.24(b)和(c). 爱因斯坦指出，单位时间中受激跃迁的次数，亦即受激跃迁速率，正比于外场能量谱密度 ρ_ν. 把这个值记做 W_{st}. 在外场是各向同性的时候，爱因斯坦定义 B 系数如下：

① 粒子数密度是单位体积中的粒子数，简称粒子数. 在能级上的粒子数又叫布居(population).

② 爱因斯坦提出的 A 系数和 $\rho_\nu B$，其物理含义是在单位时间中跃迁的次数，单位为 s^{-1}. 在传统上，它们都被称为跃迁概率. 按严格的定义，随机过程中的概率是一个介于 0 与 1 中的数，无量纲. 在本书 § 2.5 用量子力学处理跃迁问题时，出现了严格意义上的跃迁概率. 为了避免混淆，这里将 A 和 $\rho_\nu B$ 称为跃迁速率.

$$W_{\text{st}} = \begin{cases} \rho_\nu B_{21} & \text{（受激发射）} \\ \rho_\nu B_{12} & \text{（受激吸收）} \end{cases} \tag{1.5.17}$$

在 $\mathrm{d}t$ 时间内，单位体积中两种跃迁的次数分别为

$$-\mathrm{d}N_2 = \rho_\nu B_{21} N_2 \mathrm{d}t, \quad -\mathrm{d}N_1 = \rho_\nu B_{12} N_1 \mathrm{d}t \tag{1.5.18}$$

B_{21}和 B_{12}统称爱因斯坦 B 系数. 对每一对能级，B_{12}和 B_{21}均是恒量.

从热力学理论出发，可以证明 A，B 系数之间存在下列关系：

$$g_1 B_{12} = g_2 B_{21}, \quad \frac{A}{B_{21}} = \frac{8\pi h\nu^3}{c^3} = \frac{8\pi h}{\lambda^3} \tag{1.5.19}$$

式中 g_1 和 g_2 是相应能级的简并度. 当 $g_1 = g_2 = 1$ 时，上式可简化为

$$B_{12} = B_{21} = B, \quad \frac{A}{B} = \frac{8\pi h\nu^3}{c^3} = \frac{8\pi h}{\lambda^3} \tag{1.5.19$'$}$$

爱因斯坦的理论是一种唯象性理论，它还不能回答有关跃迁的物理本质问题（这有待于量子力学），但它对跃迁过程作了正确的描述. 而该理论中提出的受激发射的概念，导致了几十年后激光的发现，具有非常重要的意义. 下面对三种跃迁过程作进一步的讨论. 有关式（1.5.19）的推导见附录 B.

2. 自发发射 由式（1.5.16）可知，在自发发射时，上能级粒子数 N_2 的变化量为 $-\mathrm{d}N_2 = AN_2 \mathrm{d}t$，故

$$N_2 = N_{20} \mathrm{e}^{-At} \tag{1.5.20}$$

式中 N_{20}是 $t=0$ 时 E_2 上的粒子数. 如果 $t=0$ 以后不再有粒子被激发上来，则 N_2 将随时间而呈指数下降至零. 在此期间，每次跃迁将放出能量为 $h\nu$ 的光子，所以单位体积中的原子辐射的功率 P 是

$$P = h\nu \left| \frac{\mathrm{d}N_2}{\mathrm{d}t} \right| = h\nu A N_{20} \mathrm{e}^{-At} \tag{1.5.21}$$

辐射功率正比于光强，故自发发射光强也随时间而呈指数下降至零. 从这里不难得到求 A 系数的实验方法. 观察记录 I-t 曲线，因 $I = I_0 \mathrm{e}^{-At}$，作 $\ln(I_0/I)$-t 图，直线斜率即是 A. 由于自发发射，原子处在上能级的时间不会太长. 自发跃迁是随机过程，有的原子跃迁得快一些，有的慢一些. 可以定义一个平均寿命 τ，因为寿命为 t 的粒子数是 $-\mathrm{d}N_2(t) = N_{20} A \mathrm{e}^{-At} \mathrm{d}t$，所以

$$\tau = \frac{1}{N_{20}} \int_0^\infty t \cdot N_{20} A \mathrm{e}^{-At} \mathrm{d}t = \frac{1}{A} \tag{1.5.22}$$

上式说明平均寿命是跃迁概率的倒数. 在 $t = \tau$ 时，粒子数衰变为 $t=0$ 时的 $1/\mathrm{e}$. 有意义的是，这里的“电子在激发态的平均寿命”与经典理论中的“振子平均寿命”，实际上描述的是同一物理现象，它体现了两种理论间的

对应关系.

在原子中,对于常见的自发发射跃迁,A 之值一般在 $10^6 \sim 10^9\ \mathrm{s}^{-1}$ 之间,激发态的平均寿命则为 $10^{-9} \sim 10^{-6}$ s.

3. 受激吸收与受激发射 受激吸收与受激发射是同时发生的一对相反的过程,需要统一起来分析. 设上、下能级粒子数为 N_2 和 N_1. 在外加辐射场的作用下,两种受激跃迁同时发生,其总效果究竟是吸收还是发射,要看具体情况. 由式(1.5.18),在 $\mathrm{d}t$ 内,受激发射跃迁次数 $|\mathrm{d}N_2|$ 与受激吸收跃迁次数 $|\mathrm{d}N_1|$ 之比为

$$\frac{|\mathrm{d}N_2|}{|\mathrm{d}N_1|} = \frac{B_{21}N_2}{B_{12}N_1} = \frac{g_1}{g_2} \cdot \frac{N_2}{N_1}$$

故 $g_2N_1 > g_1N_2$ 时有净吸收, $g_2N_1 < g_1N_2$ 时有净发射.

由热学得知,原子气体在热平衡条件下,原子按能级的分布遵守玻尔兹曼定律:

$$\frac{N_2}{N_1} = \frac{g_2}{g_1}\exp\left(-\frac{E_2 - E_1}{k_\mathrm{B}T}\right) \tag{1.5.23}$$

式中 k_B 是玻尔兹曼常数, $k_\mathrm{B} = 8.617 \times 10^{-5}\ \mathrm{eV/K}$; T 是绝对温度. 对于原子的光频跃迁而言, $(E_2 - E_1)$ 值一般可认为大于 1 eV, 则在 $T = 10^3\ \mathrm{K}$ 时, $\frac{N_2}{N_1} \approx \exp\left(-\frac{1}{8.6 \times 10^{-2}}\right) \approx 10^{-5}$, 所以激发态上原子数极少,可以忽略. 但是在实验中,原子气体常不处于热平衡状态,所以还要具体分析.

一般情况下,有 $g_2N_1 > g_1N_2$, 这时只可观察到吸收谱. 单位体积内吸收光的功率 P 是

$$P = h\nu\rho_\nu(B_{12}N_1 - B_{21}N_2) \tag{1.5.24}$$

反之, $g_1N_2 > g_2N_1$ 的状态叫做粒子数反转状态,这是需用特殊的手段才能达到的. 在这种状态下,才可以观察到受激发射.

受激发射与自发发射同是发出光子,但两者性质有不同之处. 自发发射是随机过程,发出非相干光,在一般情况下是向各方向均匀发射的. 受激发射受到入射光的控制,所发的光与入射光同方向、同频率、同相位、同偏振,与入射光相干叠加,使其得到放大. 有光放大能力的介质,通过自激振荡,就能自行产生激光. 详见第六章.

最后需强调两点:一是由于受激跃迁概率正比于 $\rho_\nu B$ 而不是正比于 ρB, 所以入射光的频宽对受激跃迁是一个重要因素,参看本章的习题. 二是在爱因斯坦的理论中,分析的是原子体系与热辐射场达到热平衡时的情况,参看附录 B. 原子感受到的是一个宽频场,讨论跃迁时,并不涉及谱

线的线形问题.关于爱因斯坦理论中引入的 B 系数与经典理论中吸收系数 α 的关系,参看习题 3.11. B 系数的量子力学推导,见§2.5.

1.5.4 二能级间光的吸收与发射

在光与原子相互作用过程中,三种跃迁过程往往同时起作用.本小节以孤立的一对能级间的吸收光谱实验为例,来说明分析方法.

设原子原来处于基态 E_1,粒子数为 N_0,为简单起见,设 $g_1=g_2=1$.当用共振光连续照射时,部分原子吸收入射光子而跃迁至激发态 E_2,从而使 E_2 上有了布居.于是就发生了自发发射和受激发射跃迁,如图 1.25 所示.这样,两个能级上的粒子数将发生变化.令 E_1,E_2 上粒子数分别为 N_1,N_2,并满足 $N_1+N_2=N_0$,粒子数变化的方程为

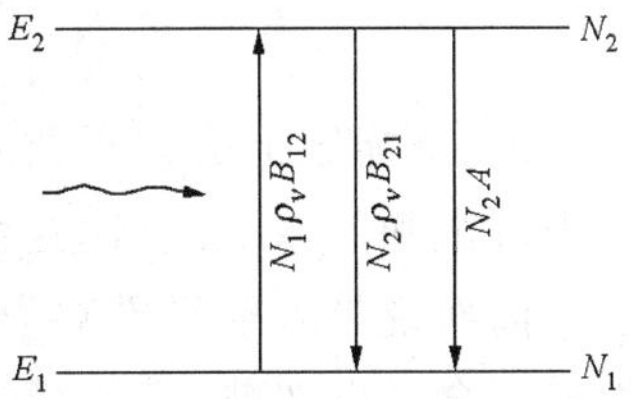

图 1.25 三种跃迁同时发生

$$\frac{dN_1}{dt}=-\frac{dN_2}{dt}=-\rho_\nu BN_1+\rho_\nu BN_2+AN_2 \tag{1.5.25}$$

当粒子数呈稳定分布时

$$\frac{dN_1}{dt}=-\frac{dN_2}{dt}=0$$

再用关系式 $N_1+N_2=N_0$,很容易解出

$$N_1=\frac{1+\frac{\rho_\nu B}{A}}{1+2\frac{\rho_\nu B}{A}}N_0,\quad N_2=\frac{\frac{\rho_\nu B}{A}}{1+2\frac{\rho_\nu B}{A}}N_0,\quad N_1-N_2=\frac{N_0}{1+2\frac{\rho_\nu B}{A}} \tag{1.5.26}$$

从这一结果可以看出,粒子数分布状况取决于受激跃迁概率 $\rho_\nu B$ 与自发跃迁概率 A 之比.

现在区分两种不同条件.在传统光谱学中,总有 $\rho_\nu B\ll A$,于是

$$N_1\to N_0,\quad N_2\to 0$$

基态上粒子数可以认为无变化,激发态上粒子数可忽略.由式(1.5.24),吸收光的功率

$$P=h\nu\rho_\nu BN_0\approx h\nu\frac{I}{c\delta\nu}BN_0 \tag{1.5.27}$$

式中 $\delta\nu$ 是入射光频宽.上式"≈"号右边除光强 I 外,其他都是确定的数.因此,$P\propto I$,即吸收功率正比于入射光强,这正是比尔定律.比尔定律成

立的前提条件就是：激发态上粒子数可以忽略.

如果 $\rho_\nu B \ll A$ 的条件不成立，激发态粒子数 N_2 不可忽略，则

$$P = h\nu\rho_\nu B(N_1 - N_2) = h\nu\rho_\nu B N_0 \Big/ \left(1 + \frac{2\rho_\nu B}{A}\right) \tag{1.5.28}$$

吸收功率不再正比于入射光强 I，它比按比尔定律预计的值要小，这就是饱和现象. 当入射光极强，$\rho_\nu B \gg A$ 时

$$N_1 \to \frac{1}{2}N_0, \quad N_2 \to \frac{1}{2}N_0, \quad P \to \frac{1}{2}h\nu A N_0$$

这时上、下能级上的粒子数几乎相等，吸收功率变得与入射光强无关，这是极端饱和的情况. 上述这种情况，只有用激光作为光源才能做到.

前面说当入射光不够强时，激发态上粒子数很少，这并不等于说自发发射完全可以忽略. 实际情况是，当原子吸收一个入射光子而跃迁到 E_2 时，由于 $A \gg \rho_\nu B$，处于 E_2 上的原子随即通过自发发射而跃回基态. 这种自发发射的光就是共振荧光.

在室温下，原子都处在基态，只能观察到以基态为下能级的吸收谱. 由基态到第一激发态之间跃迁产生的谱线称为共振线或第一共振线. 只有对准共振线时才有强的共振荧光. 在特殊情况下，如特高温或放电时，也能观察到以激发态为下能级的吸收谱.

例 1.1 已知 Na 共振线 $\lambda = 589.3$ nm，线宽 $\delta\lambda \approx 1.5 \times 10^{-3}$ nm. 求在频率(Hz)及波数(cm^{-1})标度上该线的位置及线宽(设空气折射率 $n=1$).

解 $\nu\lambda = c$，因线宽很小，可用微商公式得

$$\frac{\delta\nu}{\nu} = \frac{\delta\lambda}{\lambda} = \frac{\delta\sigma}{\sigma}$$

由此求得

$$\nu = 5.09 \times 10^{14}\,\mathrm{Hz} = 509\,\mathrm{THz}$$

$$\delta\nu = 1.3 \times 10^{9}\,\mathrm{Hz} = 1.3\,\mathrm{GHz}$$

$$\sigma = 1.697 \times 10^{4}\,\mathrm{cm}^{-1}, \quad \delta\sigma = 0.043\,\mathrm{cm}^{-1}$$

例 1.2 已知某吸收谱线 $\lambda = 600$ nm，爱因斯坦 A 系数为 $6\times10^{7}\ \mathrm{s}^{-1}$. 线宽已被压缩到 1 GHz. 现用两种不同的光源照射，求受激跃迁速率. (a) 强白光灯经单色仪分出 600 nm 的光，在线宽范围内 $I = 10^{-6}\ \mathrm{W/cm^2}$. (b) 用 600 nm 激光，在线宽范围内 $I = 10^{-4}\ \mathrm{W/mm^2}$. (设 $g_1 = g_2 = 1$)

解 先求爱因斯坦 B 系数，

$$B = \frac{A\lambda^3}{8\pi h} = 7.78 \times 10^{20}\,\mathrm{J^{-1}\cdot m^3\cdot s^{-2}}$$

(a) $I = 10^{-2}\ \mathrm{W/m^2}$，$\rho_\nu = \dfrac{I_\nu}{c} = \dfrac{I}{c\,\delta\nu} = \dfrac{1}{3}\times10^{-19}\,\mathrm{J\cdot m^{-3}\cdot s}$，所以

$$W_{st}=\rho_\nu B=25.9\ \mathrm{s^{-1}}$$

(b) $I=10^2\ \mathrm{W/m^2}$, $\rho_\nu=\frac{1}{3}\times10^{-15}\ \mathrm{J\cdot m^{-3}\cdot s}$，所以 $W_{st}=2.59\times10^5\ \mathrm{s^{-1}}$.

本题意在说明，即使很强的普通光源，在某一波长处的谱强度还是很小，故 $W_{st}\ll A$；但不强的激光，由于单色性好，I_ν 却很大，导致受激跃迁速率也加大. 在本例中，W_{st} 已达 A 的 10^{-2} 量级，这就使激发态上的粒子数不可忽略.

例 1.3 设一吸收线形状为矩形，$\alpha=10^{-2}\mathrm{m^{-1}}$，线宽为 10^9 Hz，样品长 $L=10^{-2}$ m. 入射光频谱的中心频率与吸收线的中心频率重合，光强均为 $I=1\ \mathrm{mW/cm^2}=10\ \mathrm{W/m^2}$. 求下列三种情况下光被吸收的比例：(a) 入射光频宽 $\delta\nu=10^8$ Hz，(b) $\delta\nu=10^9$ Hz，(c) $\delta\nu=10^{10}$ Hz，频谱均为矩形分布.

解 由于在吸收线范围内，α 是常数，I_ν 也不变，可用公式 $-\mathrm{d}I=\alpha I\mathrm{d}z$，$I=I_0\mathrm{e}^{-\alpha L}$. 又因 $\alpha L\ll1$，$|\mathrm{d}I|/I=\alpha L=10^{-4}$，故在(a)，(b)中，入射光均有 10^{-4} 被吸收. 但在(c)中，入射光频谱 9/10 落在吸收线外，只有 1/10 的光被吸收了 10^{-4}. 所以总的光强被吸收了 10^{-5}. 此例简单地说明，在研究吸收时，谱线形状和入射光的频谱都是重要因素.

1.5.5 碰撞与弛豫

上小节有关跃迁问题的讨论，未涉及碰撞问题. 在气体中，粒子间的碰撞不可忽略，它可能影响原子能级上的粒子数.

大家知道，粒子间的碰撞分弹性与非弹性两种. 我们关心的是非弹性碰撞问题. 实际的碰撞过程是多种多样的. 处在基态的原子被碰撞后可能被激发，被电离. 处在激发态的粒子在碰撞后可能跃迁到更高或更低的激发态，可能被电离，也可能回基态. 这些都需要作具体分析. 下面举一个特殊的例子.

设有 A，B 两种不同的原子，A 处于激发态 E_A，B 处于基态 E_0，但其激发态 E_B 的能量很靠近 E_A. 当两原子碰撞时，可能发生这样的事件：A 原子由 E_A 跃迁回基态，而 B 原子由基态跃迁到激发态 E_B，如图 1.26 所示. 用式子表示为

$$A^*+B\rightarrow A+B^*+\Delta E_k$$

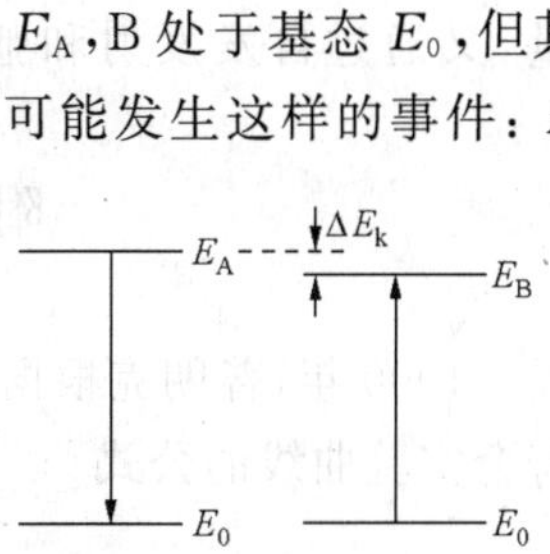

图 1.26 两粒子间的能量转移

式中 A^*，B^* 分别表示原子 A，B 各自的激发态，ΔE_k 是为了保证事件前后能量守恒的动能余量，其值可正可负. 该过程具有明显的共振性质，即 E_A 与 E_B 越是接近，$|\Delta E_k|$ 值越小时，事件发生的概率就越大. 单从 A 原子来看，通过碰撞，它从激发态无辐射地跃迁回基态. 这是一种退激发过程.

碰撞与气体中的弛豫过程密切有关."弛豫"是热力学过程,表示了一个热力学系统恢复平衡的行为.已知气体在热平衡时,粒子按能级有玻尔兹曼分布.如有某种外因破坏了这种分布,弛豫过程将使其恢复.从微观上看,恢复平衡分布是通过粒子间的无数次碰撞、相互交换能量而实现的.设某个能级,在热平衡时粒子数为 N_0,实际粒子数为 N,则当弛豫过程单独起作用时,按宏观弛豫规律:

$$\frac{-\mathrm{d}N}{\mathrm{d}t} = k(N - N_0) \tag{1.5.29}$$

设在 $t=0$ 时刻粒子数为 $N_1 > N_0$,则有

$$N(t) = N_0 + (N_1 - N_0)\mathrm{e}^{-kt} \tag{1.5.30}$$

式中 k 称做弛豫系数,其倒数 $\frac{1}{k} = T$ 称做弛豫时间.

粒子数按指数规律由 N_1 趋近于 N_0,弛豫系数不但与参与碰撞的两粒子的性质有关,还与气体温度和压强有关.温度越高、压强越大,气体粒子碰撞频率就越高,弛豫过程也越快.一般认为,时间经过若干个 T 后,系统已基本上达到了平衡状态.

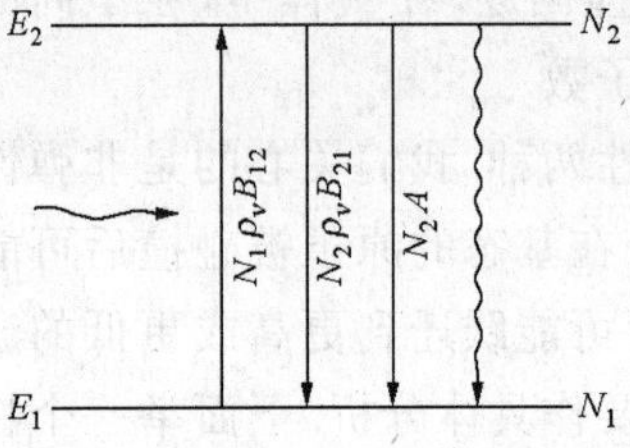

图 1.27　有弛豫时光的吸收

弛豫过程对光谱实验有重要影响.设用共振光做吸收光谱实验,则在两个能级之间,有如图 1.27 所示的各个过程发生,其中波纹状线表示弛豫.经过一定时间以后,它们将达到动态平衡,于是上能级将有一个稳定的粒子数分布.这时的能量转移过程是,粒子系统吸收了入射光的能量,又通过自发发射和弛豫而散发出去.

附录 A　关于黑体辐射

1900 年,普朗克根据黑体辐射的实验事实,提出了一个能非常好地符合实验曲线的公式

$$\rho_\nu = \frac{8\pi h\nu^3}{c^3} \cdot \frac{1}{\exp(h\nu/k_\mathrm{B}T) - 1} \tag{A.1}$$

这就是著名的普朗克公式,由此他提出了量子假设.

由普朗克公式可以推出以下两个重要关系:

(1) 黑体辐射总的能量密度可由式(A.1)对全频域积分得到

$$\rho = \int_0^\infty \rho_\nu \mathrm{d}\nu$$

由此可得

$$\rho = \frac{4}{c}\sigma T^4, \quad \sigma = \frac{2\pi^5 k_B^4}{15h^3c^2} = 5.67 \times 10^{-8}\ \mathrm{W/(m^2 \cdot K^4)} \qquad (A.2)$$

式中 σ 称为斯特藩-玻尔兹曼常数. 读者可简单地记住“四次方定律”：黑体辐射的能量密度正比于绝对温度的四次方. 这对理解黑体辐射随温度升高而急剧增大的特性是有好处的.

(2) 在用波长为变量时，由式(A.1)可求出单位波长间隔中的辐射能量密度 ρ_λ 的表示式

$$\rho_\lambda = \frac{8\pi hc}{\lambda^5} \cdot \frac{1}{\exp(hc/\lambda k_B T - 1)} \qquad (A.3)$$

注意 ρ_λ 的单位是 $\mathrm{J \cdot m^{-4}}$. ρ_λ 与 ρ_ν 是两个不同量纲的物理量，它们之间的关系是

$$\int_0^\infty \rho_\nu \mathrm{d}\nu = \int_0^\infty \rho_\lambda \mathrm{d}\lambda$$

由式(A.3)可求出 ρ_λ 的极大值位于 λ_m 处，并有关系

$$\lambda_m T = hc/4.9651k_B = 2.898 \times 10^{-3}\ \mathrm{m \cdot K} \qquad (A.4)$$

λ_m 与 T 成反比，温度升高时，λ_m 向短波方向移动. 这叫维恩(Wien)位移定律. 图 A-1 给出了 ρ_λ-λ 曲线及各温度下 λ_m 的位置.

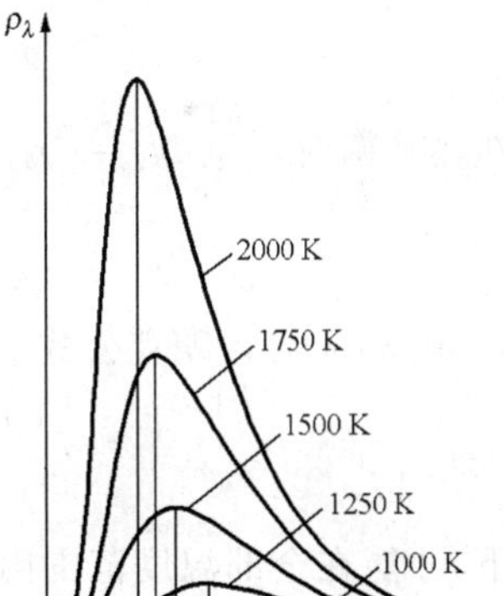

图 A-1　维恩位移定律

需要指出，以上两个关系都是在普朗克公式发表前从不同的途径得到的. 维恩还因此获得 1911 年诺贝尔物理学奖. 而普朗克到 1918 年才获此奖，在他的理论发表 18 年后.

黑体辐射是连续谱，到处存在. 在光谱研究中，它形成一个背景. 在谱线非常弱的时候，常常需要考虑它的影响. 从技术上看，利用黑体辐射与温度的依赖关系，可以制成辐射温度计.

顺带指出，20 世纪 70 年代，人们发现宇宙空间均匀地充满着相当于 2.7 K 的辐射. 这个事实支持了关于宇宙形成于“大爆炸”的学说，因而具有十分重要的意义. 由式(A.4)可知，该辐射的 $\lambda_m \approx 1$ mm，属毫米波波段.

最后,值得指出的是普朗克公式可以由光子的统计特性得到[①].光子属玻色子,它的化学势为零,由式(2.3.29),在平衡状态时能量为 E 的平均光子数是 $\bar{n}=[\exp(E/k_BT)-1]^{-1}$,光子能量 $E=h\nu$.又可以证明,在 ν 至 $\nu+d\nu$ 区域内,单位体积中的电磁波模数为 $(8\pi\nu^2/c^3)d\nu$,即单位频率间隔内光子状态密度为 $8\pi\nu^2/c^3$.以上三者相乘即为单位频率间隔内能量密度 ρ_ν,如式(A.1)所示.

附录B　关于爱因斯坦系数

爱因斯坦系数 A, B_{12} 及 B_{21} 之间的关系,可以通过普朗克黑体辐射公式求出.如图B-1,一个二能级体系,在共振辐射场 ρ_ν 中,存在三种跃迁,跃迁概率分别如图中所示.现假设这个原子体系与空腔中的辐射场处于热平衡状态,即上下能级上的粒子数保持稳定,发射光子的速率与吸收光子的速率相等,则有

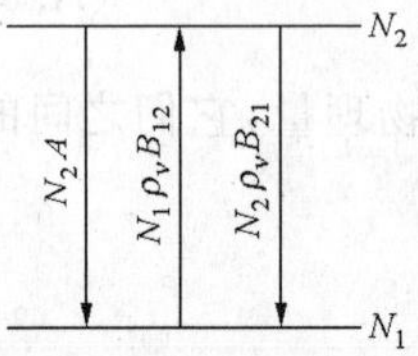

图B-1　三种跃迁

$$N_2(A+B_{21}\rho_\nu)=N_1B_{12}\rho_\nu \tag{B.1}$$

由此解得

$$\rho_\nu=\frac{A}{(N_1/N_2)B_{12}-B_{21}} \tag{B.2}$$

在热平衡时,$N_1/N_2=(g_1/g_2)\exp(h\nu/k_BT)$,故

$$\rho_\nu=\frac{A}{(g_1/g_2)\exp(h\nu/k_BT)B_{12}-B_{21}} \tag{B.3}$$

式(B.3)应与普朗克公式一致,这只有在下列关系

$$g_1B_{12}=g_2B_{21} \tag{B.4}$$

$$A/B_{21}=8\pi h\nu^3/c^3 \tag{B.5}$$

下,才能在全部温度范围内成立.

需要指出,A,B 系数的上述关系并不是在任何条件下都成立的,自发跃迁概率 A 也并不总是常数,因为前面假设原子是与空腔中具有各向同性的、各种模式的电磁场相互作用,而实际情况有时不是这样.例如,实验发现,如把原子放在两片相隔极近(小于波长)的金属板中间,它的自发跃迁概率明显不同于原子在自由空间时相应的值.因为在这种实验条件下,与原子发生相互作用的场结构,不同于在自由空间中的情况.

---

① 请读者在阅读§2.3后再看本小段论述.

思　考　题

1.1　原子(分子)谱线的频率与原子(分子)的能级结构有关,是一个基本量.问是否能直接测出谱线频率?一般采用光谱仪测量谱线波长,问若从波长值换算出准确频率值,还需要知道什么参数?

1.2　在玻尔理论中,若考虑到相对论效应,能量值还要作一点修正.定性指出,这修正来自哪里?对低能级与高能级的影响哪个大?又若核电荷增加,这种修正值是增大还是减小?

1.3　§1.3中的弗兰克-赫兹实验可以对原子的激发能进行测量.试设计一个实验方案,可以测量原子的电离能.

1.4　试比较氢原子中,原子核与电子间的库仑力与万有引力的大小,从而说明忽略万有引力是合理的.

1.5　已知某一谱线在 $\nu_1 \sim \nu_2$ 范围内的频谱分布为 $I_\nu = A$(常数)(见附图),试问若以波长为变量,其分布是什么?作图表示.

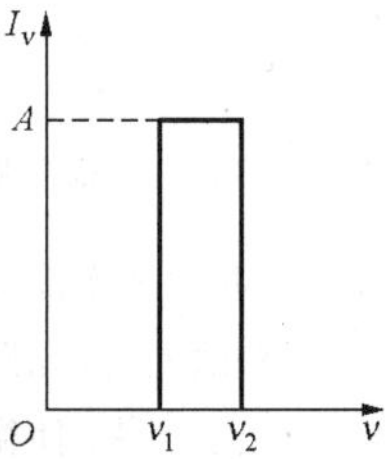

思考题1.5图

1.6　当原子的吸收系数 α 很大,吸收光程 L 又较长时,吸收谱线会具有什么线形?试作定性的描绘.

1.7　当入射光强很大时,比尔定律就不再成立,试简述其原因.这时,吸收系数是变大还是变小了?

1.8　已知某种原子在激发态上有粒子布居,但没有达到粒子数反转(即上能级粒子数多于下能级粒子数).当用共振光照射时,既有自发发射的跃迁,又有受激发射的跃迁.为什么人们只能观察到自发辐射,而观察不到受激辐射?

1.9　太阳的光谱是连续谱,其中有许多黑线,称夫琅禾费(Fraunhofer)谱线.分析表明,这些线的波长与各种原子谱线的波长相同.试说明此种谱线的起源.

1.10　甲对某气体原子作吸收谱实验,求出对某谱线的吸收截面为 $10^{-5}\ \mathrm{cm}^2$.乙断言,结果必定有错.你认为乙是根据什么这样说的?

1.11　在真空中,使原子以匀速度 v 运动.当从垂直方向观察原子的发射谱,或共振光从垂直方向照射原子并获得吸收谱时,按经典观点,谱线没有多谱勒频移.当两者偏离垂直方向一个小角度 θ 时,多普勒频移是多大?

1.12　对于上题,从相对论的观点看,即使两者方向严格互相垂直,仍有微小的多普勒频移,你能理解吗?

1.13　自从扫描隧道显微镜(sweeping tunneling microscope,简作STM,见第二章)发明之后,又发明了另一种利用微电子-机械技术的原子力显微镜(atomic force microscope,简作AFM).如附图.一个微型的悬臂 A,其下端有一个仅由少数原子组成的针尖 P,悬于待测平面 S 之上约nm量级的高度处.针尖与样品原子间的相互作用力(即原子力)约为 $10^{-11} \sim 10^{-8}$ N.当针尖沿平面扫描时,原子力有变化,针尖的位置便有上下的微小移动.这个位移反映了平面上微观粒子分布的形貌，分辨率可达 nm 量级以下. 请想一想：

(1) 这里的"原子力"是什么性质的力？

(2) 实验得到的是怎样一种图形？

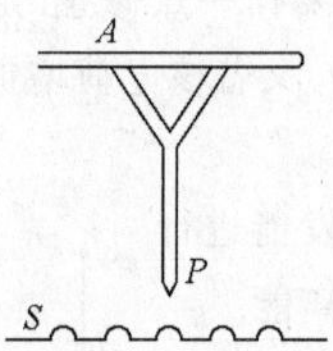

思考题 1.13 图

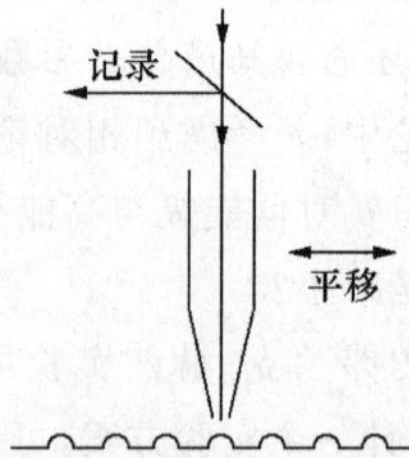

思考题 1.14 图

1.14 "近场显微镜"的一种结构原理如附图. 光经一个微孔(直径约 10 nm)射到一个平面上. 微孔距平面非常近，光由平面反射进入微孔后，由半反半透镜反射并记录下来. 使微孔沿平面稳定地移动，当它经过一个个凸出的微粒时，反射光的强度会有变化. 由此就可以得到分辨率达几十 nm 的图像. 目前人们还在进一步提高分辨率，争取能看到更小的粒子，直到原子. 请考虑一下这种显微镜与普通光学显微镜的根本区别何在？限制分辨率的主要因素是什么？

习　题

1.1 H 原子从 $n=100$ 到 $n=99$ 跃迁产生的光的频率及波长各是多大？用什么方法探测？如果真的要进行这种实验，你能想到这个"大"原子所带来的困难吗？

1.2 要从类氢离子中获得波长在 1 nm 左右的 X 射线，应选用哪些离子？

1.3 用能量为 12.5 eV 的电子去激发 H 原子，问激发后 H 原子能发出哪些谱线？作出能级及跃迁图.

1.4 对于氢原子、一次电离的氦离子 He^+ 和两次电离的锂离子 Li^{++}，分别计算它们的

(1) 第一、第二玻尔轨道半径；

(2) 电子在基态的结合能；

(3) 第一激发电势及共振线的波长.

1.5 一次电离的氦离子 He^+ 从第一激发态向基态跃迁时所辐射的光子，能使处于基态的氢原子电离，从而放出电子，试求该电子的速度.

1.6 电子偶素(positronium)是由一个正电子和一个负电子组成的一种存在时间很短的原子系统. 试求：

(1) 第一激发电势和电离电势；

(2) $n=2 \rightarrow n=1$ 谱线波长.

1.7 设一个静止的氢原子放出一个 $n=2 \rightarrow n=1$ 跃迁的光子. 试求：

(1) 氢原子获得的反冲速度；

(2) 由此引起的对该谱线频率的修正(绝对值和相对值).

(本题指出影响谱线频率的一个因素，但这种影响极小.)

1.8 处于激发态的原子在真空中以 $v=10^3\,\mathrm{m/s}$ 向前运动，同时发出谱线. 发光强度将沿原子前进方向逐步减弱. 若在相距 1.5 mm 两点处谱线强度之比为 3.32∶1，求激发态平均寿命和自发跃迁概率.

1.9 设某共振线 $\lambda=500\,\mathrm{nm}$，$A=10^8\,\mathrm{s}^{-1}$. 用强共振光照射原子，使其受激跃迁速率也达到 $10^8\,\mathrm{s}^{-1}$. 问 ρ_ν 应为多大？这时上、下能级的粒子数如何分布？

1.10 现代技术已经可以使人用肉眼能“看见”单个静止的原子或离子，用的是共振荧光法. 按上题所设条件，你能否粗略估计一下，需要什么样的“眼力”才能做到这一点？

1.11 已知某原子对某一频率共振光，吸收截面为 $\sigma=3\times10^{-17}\,\mathrm{cm}^2$，问在室温下当该原子蒸气压为 1 Pa 时，吸收系数为多大？此光经 1 m 长的吸收室后，相对吸收量为多大？

1.12 某一能级能够向能量比它低的两个下能级发生自发跃迁，跃迁速率分别是 $1\times10^8\,\mathrm{s}^{-1}$ 和 $2\times10^8\,\mathrm{s}^{-1}$，问此能级的平均寿命是多长？

1.13 证明 H 原子 n 轨道上电子运动速度为 $v_n=\frac{1}{n}\alpha c$，其中 $\alpha=\frac{1}{4\pi\varepsilon_0}\cdot\frac{e^2}{\hbar c}\approx\frac{1}{137}$ 称为精细结构常数(详见本书第二章).

第二章　量子力学初步

第一章已经指出，玻尔理论虽然取得了重大的成功，但还远未能从根本上解决原子结构问题. 这个问题的解决有待于量子力学.

量子力学是关于微观世界的基本理论，它的意义远远超过原子结构问题. 若从 1900 年普朗克提出量子假设开始算起，到 1925 年前后量子力学理论建立，花去了四分之一个世纪的时间，完成了物理学上的一次大飞跃. 量子力学建立在全新的概念基础之上，与某些经典概念不相容. 玻尔曾经讲过："不对量子力学理论感到震惊的人不懂量子力学". 的确，量子力学在其发展过程中取得一个又一个惊人的成就，不仅体现在基础科学方面，而且体现在技术方面. 近代原子能技术、光电技术等等，其基础理论均是量子力学. 近来，微型器件的研究已经注意到物质在原子、分子尺度内的性质，这里量子效应更不可忽视. 量子力学的概念与方法，正在成为技术专家手中的工具. 可以相信，它还会导致更为惊人之事的产生.

量子力学的理论体系，是在 1923～1927 年间建立起来的. 从德布罗意（L. de Broglie）的波粒二象性假设开始，起初海森伯（W. K. Heisenberg）和薛定谔（E. Schrödinger）两人几乎同时从不同的角度研究了这个问题，各自提出了自己的理论. 随即证明，这两种理论是等价的. 后来有其他多位科学家参与，共同完善了量子力学理论. 本章仅对此作一初步介绍.

§2.1　物质的二象性、概率波与量子态

2.1.1　德布罗意波假设

我们知道，光具有粒子性，光子的两个主要性质是

$$E = h\nu \tag{2.1.1}$$

$$\boldsymbol{p} = \hbar \boldsymbol{k} \quad (p = h\nu/c = h/\lambda) \tag{2.1.2}$$

式中 E 是光子的能量，$\boldsymbol{k}$ 是波矢，$\boldsymbol{p}$ 是动量，h 是普朗克常数，$\hbar = h/2\pi$.

1924 年，德布罗意推想，既然光在某些情况下具有波动性，在另一些情况下又表现出粒子性，那么实物粒子，如电子、原子等等，是否也可能具

有波动性.类比于光子的特性(2.1.1)和(2.1.2),他提出一个假设:与具有能量 E(动能加势能)和动量 $\boldsymbol{p}$ 的粒子相联系,有一个波,称为物质波.波的频率和波长分别是

$$\nu = E/h \tag{2.1.3}$$

$$\lambda = h/p \tag{2.1.4}$$

波的传播方向是粒子的动量方向.人们称这个波为德布罗意波.最简单的例子是自由粒子.设粒子以匀速度运动,动量为 $\boldsymbol{p}$,可以用平面波来表示这种粒子.已知平面光波(电磁波)的表示式为

$$\psi = \psi_0 \mathrm{e}^{\mathrm{i}(\boldsymbol{k}\cdot\boldsymbol{r}-2\pi\nu t)} \tag{2.1.5}$$

自由粒子德布罗意波的表示式与此类似,只是波矢量 $\boldsymbol{k}$ 和频率 ν 应该用粒子的动量和能量来表示.将式(2.1.1)和(2.1.2)代入上式,得

$$\psi = \psi_0 \mathrm{e}^{\mathrm{i}(\boldsymbol{p}\cdot\boldsymbol{r}-Et)/\hbar} \tag{2.1.6}$$

上式在波的相位部分,包含了粒子的动量和能量两个物理量.式中的振幅 ψ_0 在空间各点均为同值,所以此式不能代表某一个粒子在空间某位置以动量 $\boldsymbol{p}$ 运动的状态.实际上,平面德布罗意波表示的是在空间均匀分布的、以相同动量运动着的粒子流,这是一个理想的德布罗意波.

在一般情况下,物质波不是平面波.人们用 $\psi=\psi(\boldsymbol{r},t)$ 来表示这个波,在量子力学中,ψ 称为波函数.

德布罗意波与玻尔理论也有联系.一个在氢原子中沿定态轨道运动的电子,如果具有波动性,这个波一定是驻波,如图 2.1,因为若不是驻波,沿封闭圆轨道传播的波就会由于干涉而互相抵消.从能量的角度看,只有驻波能在一定的空间中贮存能量,否则能量就会传播(发散)出去.因此,电子轨道是有限制的,轨道的圆周长度必须是波长的整倍数:

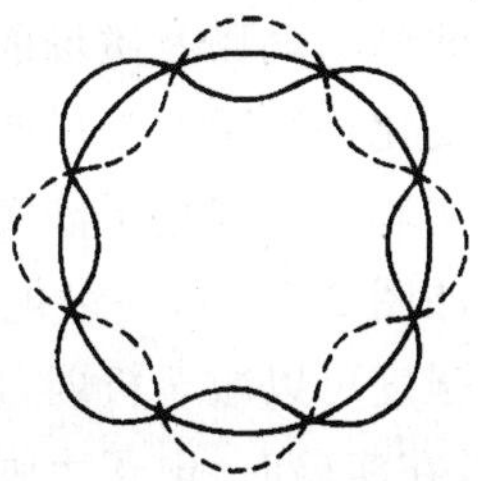

图 2.1　氢原子中德布罗意驻波

$$2\pi r = n\lambda, \quad n = 1,2,3,\cdots$$

由此得到电子的角动量

$$L = rp = r\frac{h}{\lambda} = n\hbar$$

式中 r 为轨道的半径.这恰恰就是玻尔的量子化条件.可见,从物质波概念可以比较自然地得到量子化条件.上述考虑虽然不能完全反映物质波的实质,但反映了玻尔理论与新概念之间的联系.

德布罗意波假设的最后检验在于实践.从光学我们知道,对波动性的

最好检验方法是干涉和衍射实验.在德布罗意波假设提出后,这类实验很快就进行了,并证实了物质波的存在.

2.1.2　德布罗意波的实验验证及物理诠释

首先看一下德布罗意波的波长.设用电压 V 使电子加速到速度 v.由 $eV=mv^2/2$,有 $v=\sqrt{2eV/m}$.由式(2.1.4)可得

$$\lambda=\frac{h}{mv}=\frac{h}{\sqrt{2meV}} \tag{2.1.7}$$

若 V 用伏[特](V)作单位,λ 用纳米(nm)作单位,则

$$\lambda=\frac{1.225}{\sqrt{V}}\ \mathrm{nm} \tag*{(2.1.7)$'$}$$

在一般实验室所用的电压范围内,这个波长很短,属 X 射线范围.若要做干涉或衍射实验,所用光栅、狭缝等光学元件的尺寸也要与其匹配.初期的实验,都是选用晶体作光栅来进行的,它们证实了式(2.1.4)的关系,显示了物质波的存在.后来,随着微加工技术的发展,人们就直接用精细的光栅、狭缝等做实验.在本书§6.5,还将介绍于 1996 年才实现的原子相干德布罗意波的干涉实验.

在证实了德布罗意波确实存在之后,人们当然要继续深入探讨,物质波究竟是一种什么性质的波.我们知道,弹性波是物质的一种位移波,而电磁波则与电场及磁场的变化相联系,那么物质波又与什么物理量的周期性变化相联系?为说明这个问题,最好的办法是分析一个实验的结果.这个实验就是双缝干涉实验,实验结果可能在读者的意料之外.

如图 2.2(a),一束电子通过一个微型双狭缝射向接收屏.入射电子束的强度可以减至极弱,以至于可以认为电子是一个接一个地到达接收屏的.在实验时,电子束强度从极弱逐渐增强(或记录时间逐渐加长),同

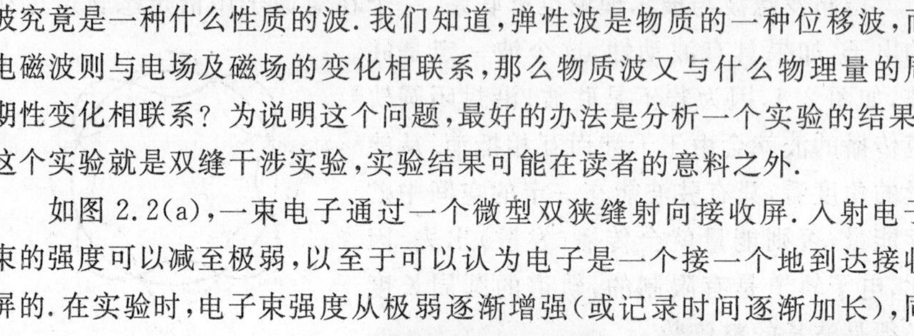

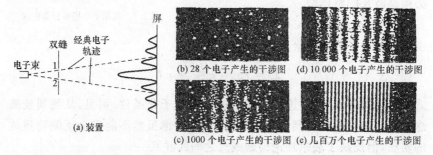

图 2.2　电子双缝干涉图

时观察到达接收屏的电子的分布情况. 图 2.2(b)是 28 个电子到达屏面的分布图,由图可以看出两点:(1) 电子是“整个”地到达接收点,而不是部分地到达. 这显示了电子的粒子性. (2) 电子随机地分布在屏上干涉条纹所在处的各个地方. 若注意观察某一个电子,则发现它究竟到达哪一点,是完全无法预料的. 可见电子不是经典的粒子. 经典的粒子(例如子弹)从束源射出后,将经过两个狭缝中的一个,以直线的轨迹射到屏上,屏上只有两条条纹,位置在图 2.2(a)中两条虚线与屏交界处. 图 2.2(c)～(d),表示随着越来越多的电子到达,双缝干涉的图形逐步显示出来. 当有几百万个电子到达后,图 2.2(e)显示了完整的干涉条纹(此图的横向尺度缩小了),其强度分布与杨氏双缝实验的结果相同. 这显示了电子的波动性. 但电子又决不可能是经典的波,因为经典的波不论弱到什么程度,在经过双缝后,总要给出完整的干涉花样来. 总之,电子的干涉条纹显示出电子在屏上(空间)分布的规律:电子既有粒子性,又有波动性;它既不是经典的粒子,又不是经典的波.

那么,如何全面解释电子双缝干涉实验的结果呢? 这就要用到概率波的概念. 设与电子相联系的物质波是 $\psi(\boldsymbol{r},t)$. 量子力学认为,$\psi(\boldsymbol{r},t)$不代表任何实际的物理量的波动运动,它的意义是:$|\psi(\boldsymbol{r},t)|^2\mathrm{d}\tau$ 正比于 t 时刻电子出现在 $\boldsymbol{r}$ 处体元 $\mathrm{d}\tau$ 中的概率. 这就是物质波的概率解释或统计解释. 它也可以说是量子力学的一个基本假设. 至此,德布罗意提出的物质波概念,才有了准确的解释. 简言之,物质波应理解为概率波.

试以这个观点来解释上述实验. 每个电子的物质波,都通过两个狭缝. 通过狭缝的两路波在屏上某点相遇,按波动规律线性叠加,叠加后的波幅的二次方即正比于电子出现于该点的概率. 由于干涉,这个概率在一些区域增加,在另一些区域内减小或为零,这就形成实验中观察到的现象. 若就某一区域而言,电子在这里要么出现,要么不出现,不存在电子分割的问题. 物理学家狄拉克(P. A. M. Dirac)曾有一句名言:“电子的干涉只能是电子自己与自己的干涉”. 上述实验也很形象地体现了这一层意思. 这充分表现了实物粒子二象性的本质.

顺带指出,如果用极弱的光来做双缝干涉实验,也得到同样的结果. 这表明光也具有二象性,既不是经典的波,也不是经典的粒子. 杨氏在 19 世纪初进行了光学双缝干涉实验,奠定了光的波动说的实验基础. 在近二百年后,如果他用极弱光再做这个实验,就会有新的结论了.

2.1.3 不确定性原理

前一小节指出，微观粒子具有粒子与波动二象性，两者统一于概率波的诠释. 在概率波中，经典波概念中的一部分（主要是波的叠加性，见§2.1.5）被保留了下来，但它并不表示任何实在的物理量的波动；经典粒子概念中的一部分（原子性以及力学量之间的某些关系）被保留了下来，而轨道的概念则被摒弃. 然而，经典粒子的概念在多大程度上适用于微观世界？海森伯提出的不确定性原理对此作了最集中和形象的概括. 下面就来讨论这个问题.

在经典物理学中，一个粒子具有确定的坐标和动量. 但是微观粒子具有二象性，物质波是不可能定域于空间某一点上的. 这就给粒子的坐标和动量带来某种不确定性. 设粒子的坐标为 q，动量为 p，它们的不确定性可用方均根偏差来量度：

$$\Delta p = \sqrt{\overline{(p-\overline{p})^2}}, \quad \Delta q = \sqrt{\overline{(q-\overline{q})^2}} \tag{2.1.8}$$

式中 $\overline{p}$ 及 $\overline{q}$ 分别是 p 及 q 的平均值. 海森伯用量子力学严格证明，Δp 与 Δq 之乘积满足

$$\Delta p \cdot \Delta q \geqslant \hbar/2 \tag{2.1.9}$$

这叫海森伯不确定性原理（uncertainty principle）. 由于这个原理，当人们同时测量粒子的坐标和动量时，测量的偏差（不是由于仪器误差引起的）必须也满足这个关系，所以这个原理也称为测不准原理. 式(2.1.9)用分量表示为

$$\Delta p_x \Delta x \geqslant \hbar/2, \quad \Delta p_y \Delta y \geqslant \hbar/2, \quad \Delta p_z \Delta z \geqslant \hbar/2 \tag{2.1.9$'$}$$

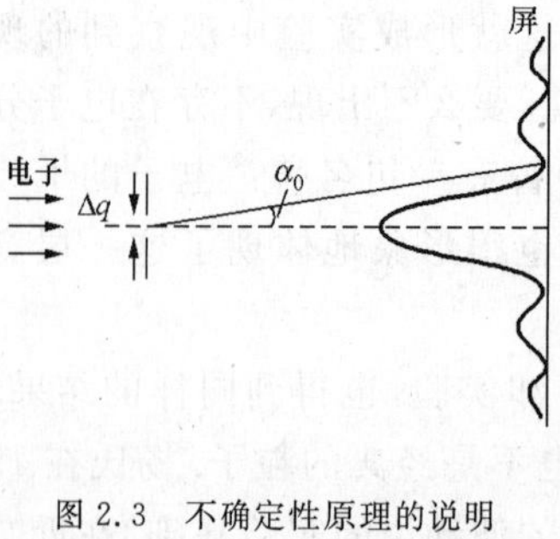

图 2.3 不确定性原理的说明

这里不对原理进行证明，而是用一个例子来说明. 如图 2.3，设有电子通过一个宽为 Δq 的狭缝后射到屏上，在屏上显示单缝衍射花样. 电子作为微粒，它通过狭缝的哪一点是不能确定的；不确定的范围是 Δq. 电子又具有波动性，它在经过狭缝后，行进方向可能偏离原方向. 用 α 表示偏离角，这就在沿 Δq 方向产生了一个动量

$$\Delta p = p\sin\alpha \approx p\alpha$$

如果我们只考虑衍射图样中央部分的效应，以 α_0 表示电子达到衍射图样第一极小值的路径的偏转角，则 $\Delta p \sim p\alpha_0$，α_0 根据衍射原理约等于 $\lambda/\Delta q$，

这里 λ 是德布罗意波长，$\lambda=h/p$，因此

$$\Delta p \sim p\alpha_0 = p\frac{\lambda}{\Delta q} = \frac{h}{\Delta q}$$

$$\Delta p \Delta q \sim h$$

这个关系表明，如果把粒子的动量非常精密地测定，即 $\Delta p \to 0$，那么位置就非常不确定，即 $\Delta q \to \infty$，式(2.1.6)中自由粒子的波函数就是如此. 若粒子的动量 $\boldsymbol{p}$ 是完全确定的，则位置完全不能确定；反之，若位置能非常精确地测定，动量就非常不确定.

不确定性原理也存在于能量和时间这两个物理量之间. 一个粒子处于某一状态，如果时间有一个不确定值 Δt，那么它的能量也有一个不确定值 ΔE，且

$$\Delta E \Delta t \geqslant \hbar/2 \tag{2.1.10}$$

这可以推导如下：由 $E=p^2/2m$，$\Delta E=p\Delta p/m=v\Delta p$，故

$$\Delta E \Delta t = v\Delta p \Delta t = \Delta p \Delta q \geqslant \hbar/2$$

不确定性原理是一个非常基本的、反映微观粒子本质的理论，它同时又指出了人们使用经典运动概念的限度，此限度以普朗克常数 h 表征. h 是一个非常小的量，不确定性原理对宏观粒子的运动实际上是没有意义的. 例如，一个质量为 10^{-2} kg 的小球，以 $v=10^2\ \mathrm{m\cdot s^{-1}}$ 的速率运动，$p=1\ \mathrm{kg\cdot m\cdot s^{-1}}$. 假定其位置能确定到 1 μm，那已经是非常精确了，则由不确定关系给出的 $\Delta p \sim h/\Delta x=6.6\times10^{-28}\ \mathrm{kg\cdot m\cdot s^{-1}}$，动量的不确定性小到没有实际意义. 在这里，可以认为 $h\to 0$，粒子仍具有确定的坐标和动量，也就是有确定的运动轨迹. 但在微观世界中则不然. 例如在氢原子中，假定电子是在 n_1 轨道上运动，$\Delta x \sim a_1=0.53\times10^{-10}$ m. 因为 $p=mv=m\alpha c$，可知

$$\Delta p/p \sim h/(\Delta x \cdot p) = h/(\Delta x \cdot m\alpha c) = 6.5$$

动量的相对不确定程度是如此之大，以致无法确切地说明在 a_1 范围内电子究竟具有多大的动量.

2.1.4 波函数与量子态

上面已经指出，每一个粒子联系着一个物质波，这个波与经典的波不同，是概率波. $|\psi(\boldsymbol{r},t)|^2\mathrm{d}\tau$ 正比于 t 时刻在 $\boldsymbol{r}$ 处的体元 $\mathrm{d}\tau$ 中粒子分布的概率. 对于概率分布来说，重要的是相对概率分布. 一个波函数 $\psi(\boldsymbol{r},t)$，如乘以一个常数 C，成为 $C\psi(\boldsymbol{r},t)$，则“新”的波函数的概率密度为 $C^2|\psi(\boldsymbol{r},t)|^2$，除一个常数外，与原来分布的情况完全相同. 所以波函数有

一个常数因子的不确定性.通常,要求一个粒子在空间各点分布的概率之和为1,即要求 $\psi(\boldsymbol{r},t)$满足下列条件:

$$\int |\psi(\boldsymbol{r},t)|^2 \mathrm{d}\boldsymbol{r} = \int \psi^*(\boldsymbol{r},t)\psi(\boldsymbol{r},t)\mathrm{d}\boldsymbol{r} = 1 \qquad (2.1.11)$$

上式中 ψ^* 是与 ψ 共轭的复函数,积分遍及波函数分布的全部空间.将波函数乘以一个恰当的常数,使之满足式(2.1.11)的过程叫做归一化.归一化后,$|\psi(\boldsymbol{r},t)|^2$ 称做粒子分布的概率密度.但不是所有的波函数都能按此式归一化,例如式(2.1.6)所描述的平面波波函数如按上式归一化,它的振幅将是高阶无穷小量,这显然是没有意义的.平面波有一种特殊的"归一化"方法,本书不作介绍.

现在需要知道,波函数 $\psi(\boldsymbol{r},t)$在多大程度上表示了粒子的运动状态.量子力学理论证明,在一个粒子的波函数给定以后,不但粒子位置的分布概率完全确定,而且粒子的其他力学量的分布概率(特殊情况下是力学量的确切数值)也完全确定了.因此,波函数完全地描述了一个粒子的运动状态,它又称为态函数.这种描述粒子状态的方式与经典力学是根本不同的.

但是,波函数 $\psi(\boldsymbol{r},t)$并不是描述微观粒子运动状态的唯一方式.理论上,粒子的同一量子态可以用不同的方式来表示.这些表示之间有确定的变换关系,完全等价,这叫做表象(representation)不同.$\psi(\boldsymbol{r},t)$以坐标为自变数,称为粒子状态在坐标表象中的表示.若以动量为自变数,则有不同于 $\psi(\boldsymbol{r},t)$的动量表象中的表示.此外还有其他表示方式.作为初步介绍,本书仅使用坐标表象中的表示 $\psi(\boldsymbol{r},t)$.

在量子力学中,将物理量具有确定数值的状态称为该物理量的本征态.例如式(2.1.6)中平面波所描述的量子态,具有确定的动量,所以它是动量的本征态.相应的波函数叫做本征函数,物理量的数值叫做本征值.

2.1.5 态叠加原理

量子力学的另一个基本原理是态叠加原理,表述如下:设某粒子有两个量子态,分别以 $\psi_1(\boldsymbol{r},t)$和 $\psi_2(\boldsymbol{r},t)$表示,则这两个波函数的线性叠加

$$\psi(\boldsymbol{r},t) = c_1\psi_1(\boldsymbol{r},t) + c_2\psi_2(\boldsymbol{r},t) \qquad (2.1.12)$$

也是这个粒子的一个可能的量子态.可以看出,态叠加原理正是正确诠释电子干涉实验的理论基础.在图2.2的实验中,从缝"1"来的物质波 ψ_1 与从缝"2"来的物质波 ψ_2 在屏上某处叠加,根据态叠加原理,此处电子的状态应由叠加后的波函数 $\psi=\psi_1+\psi_2$ 完全确定,所以这里的电子分布概率

密度为

$$|\psi|^2=|\psi_1|^2+|\psi_2|^2+\psi_1^*\psi_2+\psi_1\psi_2^*$$

正是上式中等号右边最后两项起了干涉作用，使电子的概率密度呈干涉条纹状的分布．从形式上看，量子力学中的态的叠加与经典波中子波的叠加相同，但两者物理本质完全不同．在量子力学中，态叠加原理是波的叠加性与“波函数完全地描述一个粒子的运动状态”这两个概念的概括，是量子态的叠加．当一个粒子处于如式(2.1.12)所描述的叠加态时，它**同时**地既处在“1”态，又处在“2”态，这是经典概念所不能理解的．

若 ψ_1,ψ_2 为粒子某个物理量 A 的本征函数，本征值分别为 A_1 和 A_2，则当粒子处于 $\psi=c_1\psi_1+c_2\psi_2$ 态并测量其物理量 A 时，有时会得到 A_1，有时会得到 A_2，两者出现的次数之比为 $|c_1|^2:|c_2|^2$（若用归一化波函数，应有 $|c_1|^2+|c_2|^2=1$）．至于某一次测量结果究竟是什么，则是事先不能确定的．态的叠加导致测量的某种不确定性．

§2.2 薛定谔方程

2.2.1 薛定谔方程的引入

上节已指出，波函数 $\psi(\boldsymbol{r},t)$ 完全地描述了微观粒子的运动状态，因此，找出波函数 $\psi(\boldsymbol{r},t)$ 随时间而演化的规律以及在各种具体问题中求波函数的方法，就成了量子力学中的核心问题．薛定谔于 1926 年解决了这个问题，提出了薛定谔方程．他指出，在势场 V 中运动的粒子，其波函数 $\psi(\boldsymbol{r},t)$ 满足的方程是

$$\mathrm{i}\hbar\frac{\partial}{\partial t}\psi(\boldsymbol{r},t)=\left[-\frac{\hbar^2}{2m}\nabla^2+V\right]\psi(\boldsymbol{r},t) \tag{2.2.1}$$

式中 ∇^2 是拉普拉斯算符．在直角坐标中

$$\nabla^2\equiv\frac{\partial^2}{\partial x^2}+\frac{\partial^2}{\partial y^2}+\frac{\partial^2}{\partial z^2}$$

式(2.2.1)称做薛定谔方程．

量子力学中的薛定谔方程相当于经典力学中的牛顿运动定律，是不能从什么更根本的原理中推出来的．它的正确与否，只能由科学实验来检验．但是，人们可以用某些方式引进薛定谔方程．具体方法读者可参考有关书籍①．我们可以从不同侧面发现薛定谔方程与经典力学概念之间的

① 例如，可参看：褚圣麟．原子物理学．北京：高等教育出版社，1979．

联系.薛定谔方程本身是一种类型的波动方程,薛定谔所创建的力学曾被称为波动力学,这反映了粒子波动性的一面.而从下面论述中,读者可以发现波动方程与经典粒子运动能量关系式之间的某种联系.按经典力学,在势场 $V(\boldsymbol{r})$ 中,粒子的能量 E 等于动能 $p^2/2m$ 与势能 V 之和,即

$$E = p^2/2m + V \tag{2.2.2}$$

从形式上看,如在经典关系式(2.2.2)中做如下变换:

$$E \to \mathrm{i}\hbar\frac{\partial}{\partial t}, \quad p \to -\mathrm{i}\hbar\nabla \tag{2.2.3}$$

然后作用于波函数 ψ,就得到薛定谔方程.这种变换在量子力学中的含义,下面还要提及.

在势能 V 不显含时间的问题中,薛定谔方程可以用一种分离变数的方法求其特解.令特解表示为

$$\psi(\boldsymbol{r},t) = \psi(\boldsymbol{r})f(t) \tag{2.2.4}$$

代入式(2.2.1),并把坐标函数和时间函数分列于等号两边:

$$\frac{\mathrm{i}\hbar}{f}\frac{\mathrm{d}f}{\mathrm{d}t} = \frac{1}{\psi(\boldsymbol{r})}\left[-\frac{\hbar^2}{2m}\nabla^2 + V\right]\psi(\boldsymbol{r}) \tag{2.2.5}$$

上式中等号左边是时间的函数,右边是坐标的函数.若要它们相等,就必须两边都等于一个与时间和坐标都无关的常数.令这常数为 E,有

$$\frac{\mathrm{i}\hbar}{f}\frac{\mathrm{d}f}{\mathrm{d}t} = E, \quad f \sim \mathrm{e}^{-\mathrm{i}\frac{E}{\hbar}t}$$

于是波函数 $\psi(\boldsymbol{r},t)$ 可以写成

$$\psi(\boldsymbol{r},t) = \psi(\boldsymbol{r})\mathrm{e}^{-\mathrm{i}\frac{E}{\hbar}t} \tag{2.2.6}$$

与自由粒子的波动方程比较,可知上式中的常数 E 就是能量.具有这种形式的波函数所描述的状态称为定态.在定态中概率密度 $|\psi(\boldsymbol{r},t)|^2 = |\psi(\boldsymbol{r})|^2$ 与时间无关.另一方面,式(2.2.5)右边也等于 E,故有

$$\left[-\frac{\hbar^2}{2m}\nabla^2 + V\right]\psi(\boldsymbol{r}) = E\psi(\boldsymbol{r}) \tag{2.2.7}$$

这是波函数中与坐标有关的部分 $\psi(\boldsymbol{r})$ 所满足的方程,称做不含时间的薛定谔方程.需要根据波函数的物理诠释以及具体问题的边界条件,求解此方程.由此求出的 E 值就是体系的能量本征值,相应的波函数 $\psi(\boldsymbol{r})$ 是能量本征函数.不含时间的薛定谔方程实际上就是势场 $V(\boldsymbol{r})$ 中粒子的能量本征方程,也称为定态薛定谔方程.

为了了解用薛定谔方程解决微观粒子问题的具体方法,下面先讨论三个比较简单的一维定态问题.

2.2.2 一维无限高势垒(无限深势阱)中的粒子

一个粒子在两个无限高势垒之间的运动，实际上与一个粒子在无限深势阱中的运动属于同一类问题. 设势垒位于 $x=0$ 及 $x=a$ 处. 势垒之间(图 2.4 中 Ⅰ 区)，势能 $V=0$，势垒本身(图 2.4 中 Ⅱ，Ⅲ 区)，$V=\infty$，求粒子在势垒间的运动情况.

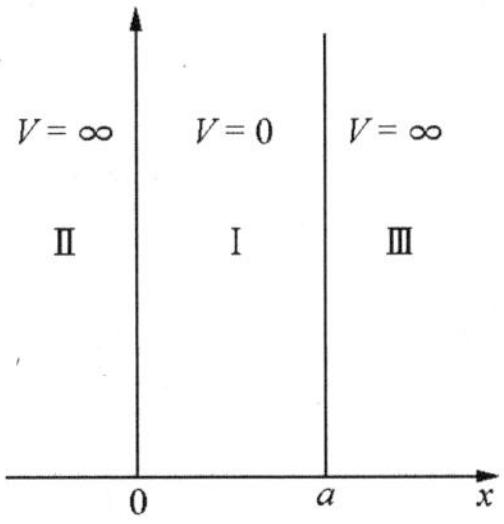

图 2.4 无限高势垒

薛定谔方程为

$$-\frac{\hbar^2}{2m}\nabla^2\psi+V\psi=E\psi \qquad (2.2.8)$$

$$V(x)=\begin{cases}0, & 0\leqslant x\leqslant a\\ \infty, & x<0, x>a\end{cases}$$

在 Ⅱ，Ⅲ 区，只能有 $\psi=0$. 因为从物理上考虑，粒子不能存在于势能为无限大的地区. 在 Ⅰ 区，方程简化为

$$\frac{\mathrm{d}^2\psi}{\mathrm{d}x^2}=-\frac{2mE}{\hbar^2}\psi \qquad (2.2.9)$$

令 $k\equiv\sqrt{\dfrac{2mE}{\hbar^2}}$，则

$$\frac{\mathrm{d}^2\psi}{\mathrm{d}x^2}+k^2\psi=0 \qquad (2.2.10)$$

此方程的通解为

$$\psi=A\sin(kx+\delta) \qquad (2.2.11)$$

式中 A,δ 为待定常数. 要确定 A 与 δ 之值，可以利用 ψ 的边界条件及归一化条件. 从物理上考虑，粒子不能透过势垒，这就要求在阱壁及阱外波函数为零，即

$$\psi(0)=0,\quad \psi(a)=0$$

由前一边界条件可知，$0=A\sin\delta$，考虑到 $A=0$ 的解无意义(粒子不存在)，所以取 $\sin\delta=0$ 中 δ 的初值 $\delta=0$. 由后一边界条件可知 $0=A\sin ka$. 因 $A\neq 0$，故 $\sin ka=0$，

$$ka=n\pi \quad (n=1,2,3,\cdots)$$

即

$$k_n=n\pi/a$$

上式中舍去了 $n=0$ 的解，因若 $n=0$，则 $k=0$，$\psi=0$，无意义. 又舍去了 n 为负的解，因为 $\psi=A\sin ka$ 与 $\psi=A\sin(-ka)=-A\sin ka$ 的物理意义相同. 由 $k=\dfrac{\sqrt{2mE}}{\hbar}$，得到

$$E_n=\frac{k_n^2\hbar^2}{2m}=\frac{\pi^2\hbar^2}{2ma^2}n^2 \quad (n=1,2,3,\cdots) \tag{2.2.12}$$

这个结果表明，粒子在无限高势垒中的能量是量子化的，又由归一化条件

$$\int_0^a |\psi|^2\mathrm{d}x=1$$

$$\int_0^a A^2\sin^2 kx\,\mathrm{d}x=\int_0^a A^2\sin^2\frac{n\pi}{a}x\,\mathrm{d}x=A^2\frac{a}{2}=1$$

求出 $A=\sqrt{\frac{2}{a}}$，故归一化的波函数是

$$\psi_n=\sqrt{\frac{2}{a}}\sin\frac{n\pi}{a}x \quad (n=1,2,3,\cdots) \tag{2.2.13}$$

由上面的计算，可以看到量子力学解题的一些特点. 在解定态薛定谔方程的过程中，根据边界条件自然地得出了能量量子化的特性(2.2.12)，其中 E_n 是体系的能量本征值，相应的波函数 ψ_n 是能量本征函数.

粒子在一维无限高势垒间运动的特点如下：

(1) 能量是量子化的，最低能量 $E_1\neq 0$，这与经典力学大不相同，这是粒子波动性的反映，因为“静止的波”是不存在的. 能级的能量与 n^2 成正比加大，相邻能级间距越来越大(参看图 2.5(a)).

(2) 由式(2.2.6)可知，含时间的波函数是 $\psi_n\sim\sin\frac{n\pi}{\sqrt{a}}x\cdot e^{-i\frac{E}{\hbar}t}$，这是一个驻波，指数部分表示振动，振幅为 $\sin\frac{n\pi}{\sqrt{a}}x$(如图 2.5(b))，在形式上像一个两端固定的弦的驻波振动. 这又一次指出，在有限空间内，物质波只能以驻波形式稳定地存在着. 实际上，可以从驻波条件求出这个问题答案.

(3) 粒子在势垒中的概率分布 $|\psi|^2$ 是不均匀的，而且有若干概率为零的点(节点)(见图 2.5(c)).

下面再具体分析一下. 因 $E_n\propto 1/a^2$，当 a 较大时，E_n 变得很小. 设一个电子处在宏观无限深势阱中，$a=1$ mm，可算出 $E_n\sim 3.76\times 10^{-13}n^2$ eV，当 n 不是特别大时，这个能量很小. 但当 n 很大时，两能级间能量差

$$\Delta E_n=E_{n+1}-E_n=\frac{\hbar^2\pi^2}{2ma^2}[(n+1)^2-n^2]$$

$$=\frac{\hbar^2\pi^2}{2ma^2}(2n+1) \tag{2.2.14}$$

$\Delta E_n/E_n\sim 2/n\to 0$，能量的不连续性变得可以忽略. 这个例子说明，上述描述仅在微观世界中有实际意义.

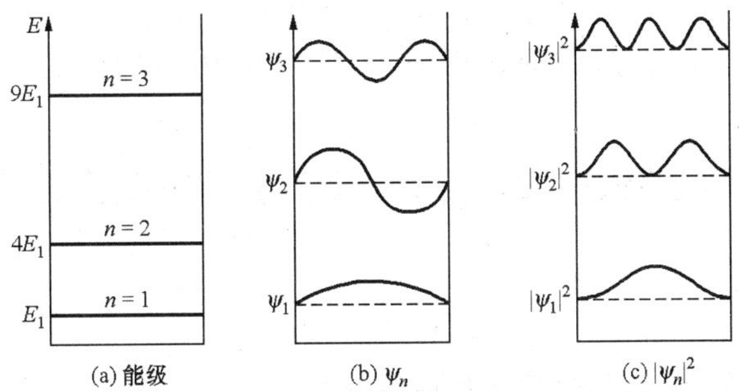

图 2.5　粒子在无限高势垒中

粒子在势阱中的运动是一种较为常见的现象. 氢原子中的电子就是在三维库仑势阱中运动，不过“阱壁”不是直立的，而是按 $-1/r$ 分布. 近来，人们设计制作了一种具有“量子阱”的半导体器件，它具有介观尺寸的势阱，阱宽约在 10 nm 上下. 这种材料具有若干特性，已用于制造半导体激光器、光电检测器、双稳态器件等.

2.2.3　势垒贯穿

设如图 2.6，在 $x=0$ 到 $x=a$ 之间有一个有限高的一维矩形势垒 $V=V_0$. 在 $x<0$ 区域有一个粒子，其动能 $E<V_0$，从左向右射向势垒，求粒子的概率分布. 这个问题的计算比较复杂，这里仅作定性的说明.

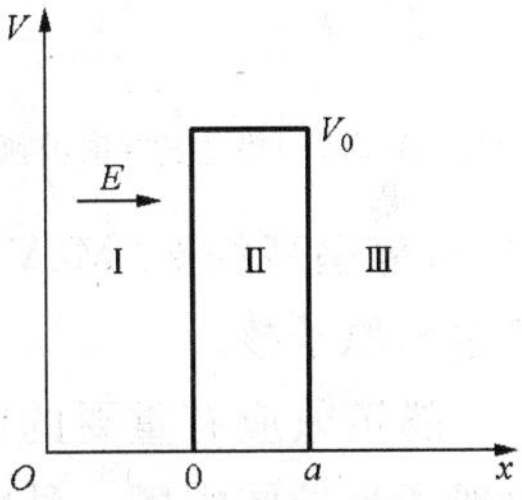

图 2.6　一维矩形势垒

在图中，将空间分为三个区域. 粒子从 I 区射向 II 区，在 $x=0$ 处遭遇势垒. 按经典力学，粒子的能量不够，不能越过势垒，将被反射而折回. 但在微观世界则不然，除反射外粒子的德布罗意波将部分地穿过势垒. 解题如下：

粒子的薛定谔方程为

$$-\frac{\hbar^2}{2m}\frac{d^2\psi}{dx^2}+V(x)\psi=E\psi \qquad (2.2.15)$$

$$V=\begin{cases}0, & x<0, x>a\\ V_0, & 0\leqslant x\leqslant a\end{cases}$$

在 I 区，有

$$\frac{d^2\psi_1}{dx^2}=-\frac{2mE}{\hbar^2}\psi_1=-k_1^2\psi_1, \quad k_1=\frac{\sqrt{2mE}}{\hbar}$$

其通解为平面波形式

$$\psi_1 = A_1 e^{ik_1 x} + B_1 e^{-ik_1 x} \tag{2.2.16}$$

式中 $e^{ik_1 x}$ 代表由左向右的入射波，$e^{-ik_1 x}$ 代表由右向左的反射波. 在Ⅱ区，有

$$\frac{d^2\psi_2}{dx^2} = \frac{2m}{\hbar^2}(V_0 - E)\psi_2 = k_2^2\psi_2, \quad k_2 = \frac{\sqrt{2m(V_0 - E)}}{\hbar}$$

其通解为

$$\psi_2 = A_2 e^{ik_2 x} + B_2 e^{-ik_2 x} \tag{2.2.17}$$

Ⅲ区的方程同Ⅰ区，但这里无反射波，故

$$\psi_3 = A_3 e^{ik_1 x} \tag{2.2.18}$$

为求出通解 ψ_1，ψ_2 及 ψ_3 中的待定常数，需应用边界条件. 由定态薛定谔方程(2.2.7)可知，若势场 $V(x)$ 是 x 的连续函数，则 $\psi''(x)$ 存在，因此 $\psi(x)$ 和 $\psi'(x)$ 必为 x 的连续函数. 具体应用于本题，波函数应在 $x=0$ 及 $x=a$ 处连续. 由此可以求出比值 A_3/A_1 及 B_1/A_1 的表达式. 三个区域中波函数示意图见图 2.7. 图中表明，在势垒后面(Ⅲ区)，粒子还有一定的概率分布. 也就是处在势垒前(Ⅰ区)的粒子有一定的概率穿透势垒而逸出. 这就是微观粒子的隧道效应.

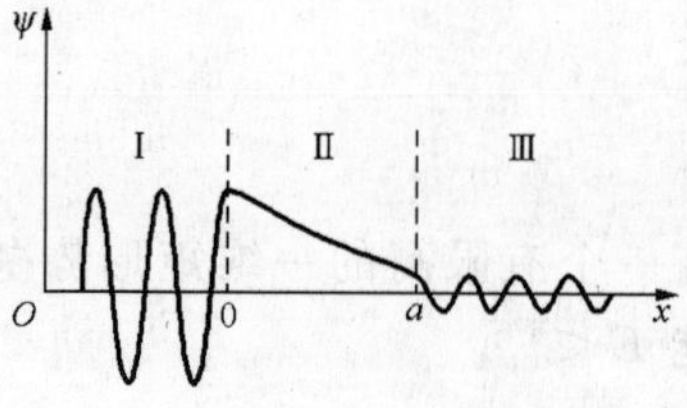

图 2.7 势垒贯穿时波函数

放射性原子核的 α 粒子发射就是一种隧道效应. 核内的 α 粒子处在球壳形势垒中，势垒高约 20 MeV，而 α 粒子的能量小于 10 MeV. 它仍有一定的概率逸出原子核.

隧道效应有重要的应用. 例如，在 20 世纪 50 年代，日本科学家江崎发现了半导体中的一种隧道效应，并制成一种隧道二极管，又称江崎二极管. 这种二极管的工作频率极高，可达 100 GHz，可用做微波器件和超高速开关. 扫描隧道显微镜是另一方式应用隧道效应的例子. 如图 2.8，设法在一个导体针尖顶端再制备一个由少量原子组成的小尖端. 此尖端距待测平面非常近，约 1 nm 量级. 在一般情况下，金属或介质中的电子不能自由逸出表面，因为它的能量低于表面外的空间的势能(零). 而现在针尖与待测物之间距离极近，这空隙就相当于一个高度有限而宽度很小的势垒. 在针尖与平面间加一个低于几伏的电压，在这一电压下，针尖中的电子还不能越过“空隙”这一势垒进入平

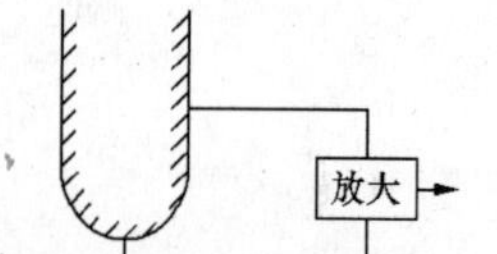

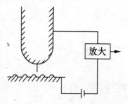

图 2.8 扫描隧道显微镜示意图

面，但有一定的概率穿越势垒，形成“隧道电流”. 隧道电流的大小对势垒宽度(针尖到平面的距离)的变化非常敏感. 当针尖沿平面扫描时，通过隧道电流的变化，便能描绘出平面高低变化的轮廓. 这种方法的分辨率极高，当表面非常平的时候，能给出平面上原子分布的图形来. 扫描隧道显微镜是在 20 世纪 80 年代发明的，对材料表面结构的研究起了重要作用. 彩图 1 给出了一个实例.

以上两例，其研究的主持人先后获得诺贝尔物理学奖.

2.2.4 简谐振子

简谐振动是物理学中经常出现的一类运动. 本小节将介绍一维微观简谐振子的运动特点. 在简谐振动中，粒子所受的力 F 正比于它的位移 x，而方向相反，即 $F=-kx$，势能为 $V=\frac{1}{2}kx^2$. 故薛定谔方程是

$$-\frac{\hbar^2}{2m}\frac{\mathrm{d}^2\psi}{\mathrm{d}x^2}+\frac{1}{2}kx^2\psi=E\psi \tag{2.2.19}$$

令 $\xi=\alpha x$，其中 $\alpha=(mk/\hbar^2)^{1/4}$，上式可改写成

$$\frac{\mathrm{d}^2\psi}{\mathrm{d}\xi^2}+(\lambda-\xi^2)\psi=0 \tag{2.2.19$'$}$$

式中

$$\lambda=\frac{2mE}{\hbar^2\alpha^2}=\frac{2E}{\hbar}\sqrt{\frac{m}{k}}=\frac{2E}{\hbar\omega} \tag{2.2.20}$$

$\omega=\sqrt{k/m}$是简谐振动的圆频率，方程(2.2.19)$'$的解如下：

$$E_n=\left(n+\frac{1}{2}\right)\hbar\omega,\quad n=0,1,2,\cdots \tag{2.2.21}$$

$$\psi_n=\left(\frac{\alpha}{\sqrt{\pi}2^n\cdot n!}\right)^{1/2}\mathrm{e}^{-\frac{1}{2}\alpha^2x^2}\mathrm{H}_n(\alpha x) \tag{2.2.22}$$

式中 $\mathrm{H}_n(\alpha x)$是厄米多项式，有 $\mathrm{H}_0(\alpha x)=1$，$\mathrm{H}_1(\alpha x)=2\alpha x$，$\mathrm{H}_2(\alpha x)=4(\alpha x)^2-2$ 等等. 简谐振子的能级示于图 2.9. 习惯上把能级画在势能曲线 $V=\frac{1}{2}kx^2$ 内，这样一来，能级横线的长度就表示了经典简谐振动中粒子的活动范围，亦即等于振幅的两倍. 微观简谐振子能级的特点可概括为：一是等距分布，间距为$\hbar\omega$. 二是最低能级，即 $n=0$ 的能级，仍有能量$\frac{1}{2}\hbar\omega$，叫做“零点能”. 这意

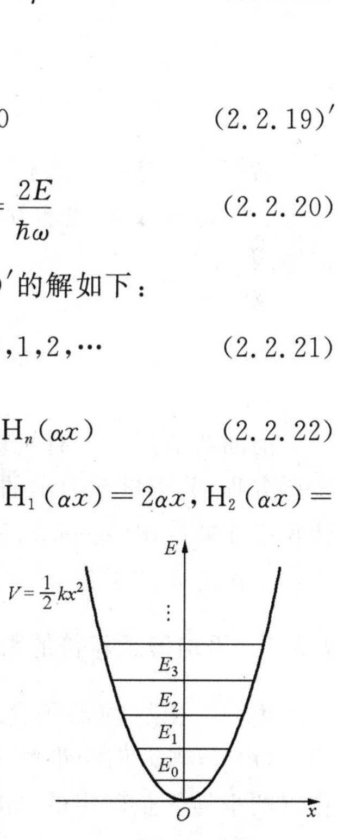

图 2.9 简谐振子能级

味着没有静止的简谐振子. 图 2.10(a)和(b)分别给出了 ψ_0, $|\psi_0|^2$ 和 ψ_1, $|\psi_1|^2$ 的图形. 注意在一维线性空间中,它们是一直延伸到无穷远处的. 在图(c)中,波函数与相应的经典粒子的势能曲线画在同一张图上. 从图中可以看出,波函数集中分布的区域,还是在经典的势能曲线之内,亦即在经典粒子的振动范围以内. 然而,很少量波函数分布到此范围以外,仍可能产生经典力学无法理解的效果.

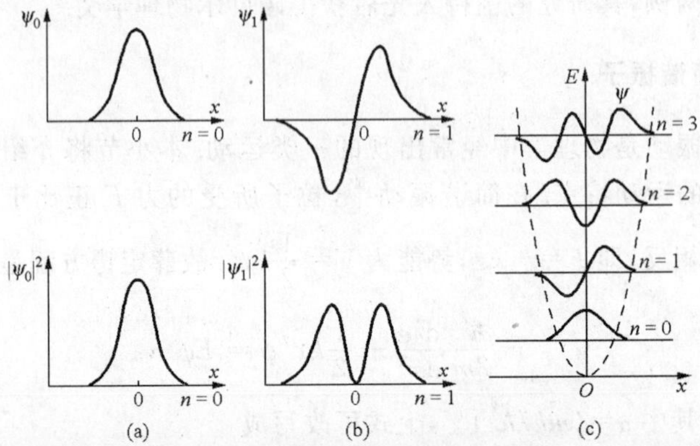

图 2.10 简谐振子的波函数及概率密度

谐振子的等距能级让人回想起当初普朗克对振子能量量子化的假设. 此外,谐振子问题也可以看做粒子在一维抛物线形势阱中的运动问题.

§2.3 量子力学中的一些理论和方法

前面两节提出了有关量子力学的若干基本概念和原理,并引入了薛定谔方程. 关于量子力学的完整理论体系和研究方法问题,需在量子力学课程中才能给出. 这一节仅对本书后面将要用到的部分内容作一些介绍,并限于用定态波函数 $\psi(\boldsymbol{r})$.

2.3.1 平均值及算符的引进

由归一化的 $\psi(\boldsymbol{r})$所表示的量子态,在矢径 $\boldsymbol{r}$ 处出现粒子的概率密度为$|\psi(\boldsymbol{r})|^2$,当人们测量粒子的位置的时候,所得结果也有一定的分布,但位置的平均值是确定的. 如坐标 x 的平均值 $\bar{x}$ 为

$$\bar{x} = \langle x \rangle = \int_{-\infty}^{\infty} |\psi(\boldsymbol{r})|^2 x \mathrm{d}\boldsymbol{r}$$

此式又可写成

$$\langle x\rangle=\int_{-\infty}^{\infty}\psi^{*}(\boldsymbol{r})x\psi(\boldsymbol{r})\mathrm{d}\boldsymbol{r} \tag{2.3.1}$$

式中的积分限遍及波函数分布的空间.

例如，在一维无限高势垒问题中，粒子的波函数是 $\psi_n=\sqrt{2/a}\sin(n\pi/a)x$. 由于是一维问题，

$$\langle x\rangle=\int_{-\infty}^{\infty}|\psi(x)|^{2}x\mathrm{d}x=\frac{2}{a}\int_{0}^{a}x\sin^{2}\frac{n\pi}{a}x\,\mathrm{d}x=\frac{a}{2}$$

$\langle x\rangle$位于势阱的中央，这是在意料之中的结果.

但在计算动量平均值$\langle\boldsymbol{p}\rangle$时，却不能仿照式(2.3.1)，即

$$\langle\boldsymbol{p}\rangle\neq\int_{-\infty}^{\infty}\psi^{*}(\boldsymbol{r})\boldsymbol{p}(\boldsymbol{r})\psi(\boldsymbol{r})\mathrm{d}\boldsymbol{r} \tag{2.3.2}$$

因为在式(2.3.2)的积分式中自变量是空间坐标，而 $\boldsymbol{p}(\boldsymbol{r})$是在指定的坐标 $\boldsymbol{r}$ 处的动量. 按不确定性原理，在一个粒子的坐标完全确定后，不能确定它的动量，因而积分无法进行计算. 动量平均值$\langle\boldsymbol{p}\rangle$的计算，应将式(2.3.2)积分号内的函数变换成在每一空间位置有确定值的函数.

如上节介绍薛定谔方程时已经指出，在经典的能量关系式(2.2.7)中，如作变换

$$E\rightarrow\mathrm{i}\hbar\frac{\partial}{\partial t},\quad \boldsymbol{p}\rightarrow-\mathrm{i}\hbar\nabla$$

并使式(2.2.7)等号两边作用于波函数，就得到薛定谔方程. 这仅是从形式上来观察的. 量子力学的严格理论指出，在进行类似式(2.3.2)的计算的时候，动量 $\boldsymbol{p}(\boldsymbol{r})$应该表示为$-\mathrm{i}\hbar\nabla$的形式：

$$\hat{\boldsymbol{p}}=-\mathrm{i}\hbar\nabla \tag{2.3.3}$$

式(2.3.3)叫动量的算符表示式，$\hat{\boldsymbol{p}}$ 是用算符表示的动量. 这样，式(2.3.2)变为

$$\begin{aligned}\langle\boldsymbol{p}\rangle&=\int_{-\infty}^{\infty}\psi^{*}(\boldsymbol{r})\hat{\boldsymbol{p}}(\boldsymbol{r})\psi(\boldsymbol{r})\mathrm{d}\boldsymbol{r}\\&=\int_{-\infty}^{\infty}\psi^{*}(\boldsymbol{r})(-\mathrm{i}\hbar\nabla)\psi(\boldsymbol{r})\mathrm{d}\boldsymbol{r}\end{aligned} \tag{2.3.4}$$

上式不含不确定的量，可以用于计算.

例如，在一维无限高势垒中的粒子的平均动量为

$$\begin{aligned}\langle p_x\rangle&=-\mathrm{i}\hbar\int_{-\infty}^{\infty}\psi^{*}(x)\frac{\mathrm{d}}{\mathrm{d}x}\psi(x)\mathrm{d}x\\&=-\mathrm{i}\hbar\frac{2n\pi}{a^{2}}\int_{0}^{a}\sin\frac{n\pi x}{a}\cos\frac{n\pi x}{a}\mathrm{d}x=0\end{aligned} \tag{2.3.5}$$

即粒子以相同的概率具有与 x 轴方向相同或相反且大小相等的动量，因而平均动量为零.

量子力学中的力学量，大部分以算符的形式出现.

我们现在应用的波函数是在坐标表象中的波函数. 前已指出，还可以有别的表象，如动量表象等. 在不同的表象中，力学量的算符表示式是不相同的. 在坐标表象中，坐标算符 $\hat{\boldsymbol{r}}$ 的表示式即为 $\boldsymbol{r}$，动量算符 $\hat{\boldsymbol{p}}$ 的表示式为 $-\mathrm{i}\hbar\nabla$，动能算符可由动量算符得到. 因动能 $T=\boldsymbol{p}\cdot\boldsymbol{p}/2m$，故有

$$\hat{T}=-\frac{\hbar^2}{2m}\nabla^2 \tag{2.3.6}$$

在势场中，一个粒子的动能与势能函数之和叫哈密顿量，记为 H①，

$$H=T+V$$

由此式可知哈密顿算符为

$$\hat{H}=-\frac{\hbar^2}{2m}\nabla^2+\hat{V} \tag{2.3.7}$$

由式(2.3.7)可知，薛定谔方程(2.2.1)和定态薛定谔方程(2.2.7)可以分别写成算符作用于波函数的形式：

$$\mathrm{i}\hbar\frac{\partial}{\partial t}\psi(\boldsymbol{r})=\hat{H}\psi(\boldsymbol{r}) \tag{2.3.8}$$

$$\hat{H}\psi(\boldsymbol{r})=E\psi(\boldsymbol{r}) \tag{2.3.9}$$

2.3.2 本征值和本征函数

设一粒子处于某一量子态 ψ_n. 当测量这个粒子的力学量时，往往得不到确定的结果，已如前述. 但是，也可能有些力学量能得到确定的结果. 如在§2.2中所举一维无限高势垒及谐振子的例子中，每个能态的能量都是确定的. 上节已指出，如力学量 $\hat{A}$ 在 ψ_A 态有数值 A，则称 ψ_A 是 $\hat{A}$ 的本征函数，相应的本征值是 A. 在这种情况下，可以证明，必定存在关系

$$\hat{A}\psi_A=A\psi_A \tag{2.3.10}$$

算符 $\hat{A}$ 作用于自己的本征函数 ψ_A，等于一个数值 A 乘以 ψ_A. 式(2.3.10)称为算符 $\hat{A}$ 的本征方程. 解这个方程，就可得到算符 $\hat{A}$ 的一套本征函数 ψ_A 和相应的一套本征值 A.

若一个本征值只对应一个本征函数，则称这个本征函数所表示的状态是非简并的；否则就是简并的. 本征函数还有一个重要特性：属于不同

① 若哈密顿量不显含时间，则它就是总能量.

本征值的本征函数是正交的. 这就是说，如 ψ_m, ψ_n 分属两个不同的本征值，则

$$\int_{-\infty}^{\infty} \psi_m^* \psi_n \mathrm{d}\boldsymbol{r} = 0 \quad (m \neq n) \tag{2.3.11}$$

在上述一维无限高势垒的例子中，易知

$$\int_{-\infty}^{\infty} \psi_m^* \psi_n \mathrm{d}\boldsymbol{r} = \frac{2}{a}\int_0^a \sin\frac{m\pi}{a}x \sin\frac{n\pi}{a}x\,\mathrm{d}x = 0 \quad (m \neq n)$$

本征函数的正交归一化条件可以合并写做

$$\int_{-\infty}^{\infty} \psi_m^* \psi_n \mathrm{d}\boldsymbol{r} = \delta_{mn} \tag{2.3.12}$$

一个粒子可以有多个可测的物理量. 若某粒子处于力学量 A 的本征态，则测量 A 时将得到确定值. 若在 A 的本征态下测量另一个力学量 B 时，是否能得到确定的值，就不一定了. 如果 A，B 能同时具有确定值，那么它们就具有共同的本征态. 下面我们会看到这样的例子.

2.3.3 轨道角动量

角动量是原子物理中一个重要的力学量. 本小节介绍微观世界中电子绕核运动时轨道角动量的特点. 在经典力学中，轨道角动量 $\boldsymbol{l}$ 的表示式是 $\boldsymbol{l}=\boldsymbol{r}\times\boldsymbol{p}$. 在量子力学中，保留这个关系，并将其用算符表示：

$$\hat{\boldsymbol{l}} = \hat{\boldsymbol{r}} \times \hat{\boldsymbol{p}} \tag{2.3.13}$$

在直角坐标中，轨道角动量的三个分量是

$$l_x = yp_z - zp_y, \quad l_y = zp_x - xp_z, \quad l_z = xp_y - yp_x$$

又 $\boldsymbol{l}^2 = l_x^2 + l_y^2 + l_z^2$. 在量子力学中，角动量一般用球坐标表示，有

$$\hat{l}_x = \mathrm{i}\hbar\left(\sin\varphi\frac{\partial}{\partial\theta} + \cot\theta\cos\varphi\frac{\partial}{\partial\varphi}\right) \tag{2.3.14}$$

$$\hat{l}_y = -\mathrm{i}\hbar\left(\cos\varphi\frac{\partial}{\partial\theta} - \cot\theta\sin\varphi\frac{\partial}{\partial\varphi}\right) \tag{2.3.15}$$

$$\hat{l}_z = -\mathrm{i}\hbar\frac{\partial}{\partial\varphi} \tag{2.3.16}$$

及

$$\hat{\boldsymbol{l}}^2 = -\hbar^2\left[\frac{1}{\sin\theta}\frac{\partial}{\partial\theta}\left(\sin\theta\frac{\partial}{\partial\theta}\right) + \frac{1}{\sin^2\theta}\cdot\frac{\partial^2}{\partial\varphi^2}\right] \tag{2.3.17}$$

以上四个算符，并不能同时测到确定值. 只有 $\hat{\boldsymbol{l}}^2$ 和 $\hat{l}_z$ 可以同时有确定值并有共同的本征函数，而这时 $\hat{l}_x$ 和 $\hat{l}_y$ 就没有确定值. 下面作具体运算，先求 $\hat{l}_z$ 的本征值与本征函数. 令 $\hat{l}_z$ 的本征值为 l_z，本征函数为 Φ，则

$$-\mathrm{i}\hbar\frac{\mathrm{d}\Phi}{\mathrm{d}\varphi} = l_z\Phi \tag{2.3.18}$$

解得

$$\Phi(\varphi)=A\exp\left(-\frac{1}{\mathrm{i}\hbar}l_z\varphi\right)\tag{2.3.19}$$

由于 $\Phi(\varphi+2\pi)$ 仍等于 $\Phi(\varphi)$，即

$$\exp\left(-\frac{1}{\mathrm{i}\hbar}l_z\varphi\right)=\exp\left[-\frac{1}{\mathrm{i}\hbar}l_z(\varphi+2\pi)\right],\quad \exp\left[-\frac{2\pi l_z}{\mathrm{i}\hbar}\right]=1$$

所以必须有

$$l_z=m\hbar,\quad m=0,\pm1,\pm2,\cdots\tag{2.3.20}$$

及

$$\Phi_m(\varphi)=\frac{1}{\sqrt{2\pi}}\mathrm{e}^{\mathrm{i}m\varphi}\tag{2.3.21}$$

式中 $1/\sqrt{2\pi}$ 为归一化因子，m 称为磁量子数. 从物理图像上看，以上结果表明轨道角动量在 z 方向上的投影值为 $m\hbar$.

再看 $\hat{\boldsymbol{l}}^2$ 的本征值与本征函数. 这里仅写出其结果：本征值是 $l(l+1)\hbar^2$，本征函数是 $\mathrm{Y}_{l,m}$，

$$\hat{\boldsymbol{l}}^2\mathrm{Y}_{l,m}=l(l+1)\hbar^2\mathrm{Y}_{l,m},\quad \begin{cases}l=0,1,2,\cdots\\ m=l,l-1,\cdots,-l\end{cases}\tag{2.3.22}$$

且

$$\mathrm{Y}_{l,m}=\Theta_{l,m}\Phi_m,\quad \Theta_{l,m}=B\mathrm{P}_l^{|m|}(\cos\theta)\tag{2.3.23}$$

式中 $\mathrm{Y}_{l,m}$ 称做球谐函数，Φ_m 是它的一个独立因子，所以 $\mathrm{Y}_{l,m}$ 是 $\hat{\boldsymbol{l}}^2$ 与 l_z 的共同本征函数. $\mathrm{P}_l^{|m|}(\cos\theta)$ 是关联勒让德函数，B 是归一化因子.

总之，对微观角动量，$\hat{\boldsymbol{l}}^2$ 及 $\hat{l}_z$ 可以同时测得确定值. $\hat{\boldsymbol{l}}^2$ 的本征值是 $l(l+1)\hbar^2$，$\hat{l}_z$ 的本征值是 $m\hbar$. 这个结论，不但与经典力学不同，与玻尔理论也有根本性的差异. 应该注意：(1) 不能由 $\hat{\boldsymbol{l}}^2$ 的本征值 $l(l+1)\hbar^2$ 用经典物理逻辑推出 $|\hat{\boldsymbol{l}}|$ 的本征值是 $\sqrt{l(l+1)}\hbar$. 在量子力学中，"角动量的绝对值"是没有任何意义的，当然也没有任何实验能测出这个量. (2) 在 $\hat{\boldsymbol{l}}^2$ 和 $\hat{l}_z$ 可以同时测出确定值时，$\hat{l}_x$，$\hat{l}_y$ 不能测出确定值(但可证明它们的平均值为零).

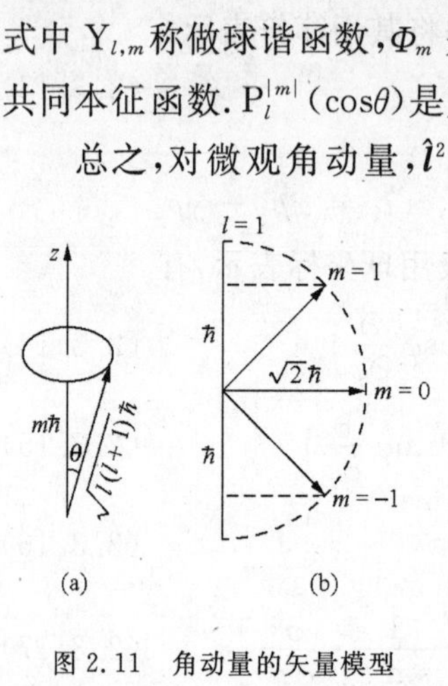

图 2.11　角动量的矢量模型

虽然如此，人们还常常用一个经典图像来描绘微观角动量. 如图 2.11(a)，用一个长度为 $\sqrt{l(l+1)}\hbar$ 的矢量代表 $\boldsymbol{l}$，它在 z 轴上的投影是 $m\hbar$，与 z 轴的夹角是 $\theta=\arccos\dfrac{m}{\sqrt{l(l+1)}}$，但此矢量以随机方位角 φ 落

在以 2θ 为顶角的锥面上(以使$\overline{l_x}=\overline{l_y}=\overline{0}$). 这个图像当然是不确切的,但比较形象化,能帮助人们分析有关的问题. 图 2.11(b)是 $l=1$ 的角动量空间量子化图,它与图 1.13 是有区别的.

2.3.4 自旋

上一小节从原子中的电子轨道角动量开始分析,指出原子中的电子具有轨道角动量. 量子力学还指出,微观粒子具有自旋和相应的自旋角动量,这是它们的内禀特性之一. 自旋伴有磁偶极矩,简称磁矩,其方向可以与角动量方向相同或相反.

从历史上看,为了解释碱金属原子谱线的双重结构,乌楞贝克(G. E. Uhlenbeck)和古德斯密特(S. A. Goudsmit)在 1925 年提出了电子自旋的假设,电子的角动量为$\hbar/2$. 按经典观点,自旋就是自转,用经典的电子的质量和半径的数值来计算. 如电子转动的角动量达到$\hbar/2$,则电子边缘转动的速率将超过光速,这是不可能的. 所以这个假设曾不为一些学者所接受. 实际上,微观粒子的"自旋角动量"这一物理量,不与任何经典物理量对应.

量子力学指出,微观粒子的角动量是一个算符,一般地用 $\hat{\boldsymbol{j}}$ 表示,它有以下性质:

$$\begin{aligned}&\hat{\boldsymbol{j}}^2 \text{ 的本征值为 } j(j+1)\hbar^2, \quad j \text{ 取正整数或半正整数;}\\&\hat{j}_z \text{ 的本征值为 } m_j\hbar, \quad m_j=j,j-1,\cdots,-j.\end{aligned} \tag{2.3.24}$$

式中 j 称为自旋量子数,对某种粒子,它是一个常数. 这里需要注意的是,算符 $\hat{\boldsymbol{j}}$ 并没有本征值. 所以,测量微观粒子角动量的值是不可能的.

具体到电子,则将角动量算符写做 $\hat{\boldsymbol{s}}$,并有自旋量子数 $s=1/2$. 因此,$\hat{\boldsymbol{s}}^2$ 的本征值是 $3\hbar^2/4$,$\hat{s}_z$ 的本征值是$\pm\hbar/2$.

光子也具有自旋角动量,它的自旋量子数等于 1. 我们观察沿$+z$ 方向传播的电磁波,如图 2.12 所示. 在波中存在两种本征态的光子:右旋圆偏振光子,$m_j=+\hbar$,称为 σ^+ 光子;左旋圆偏振光子,$m_j=-\hbar$,称为 σ^- 光子. 线偏振光中的光子,则是处在这两个本征态的叠加态上.

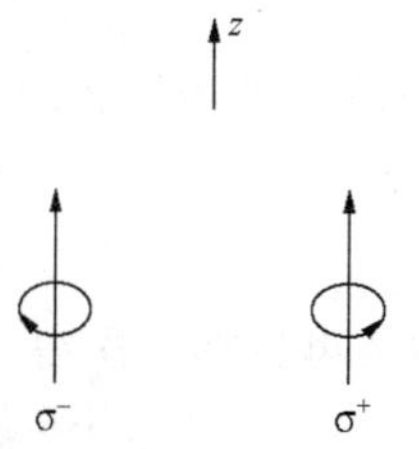

图 2.12 σ^+,σ^- 光子

光子的角动量可以用实验直接验证. 光学告诉我们一束 σ^+ 圆偏振光经过一片 1/2 波片后,就成为 σ^- 偏振光,根据角动量守恒原理,1/2 波片将获得角动量,即受到力矩的作用而发生转

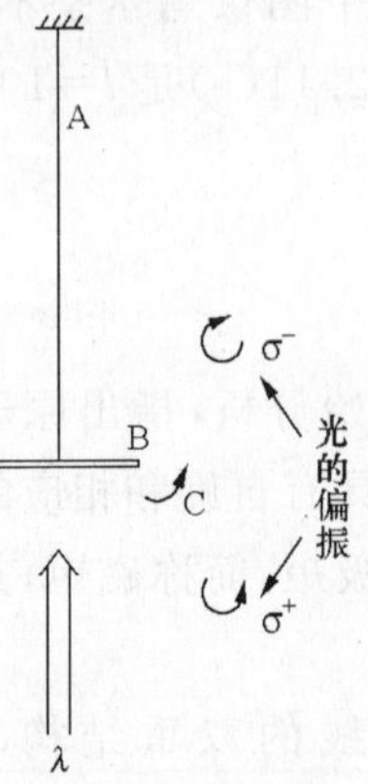

图 2.13　光子角动量的传递

A. 细悬丝，B. λ/2 片，C. λ/2 片转动方向

动. 实验的示意图见图 2.13. 由于这个效应非常微弱，实验到 1934 年才成功. 实际上，这种效应在 20 世纪初就已开始研究. 当时的物理学家用光的电磁理论，分析圆偏振光通过 1/4 波片时施加于波片的机械力，发现有角动量从电磁波传向波片. 他们计算的结果，如按光子来算，恰是每个圆偏振光子具有角动量$\hbar$. 这在物理学中也是很有意思的事.

2.3.5　全同粒子

微观粒子有若干内禀属性，如静止质量、电荷、自旋等等. 凡粒子的内禀属性完全相同的粒子属于同一类粒子，同类粒子称为全同粒子. 这里的"全同"，是指它们的全同性，或不可分辨性. 在经典物理中，两个同类的粒子也不是全同粒子. 在粒子系中如把它们的位置互换一下，就可以区分出是两种不同的状态. 微观的同类粒子则不然. 如把两个同类粒子调换位置，人们完全不能分辨出有什么状态变化，所以调换前后的状态只能是同一种状态.

全同粒子的上述特性给了波函数以很大的限制. 下面就分析这个问题. 设有两个全同粒子，它们的全部坐标分别为 q_1 和 q_2，波函数为 $\psi(q_1, q_2)$. 将两粒子互换，波函数为 $\psi(q_2, q_1)$. 粒子坐标的互换，对波函数来讲，也是一种数学运算，可以用一个算符 $\hat{P}_{12}$ 表示，$\hat{P}_{12}$ 作用于 $\psi(q_1, q_2)$，使之变为 $\psi(q_2, q_1)$：

$$\hat{P}_{12}\psi(q_1, q_2) = \psi(q_2, q_1) \tag{2.3.25}$$

由于两个波函数描述的是同一个量子态，它们之间最多只能差一个因子 C，则

$$\hat{P}_{12}\psi(q_1, q_2) = C\psi(q_1, q_2) \tag{2.3.26}$$

用 $\hat{P}_{12}$ 再运算一次得

$$\hat{P}_{12}^2\psi(q_1, q_2) = C^2\psi(q_1, q_2) = \psi(q_1, q_2) \tag{2.3.27}$$

式(2.3.26)表明 C 是算符 $\hat{P}_{12}$ 的本征值，而式(2.3.27)指出必须有

$$C^2 = 1,\quad C = \pm 1$$

故

$$\hat{P}_{12}\psi(q_1, q_2) = \pm\psi(q_1, q_2) \tag{2.3.28}$$

上式表明，当两个全同粒子互换坐标的时候，其波函数或者不变号($C=+1$)，或者变号($C=-1$). 前者叫做对称波函数，后者叫做反对称波函数.

全同粒子波函数的交换对称性质与粒子的自旋有确定的关系. 凡是自旋量子数为正整数(0,1,2,…)的粒子，其波函数是对称的；而为半正整数(1/2,3/2,…)的粒子，其波函数是反对称的. 从统计性质来看，前者服从玻色统计，称为玻色子；后者服从费米统计，称为费米子. 光子、α粒子、一切具有偶数个核子的原子核、氢原子、^{4}He原子等等是玻色子；正、负电子、质子、中子、一切具有奇数个核子的原子核、^{3}He原子等等是费米子. 关于统计性质，仅指出一个重要结论：在热平衡时，处于能量为 E 的量子态的平均粒子数(统计分布函数)为

$$n(E)=1\Big/\left(\exp\frac{E-\mu}{k_{\mathrm{B}}T}\pm 1\right) \tag{2.3.29}$$

式中"+"适用于费米子，"−"适用于玻色子；μ 称为化学势，其值视具体情况而定. 相应的统计方法，前者称为费米-狄拉克统计，后者称为玻色-爱因斯坦统计. 当 $(E-\mu)\gg k_{\mathrm{B}}T$ 时，$n(E)\rightarrow\exp[-(E-\mu)/k_{\mathrm{B}}T]$，即经典玻尔兹曼分布. 普朗克公式实际上已反映了光子的这种统计性质，参看附录A.

现在来分析如何组成两个全同粒子的波函数. 设有两个全同粒子，彼此间无相互作用，$\psi_k(q)$ 为单粒子波函数，其中 q 表示坐标，k 表示量子状态. 暂且不管对称性问题，则 $\psi_{k_1}(q_1)\psi_{k_2}(q_2)$ 表示坐标为 q_1 的粒子在 k_1 态，坐标为 q_2 的粒子在 k_2 态，而 $\psi_{k_1}(q_2)\psi_{k_2}(q_1)$ 表示两粒子交换坐标后的状态. 但这两个波函数在 k_1 不同于 k_2 时均不能满足交换对称性的要求，因而是不适当的. 正确的波函数可以通过上述两个波函数的适当组合而获得. 易知对称性波函数 $\psi^{\mathrm{S}}_{k_1k_2}(q_1,q_2)$ 和反对称性波函数 $\psi^{\mathrm{A}}_{k_1k_2}(q_1,q_2)$ 分别为

$$\psi^{\mathrm{S}}_{k_1k_2}(q_1,q_2)=\frac{1}{\sqrt{2}}[\psi_{k_1}(q_1)\psi_{k_2}(q_2)+\psi_{k_1}(q_2)\psi_{k_2}(q_1)] \tag{2.3.30}$$

$$\psi^{\mathrm{A}}_{k_1k_2}(q_1,q_2)=\frac{1}{\sqrt{2}}[\psi_{k_1}(q_1)\psi_{k_2}(q_2)-\psi_{k_1}(q_2)\psi_{k_2}(q_1)] \tag{2.3.31}$$

前者适用于玻色子，后者适用于费米子. 对于更多数目的全同粒子，也可以用单粒子波函数通过适当的组合构成正确的波函数.

由于波函数的反对称性质，费米子有一个重要的特性. 由式(2.3.31)可知，若两个费米子处于同一个状态，即 k_1 与 k_2 相同，则 $\psi^{\mathrm{A}}=0$. 这就是说，这样的状态是不存在的. 两个全同的费米子不可能处于同一个单粒子

状态，这叫泡利不相容原理.泡利在量子力学建立以前，在研究原子结构的时候，针对电子提出了不相容原理，这里给予了量子力学的解释.本书第四章将对此有所阐述.

与费米子不同，玻色子则允许处在同一个状态.据此.爱因斯坦预测，当温度足够低的时候，所有的玻色子都将处于能量的最低态，以同一个波函数表征.这是粒子群的一种特殊状态，称为玻色-爱因斯坦凝聚(Bose-Einstein condensation，BEC).参看§6.5.

2.3.6　简单的定态微扰算法

在用量子力学解决定态问题时，经常遇到下面的情况：已知某一定态的能量和波函数，后来又知道存在一种微小的相互作用，影响了这个定态，需要求出干扰的大小.这时可以采用一种近似的方法——微扰算法.这里仅介绍最简单的情况，即一级微扰算法.

设某微观系统的哈密顿量是 $\hat{H}_0$，某一定态的本征函数是 ψ_0，能量是 E_0.现在出现一个干扰，相互作用哈密顿量是 $\hat{H}'$，求相互作用能.一级微扰的基本思想是，既然干扰很小，就可以近似地认为，原来的波函数 ψ 没有变化，于是可以用原来的波函数求微扰能 E'，

$$E' = \int \psi_0^* \hat{H}' \psi \mathrm{d}\boldsymbol{r} \tag{2.3.32}$$

§2.4　用薛定谔方程求解氢原子问题

氢原子问题是用薛定谔方程唯一可以严格求解的原子结构问题，因而也是最有代表性的.本节将给出解题的大致步骤，列出结果，并讨论其物理意义.

2.4.1　氢原子的能量本征值与本征函数

氢原子的薛定谔方程是

$$\left(-\frac{\hbar^2}{2\mu}\nabla^2 + \hat{V}\right)\psi = E\psi, \quad \hat{V} = -\frac{e^2}{4\pi\varepsilon_0 r} \tag{2.4.1}$$

式中 μ 是折合质量.在球坐标系中式(2.4.1)为

$$-\frac{\hbar^2}{2\mu}\left[\frac{1}{r^2}\frac{\partial}{\partial r}\left(r^2\frac{\partial\psi}{\partial r}\right)\right] - \frac{\hbar^2}{2\mu}\left[\frac{1}{r^2\sin\theta}\frac{\partial}{\partial\theta}\left(\sin\theta\frac{\partial\psi}{\partial\theta}\right) + \frac{1}{r^2\sin^2\theta}\frac{\partial^2\psi}{\partial\varphi^2}\right] + \hat{V}\psi = E\psi$$

由式(2.3.17)可知，上式中等号左边第二项正好是 $\dfrac{\hat{\boldsymbol{l}}^2}{2\mu r^2}\psi$，故得到

$$-\frac{\hbar^2}{2\mu r^2}\frac{\partial}{\partial r}\left(r^2\frac{\partial\psi}{\partial r}\right)+\frac{\hat{\boldsymbol{l}}^2}{2\mu r^2}\psi+\hat{V}\psi=E\psi \tag{2.4.2}$$

式中等号左边第一与第三项只作用于波函数中与坐标 r 有关的部分，第二项只作用于与角度 θ,φ 有关的部分，可以应用分离变数法. 令

$$\psi(r,\theta,\varphi)=R(r)Y(\theta,\varphi) \tag{2.4.3}$$

将式(2.4.3)代入式(2.4.2)，把与 r 有关的部分和与 θ,φ 有关的部分分列在等号两边，并乘以 $\frac{2\mu r^2}{RY}$，则

$$-\frac{1}{R}\left[\hbar^2\frac{\partial}{\partial r}\left(r^2\frac{\partial}{\partial r}\right)\right]R+\frac{1}{R}(2\mu r^2\hat{V})R-2\mu r^2E\rightleftharpoons-\frac{1}{Y}\hat{\boldsymbol{l}}^2Y$$

上式中等号左边只是矢径的函数，右边只是角度的函数. 若它们相等，必定等于一个常数. 令此常数为 $-\lambda$，就得到两个方程：

$$\hat{\boldsymbol{l}}^2Y=\lambda Y \tag{2.4.4}$$

$$\left[\frac{\partial}{\partial r}\left(r^2\frac{\partial}{\partial r}\right)+\frac{2\mu r^2}{\hbar^2}(E-\hat{V})-\frac{\lambda}{\hbar^2}\right]R=0 \tag{2.4.5}$$

在上面两式中，式(2.4.4)正是角动量平方 $\hat{\boldsymbol{l}}^2$ 的本征值方程，所以有 $\lambda=l(l+1)\hbar^2$，而 Y 就是本征函数 $Y_{l,m}$. 用这个结果，式(2.4.5)变为

$$\left[\frac{\partial}{\partial r}\left(r^2\frac{\partial}{\partial r}\right)+\frac{2\mu r^2}{\hbar^2}(E-\hat{V})-l(l+1)\right]R=0 \tag{2.4.6}$$

上式的解法这里不详述，仅列出如下结果：

$$E_n=-R_{\mathrm{H}}hc\,\frac{1}{n^2} \tag{2.4.7}$$

$$R_{n,l}=C\rho^l\mathrm{e}^{-\rho/2}\mathrm{L}_{n+l}^{2l+1}(\rho),\quad \rho=\frac{2r}{na_1},\quad l=0,1,\cdots,n-1 \tag{2.4.8}$$

式中 $\mathrm{L}_{n+l}^{2l+1}(\rho)$ 是关联拉盖尔多项式，C 为归一化系数.

至此，全部波函数都已清楚. 由式(2.4.3)及(2.3.23)，可知

$$\psi=R_{n,l}(r)\Theta_{l,m}\Phi_m \tag{2.4.9}$$

总体来看，氢原子的每一个能态由三个量子数表征，n 是主量子数，l 和 m 分别是轨道角动量量子数和磁量子数. 我们注意到，在这个理论里，能态的能量 E_n 也是仅由主量子数决定，同一个 n 能态可以有 $n-1$ 个不同的 l 量子数，同一个 l 能态又可以有 $2l+1$ 个不同的 m 量子数. l 能态的简并度是 $2l+1$，n 能态的简并度是 n^2，与经典理论一致. 由量子力学得到的氢原子能量值与玻尔-索末菲理论也一致. 关于轨道角动量，两种理论的基本观点不同，但人们也常借用经典概念，把量子力学中氢的轨道角动量的"大小"当作 $\sqrt{l(l+1)}\hbar$，$l=0,1,2,\cdots,n-1$.

2.4.2 电子概率分布

氢原子的归一化的波函数应满足

$$\int |\psi|^2 \mathrm{d}\tau = \int |R|^2 |\Theta|^2 |\Phi|^2 r^2 \sin\theta \mathrm{d}r\mathrm{d}\theta\mathrm{d}\varphi = 1$$

式中$|\psi|^2$是电子在空间分布的概率密度.因R,Θ,Φ分别是r,θ,φ的函数,所以电子在三个坐标的概率密度是独立的,可以分不同坐标来观察.上述归一化条件可以写成

$$\int |\Phi|^2 \mathrm{d}\varphi = 1, \quad \int |\Theta|^2 \sin\theta \mathrm{d}\theta = 1, \quad \int |R|^2 r^2 \mathrm{d}r = 1 \tag{2.4.10}$$

前面已经证明$|\Phi|^2 = 1/2\pi$,即电子的概率分布是旋转对称的,且与磁量子数m无关.$|\Theta|^2\sin\theta$是电子出现在$(\theta,\theta+\mathrm{d}\theta)$中的概率密度$(0\leqslant\theta\leqslant\pi)$,因$\Theta$是$\cos\theta$的函数,故$|\Theta|^2\sin\theta$对称于$\theta=\pi/2$平面.又因$\Theta$是决定于轨道角动量量子数$l$和磁量子数$m$的函数,故电子在$\theta$角的概率分布决定于$l$和$m$.$|R|^2 r^2$是电子出现在$(r,r+\mathrm{d}r)$中的概率密度,叫做径向概率密度.因$R$是决定于主量子数$n$和轨道角动量量子数$l$的多项式$(R=R_{n,l})$,所以径向概率密度决定于$n$和$l$.

表2.1列出了$n=1$到$n=3$各态$R_{n,l}(r)$的表达式,凡$l=0,1,2,3,\cdots$的电子习惯上用字母s,p,d,f,…表示.图2.14给出$n=3$各态径向波函数R_{3l}与r的关系曲线.图2.15则给出了径向概率密度r^2R^2.从表2.1及图2.14中可以看到,只有s电子$(l=0)$的波函数在$r=0$处才不为零,这

表2.1 氢$R_{n,l}(r)$部分表达式

能态	n l	$R_{n,l}(r)$
1s	1 0	$a_1^{-3/2}\,2\mathrm{e}^{-r/a_1}$
2s	2 0	$a_1^{-3/2}\,\frac{1}{\sqrt{2}}\left(1-\frac{r}{2a_1}\right)\mathrm{e}^{-r/2a_1}$
2p	2 1	$a_1^{-3/2}\,\frac{1}{2\sqrt{6}}\cdot\frac{r}{a_1}\mathrm{e}^{-r/2a_1}$
3s	3 0	$a_1^{-3/2}\,\frac{2}{3\sqrt{3}}\left[1-\frac{2r}{3a_1}+\frac{2}{27}\left(\frac{r}{a_1}\right)^2\right]\mathrm{e}^{-r/3a_1}$
3p	3 1	$a_1^{-3/2}\,\frac{8}{27\sqrt{6}}\cdot\frac{r}{a_1}\left(1-\frac{r}{6a_1}\right)\mathrm{e}^{-r/3a_1}$
3d	3 2	$a_1^{-3/2}\,\frac{4}{81\sqrt{30}}\cdot\left(\frac{r}{a_1}\right)^2\mathrm{e}^{-r/3a_1}$

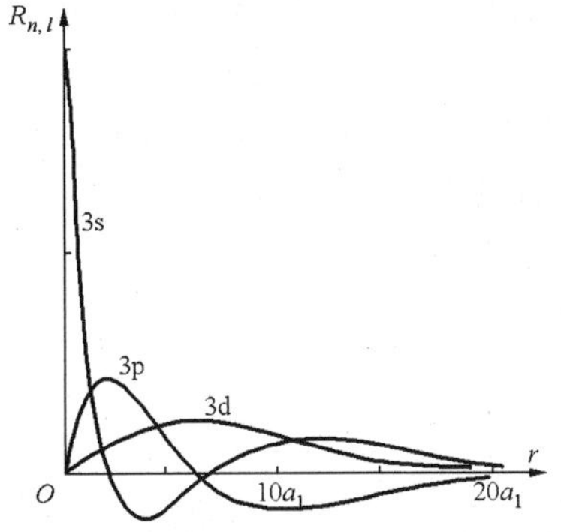

图 2.14 R_{3l}-r 关系图

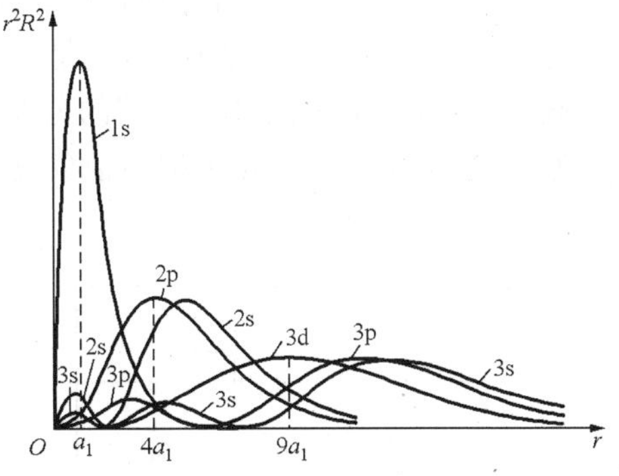

图 2.15 氢径向概率密度

表示 s 电子在原子核处还有概率分布. 在玻尔理论中,对某一 E_n 能态, $n_\varphi=n$ 的态是圆轨道, $n_\varphi=1$ 是最扁平的轨道. $n_\varphi=0$,即角动量为零的轨道是不允许的,因为那意味着电子轨道通过原子核. 但在量子力学中 l 可取零值,即电子有出现在核中的概率.

从图 2.15 可以看出,凡 $l=n-1$ 的态(1s,2p,3d,…),即在某一个 E_n 态中轨道角动量最大的态,其径向概率密度只有一个极大值,其位置恰恰在 n^2a_1 处,即经典理论所给出的圆轨道位置处. 在量子力学中,这个态就称做圆态. 当 l 值减小时, r^2R^2 的变化有两点趋向: 一是概率分布的主要部分向远处移动,二是在靠近原子核处的分布有所增大. 这与玻尔-索末菲理论定性地一致. 因为 n_φ 越小,轨道越呈扁平,偏心度也越大. 这相当于电子在距原子核近处及更远处都有分布. 由此可见,玻尔理论在一定程度上反映了实际情况,经典图像对于形象地了解原子结构是有益处的.

表 2.2 给出了 s,p,d 电子的 $Y_{l,m}$ 表示式,图 2.16 给出 $|\Theta|^2$-θ 分布,其图形应是绕 z 轴旋转一周的一个旋转体,表示概率密度与空间取向的关系. 在这图中还附有用矢量模型画的空间量子化图,以资比较,可以看到其中有某种对应关系.

在概率密度的角分布中,只有 s 电子的分布是球对称的,即各向同性的,其他电子都在某些特殊的方向上有较大的概率分布. 这是一个重要的性质. 在原子与原子结合形成分子时,价电子的方向性将发生作用. 另一个值得注意的事实是,在每一个 l 态中,若 $2l+1$ 个不同的 m 态中各有一个电子,则它们的 $|Y_{l,m}|^2$ 之和(见表 2.2)为一常数,与方向无关. 这就是说,这 $2l+1$ 个电子总的概率分布也是球对称的. 以后将指出,在封闭壳层中就存在这种情况.

最后需要指出，电子在空间中真实的分布情况，需要把径向分布图及角向分布图综合起来才能得到，这是需要一点想象力的.电子在原子内部的概率分布，常被称做“电子云”的分布.概率大的区域，“云”的浓度也相应加大.这也是一种形象地描述抽象概念的说法.

表 2.2　$Y_{l,m}$ 及 $\sum |Y_{l,m}|^2$

l	m	$Y_{l,m}$	$\sum \lvert Y_{l,m}\rvert^2$
0	0	$\sqrt{\frac{1}{4\pi}}$	$\frac{1}{4\pi}$
1	0	$\sqrt{\frac{3}{4\pi}}\cos\theta$	$\frac{3}{4\pi}$
	±1	$\mp\sqrt{\frac{3}{8\pi}}\sin\theta e^{\pm i\varphi}$	
2	0	$\sqrt{\frac{5}{15\pi}}(3\cos^2\theta-1)$	$\frac{5}{4\pi}$
	±1	$\mp\sqrt{\frac{15}{8\pi}}\sin\theta\cos\theta e^{\pm i\varphi}$	
	±2	$\sqrt{\frac{15}{32\pi}}\sin^2\theta e^{\pm 2i\varphi}$	

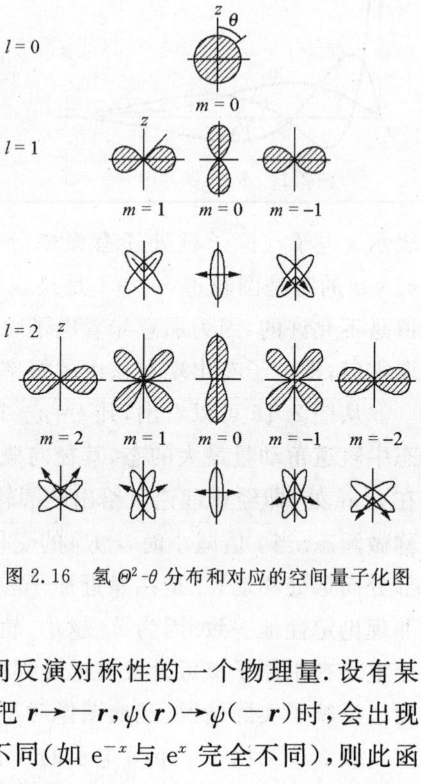

图 2.16　氢 Θ^2-θ 分布和对应的空间量子化图

2.4.3　宇称

宇称是描述微观粒子波函数空间反演对称性的一个物理量.设有某函数 $\psi(\boldsymbol{r})$，当对坐标作反演变换，即把 $\boldsymbol{r}\to-\boldsymbol{r}$，$\psi(\boldsymbol{r})\to\psi(-\boldsymbol{r})$时，会出现不同的情况.如 $\psi(-\boldsymbol{r})$与 $\psi(\boldsymbol{r})$完全不同(如 e^{-x}与 e^{x} 完全不同)，则此函数没有反演对称性.如 $\psi(-\boldsymbol{r})$与 $\psi(\boldsymbol{r})$仅差一个正负号，则它具有空间反演对称性，并有一定的宇称值：$\psi(\boldsymbol{r})=\psi(-\boldsymbol{r})$，有偶宇称；$\psi(\boldsymbol{r})=-\psi(-\boldsymbol{r})$，有奇宇称.原子波函数是有空间反演对称性的.可以证明，凡量子数 l 为偶数的波函数，属偶宇称，l 为奇数时属奇宇称.用表 2.2 中列出的波函数可作验证.如图 2.17，当把 $\boldsymbol{r}$ 改为 $-\boldsymbol{r}$ 时，三个坐标有如下变化：$r\to r$，$\theta\to\pi-\theta$，$\varphi\to\pi+\varphi$.试把上述变换代入 $Y_{l,m}(\theta,\varphi)$，可验证其宇称.

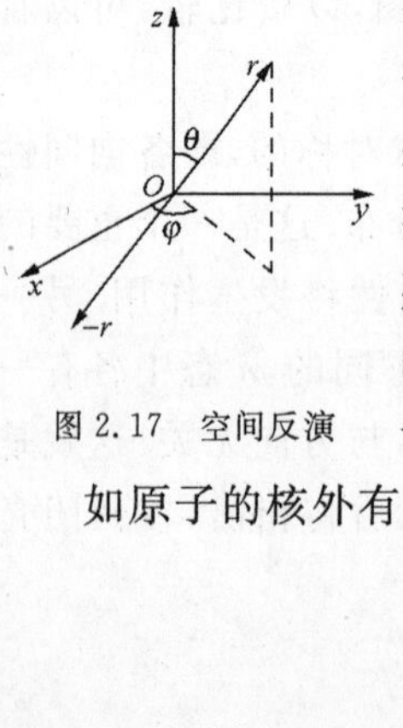

图 2.17　空间反演

如原子的核外有多个电子，各个电子的轨道量子数分别是 l_1，l_2，…，则此多电子体系的宇称将由 $\sum_i l_i$ 的奇偶来决定. 空间对称变换可以用一个宇称算符 $\hat{\Pi}$ 来表示，即 $\hat{\Pi}\psi(\boldsymbol{r})=\psi(-\boldsymbol{r})$. $\hat{\Pi}$ 有本征值 ±1 和本征函数 $\psi(\boldsymbol{r})$，即 $\hat{\Pi}\psi(\boldsymbol{r})=\pm\psi(\boldsymbol{r})$. 原子波函数都是 $\hat{\Pi}$ 的本征函数.

2.4.4 氢原子能级的简并与跃迁

不论是玻尔理论还是薛定谔理论，氢原子能级的能量均只由主量子数 n 确定. 这个能级是 n^2 重简并的. 其他两个量子数也各有其物理含义：l 表征轨道角动量，m 表征角动量的空间取向. 从物理原理来看，一个孤立的原子，它的能量守恒，角动量也守恒. 所以，一个处在某一 n,l,m 态的原子，如不受外界干扰，这三个量子数都不会改变. 为了区别 n 相同而 l 和 m 不同的量子态，有必要改画一下如图 1.6 那样简单的能级图. 作为第一步，先把量子数 l 不同的能级分开画，如图 2.18. 凡以 s, p, d, f, …代表的各电子态，相应的能级则以大写字母 S, P, D, F, …表示.

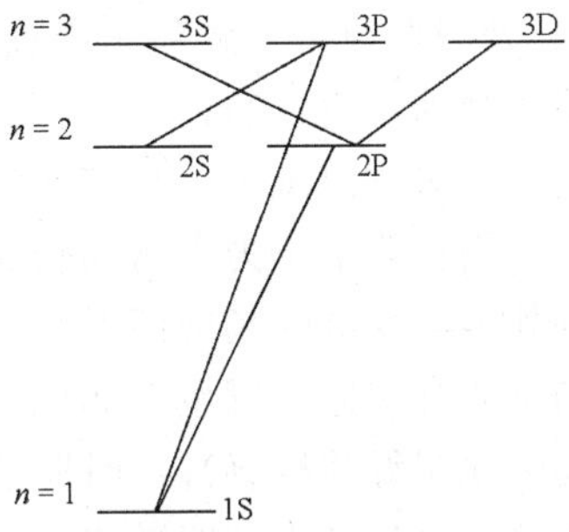

图 2.18 氢的 n,l 能级

氢原子能级跃迁的一个重要规律是：在跃迁时，某些量子数的变化量是有限制的. 在 n,l,m 三个量子数中，n 的改变量 Δn 无限制，但是 l 和 m 的改变量 Δl 和 Δm 必须满足

$$\Delta l=\pm1,\quad \Delta m=0,\pm1 \tag{2.4.11}$$

这叫做跃迁的选择定则. 在图 2.18 中已标出 $n=1,2,3$ 三组能级间允许发生的跃迁.

例如氢原子 $n=1\rightarrow n=2$ 跃迁，相应谱线的波长为 121.6 nm. 若用 121.6 nm 光照射氢原子，氢原子只能被激发到 2p 态，而不可能到 2s 态(注意：此定则不适用于其他方式的激发，如碰撞激发). 又如某氢原子已被激发到 2s 态，但由于选择定则的限制，它不能通过自发跃迁回到 1s 基态. 氢原子将滞留在 2s 态上较长的时间(相对于激发态寿命而言). 这种态叫做亚稳态.

对于 Δm 选择定则的具体后果，将在本书第五章以后再叙述. 选择定则(2.4.11)对所有原子的单电子跃迁都是适用的.

§2.5 量子跃迁

在原子物理学中,光谱现象是一个重要的问题,这在§1.5中已初步涉及.本节将用初等量子力学来分析这个问题.

在§1.5中讲的光谱是传统的光谱,所用的样品一般是气体状态的物质,是大量不断运动、并且频繁碰撞的粒子的集合.粒子间的相互作用,包括碰撞,导致弛豫现象的发生;自发发射也常被包含在广义的弛豫之内.爱因斯坦为了解释光谱现象,提出了量子跃迁的现象性理论.但他忽略了弛豫,只讨论自发发射和受激跃迁过程.当跃迁发生时,整个粒子在两个能级之出现了一种突然的(没有时间过程的)跳跃.

用初等量子力学研究跃迁问题,其物理图像源自经典物理.原子在受到外加交变电磁场的照射时,会产生一个感生的电偶极矩.如果外加场的频率非常接近于感生电偶极矩的固有振动频率,就会发生共振现象(这种场因此叫做共振场).这时原子与外加场之间发生能量交换,并产生光谱.由这种机理产生的跃迁叫电偶极跃迁.

在用初等量子力学时,电磁场仍用经典方式表示,但将原子与外加电磁场的相互作用能看做算符.由此可以列出一个含时间的薛定谔方程.解此方程,以求得原子能态随时间而变化的情况.但是上述两个因素影响这一过程:在自发发射时,原子的能态随机地发生突变,并发射出一个光子.初等量子力学不能解释这一现象.弛豫过程更复杂,原子在与周围粒子发生相互作用时也可能发生能态的随机变化.因此,解薛定谔方程的方法只能应用于研究孤立的、自发发射可以忽略的原子的跃迁问题.本节就从此入手,然后简略地过渡到气体样品稳态吸收谱的情况,并与第一章中的经典描述和爱因斯坦理论相衔接.

2.5.1 拉比跃迁

设一个自发发射可以忽略的孤立的粒子具有两个能级:下能级和上能级,其本征函数分别是 $\psi_1(\boldsymbol{r})$ 和 $\psi_2(\boldsymbol{r})$,能量分别是 $\hbar\omega_1$ 和 $\hbar\omega_2$,且 $\omega_2-\omega_1=\omega_0$.粒子一般处于叠加态,波函数是

$$\psi(\boldsymbol{r},t)=c_1(t)\mathrm{e}^{-\mathrm{i}\omega_1 t}\psi_1(\boldsymbol{r})+c_2(t)\mathrm{e}^{-\mathrm{i}\omega_2 t}\psi_2(\boldsymbol{r}) \tag{2.5.1}$$

式中 c_1,c_2 是概率幅的振幅部分.在未加共振场时,与时间无关.下面将 $\psi_1(\boldsymbol{r}),\psi_2(\boldsymbol{r})$ 分别简写做 ψ_1,ψ_2.外加交变场写做

$$\boldsymbol{E}=\boldsymbol{E}_0\cos\omega t \tag{2.5.2}$$

此场照射于粒子,使其产生感生电偶极矩①

$$\hat{\boldsymbol{D}} = -e\hat{\boldsymbol{r}} \tag{2.5.3}$$

电磁场与感生电偶极矩的相互作用能是

$$\hat{H}' = -\hat{\boldsymbol{D}} \cdot \boldsymbol{E} \tag{2.5.4}$$

由于相互作用的存在,粒子系统的哈密顿量变为

$$\hat{H} = \hat{H}_0 + \hat{H}' \tag{2.5.5}$$

式中 $\hat{H}_0$ 是粒子系统原有的哈密顿量,$\hat{H}_0\psi_1 = \hbar\omega_1\psi_1$,$\hat{H}_0\psi_2 = \hbar\omega_2\psi_2$.现在需要解含时间的薛定谔方程

$$\mathrm{i}\hbar\frac{\partial}{\partial t}\psi(\boldsymbol{r},t) = (\hat{H}_0 + \hat{H}')\psi(\boldsymbol{r},t) \tag{2.5.6}$$

这个问题并不难求解.经过简单的运算(详见附录C),可以得到关于 c_1,c_2 的两个二阶常系数线性微分方程

$$\begin{cases} \ddot{c}_1 - \mathrm{i}(\omega - \omega_0)\dot{c}_1 + V^2 c_1 = 0 \\ \ddot{c}_2 + \mathrm{i}(\omega - \omega_0)\dot{c}_2 + V^2 c_2 = 0 \end{cases} \tag{2.5.7}$$

式中 V 是相互作用能大小的量度,

$$V = \frac{1}{2\hbar}\int \psi_1^* \hat{H}' \psi_2 \mathrm{d}\boldsymbol{r} = |\boldsymbol{D}_{12} \cdot \boldsymbol{E}_0| / 2\hbar \tag{2.5.8}$$

其中 $\boldsymbol{D}_{12}$ 是感生偶极矩的矩阵元②.常微分方程(2.5.7)有标准解法,这里不做演算,仅给出结果.设 $t=0$ 时粒子处于下能级,有

$$t = 0\text{ 时},\quad c_1(0) = 1,\quad c_2(0) = 0$$

可解得

$$c_2(t) = \frac{|2V|}{\omega_{\mathrm{R}}}\sin\frac{\omega_{\mathrm{R}}}{2}t,\qquad |c_1(t)|^2 = 1 - |c_2(t)|^2 \tag{2.5.9}$$

式中

$$\omega_{\mathrm{R}} = \sqrt{(\omega - \omega_0)^2 + |2V|^2} \tag{2.5.10}$$

故粒子在 t 时刻处于上能级的概率是

$$P_{12}(t,\omega) = |c_1(t)|^2 = \frac{|2V|^2}{\omega_{\mathrm{R}}^2}\sin^2\frac{\omega_{\mathrm{R}}}{2}t = \frac{|2V|^2}{2\omega_{\mathrm{R}}^2}(1 - \cos\omega_{\mathrm{R}}t) \tag{2.5.11}$$

---

① 按经典观念,共振场使粒子产生一个等效的电偶极矩,$+e$ 位于原子核处,$-e$ 位于矢径 $\boldsymbol{r}$ 末端,故有 $\boldsymbol{D} = -e\boldsymbol{r}$.将其改为算符式,即得式(2.5.3).注意这里的 $\boldsymbol{D}$ 与宏观介质在静电场中具有的电位移矢量意义不同.本书中不出现电位移矢量,不致混淆.$\boldsymbol{D}$ 的单位是 C·m(库仑·米).

② 在某一具有 N 个能态的系统中,如有算符 $\hat{A}$,则 $A_{mn} = \int \psi_m^* \hat{A} \psi_n \mathrm{d}\boldsymbol{r}$ 之值共有 $N\times N$ 个,它们组成一个矩阵.A_{mn} 称做矩阵元.

$P_{12}(t,\omega)$称为跃迁概率，ω_R 叫做拉比(I. I. Rabi)频率. 跃迁概率不但是时间 t 的函数，还是外加场频率 ω 的函数. 由式(2.5.11)可知，它是一个在0到某一不大于1的极大值之间以余弦函数规律作周期性变化的量. 当精确共振($\omega=\omega_0$)时，它的极大值为1；当 ω 偏离于 ω_0 时，它迅速减弱，而趋于零，显示了共振的特点. 跃迁概率的变化见图 2.19. 这种跃迁称做拉比跃迁.

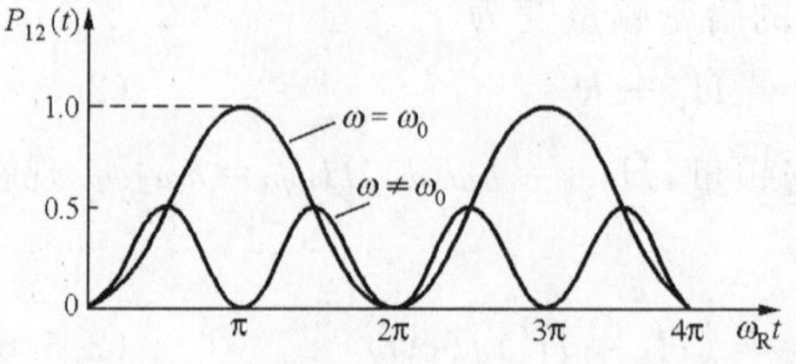

图 2.19 拉比跃迁的跃迁概率

上述分析表明，在共振场的作用下，粒子的波函数发生连续的、有规律的变化. 设某一个粒子在 $t=0$ 时处于下能级. 在 t 时刻，如果对该粒子的状态进行测量，则会发现，它在上、下能级的概率分别是$|c_1(t)|^2$，$|c_2(t)|^2$. 在未进行测量时，人们只知道概率幅的变化，根本不涉及"粒子"究竟处在哪一个能态的问题.

如 $t=0$ 时有大量的(例如 N 个)这类粒子处于下能级，则在 t 时刻测量时将发现，在上、下能级上的粒子数分别是 $N|c_1(t)|^2$，$N|c_2(t)|^2$. 由于能级上的粒子数作周期性的变化，粒子系统与交变电磁场之间周期性地交换能量. 如果用共振场照射这种样品，并测量透射场的强度，则会发现它以余弦规律变化，角频率为 ω_R；当 $\omega=\omega_0$ 时，强度变化的幅度达到极大值.

由以上论述可以看出，拉比跃迁应是很基本而且比较容易理解的关于量子跃迁的理论. 从历史发展看，它是 20 世纪 20 年代拉比在研究孤立原子的射频共振时建立起来的. 由于实验条件的限制，早年在光频段不可能观察到拉比跃迁；直至 20 世纪 80 年代，有关的研究工作才快速开展起来.

关于磁共振问题，在以后还将有较多的介绍.

2.5.2 稳态跃迁

孤立的粒子系统是一个理想状况，只在特殊的条件下能够实现. 通常大量的光谱实验是用气体样品，记录其稳态的光谱. 在§1.5.5 中就已指出，当量子跃迁与弛豫过程同时发生作用时，几种过程会达到动态平衡，粒子在激发态有一个稳定的分布，谱线也是稳定的.

用量子力学分析稳态跃迁过程，是很复杂的事. 由于弛豫和自发发射的随机性质，人们不可能追随单个粒子的行为，需要应用量子统计的理论.因此我们只满足于做定性的分析,并给出理论的结果.

设有一个气体样品,弛豫时间为 T. 在 $t=0$ 时,全部粒子居于下能级,并开始受到共振光的照射.刚开始的时候,总有一个从拉比跃迁开始,或短或长的过渡阶段,而后到达稳态.理论给出稳态时激发态上粒子分布概率为

$$P_{12}(\omega) = \frac{1}{2} \cdot \frac{|2V|^2}{(\omega-\omega_0)^2 + |2V|^2 + (1/T)^2} \tag{2.5.12}$$

如果粒子的自发发射占主要地位,上能级的平均寿命是 τ,则上式中分母里的 $(1/T)^2$ 需改为 $(1/2\tau)^2$.

从实验方面看,式(2.5.12)所表示的稳态分布就在通常观察吸收光谱的过程中形成.粒子吸收入射电磁场的能量而从下能级跃迁到上能级,随之通过弛豫过程或自发发射,释放出这能量而回到下能级.在这过程中,上能级将有可能保留一定的粒子分布.读者会发现,上式中的函数形式与式(1.5.8)相同,这说明稳态吸收线具有洛伦兹线形.

在式(2.5.12)中,$|2V|^2$ 项正比于共振场强度,$1/T^2$ 项反映了弛豫的影响(如是自发发射的影响,应改为 $(1/2\tau)^2$).当精确共振($\omega=\omega_0$)时,

$$P_{12} = \frac{1}{2} \cdot \frac{|2V|^2}{|2V|^2 + 1/T^2} \tag{2.5.13}$$

如果弛豫不可忽略,则 T 比较小,当场强较小时,$1/T^2 \gg |2V|^2$. 于是 $P_{12} \to 0$,上能级几乎没有粒子停留.这是稳态光谱中经常出现的情况.当场强逐渐增大时,上能级有了粒子分布,于是粒子系统对入射场的吸收系数将减小,这是吸收谱中的饱和现象.当场强非常大的时候,$P_{12} \to 1/2$,上、下能级粒子数几乎相等.这些都与§1.5.4中所讲的一致.

在稳态跃迁中,爱因斯坦理论曾经起过重要的作用.这个理论是在弱的、各向同性的、宽频的外场下来分析跃迁问题的.由前面的式(2.5.11)出发,加上以上条件,就可以得到爱因斯坦 B 系数的量子力学表达式.详见附录C.

2.5.3 瞬态过程的观察

以上讲了拉比跃迁与稳态跃迁两种典型.在许多跃迁问题中,常有一个介于两者之间的复杂的过渡阶段.有一个专门的研究方向着重于非稳态反应,称为瞬态光谱学.

如果想在弛豫或自发发射不可忽略的粒子系统中观察到瞬态,可以设法使拉比振动的周期 $T_R(=2\pi/\omega_R)$ 远小于弛豫时间 T 或上能级平均

寿命 τ,这样,在比 T 或 τ 短得多的时间内,弛豫或自发发射尚未起明显的作用,人们将可以看到迅速减弱的瞬态信号.

2.5.4 电偶极跃迁的选择定则

关于原子中量子跃迁的选择定则问题,§2.4 中已经讲到,这里再作进一步的说明。

上面指出,单位时间中的跃迁概率正比于跃迁矩阵元 $\boldsymbol{D}_{12}$ 的平方.因此,此矩阵元不为零,就是相应两能级间能发生跃迁的必要条件.由此就对跃迁时两能级量子数的变化有所限制,形成了跃迁的选择定则.本小节将以氢原子为例来讨论这个问题.具体需要计算的是

$$\boldsymbol{D}_{12}=\int\psi_1^*\hat{\boldsymbol{D}}\psi_2\,\mathrm{d}\boldsymbol{r}\neq 0 \tag{2.5.14}$$

这里将略去演算过程,而仅给出结果如下:

(1) 理论分析表明,对主量子数 n 的变化没有限制.

(2) 量子数 l 的选择定则.这个选择定则与能态的宇称性质有关.在跃迁时,上、下能级波函数的宇称变化必须满足

$$\text{奇宇称}\Longleftrightarrow\text{偶宇称} \tag{2.5.15}$$

宇称是原子波函数的一个基本性质,它的跃迁选择定则被严格地遵守.在单电子跃迁时,轨道量子数 l 的选择定则是

$$\Delta l=\pm 1 \tag{2.5.16}$$

(3) 磁量子数 m 的选择定则.这与波函数对 ϕ 角的旋转对称性质有关.一般地有

$$\Delta m=0,\pm 1. \tag{2.5.17}$$

在原子中,Δm 的跃迁与外加磁场以及谱线的偏振性质密切相关,有关问题将在本书第五章中详述.

2.5.5 关于磁偶极跃迁和电四极跃迁

一个原子体系,在与共振场相互作用时,不但具有感生电偶极矩,还可能具有更高阶的电、磁矩,它们也能引起跃迁.在这里,磁偶极跃迁和电四极跃迁是比较重要的.在光频段,两者的跃迁概率属同一量级,比电偶极跃迁要弱得多,其跃迁选择定则也与电偶极跃迁不同.因为在光频段,电偶极跃迁是最主要的,所以其他两种跃迁都被叫做违禁跃迁.磁子能级之间发生在射频段的磁偶极跃迁通称为磁共振.

自发发射可以忽略的孤立原子的磁偶极跃迁,其量子力学理论方法

与电偶极跃迁相同.只是在基本方程(2.5.6)中,相互作用算符 $\hat{H}'$ 中的 $\boldsymbol{D}$ 和 $\boldsymbol{E}$ 需分别由原子中的感生磁偶极矩和共振场的磁场分量代替.

例 2.1 当粒子发生拉比跃迁时,其所处的状态是由脉冲式的外场控制的.当精确共振的时候,按 $\omega_R t$ 所取的角度,称为某某脉冲.例如 $\omega_R t=\pi$ 时,即为 π 脉冲.设有孤立的两个能态 $|1\rangle$ 和 $|2\rangle$,当 $t=0$ 时粒子处于 $|1\rangle$.问在分别受到频率为 $\pi/2,\pi,3\pi/2,2\pi$ 脉冲照射后,各到达什么状态?

解 精确共振时,$\omega=\omega_0,\omega_R=|2V|$.故有答案:

$$\psi=\begin{cases}1/\sqrt{2}(|1\rangle+|2\rangle), & \pi/2\ \text{脉冲}\\ |2\rangle, & \pi\ \text{脉冲}\\ 1/\sqrt{2}(-|1\rangle+|2\rangle), & 3\pi/2\ \text{脉冲}\\ -|1\rangle, & 2\pi\ \text{脉冲}\end{cases}$$

例 2.2 已知某原子的共振线,波长为 600 nm,上能级的自发发射跃迁速率 $A=5\times10^7\ \mathrm{s}^{-1}$.忽略上、下能级的统计权重.

(a) 求精确共振时的拉比频率与入射共振光强度的关系.(b) 如需观察拉比跃迁,对光强有何要求?这时的拉比频率大概是多少?

解 (a) $\omega_R=|D_{12}|E_0/\hbar$,式中 $|D_{12}|$ 是由量子力学计算出的理论值,我们还未学过它的计算方法,但可以由已知的数据求出.由§1.5.3 中爱因斯坦 A,B 系数的关系算出(忽略能级简并度)

$$B=(\lambda^3/16\pi^2\hbar)A=6.49\times10^{20}\ \mathrm{m^3\,J^{-1}\,s^{-2}}.$$

由附录 C 中的式 C.15,可以求出 $|D_{12}|=5.46\times10^{-30}\ \mathrm{C\cdot m}$.

E_0 与 I 的关系已由电学给出.对于平面波而言,能量密度

$$\rho=(1/2)\varepsilon_0E_0^2$$

又光强 $I=\rho c$,由此二式可知,

$$\omega_R=\frac{|D_{12}|}{\hbar\sqrt{2\varepsilon_0c}}\sqrt{I},\quad \omega_R\propto\sqrt{I}$$

(b) 观察拉比跃迁,需要条件 $T_R\ll\tau$,即 $\omega_R\gg A$.令 $\omega_R\sim100A$,则需要 $I\sim50\times10^7\ \mathrm{W/m^2}$,此时拉比振动频率 $f_R\sim8\times10^8$ Hz.

§2.6 氢原子结构的进一步讨论

在§2.4 中,已经从理论上给出了氢原子能级结构的最基本构架,即氢原子能级的能量以主量子数 n 区分,每一个 n 能态的简并度是 n^2,由此构成的能级以及相应的谱线如图 1.6 所示.在玻尔理论以前,人们已经发现 H_α 线并不是单线,而是由相距很近的两条线组成.用玻尔-索末菲理论,加上相对论修正,还能够解释这一现象.然而,随着光谱技术的发展,

人们发现氢光谱越来越复杂的结构,而每一次重要的发现都推动了理论的进一步发展.氢原子实在是人类认识微观世界的重要功臣之一.本节对此作一个简单的介绍.

2.6.1 氢能级的精细结构

随着光谱分辨率的提高,人们发现氢的谱线和相应的能级有精细结构.如巴耳末系 H_α 线,分裂成两条线,相距约 0.018 nm.比之 H_α 本身的波长 656.2 nm,这一裂距还是很小的.经过研究,认为在薛定谔方程的基础上,加几项微小的修正之后,就可以解释实验结果.这些修正包括电子质量的相对论修正、达尔文修正和电子自旋与轨道运动之间的相互作用等.前两项修正导致能级 l 简并的解除.

电子自旋与轨道运动之间的相互作用在本书第三章中将有较详细的说明,这里仅作简介.电子绕核转动,将产生一个磁场.电子磁矩与此磁场有相互作用.由于电子自旋在空间有两个取向,相互作用能有差别,遂使每一个 l 能级分裂为两个.分裂后的子能级用新的量子数 j 表征:

$$j = | \, l \pm 1/2 \, | \tag{2.6.1}$$

能级的符号是这样规定的:在 S,P 的左上角标以 2,表示能级的二重分裂,右下角标以新量子数 j 的数值.注意 S 能级的 j 值只能取一个值.

随后,狄拉克从根本上统一地解决了问题.他认为薛定谔方程的主要缺点是不能满足相对论的要求,于是在 1928 年提出了满足相对论协变性的波动方程,不需要另做电子自旋的假设.由此得到的理论结果,能与当时的实验结果符合.由狄拉克理论得到的氢原子的能量表达式是

$$E_{n,j} = - R_{\mathrm{H}} hc \frac{1}{n^2} - R_{\mathrm{H}} hc \frac{\alpha^2}{n^3} \left(\frac{1}{j + 1/2} - \frac{3}{4n} \right) \tag{2.6.2}$$

式中等号右边第二项就是修正值,其中

$$\alpha = \frac{1}{4\pi\varepsilon_0} \frac{e^2}{\hbar c} \approx \frac{1}{137} \tag{2.6.3}$$

称做精细结构常数.

表 2.3 是 $n=1,2,3$ 三个能级需要修正的能量值,以波数为单位的修正值是 $\Delta\sigma$,

$$\Delta\sigma = - \left[\frac{1}{n^3} \left(\frac{1}{0 + 1/2} - \frac{3}{4n} \right) \right] R_{\mathrm{H}} \alpha^2 \, \mathrm{cm}^{-1}$$

图 2.20 是 $n=2,3$ 的能级结构.从式(2.6.2)和能级图上可以看出,狄拉克理论结果有一个特点:能级的能量与量子数 l 无关,而量子数 j 相同的

一对能级是简并的.

表 2.3 氢原子能量修正值

n	l	j	$-\Delta\sigma/\text{cm}^{-1}$
1	0	1/2	$\frac{1}{4}R_H\alpha^2=1.461$
2	0 1	1/2 1/2	$\frac{5}{64}R_H\alpha^2=0.456$
	1	3/2	$\frac{1}{64}R_H\alpha^2=0.091$
3	0 1	1/2 1/2	$\frac{1}{36}R_H\alpha^2=0.162$
	1 2	3/2 3/2	$\frac{1}{108}R_H\alpha^2=0.054$
	2	5/2	$\frac{1}{324}R_H\alpha^2=0.018$

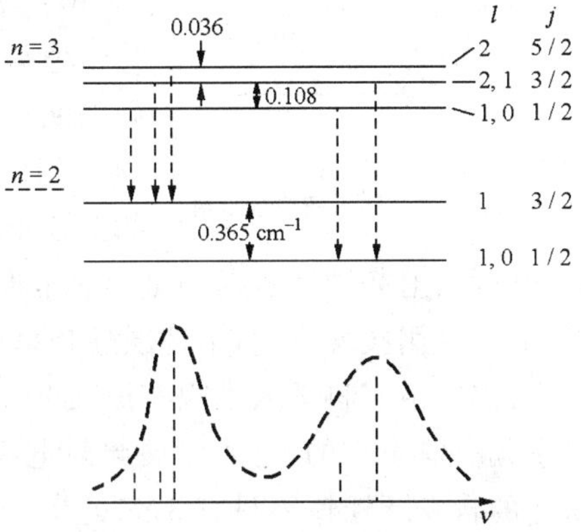

图 2.20 H_α 精细结构

在跃迁时,量子数 j 的选择定则是

$$\Delta j = 0, \pm 1 \quad (0 \nrightarrow 0) \tag{2.6.4}$$

$n=3 \to n=2$ 跃迁产生的 H_α 线,按狄拉克理论,应该有 5 个分量,如图 2.20. 当时光谱分辨率低,只能分辨出两个分量,其线形轮廓亦见上图. 通过对谱线的仔细分析,有人怀疑 $n=2, j=1/2$ 的一对能级中间有一点小距离,并不简并. 这就成为下一步研究的起点,因为狄拉克理论在当时被认为是很完善的,如果实验事实与它有所不符,那就表明可能存在更深层次的问题.

2.6.2 氢能级的超精细结构

原子核具有自旋角动量,以算符 $\hat{I}$ 表示. 核自旋量子数 I 可取整数或半整数值. 所有质量数为奇数的原子核,以及个别质量数为偶数的原子核,具有不为零的 I 值. 这些原子核都具有核磁矩. 类似于精细结构的起因,原子核的磁矩与电子轨道运动所产生的磁场有相互作用,使原子能级出现了微小的分裂,称为超精细分裂. 这时,每一个以量子数 j 标称的能级将分裂为数个以量子数 F 标称的子能级,F 取从 $j+I$ 到 $|j-I|$ 之值. 这个问题在§3.4.1 还要详述.

由于氢核的 I 等于 1/2,能级将一分为二. 裂距最大的是基态能级 $1S_{1/2}$,如图 2.21. 两个子能级的 F 量子数分别是 1 和 0,裂距 A' 约等于

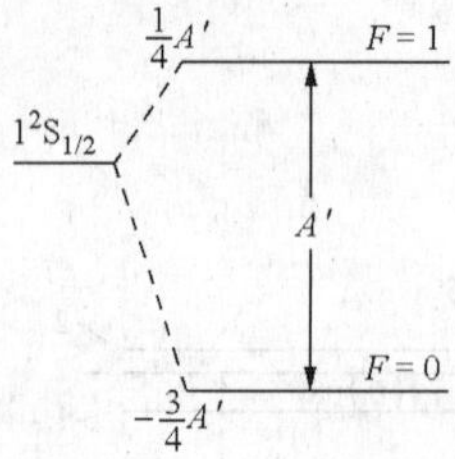

图 2.21 氢 $1^2S_{1/2}$ 超精细结构

1420 MHz. 氢的谱线随之具有超精细分裂. 以莱曼系第一线($n=2\to n=1$)为例,其频率约为 2.5×10^{15} Hz,超精细结构的相对分裂仅约 5×10^{-9}. n 大的能级,超精细分裂就更小了.

值得注意的是在基态内部,两子能级之间的跃迁($F=1\to F=0$)将直接给出频率为 1420 MHz,波长为 21 cm 的射频谱线. 这里的跃迁不属于电偶极跃迁,而是来自磁偶极跃迁. 因为射频频率容易测量得非常准确,可用于研究与其有关的物理问题. 而在应用技术方面,上述跃迁频率成为频率标准之一,参看附录 G.

此外,由于科学家发现有波长 21 cm 的微波从外空射至地球,并辨认出它是由氢发出的,这才发展起射电天文学. 理论计算发现,氢原子这个跃迁的自发跃迁速率只有 $3\times10^{-15}\,s^{-1}$,即上能级的平均寿命约为 4×10^9 年! 但由于宇宙空间中物质极其稀薄,处于 $1^2S_{1/2}$, $F=1$ 态的氢原子才可能有非常长的时间不与其他粒子发生碰撞,所以能实现自发发射.

2.6.3 氢能级的兰姆移位

在§2.6.1 中指出,狄拉克理论受到了怀疑. 为了澄清上述问题,光谱方法一时无能为力. 直至 1947 年,借助于那时已发展起来的原子束磁共振实验方法,兰姆(W. E. Lamb)和李瑟福(R. C. Retherford)使问题得到了突破. 他们的实验原理见图 2.22,氢原子束从束源射出后,先受到电子的轰击. 部分氢原子被激发到 $n=2$ 的三个子能级上. 其中,$2^2S_{1/2}$ 是亚稳态,$2^2P_{3/2,1/2}$ 则不是. 如果原子处在 2^2P 能级,它将很快通过自发跃迁回到基态,不能到达探测器. 但是原子能在 $2^2S_{1/2}$ 能级上存留较长时间,可以一直到达探测器. 这个探测器是专门探测处于氢激发态的器件. 当有 $2^2S_{1/2}$ 原子到达时,它会给出信号.

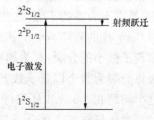

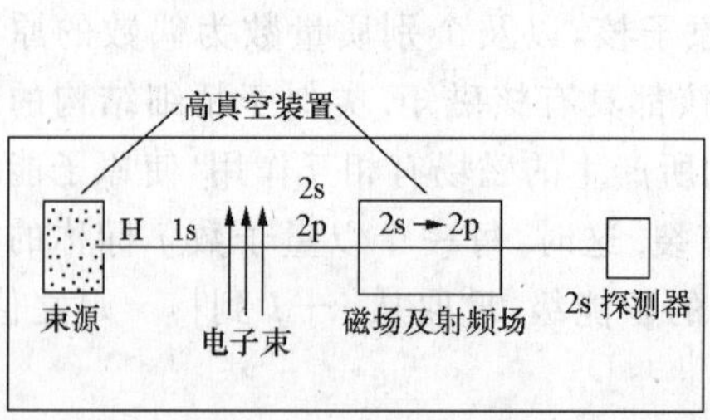

图 2.22 兰姆-李瑟福实验

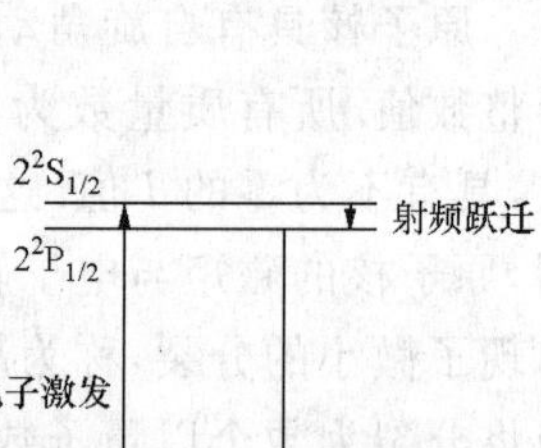

图 2.23 射频跃迁

随后在原子束经过的路径上加上磁场及射频场. 当射频场的频率合适，正好能引起 $2^2S_{1/2} \rightarrow 2^2P_{1/2}$ 跃迁时，许多在 $2^2S_{1/2}$ 态的氢原子将跃迁到 $2^2P_{1/2}$，并随即跃迁回基态 $1^2S_{1/2}$. 跃迁路线如图 2.23. 这样，到达探测器的 $2^2S_{1/2}$ 原子数将减小，探测器即给出共振信号. 由射频跃迁的频率即可得知 $2^2S_{1/2}$ 至 $2^2P_{1/2}$ 的距离. 实验测出射频跃迁频率为 1058 MHz，相当于 $2^2S_{1/2}$ 比 $2^2P_{1/2}$ 高 0.00353 cm^{-1}，这种能级位置的移动就叫兰姆移位.

解释兰姆移位，需用量子电动力学. 量子电动力学的基本点，就是把电磁场量子化，而不是用经典的麦克斯韦方程来表示. 从 1927 年开始. 狄拉克等人就已提出了有关的理论. 后来，费曼等人对量子电动力学的理论和方法作出了重大的发展.

将场量子化以后，电场强度 $\boldsymbol{E}$ 和磁场强度 $\boldsymbol{H}$ 都成为算符. 理论指出，在没有光子的真空中，虽然 $\boldsymbol{E}$ 和 $\boldsymbol{H}$ 的平均值都为零，但是它们的数值围绕着零点都有起伏，故而 $\boldsymbol{E}^2$ 和 $\boldsymbol{H}^2$ 的平均值大于零. 这就是电磁场的真空涨落. 原子的自发发射和原子能级的兰姆移位，都是原子与这种真空涨落相互作用的结果.

量子电动力学理论还指出，氢能级的兰姆移位的表达式是

$$\Delta E_L = \frac{8}{3\pi}\alpha^3 R \frac{Z^4}{n^3} F(n,l,j) \tag{2.6.5}$$

式中 F 是与能级量子数有关的复杂函数，ΔE_L 主要影响 s 电子及主量子数小的能级(注意式中 $\Delta E_L \propto 1/n^3$).

氢 $n=2,3$ 两能级经兰姆移位修正后的图如图 2.24，图中 $2^2S_{1/2}$—$2^2P_{1/2}$，$3^2S_{1/2}$—$3^2P_{1/2}$ 的分离，主要是由 $^2S_{1/2}$ 能级向上移位产生的.($n=2$ 各能级的超精细结构可以忽略.) $3^2D_{3/2}$—$3^2P_{3/2}$ 没有分开. 按选择定则，H_α 有 7 个分量，现在用高分辨率谱方法可以分辨开来，这类方法可参看附录 J.

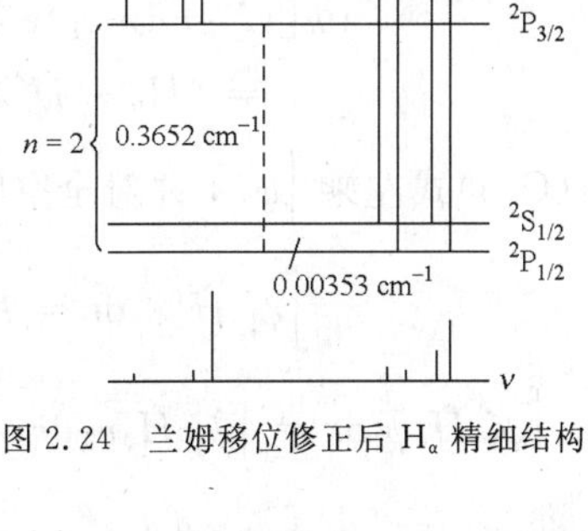

图 2.24　兰姆移位修正后 H_α 精细结构

特别有意思的是基态 $1^2S_{1/2}$ 的兰姆移位. 这个移位约为 $2^2S_{1/2}$ 移位的 8 倍.

由式(2.6.2)，$1^2S_{1/2}$ 能级只有精细结构移位，而无分裂，兰姆移位不能用射频谱方法研究，只能用光谱方法. 由

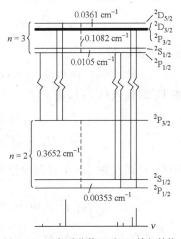

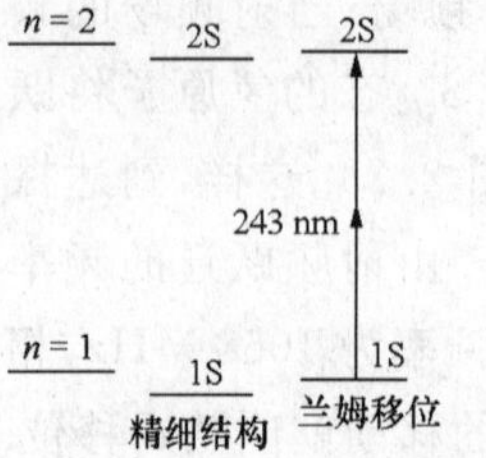

图 2.25　氢原子 1S→2S 跃迁

于最近的 $n=1\to n=2$ 跃迁波数约为 $(3/4)R$，$\lambda\approx 121.6\ \mathrm{nm}$，属真空紫外波段，实验工作有很大困难. 后来应用波长为 486 nm 的蓝色激光，通过倍频至 243 nm. 此光照射于氢原子，导致 $1^2S_{1/2}\to 2^2S_{1/2}$（简作 1S→2S）的双光子吸收（参看附录 J），能级图见图 2.25. 应用近代技术，此实验达到了极高的精度，测出共振激光的频率为 1233.030 706 593 7 THz，由此算出波长为 243.134 624 626 nm，不确定度仅为 8×10^{-13}. 用这些数值可以算出 1S 的兰姆移位准确值约为 8173 MHz.

总之，虽需复杂修正，氢原子仍是所有原子中能级理论计算最准确、实验结果也最精确的原子.

最后可以指出，式(2.6.5)有 $\Delta E_L\propto Z^4$ 的关系. 所以，He^+ 的兰姆移位为氢的 16 倍；Li^{++} 为 81 倍，等等. 因此，用高离化的类氢离子来做兰姆移位实验，其有利之处，至今仍吸引人们的注意.

附录 C　关于量子跃迁的一些计算

1. 式(2.5.8)的推导

已知薛定谔方程

$$\mathrm{i}\hbar\frac{\partial}{\partial t}\psi(\boldsymbol{r},t)=(\hat{H}_0+\hat{H}')\psi(\boldsymbol{r},t)\tag{C.1}$$

及粒子波函数

$$\psi(\boldsymbol{r},t)=c_1(t)\mathrm{e}^{-\mathrm{i}\omega_1 t}\psi_1+c_2(t)\mathrm{e}^{-\mathrm{i}\omega_2 t}\psi_2\tag{C.2}$$

将(C.2)代入(C.1)，得

$$\begin{aligned}&\mathrm{i}\hbar[(\dot{c}_1-\mathrm{i}\omega_1c_1)\mathrm{e}^{-\mathrm{i}\omega_1 t}\psi_1+(\dot{c}_2-\mathrm{i}\omega_2c_2)\mathrm{e}^{-\mathrm{i}\omega_2 t}\psi_2]\\&\quad=(\hat{H}_0+\hat{H}')(c_1\mathrm{e}^{-\mathrm{i}\omega_1 t}\psi_1+c_2\mathrm{e}^{-\mathrm{i}\omega_2 t}\psi_2)\end{aligned}\tag{C.3}$$

对(C.3)式左乘 $\int\psi_1^*$，并对全空间积分. 利用下面的关系，

$$\int\psi_1^*\hat{H}_0\psi_1\mathrm{d}\boldsymbol{r}=\hbar\omega_1,\quad\int\psi_2^*\hat{H}_0\psi_2\mathrm{d}\boldsymbol{r}=\hbar\omega_2$$

$$\int\psi_1^*\hat{H}_0\psi_2\mathrm{d}\boldsymbol{r}=\int\psi_2^*\hat{H}_0\psi_1\mathrm{d}\boldsymbol{r}=0,\quad\int\psi_1^*\hat{H}'\psi_1\mathrm{d}\boldsymbol{r}=\int\psi_2^*\hat{H}'\psi_2\mathrm{d}\boldsymbol{r}=0$$

$$\int\psi_1^*\hat{H}'\psi_2\mathrm{d}\boldsymbol{r}=H'_{12}=\int\psi_2^*\hat{H}'\psi_1\mathrm{d}\boldsymbol{r}=H'_{21}$$

可得

$$\mathrm{i}\hbar\dot{c}_1 = c_2 \mathrm{e}^{-\mathrm{i}\omega_0 t} H'_{12} \tag{C.4a}$$

类似地，对(C.3)式左乘 $\int\psi_2^*$，并对全空间积分，可得

$$\mathrm{i}\hbar\dot{c}_2 = c_1 \mathrm{e}^{\mathrm{i}\omega_0 t} H'_{21} \tag{C.4b}$$

以上两式中，

$$H'_{12} = H'_{21} = \frac{1}{2}\boldsymbol{D}_{12}\cdot\boldsymbol{E}_0(\mathrm{e}^{\mathrm{i}\omega t}+\mathrm{e}^{-\mathrm{i}\omega t}) \tag{C.5}$$

将(C.5)代入(C.4)，并忽略其中的 $\mathrm{e}^{\pm\mathrm{i}(\omega+\omega_0)t}$ 项，有

$$\begin{cases}\mathrm{i}\hbar\dot{c}_1 = \dfrac{1}{2}c_2\boldsymbol{D}_{12}\cdot\boldsymbol{E}_0\mathrm{e}^{\mathrm{i}(\omega-\omega_0)t}\\[2ex] \mathrm{i}\hbar\dot{c}_2 = \dfrac{1}{2}c_1\boldsymbol{D}_{12}\cdot\boldsymbol{E}_0\mathrm{e}^{-\mathrm{i}(\omega-\omega_0)t}\end{cases} \tag{C.6}$$

上面忽略 $\mathrm{e}^{\pm\mathrm{i}(\omega+\omega_0)t}$ 项的原因是，$\mathrm{e}^{\pm\mathrm{i}(\omega+\omega_0)t}=\cos(\omega+\omega_0)t\pm\mathrm{i}\sin(\omega+\omega_0)t$ 为粒子高频振动的响应，对共振的影响极小. 由(C.6)中两个式子不难得到

$$\begin{cases}\ddot{c}_1 - \mathrm{i}(\omega-\omega_0)\dot{c}_1 + V^2c_1 = 0\\ \ddot{c}_2 + \mathrm{i}(\omega-\omega_0)\dot{c}_2 + V^2c_2 = 0\end{cases} \tag{C.7}$$

$$V = \frac{1}{2\hbar}\mid\boldsymbol{D}_{12}\cdot\boldsymbol{E}_0\mid \tag{C.8}$$

2. 爱因斯坦 B 系数的推导

爱因斯坦在他的量子跃迁理论中，关于受激跃迁引入了 B 系数. 如忽略能级的统计权重，一个粒子从能级 1 跃迁到能级 2，或从 2 到 1 的跃迁速率，都是 $\rho_\omega B$. 他讲的当然是粒子系统到达稳态时的跃迁. 我们可以应用前面的结果来计算这个速率.

爱因斯坦理论是在弱的、各向同性的、宽频(即频谱可以覆盖整个谱线)的外场下做分析的. 由式(2.5.10)，在弱场条件下，近似地有 $\omega_\mathrm{R}=\omega-\omega_0$. 粒子由能级 1 到能级 2 的跃迁概率是

$$P_{12}(t,\omega) = \frac{\mid 2V\mid^2}{(\omega-\omega_0)^2}\sin^2\frac{\omega-\omega_0}{2}t \tag{C.9}$$

先假定 $\boldsymbol{D}$ 与 $\boldsymbol{E}_0$ 同方向，式中 $|2V|^2=|\boldsymbol{D}_{12}\cdot\boldsymbol{E}_0|^2/\hbar^2=|\boldsymbol{D}_{12}|^2E_0^2/\hbar^2$，而 $\boldsymbol{E}_0^2=2\rho/\varepsilon_0$，其中 ρ 为场的总能量密度，$\rho=\int\rho_\omega\mathrm{d}\omega$. 选取 $\omega\sim\omega+\mathrm{d}\omega$ 区间内的跃迁概率，有

$$P_{12}(t,\omega)\mathrm{d}\omega = \frac{2\mid\boldsymbol{D}_{12}\mid^2\rho_\omega}{\hbar^2\varepsilon_0(\omega-\omega_0)^2}\sin^2\frac{\omega-\omega_0}{2}t\cdot\mathrm{d}\omega \tag{C.10}$$

由于谱线频宽一般很窄，谱密度 ρ_ω 在此范围内可以认为是一个常数，故可将 ρ_ω 提出积分符号外. 将上式对全频域积分，就得到全谱线的跃迁概率

$$P_{12}(t)=\int_{-\infty}^{\infty}P_{12}(t,\omega)\mathrm{d}\omega$$

$$=\int_{-\infty}^{\infty}\frac{2\mid \boldsymbol{D}_{12}\mid^2\rho_\omega}{(\omega-\omega_0)^2\hbar^2\varepsilon_0}\sin^2\frac{\omega-\omega_0}{2}t\cdot\mathrm{d}\omega$$

令 $\frac{\omega-\omega_0}{2}t=x,\mathrm{d}\omega=\frac{2}{t}\mathrm{d}x$,

$$P_{12}(t)=\int_{-\infty}^{\infty}\frac{\mid \boldsymbol{D}_{12}\mid^2\rho_\omega t}{\hbar^2\varepsilon_0}\frac{\sin^2 x}{x^2}\mathrm{d}x=\frac{\pi\mid \boldsymbol{D}_{12}\mid^2\rho_\omega t}{\hbar^2\varepsilon_0}\tag{C.11}$$

最后考虑场的各向同性性质. 设 $\boldsymbol{D}$ 和 $\boldsymbol{E}$ 两矢量间的夹角为 θ，对 $\boldsymbol{D}$ 的各个方向求平均，就是对 $\cos^2\theta$ 求平均，其值等于 1/3. 因此

$$P_{12}(t)=\pi\mid \boldsymbol{D}_{12}\mid^2\rho_\omega t/3\hbar^2\varepsilon_0\tag{C.12}$$

由此得到跃迁速率，即爱因斯坦 B 系数乘以 ρ_ω①，

$$\rho_\omega B=\frac{\mathrm{d}}{\mathrm{d}t}P_{12}(t)=\pi\mid \boldsymbol{D}_{12}\mid^2\rho_\omega/3\hbar^2\varepsilon_0$$

所以

$$B=\pi\mid \boldsymbol{D}_{12}\mid^2/3\hbar^2\varepsilon_0\tag{C.13}$$

思　考　题

2.1　在微观世界中，“轨道”概念已失去意义. 但在电视机的显像管中，为什么仍旧可以用“电子轨道”的概念？

2.2　现在用原子束也可以进行干涉衍射实验. 设想一下，用原子束与用电子束相比做实验，难点何在？

2.3　由不确定性原理能得出“微观粒子的运动状态无法确定”的结论吗？

2.4　试应用不确定性原理来推断氢原子中电子不可能落入核内，从而说明氢原子可形成稳定系统.

2.5　量子力学的基本原理（或基本假设）是哪些？

2.6　假定孤立原子中的价电子处在一维 $V=-\frac{1}{|x|}$ 的势阱中，画出此势阱的简图. 问此电子能否穿出势垒？

2.7　如果上题这样的原子等距地排成一线，问势阱有什么变化？试画出势垒图. 问这对价电子的影响如何？

2.8　如在上题的原子上加上一个均匀电场，其电势为 $V'=-ax$（a 为常数）. 试作出

① 注意在§1.5.3中有关公式用的是 ρ_ν.

势垒示意图.问这电场对原子中的电子影响如何?

2.9 由于自发发射的存在,原子的激发态的寿命很短,一般约为 $10^{-9}\sim10^{-7}$ s,这与"定态"的观念有无矛盾?

2.10 同为三原子分子,CO_2 分子中三个原子形成线形,而 H_2O 分子中却形成以 O 原子对顶点的等腰三角形,你能设想其中的原因吗?

2.11 你对电子的干涉是"电子自己与自己的干涉"作何理解?

2.12 爱因斯坦说"上帝不掷骰子",不满意于量子力学的概率解释.你对此有何看法?

2.13 费曼指出:一个微观粒子的两个能级(记为 0 和 1),可以用作二进制计算的基本单元.由此可以制成量子计算机.这里的最大特点,是粒子不但可分别处于 0 或 1 态,还可处在叠加态 $\psi=a\psi_0+b\psi_1\,(a^2+b^2=1)$.人们正在对这种计算机进行理论和实验的探索.你可否想一想:上述特点对计算逻辑意味着什么?

2.14 有人用 $D=|er|$ 的经典值来粗估 D_{12} 这一量子力学的物理量之值,你觉得有意义吗?对于原子,r 大概用什么值为宜?其结果有参考价值吗?

2.15 有人认为,在拉比跃迁时,原子从基态出发,连续地吸收电磁场的能量,所以它的概率幅 $c_2(t)$ 连续地加大.你认为这里有问题吗?

2.16 在力学中,机械振动系统(如单摆)受外加简谐力推动时将作受迫振动.在电学中,交变电动势加于谐振回路,也能出现谐振现象.你认为,微观粒子中发生的受迫振动,与前两者有共性吗?如果有,你能讲出几点?量子跃迁中出现的瞬态过程,在经典振动中会出现吗?

2.17 在弱场条件下,用单色光做吸收光谱.方法是:逐步改变光的频率,使其扫过谱线的频率范围,并测量透过光的强度.问在这个过程中,上能级的粒子数如何变化?若扫频的速率过快,可能出现什么问题?

习　题

2.1 求电子动能分别为 10 eV,10 MeV 时的德布罗意波长.并由此推断,电子有可能稳定地处于原子系统中,而不能存在于原子核中.

2.2 用激光冷却法可把原子冷至极低温度,试求 ^{133}Cs 原子在 1 μK 温度时的德布罗意波长.从物质结构的角度来考虑,这个长度大约是一个什么尺度?

2.3 一个静止的原子发射 $\lambda=600$ nm 的谱线,其自然线宽 $\Delta\lambda$ 为 $10^{-7}\lambda$.问该原子相应激发态的寿命是多大?

2.4 在历史上,康普顿散射实验对确认电磁波的粒子性曾起过重要作用,其原理如附图.当波长为 λ 的 X 射线光子照射到原子上时,被原子中的电子散射,散射光会出现波长的变化.因 X 射线光子能量很大,电子可认为是静止的、自由的.用光的粒子性证明:$\Delta\lambda=\lambda'-\lambda=\dfrac{h}{mc}(1-\cos\theta)$,并说明经典理论不能解释此现象.

(**提示**:用相对论的电子能量表示式.)

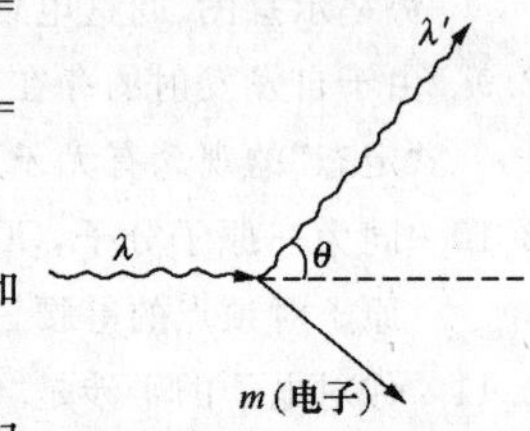

习题 2.4 图

2.5 一粒子在一维无限深势阱中运动,已给 $\psi(x)=A\sin\frac{\pi x}{a}$,$a$ 为一常数,求归一化常数 A. 又若 $\psi(x)=Ax(a-x)$,A 的值是多大?粒子在何处概率最大?

2.6 求 H 原子 1s 态电子径向概率密度最大处的位置和距核平均位置 $\bar{r}$,将结果与玻尔理论作比较.

2.7 氢的两个本征函数 ψ_{nlm} 为 ψ_{210} 及 ψ_{100},(a) 验明它们是正交归一化的;(b) 作中心反演,验明其宇称.

2.8 在氢原子中,伴随着轨道角动量 $\hat{\boldsymbol{l}}$,有一个磁矩 $\hat{\boldsymbol{\mu}}$. $\hat{\boldsymbol{\mu}}$ 与 $\hat{\boldsymbol{l}}$ 之间有关系 $\hat{\boldsymbol{\mu}}=-A\hat{\boldsymbol{l}}$,式中 A 为一常数. 在外加 z 向的磁场 $\boldsymbol{B}$ 中,有附加能量 $\Delta\hat{H}=-\hat{\boldsymbol{\mu}}\cdot\boldsymbol{B}$. 试用微扰法求此附加能量表达式.

2.9 写出爱因斯坦 A 系数的量子力学理论表达式.

2.10 某孤立二能级粒子处于 $(1/\sqrt{2})(\psi_1-\psi_2)$,现要将其转换到 $(1/2)(\psi_1+\sqrt{3}\psi_2)$ 态,问使用的共振脉冲场的脉冲宽度(时间)是多大?

2.11 有人想使某原子从基态激发到某一激发态. 他设计用一束共振的脉冲强激光,在 10^{-9} s 时间内,把几乎全部原子激发到激发态去. 问有无此可能?如可能,需用多强的激光?已知该跃迁的 $|D_{12}|=2\times10^{-29}$ C·m,激发态的自发发射平均寿命是 5×10^{-8} s,弛豫可以忽略.

第三章　碱金属原子结构及光谱

氢原子结构问题，用量子力学方法可以严格求解．从氦原子开始，所有原子的结构问题，都是多体问题．从量子力学看，这要用很复杂的近似方法，才能比较精确地求解．对于这些原子的结构，本书第三、四两章将着重介绍应用基本原理所得到的有关原子结构的规律性问题，在可能的地方也给出定量或半定量的分析．在各个原子中，碱金属原子又有其相对简单之处：它们只有一个价电子，内部是封闭壳层．通常的研究对象，是由价电子跃迁所产生的光谱．这类光谱比较简单，也比较容易分析，所以在历史上，它们早就是被研究的对象．从这些研究中，人们得到了不少经验规律和一些非常重要的发现，如电子自旋的存在、原子壳层结构的本质等等．本章将先对碱金属原子结构和光谱作初步介绍，至于有关封闭壳层的问题，将留待下一章再详述．

§3.1　碱金属原子光谱与能级

3.1.1　碱金属光谱的经验规律

碱金属原子包括锂、钠、钾、铷、铯等，它们结构上的共同点是在封闭壳层外面有一个价电子．封闭壳层的一个重要特性，就是它的电子概率分布是球对称的，这就使得价电子的能级结构相对简单了．因此，它们的光谱结构也不太复杂，在玻尔理论以前就已经有相当多的研究．人们从研究中发现了它们的经验规律．图 3.1 是 Na 原子部分谱线图，它包含主线系、锐线系和漫线系等三个线系：主线系从钠黄线（589.6 nm，589.0 nm）开始，向紫外伸展；锐线系和漫线系，主要在可见部分．这些线系中谱线的特征，从图中也可观察到，主线系较弱、较锐（线宽较窄），而锐线系和漫线系较强、较粗（线宽较宽）．此外，还有柏格曼线系．

Na 原子光谱各线系波数 σ 的经验规律如下：

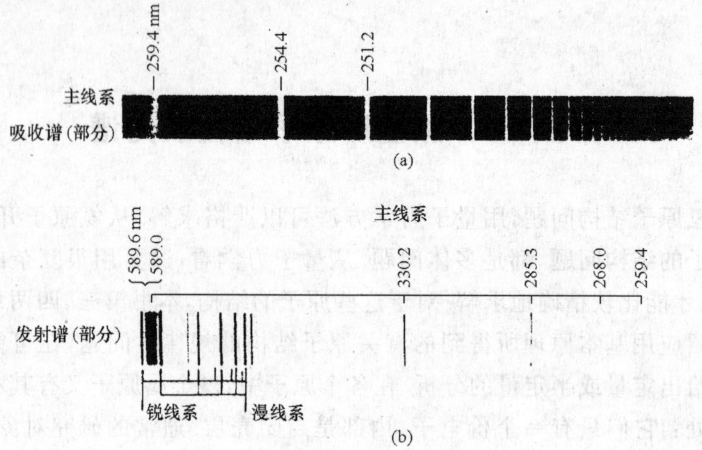

图 3.1　Na 光谱图(部分)

$$\begin{cases} \text{主线系} \quad \sigma = \dfrac{R}{(3-\delta_s)^2} - \dfrac{R}{(n-\delta_p)^2}, \quad n = 3,4,5,\cdots \\ \text{漫线系} \quad \sigma = \dfrac{R}{(3-\delta_p)^2} - \dfrac{R}{(n-\delta_d)^2}, \quad n = 3,4,5,\cdots \\ \text{锐线系} \quad \sigma = \dfrac{R}{(3-\delta_p)^2} - \dfrac{R}{(n-\delta_s)^2}, \quad n = 4,5,6,\cdots \\ \text{柏格曼系} \ \sigma = \dfrac{R}{(3-\delta_d)^2} - \dfrac{R}{(n-\delta_f)^2}, \quad n = 4,5,6,\cdots \end{cases} \tag{3.1.1}$$

式中 R 是里德伯常数(忽略 R_{Na} 与 R_∞ 的区别),$\delta_s \approx 1.35 \sim 1.37$,$\delta_p \approx 0.86 \sim 0.88$,$\delta_d \approx 0.01$,$\delta_f \approx 0$. 这四个"$\delta$"值对不同的 n 值而言大致上是常数.

式(3.1.1)在形式上与氢的谱线波数公式相同,只是分母从整数二次方 n^2 变成一个小于 n 的非整数的二次方$(n-\delta_l)^2$. 自玻尔理论提出后,人们知道,这里的 n 就是主量子数,δ 则称为量子数亏损. 对于不同的轨道角动量量子数 l,δ 也不同. 对应于 $l=0,1,2,3,\cdots$,δ_l 分别以 $\delta_s,\delta_p,\delta_d,\delta_f,\cdots$表示. δ_l 的来源,后面将会谈到.

由式(3.1.1)可知,Na 的能级能量可以表示为

$$E_{n,l} = -\frac{Rhc}{(n-\delta_l)^2} \tag{3.1.2}$$

由此作出的能级图见图 3.2. 图中顶部,大写的 S,P,D 等字母表示 $l=0$,1,2 等的能级. 字母左上角的"2"表示它们属"双重"能级,它的确切含义见下一节. 图中数字为 $n=3,4,5$ 等主量子数. 这里仅指出一点,式(3.1.2)及图中能级还未能反映 Na 原子的精细结构. 实验表明,除 n^2S 能级外,所有

其他的 n^2P,n^2D,…能级,都分成两个. 其中,分裂最大的,属 3^2P 能级,达 17.2 cm^{-1}($\Delta E/E \sim 10^{-3}$),这在图上已经画出. 由 3^2P 到基态 3^2S 的跃迁产生的共振线,也分裂为两条,即 Na 的黄色双线,波长相差达 0.6 nm($\Delta\lambda/\lambda \sim 10^{-3}$),非常容易观察到. 有关能级"双重分裂"的原因及特点的介绍,亦见下一节. 如图 3.2 这样,把 S,P,D,…能级分列出来,并标出部分可能的跃迁途径的图,称做格罗春(Grotrian)图. 由于选择定则 $\Delta l = \pm 1$ 的限制,跃迁仅在相邻两列的能级之间出现.

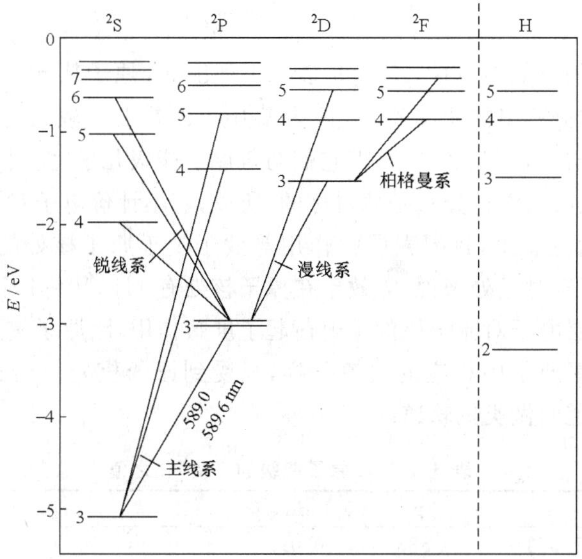

图 3.2　Na 能级图

图中还把 H 原子能级位置标出,列于最右边,以资比较. 氢的能级,也可以看做是量子数亏损 δ 为零的能级. 同一主量子数时,δ 越大,能级越低. 以 $n=3$ 为例,氢能级对不同的 l 是简并的(忽略精细结构),能量为 $-\frac{1}{9}Rhc \approx -1.5$ eV. 再看 Na 的能级,3^2D($\delta_d \sim 0.01$)位置与之基本一致,而 3^2P($\delta_p \sim 0.88$)就低得多,3^2S($\delta_s \sim 1.37$)能量更低到 −5.12 eV,可见量子数亏损影响之大.

3.1.2　轨道类型

应用玻尔-索末菲理论模型,可以定性地解释碱金属原子的能级结构. 仍以 Na 为例,Na 的原子序数 $Z=11$,原子核带有 11 个单位正电荷. 核外的 11 个电子中,有 10 个电子形成两个封闭壳层. 原子核加上封闭壳层的电子总称为“原子实”，余下一个电子是价电子. 计算价电子能量的精确方法很是复杂，不仅要计算它与原子核的相互作用(这很简单)，还要分别计算它与其他 10 个电子的相互作用. 在这里，我们仅用经典模型作定性的分析. 在式(3.1.2)中，令 $n^*=n-\delta_l$，于是

$$E_{n,l}=-\frac{Rhc}{(n-\delta_l)^2}=-\frac{Rhc}{n^{*2}} \tag{3.1.3}$$

n^* 称为有效量子数. 式(3.1.3)是经验公式，可以改写成另一种形式：

$$E_{n,l}=-Rhc\frac{Z^{*2}}{n^2} \tag{3.1.4}$$

式中 Z^* 称做有效核电荷，$Z^*\geqslant 1$. 表 3.1 列出 Na 原子从 $n=3$ 到 $n=6$ 各态由光谱数据算出的 δ 及 Z^* 之值. 从表中可以看出，l 较大(接近于 n)的那些能级，均有 $\delta\sim 0$，$Z^*\sim 1$，即它们与氢原子能级几乎完全相同. 这正是由于封闭壳层的电荷分布是球对称的. 所以，若不计价电子对原子实的影响①，则从远处看来，封闭壳层的作用等效于位于原子核处的负电荷. 所以整个原子实对远处来说，等效于在原子核处有 11－10＝1 个正电荷. 或者说，内壳层电子对原子核的正电荷起了屏蔽作用. 距原子实远的价电子轨道，就与氢原子中相应的轨道一样，只受到原子核处一个正电荷的作用. 这种轨道叫做类氢轨道.

表 3.1　Na 原子能级的 δ 及 Z^* 之值

	3s	3p	3d			
δ	1.373	0.883	0.010			
Z^*	2.000	1.417	1.004			
	4s	4p	4d	4f		
δ	1.357	0.867	0.012	0.001		
Z^*	1.513	1.277	1.003	1.000		
	5s	5p	5d	5f	5g	
δ	1.353	0.862	0.013	0.001	0.001	
Z^*	1.371	1.208	1.003	1.000	1.000	
	6s	6p	6d	6f	6g	6h
δ	1.351	0.859	0.014	0.001	0.000	0.000
Z^*	1.291	1.167	1.003	1.000	1.000	1.000

但当 l 变小时，价电子轨道趋于扁平，且偏心率加大. 这样，价电子将

① 严格地说，当原子实外还有价电子时，这个价电子产生的电场将使原子实极化，使它成为一个电偶极矩. 但这种作用对价电子能级的影响很小，这里予以忽略.

有部分时间在原子实内运动，在那里它所受到的核吸引力和内层电子的排斥力都大为增强. 平均起来，价电子相当于受到核外 Z^* 个正电荷的作用. 这种轨道叫做贯穿轨道. 图 3.3 是一个贯穿轨道的示意图，图中阴影部分代表原子实. 当然，贯穿轨道的情况很复杂，它可能不是椭圆形的，也不是封闭的. 还有一点需要注意，Z^* 很难从理论上严格计算，一般是从光谱实验数据中求出，所以应用范围是很有限的.

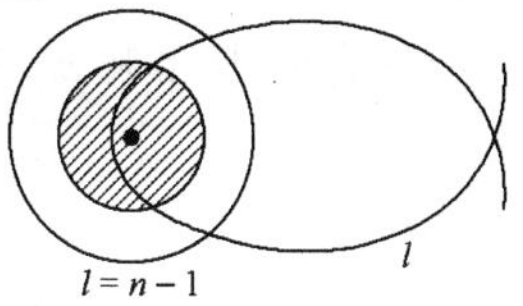

图 3.3　贯穿轨道

由于 n 相同而 l 不相同的轨道，贯穿的情况相差比较大，所以相应能级间的距离也相当大.

n 很大的高激发态，即使 l 不很大，也属类氢轨道. 这种高激发态又叫做里德伯态，因为它的能量符合里德伯关系：$E_n=-Rhc/n^2$.

§3.2　自旋轨道相互作用

碱金属原子能级与光谱的另一个特征，是具有精细结构. 除 ^{2}S 能级外，其他能级均分裂为双能级，相应的谱线也包含二至三个分量. 著名的钠黄线就是一条“双线”，具有两个分量. 前面已指出，为了解释精细结构，乌楞贝克和古德史密特于 1925 年提出了电子具有自旋的假设. 电子自旋运动和轨道运动之间的一种磁性相互作用，称为自旋轨道相互作用，这种作用会使能级分裂.

3.2.1　电子轨道运动的磁矩

电子绕核转动的时候，从力学性质上看具有轨道角动量，而从电学性质上看形成了一个磁偶极矩，简称磁矩. 先从经典物理的角度来分析这个问题. 如图 3.4，设电子以速率 v 沿半径为 r 的圆轨道运动，电子具有轨道角动量 $\boldsymbol{l}=\boldsymbol{r}\times\boldsymbol{p}$. 同时，按电磁学理论，电子运动形成环流，因而具有轨道磁矩 $\boldsymbol{\mu}_l$：

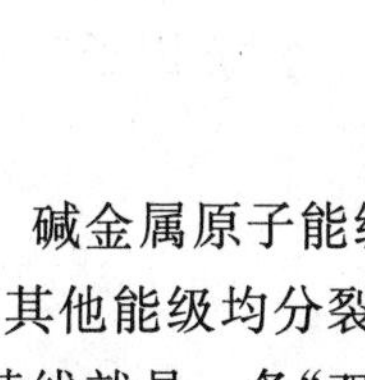

图 3.4　电子轨道磁矩

$$\boldsymbol{\mu}_l = i\boldsymbol{S}_n \tag{3.2.1}$$

式中 $\boldsymbol{S}_n$ 的绝对值是环流的面积 $S=\pi r^2$，方向是该面积按环流的右手螺旋法则所定的法线方向. 因为电流方向与电子运动方向相反，由图可见，此法线方向与 $\boldsymbol{l}$ 方向相反. 电流值为 $i=ef=\dfrac{ev}{2\pi r}$，

f 是电子每秒绕核转动的次数，故

$$|\boldsymbol{\mu}_l| = \frac{ev}{2\pi r}\cdot\pi r^2 = \frac{e}{2}vr = \frac{e}{2m}l,\quad \boldsymbol{\mu}_l = -\frac{e}{2m}\boldsymbol{l}$$

在量子力学中，$\boldsymbol{l}$ 和 $\boldsymbol{\mu}_l$ 都是算符，它们之间保留着经典物理中的关系：

$$\hat{\boldsymbol{\mu}}_l = -\frac{e}{2m}\hat{\boldsymbol{l}} \tag{3.2.2}$$

根据算符 $\hat{\boldsymbol{l}}$ 的性质，不难得知 $\hat{\boldsymbol{\mu}}_l$ 的性质：$\hat{\boldsymbol{\mu}}_l^2$ 的本征值是 $l(l+1)\left(\frac{e\hbar}{2m}\right)^2$，$\hat{\boldsymbol{\mu}}_z$ 的本征值是 $m_l\left(\frac{e\hbar}{2m}\right)$，其中 $\frac{e\hbar}{2m}$ 作为电子磁矩的单位，记为 μ_B，称做玻尔磁子，

$$\mu_B = \frac{e\hbar}{2m} = 9.2740\times10^{-24}\ \mathrm{J/T} \tag{3.2.3}$$

如把能量折合成频率单位，则有 $\mu_B/h = 1.40\times10^{10}\ \mathrm{Hz/T}$，这是一个很实用的数值. 通常，还在磁矩与角动量的关系式中，引入一个"g 因子". 对于轨道磁矩，

$$\hat{\boldsymbol{\mu}}_l = -g_l\frac{e}{2m}\hat{\boldsymbol{l}} \tag{3.2.2$'$}$$

显然，轨道磁矩的 g 因子是 $g_l = 1$.

3.2.2　电子自旋与磁矩

电子的自旋，在§2.3.4 中已经提出. 与自旋相联系的电子磁矩记为 $\hat{\boldsymbol{\mu}}_s$，$\hat{\boldsymbol{\mu}}_s$ 与自旋角动量 $\hat{\boldsymbol{s}}$ 之间的关系写做①

$$\hat{\boldsymbol{\mu}}_s = -g_s(e/2m)\hat{\boldsymbol{s}} \tag{3.2.4}$$

式中的 g_s 是电子磁矩的 g 因子.

按照狄拉克的相对论量子力学理论，g_s 应精确地等于 2，但是后来测量结果是

$$g_s = 2.002\,319\,3\cdots \tag{3.2.5}$$

量子电动力学能够解释此现象. 所以，精确测定 g_s 值，也是与量子电动力学理论相互验证的一项重要研究课题. 一般应用可取 $g_s = 2$. 由 $\hat{\boldsymbol{s}}^2$ 和 $\hat{s}_z$ 的本征值，得到 $\hat{\boldsymbol{\mu}}_s^2$ 和 $\hat{\mu}_{sz}$ 的本征值，

$$\begin{cases}\hat{\boldsymbol{\mu}}_s^2\ \text{本征值}\quad 4s(s+1)\mu_B^2 = 3\mu_B^2\\ \hat{\mu}_{sz}\ \text{本征值}\quad 2m_s\mu_B = \pm\mu_B\end{cases} \tag{3.2.6}$$

---

① 有些作者取定义 $\hat{\boldsymbol{\mu}}_s = g_s(e/2m)\hat{\boldsymbol{s}}$，由此 $g_s = -2$.

注意在量子力学中无论是“自旋角动量的绝对值”或“电子磁矩的绝对值”都是没有意义的. 它们没有相应的算符和本征值，也不能从实验中直接测量. 可以定义“自旋角动量的标量值”为：自旋角动量在 z 方向最大投影之值. 对电子而言，其自旋角动量标量值为 $(s_z)_{\max}=\hbar/2$. 同理，可定义“电子自旋磁矩的标量值”为 $(\mu_{sz})_{\max}=\mu_B$. 在这个意义上，人们说：电子的自旋角动量是 $\hbar/2$，自旋磁矩是一个玻尔磁子①.

电子自旋算符 $\hat{\boldsymbol{s}}^2$ 和 $\hat{s}_z$ 有共同的本征函数，称做自旋波函数. 因为自旋角动量量子数 s 只有一个值，自旋磁量子数 m_s 只有两个值，所以自旋波函数也只有两个，记做 φ_α 和 φ_β. 即

$$\hat{\boldsymbol{s}}^2\varphi_\alpha=\frac{3}{4}\hbar^2\varphi_\alpha,\quad \hat{s}_z\varphi_\alpha=\frac{1}{2}\hbar\varphi_\alpha$$

$$\hat{\boldsymbol{s}}^2\varphi_\beta=\frac{3}{4}\hbar^2\varphi_\beta,\quad \hat{s}_z\varphi_\beta=-\frac{1}{2}\hbar\varphi_\beta$$

描述原子中电子状态的总波函数 Ψ 是它的空间波函数 $\psi(\boldsymbol{r})$ 和自旋波函数 φ 的乘积

$$\left.\begin{aligned}&\Psi=\psi(\boldsymbol{r})\varphi\\ \text{或}\quad&\Psi(n,l,m_l,m_s)=\psi(n,l,m_l)\varphi(m_s)\end{aligned}\right\}\tag{3.2.7}$$

3.2.3　自旋轨道相互作用

原子中的电子在原子核产生的电场中快速运动. 根据电磁学原理，它将感受到一个磁场的作用. 电子又具有磁矩，因而将与这个磁场作用. 这就是自旋轨道相互作用. 先从电子坐标系来分析. 设原子核带有效电荷 Z^*e. 在以电子为静止原点的坐标系中，原子核以速度 $\boldsymbol{v}'=-\boldsymbol{v}$ 相对于电子运动，$\boldsymbol{v}$ 是电子相对于核的速度，参看图 3.5. 按毕奥-萨伐尔定律，Z^*e 的运动将在电子所在处产生磁场 $\boldsymbol{B}$：

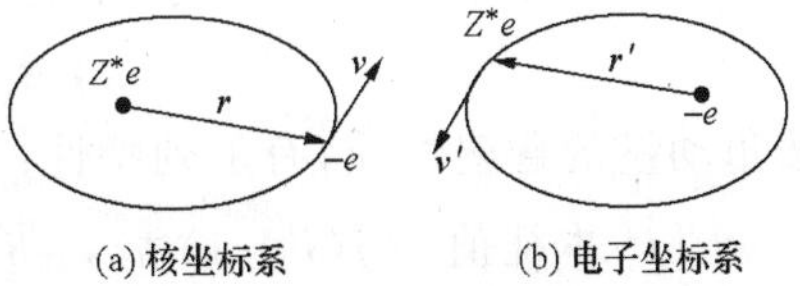

图 3.5　两种坐标系

$$\boldsymbol{B}=\frac{\mu_0}{4\pi}\cdot\frac{-Z^*e\boldsymbol{v}'\times\boldsymbol{r}'}{r^3}=\frac{\mu_0}{4\pi}\cdot\frac{Z^*e}{mr^3}(\boldsymbol{r}\times m\boldsymbol{v})$$

① 人们也常借用经典概念，说电子自旋角动量为 $\sqrt{s(s+1)}\hbar=\frac{\sqrt{3}}{2}\hbar$，电子磁矩为 $\sqrt{4s(s+1)}\mu_B=\sqrt{3}\mu_B$. 请读者注意区别.

$$= \frac{1}{4\pi\varepsilon_0} \cdot \frac{Z^* e}{mc^2 r^3} \boldsymbol{l} \tag{3.2.8}$$

式中应用了关系 $\mu_0\varepsilon_0 = 1/c^2$，$\boldsymbol{v}' = -\boldsymbol{v}$，$\boldsymbol{r}' = -\boldsymbol{r}$ 及 $\boldsymbol{r} \times \boldsymbol{p} = \boldsymbol{l}$，其中 $\boldsymbol{l}$ 是电子的轨道角动量. 在磁场 $\boldsymbol{B}$ 中，电子磁矩 μ_s 与 $\boldsymbol{B}$ 的相互作用能是

$$\Delta E = -\mu_s \cdot \boldsymbol{B} = \frac{e}{m} \boldsymbol{s} \cdot \boldsymbol{B} = \frac{1}{4\pi\varepsilon_0} \cdot \frac{Z^* e^2}{m^2 c^2 r^3} \boldsymbol{s} \cdot \boldsymbol{l} \tag{3.2.9}$$

这个结果，还要变换到以原子核为坐标原点的坐标系中去. 这个过程不予详述，其结果是式(3.2.9)右边需乘以 1/2，即

$$\Delta E = \frac{1}{4\pi\varepsilon_0} \cdot \frac{Z^* e^2}{2m^2 c^2 r^3} \boldsymbol{s} \cdot \boldsymbol{l} \tag{3.2.10}$$

§ 3.3　碱金属原子能级和谱线的精细结构

3.3.1　原子的总角动量

在不考虑电子自旋时，电子具有轨道角动量 $\boldsymbol{l}$. 作为孤立的电子，按照经典力学的结论，矢量 $\boldsymbol{l}$ 是守恒的，它的大小及空间取向不变. 现在电子还有自旋角动量 $\boldsymbol{s}$. 如果电子的轨道运动与自旋运动彼此无关，则 $\boldsymbol{l}$ 及 $\boldsymbol{s}$ 分别守恒，但由上节所述可知，两个角动量由于自旋轨道相互作用而互相耦合起来，不是彼此孤立的. 因此 $\boldsymbol{l}$ 以及 $\boldsymbol{s}$ 的空间取向不可能再守恒. 设原子的总角动量是 $\boldsymbol{j}$：

$$\boldsymbol{j} = \boldsymbol{l} + \boldsymbol{s} \tag{3.3.1}$$

作为孤立的原子，$\boldsymbol{j}$ 是守恒的. 在量子力学中，则有

$$\hat{\boldsymbol{j}} = \hat{\boldsymbol{l}} + \hat{\boldsymbol{s}} \tag{3.3.2}$$

按角动量的普遍性质，有下列特性：

$$\begin{cases} \hat{\boldsymbol{j}}^2 \text{ 本征值} \quad j(j+1)\hbar^2, \quad j \text{ 从 } l+s \text{ 到 } |l-s| \\ \hat{j}_z \text{ 本征值} \quad m_j\hbar, \quad m_j = j, j-1, \cdots, -j \text{ 且 } m_j = m_l + m_s \end{cases} \tag{3.3.3}$$

这里没有给出量子力学的证明，但用矢量模型也是可以说明的. 现在的问题是，已知 $\boldsymbol{l}^2$，l_z 及 $\boldsymbol{s}^2$，s_z 的可能取值，问 $\boldsymbol{j} = \boldsymbol{l} + \boldsymbol{s}$ 时，$\boldsymbol{j}^2$ 及 j_z 的可能值是什么？因为 $\boldsymbol{j}$ 在 z 轴上的最大投影 $(j_z)_{\max}$ 即等于 $j\hbar$，所以从 $(j_z)_{\max}$ 可能取的值，可以推断出 j 可能取的值. 在图 3.6(a)中，使 l_z 及 s_z 均取极大值，即 $(l_z)_{\max} = l\hbar$，$(s_z)_{\max} = s\hbar$，这时 $\boldsymbol{l}$ 和 $\boldsymbol{s}$ 相加的方式，使 j_z 为极大，$(j_z)_{\max} = (l+s)\hbar$，亦即 j 所能取的最大值也就是 $l+s$. 类似地，在

图 3.6(b)，使 l_z 取极大值，s_z 取极小值，即 $l_z=l\hbar$，$s_z=-s\hbar$，这里 $\boldsymbol{l}$ 和 $\boldsymbol{s}$ 的相加方式，使 $|j_z|$ 为最小，$|j_z|_{\min}=|l-s|\hbar$，可见 j 所能取的最小值就是 $|l-s|$. 上式中 $m_j=m_l+m_s$ 的关系同理可知.

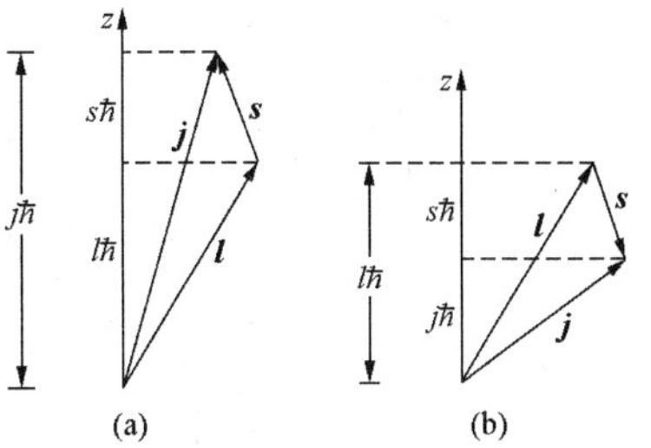

图 3.6　$\boldsymbol{l}+\boldsymbol{s}$ 的极限方式

从以上结果还可以知道，在原子中的电子，需用四个量子数来表征它的运动状态. 这四个量子数可以是 n,l,m_l,m_s，也可以是 n,l,j,m_j. 此外 $s=1/2$ 的值已经确定，不必指出了. 每一个量子数反映了一个物理的守恒量. 至于究竟用哪一组量子数更合适，需根据具体情况而定.

3.3.2　自旋轨道相互作用能

原子中电子自旋轨道相互作用能的经典公式是(3.2.10). 在量子力学中，用算符 $\Delta\hat{H}_{ls}$ 表示，

$$\Delta\hat{H}_{ls}=\frac{1}{4\pi\varepsilon_0}\cdot\frac{Z^*e^2}{2m^2c^2r^3}\hat{\boldsymbol{s}}\cdot\hat{\boldsymbol{l}}\tag{3.3.4}$$

$\Delta\hat{H}_{ls}$ 是一个微小的量，可以看做是微扰算符，并应用 § 2.3.6 中所讲的一级微扰算法. 设体系的波函数是 ψ_{nls}，可以求出微扰能

$$\Delta E_{ls}=\int\psi_{nls}^*\Delta\hat{H}_{ls}\psi_{nls}\,\mathrm{d}\boldsymbol{r}\tag{3.3.5}$$

等式右边可以分为两部分来计算，一部分包含 $1/r^3$，在求 $\Delta\hat{H}_{ls}$ 的平均值时，它只与径向波函数有关. 另一部分 $\hat{\boldsymbol{s}}\cdot\hat{\boldsymbol{l}}$，只与两个角动量算符有关，这两部分可分开计算. 设电子的径向波函数是 $R(r)$，$1/r^3$ 之值就是它在 $R(r)$ 态中的平均值，即

$$\left\langle\frac{1}{r^3}\right\rangle=\int R^*(r)\,\frac{1}{r^3}R(r)r^2\,\mathrm{d}r$$

这个计算较复杂，这里仅给出其结果：

$$\left\langle\frac{1}{r^3}\right\rangle=\frac{Z^{*3}}{a_1^3n^3l(l+1/2)(l+1)}\tag{3.3.6}$$

式中 a_1 为第一玻尔半径，见式(1.2.6).

$\hat{\boldsymbol{s}}\cdot\hat{\boldsymbol{l}}$ 的值可以用矢量模型来求，如图 3.7，$\boldsymbol{j}=\boldsymbol{l}+\boldsymbol{s}$ 的矢量图构成三角形，三边长分别为 $\sqrt{j(j+1)}\hbar$，$\sqrt{l(l+1)}\hbar$ 及 $\sqrt{s(s+1)}\hbar$. 由三角形余弦定理

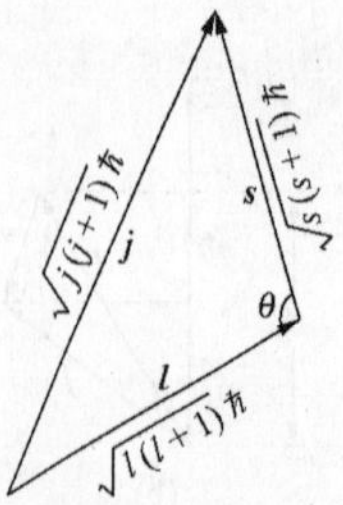

图 3.7 $j=l+s$

$$|\boldsymbol{j}|^2=|\boldsymbol{l}|^2+|\boldsymbol{s}|^2-2|\boldsymbol{l}||\boldsymbol{s}|\cos\theta$$
$$=|\boldsymbol{l}|^2+|\boldsymbol{s}|^2+2\boldsymbol{l}\cdot\boldsymbol{s}$$

即

$$\boldsymbol{l}\cdot\boldsymbol{s}=\frac{1}{2}[|\boldsymbol{j}|^2-|\boldsymbol{l}|^2-|\boldsymbol{s}|^2]$$

把三边长度值代入，即得

$$\langle\hat{\boldsymbol{s}}\cdot\hat{\boldsymbol{l}}\rangle=\frac{1}{2}[j(j+1)-l(l+1)-s(s+1)]\hbar^2 \tag{3.3.7}$$

把式(3.3.6)及式(3.3.7)代入式(3.3.4)，得到自旋轨道相互作用能

$$\Delta E_{ls}=\langle\Delta\hat{H}_{ls}\rangle=\frac{Z^{*4}\alpha^2Rhc}{n^3l(l+1/2)(l+1)}\times\frac{1}{2}[j(j+1)-(l+1)-s(s+1)] \tag{3.3.8}$$

式中 R 是里德伯常数；α 是精细结构常数.

在式(3.3.8)中，如设 Z^* 及各量子数均为 1 的量级，则 $\Delta E_{ls}\sim Rhc\dfrac{Z^{*2}}{n^2}\alpha^2$，而 $Rhc\dfrac{Z^{*2}}{n^2}$ 是碱金属原子能级能量的绝对值. 由此可见，对碱金属原子基态，由自旋轨道相互作用导致的能量变化的相对值，$\Delta E_{ls}/|E|\sim\alpha^2\approx10^{-4}$，约为万分之一. 这个估计虽然很粗糙，却给了我们一个大体的数量级概念.

3.3.3 精细结构分裂

式(3.3.8)可写作

$$\Delta E_{ls}=\frac{A}{2}[j(j+1)-l(l+1)-s(s+1)] \tag{3.3.9}$$

式中

$$A=\frac{Z^{*4}\alpha^2Rhc}{n^3l(l+1/2)(l+1)} \tag{3.3.10}$$

§2.6 中已给出有关能级的符号，以及量子数 j 的选择定则，不再复述.

由式(3.3.9)求出的能级分裂情况如图 3.8. 两能级间的距离称为裂距. 从式(3.3.10)中 A 的表示式可以看出碱金属原子能级精细分裂的若干规律：(1) $A\propto Z^{*4}$. 随着原子量的加大，Z^* 也增大，所以重原子的精细分裂相当大，表 3.2 中列出了碱金属原子第一激发态 n^2P 的精细分裂裂距(3/2)A 的绝对值及相对值. 从 Li 到 Cs，相对分裂由 1×10^{-5} 增加到 2.8×10^{-2}. 从物理上说，这种变化反映了原子内部磁性相互作用随原子量的加大而迅速增加.(2) A 反比于 n^3 及 l^3. 在一个原子中，随着量子数 n 及 l 的增大，精细分裂迅速变小. 如图 3.8，在 n, Z^* 为定值时，裂距随 l 增大而迅速变小.

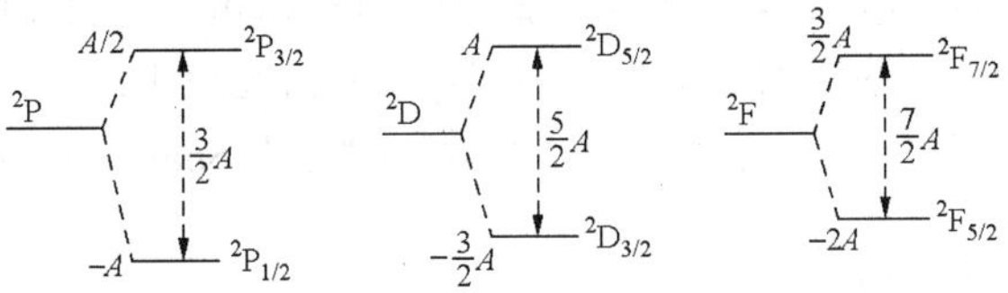

图 3.8　双重精细分裂

表 3.2　碱金属原子第一激发态精细分裂

	Li	Na	K	Rb	Cs
第一激发态	2^2P	3^2P	4^2P	5^2P	6^2P
裂距/cm^{-1}	0.34	17.2	57.7	237.6	554.1
$\lvert\Delta E\rvert/\lvert E\rvert$	1×10^{-5}	7×10^{-4}	2.6×10^{-3}	1.1×10^{-2}	2.8×10^{-2}

需要指出，公式(3.3.10)准确性不高，因为式中包含了一个由经验公式(3.1.4)推出的 Z^*，而 A 又恰恰正比于 Z^* 的四次方，Z^* 的误差对 A 值的影响很大. 但式(3.3.10)能给出精细分裂的规律性.

由于能级的分裂，谱线随之分裂，应用分裂公式及选择定则，可以推知谱线的精细结构. 下面举两个 Na 的例子，参见图 3.2.

1. 主线系　$n^2P \to 3^2S$，$n=3,4,\cdots$，主线系第一线 $3^2P \to 3^2S$ 是 Na 黄色双线. 双线波数差等于 3^2P 的裂距 17.2 cm^{-1}，折合波长差 0.6 nm. 主线系中波长更短的各线，出自 n 更大的上能级，两个分量的频率差(波长差)也越来越小，参看图 3.9. 这就是主线系各线的特点.

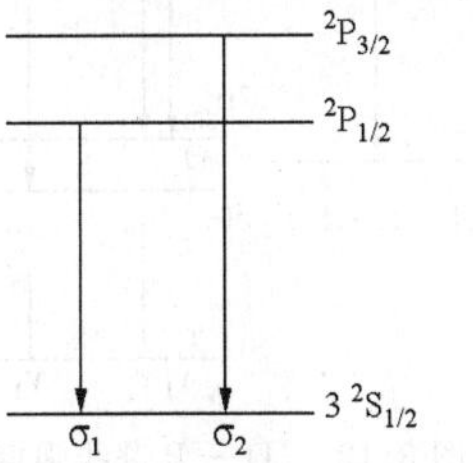

图 3.9　主线系谱线结构

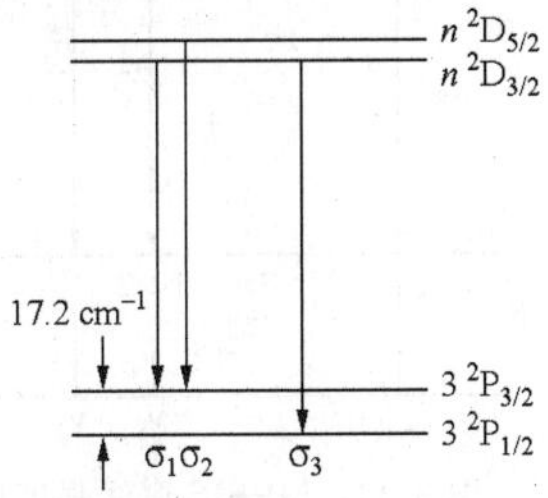

图 3.10　漫线系谱线结构

2. 漫线系　$n^2D \to 3^2P$，$n=3,4,\cdots$，此线系中谱线结构如图 3.10. 每条谱线均包含三个分量 σ_1，σ_2 和 σ_3. 由于上能级 n^2D 的裂距远小于下能

级 3^2P 的裂距 17.2 cm^{-1}，所以三个分量中，σ_1 和 σ_2 相距很近，而 σ_1 与 σ_3 之间波数差始终保持为 17.2 cm^{-1}. 在光谱照片中，当 σ_1，σ_2 两线分辨不开时，便融合成一条比较模糊的线. 这就形成"漫"线系谱线的特征：三线往往变成二线，一粗(比较模糊)一细，频差 17.2 cm^{-1}. "漫"(Diffuse)字即由此特征而来. 这些线的上能级符号"D"字亦由此而来.

读者可以分析一下锐线系的特征，推想"锐"(Sharp)字的由来.

3.3.4　谱线强度问题

关于谱线精细结构各分量的相对强度，有一些规律可循. 首先以 $^2P \to {}^2S$ 跃迁为例. 设不考虑精细结构时，自发跃迁概率为 A，则 ^2P 能级寿命为 $1/A$. 自旋轨道相互作用使上能级一分为二，在分裂很小时，跃迁概率不受影响，每个 ^2P_j 能级都有相同的跃迁概率 A 和寿命 $1/A$，如图 3.11. 图中谱线 ν_1，ν_2 分别对应于上能级 $^2P_{3/2}$，$^2P_{1/2}$ 向下能级 $^2S_{1/2}$ 的跃迁. 这个性质可以从物理上来理解，因为精细结构是由于电子自旋的不同取向引起的，这并不影响原子中"感生电偶极距"的作用，即不影响跃迁概率.

每个 j 能级又有简并度 $g_j = 2j+1$，即 $^2P_{3/2}$ 包含 4 个独立状态，而 $^2P_{1/2}$ 包含两个独立状态. 在通常的发射光谱中，原子靠碰撞激发，^2P 能级中 6 个独立状态，每个状态上都有相同的粒子数，因此 $^2P_{3/2}$ 与 $^2P_{1/2}$ 能级上粒子数之比就等于统计权重 g_j 之比(4：2＝2：1). 又因发射光强度正比于 $h\nu NA$，而 ν_1 与 ν_2 非常相近，所以两条谱线强度之比就等于上能级权重之比，参见图 3.11.

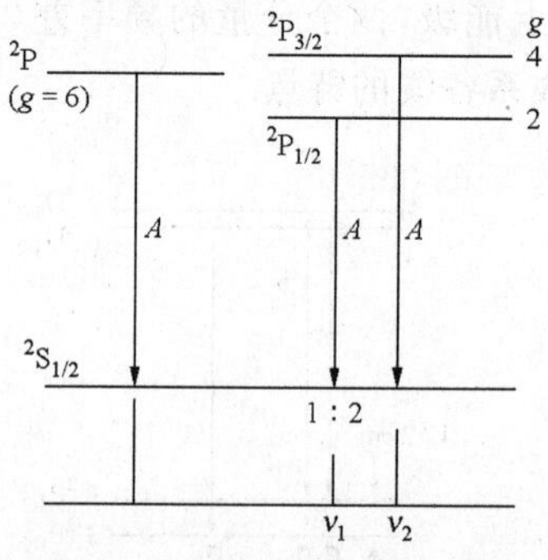

图 3.11　$^2P \to {}^2S$ 谱线强度比

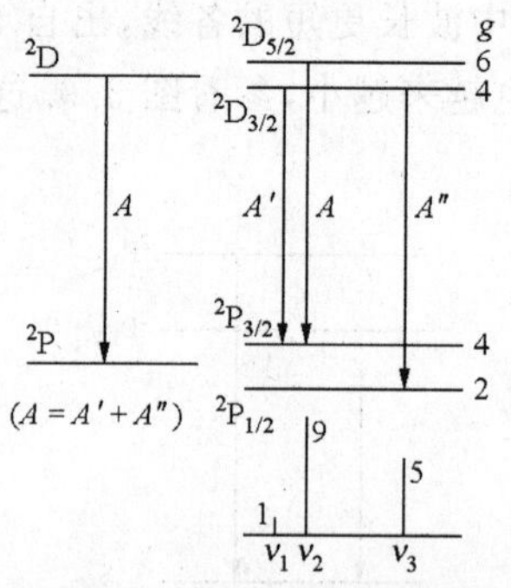

图 3.12　$^2D \to {}^2P$ 谱线强度比

对于上下能级都分裂的情况，可以用 $^2D \to {}^2P$ 跃迁为例，见图 3.12. 设上能级 $^2D_{5/2}$ 到下能级 $^2P_{3/2}$ 的跃迁概率为 A，发射谱线 ν_2. 上能级 $^2D_{3/2}$ 可以分别向下能级 $^2P_{3/2}$，$^2P_{1/2}$ 跃迁，跃迁概率 A' 和 A''，对应的发射谱线分别为

ν_1,ν_3. 自$^2D_{3/2}$出发的总跃迁概率$A'+A''$亦应等于A,故谱线ν_2的强度I_{ν_2}与ν_1,ν_3的强度和$I_{\nu_1}+I_{\nu_3}$之比等于6/4,即$I_{\nu_2}/(I_{\nu_1}+I_{\nu_3})=6/4$. 一般而言,离开某一$j$能级的各谱线强度之和正比于该能级的统计权重$g_j$. 还可以证明与此相对称的关系:到达某一$j$能级的各谱线强度之和正比于该能级的统计权重$g_j$. 用于图3.12之例,则有$(I_{\nu_1}+I_{\nu_2})/I_{\nu_3}=4/2$. 由以上两式不难求出:

$$I_{\nu_1}:I_{\nu_2}:I_{\nu_3}=1:9:5$$

上述两规律统称为精细结构中的强度和定则. 注意在精细分裂大时此定则不准确.

一般说来,一个激发态能级能通过多种渠道向下跃迁,各跃迁概率之比称为分支比. 由分支比可以求出各条自发发射谱线的相对强度.

§3.4　碱金属原子能级的超精细结构和同位素移位

§2.6中已经讲过氢原子能级的超精细结构. 本节将介绍碱金属原子能级的超精细结构和同位素位移.

3.4.1　超精细结构

在原子核中,所有质量数为奇数的原子核,以及个别质量数为偶数的原子核,具有自旋和相应的核磁偶极矩. 核自旋算符以$\hat{\boldsymbol{I}}$表示.

$$\begin{cases}\hat{\boldsymbol{I}}^2 \text{ 的本征值} & I(I+1)\hbar^2, \quad I \text{ 为整数,半整数} \\ \hat{I}_z \text{ 的本征值} & m_I\hbar, \quad m_I=I,I-1,\cdots,-I\end{cases} \tag{3.4.1}$$

I是核自旋量子数,m_I是核磁量子数. 对应于核自旋的核磁偶极矩(简称核磁矩)是$\hat{\boldsymbol{\mu}}_I$:

$$\hat{\boldsymbol{\mu}}_I=g_I\frac{e}{2M_p}\hat{\boldsymbol{I}},\quad \hat{\mu}_{I_z}=g_I\frac{e}{2M_p}\hat{I}_z \tag{3.4.2}$$

式中M_p是质子的质量,g_I是核磁g因子. 定义$\hat{\mu}_{I_z}$本征值的极大值为$\hat{\boldsymbol{\mu}}_I$的标量值,并记为μ_I,则

$$\mu_I=g_I\frac{e}{2M_p}(m_I\hbar)_{\max}=g_II\frac{e\hbar}{2M_p}=g_II\mu_N$$

式中

$$\mu_N=\frac{e\hbar}{2M_p} \tag{3.4.3}$$

称做核磁子,核磁子数值约为玻尔磁子μ_B的1/1836. 核磁矩也可以用玻

尔磁子作单位：

$$\mu_I = g_I' I \frac{e\hbar}{2m} = g_I' I \mu_B \tag{3.4.4}$$

举例来说，氢核(质子)的自旋量子数 $I=1/2, g_I=5.58, g_I'=3.04\times10^{-3}$，核磁矩 $\mu_I'=2.79\mu_N=1.5\times10^{-3}\mu_B$. 注意式(3.4.2)中右边没有负号，当 g_I 为正值时，磁矩与核自旋角动量方向相同.

原子核磁矩仅为电子磁矩的 10^{-3} 量级，它对电子能级只有微弱的影响. 分析表明，核磁矩与价电子之间的相互作用也是一种磁性相互作用，它们的相互作用能 ΔE_{Ij} 正比于 $\boldsymbol{I}\cdot\boldsymbol{j}$，形式上类似于自旋轨道相互作用中的 $\boldsymbol{l}\cdot\boldsymbol{s}$. 而

$$\Delta E_{Ij} = a\boldsymbol{I}\cdot\boldsymbol{j} \tag{3.4.5}$$

比例系数 a 对某一特定能级是一个常数. 现在原子的总角动量 $\boldsymbol{F}$ 是电子总角动量 $\boldsymbol{j}$ 与原子核自旋角动量 $\boldsymbol{I}$ 之和，即

$$\boldsymbol{F} = \boldsymbol{I} + \boldsymbol{j} \tag{3.4.6}$$

按角动量相加的一般规律可知，$\hat{\boldsymbol{F}}^2$ 的本征值是 $F(F+1)\hbar^2$，F 可取从 $I+j$ 到 $|I-j|$ 之间的各值. $\hat{F}_z$ 的本征值是 $m_F\hbar$，其中 $m_F=F, F-1, \cdots, -F$.

$\boldsymbol{I}\cdot\boldsymbol{j}$ 值的计算，可以套用计算精细结构公式中的 $\boldsymbol{l}\cdot\boldsymbol{s}$ 时用的矢量模型法，即

$$\boldsymbol{I}\cdot\boldsymbol{j} = \frac{1}{2}[|\boldsymbol{F}|^2 - |\boldsymbol{I}|^2 - |\boldsymbol{j}|^2]$$

故相互作用能 ΔE_{Ij} 是

$$\begin{aligned}\Delta E_{Ij} &= \frac{a}{2}[F(F+1) - I(I+1) - j(j+1)]\hbar^2 \\ &= \frac{A'}{2}[F(F+1) - I(I+1) - j(j+1)]\end{aligned} \tag{3.4.7}$$

以上结果在形式上与精细结构分裂公式(3.3.9)相同，但 A' 比式(3.3.10)中的 A 要小三个量级左右. 碱金属各稳定同位素的原子核自旋均不为零. 这里以基态 $^2S_{1/2}$ 为例，给出 $I=1/2, 3/2, 5/2$ 时的超精细分裂图，见图 3.13. 表 3.3 给出几种同位素基态超精细裂距值，分别以 cm^{-1} (E/hc) 及 MHz(E/h) 为单位. 这里的裂距值比精细分裂小得多，由此而导致的光谱线的分裂也是很小的. 例如 Na 的共振线 $3^2P\rightarrow3^2S$ 黄色双线，相距 17.2 cm^{-1} ($\approx$0.6 nm). 考虑到超精细结构，上下能级均有分裂. 其中，基态 $3^2S_{1/2}$ 的裂距为 0.059 cm^{-1} (见表 3.3)，比较大，激发态 $3^2P_{3/2}$，

$3^2P_{1/2}$的超精细分裂更小.

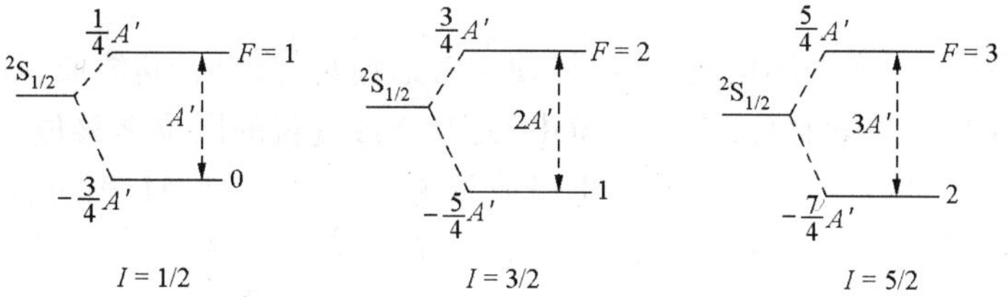

图 3.13 $^2S_{1/2}$态超精细分裂

表 3.3 几种碱金属原子基态超精细裂距

	^{7}Li	^{23}Na	^{39}K	^{85}Rb	^{87}Rb	^{133}Cs
I	3/2	3/2	3/2	5/2	3/2	7/2
裂距/cm^{-1}	0.027	0.059	0.015	0.101	0.228	0.307
裂距/MHz	804	1772	462	3036	6835	9193

量子数 F 的跃迁选择定则是

$$\Delta F = 0, \pm 1 \tag{3.4.8}$$

应用选择定则,可得谱线的超精细分裂如图 3.14,图中最左面是无超精细结构时的跃迁图,两线相距 17.2 cm^{-1}. 中图是 ν_1 线($3^2P_{1/2}\to 3^2S_{1/2}$)的超精细分裂情况,共有 4 个分量,分为两组,相距约 0.06 cm^{-1}. 右图是 ν_2 线($3^2P_{3/2}\to 3^2S_{1/2}$)的超精细分裂,共 6 个分量,亦分为相距约 0.06 cm^{-1} 的两组. 这种分裂是如此之小,用一般光谱方法是观察不到的,需要采用特殊的方法.

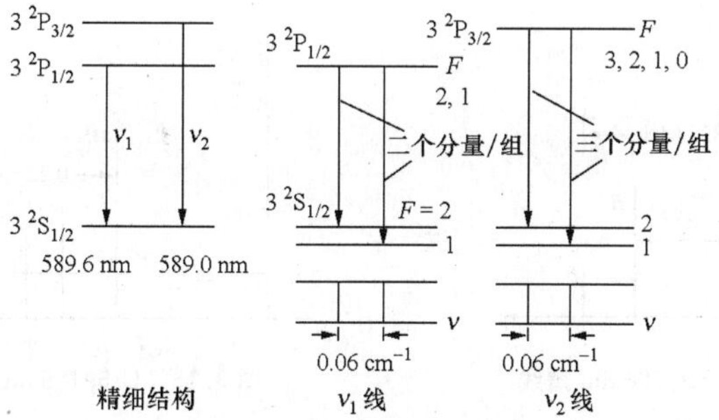

图 3.14 Na 共振线超精细分裂

在超精细结构子能级之间能发生直接的跃迁,跃迁频率落在微波频段. 例如 Na 基态 $3^2S_{1/2}$,在 F=1 与 F=2 之间的跃迁,频率为 1772 MHz. 这类跃迁具有特殊的意义,如^{133}Cs193 MHz 线频率(参看表 3.3)是国际频率(时间)基准,参看附录 G.

3.4.2　同位素移位

同一种元素的不同同位素，即使不考虑超精细结构，其能级也略有差异，这叫做同位素移位. 在第一章中，已经介绍过氢的同位素移位，并曾指出，其原因是核的质量不同. 设电子质量为 m，核质量为 M，则折合质量 μ 是 $mM/(m+M)$，而里德伯常数正比于折合质量 μ. 核质量不同，导致里德伯常数有微小差异，以及相应的能级有微小差异. 这种效应，随着原子量的加大而迅速减小，因为同一元素不同同位素的折合质量的相对差别变小了. 例如，质量数为 1(氢)与 2(重氢)的两个同位素，折后质量相对差别为 3×10^{-4}，而对质量数为 50,51 的两个核，这差别减小至约 2×10^{-7}，一般可以忽略了. 但是，当原子量逐渐变大时，另一个因素——核的体积的影响逐步显著起来. 在前面有关原子结构的理论中，都假定原子核的大小可以忽略. 实际上，它总是有一定的体积和形状. 这就对原子核所在处的电场分布发生了影响，使之不同于点电荷的库仑场. 这也就对电子的能量有微小的影响. 不同的同位素，这种影响也不同，从而使电子能级有微小的差异. 总起来说，两种因素导致了能级的同位素移位. 若把各种元素按质量数大小排列，则同位素移位大体上是“两头大，中间小”.

在光谱中，超精细结构和同位素移位交织在一起，图 3.15 给出了天然铷(含 ^{85}Rb 和 ^{87}Rb)共振线 $5^2P_{1/2}\to5^2S_{1/2}$，780 nm 谱线的结构. 由于分辨率不太高，可以分出 4 个分量，A，B 两分量来自 ^{85}Rb，a，b 来自 ^{87}Rb. 其分裂都是由基态 $^2S_{1/2}$ 的超精细分裂产生的.

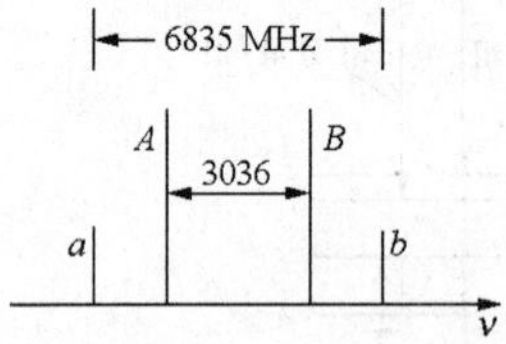

图 3.15　Rb 780 nm 谱线

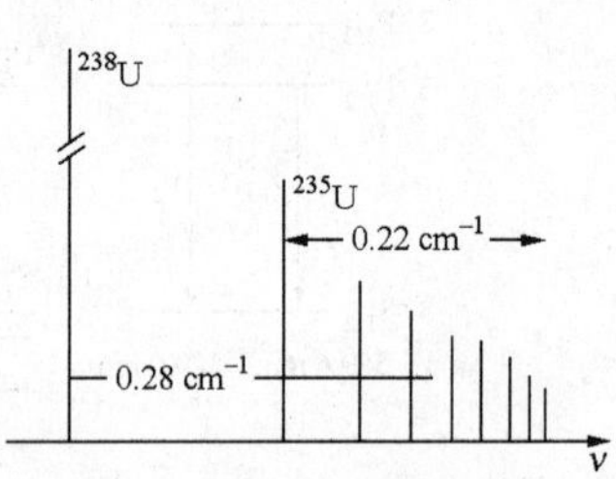

图 3.16　U 591.5 nm 谱线

原子光谱的同位素移位可用于同位素分离. 在核工业中有两项重要课题：一是分离氢同位素(H,D,T)，用于产生重水以及研究核聚变；二是分离铀同位素. 天然铀中含 ^{235}U 为 0.72%，^{238}U 为 99.27%，使 ^{235}U 富集(成分大大增加)或分离，在原子能工业中是很重要的环节. 图 3.16 是 U 的一条谱线，$\lambda=591.5$ nm，其下能级是基态. 此线包含了 ^{238}U 的单线及

^{235}U 的多个超精细结构分量，如果用频率可调的窄带强激光，使频率对准 ^{235}U 谱线某一分量进行照射，就能使 ^{235}U 激发，而不影响 ^{238}U. 再用另外的方法(主要还是用激光)使处于激发态的 ^{235}U 电离成为离子 $^{235}U^+$. 这 $^{235}U^+$ 就不难用电学方法分离开来. 当然，也可以用频率对准 ^{238}U 线的方式工作. 从实用角度看，则需要研究效率最佳的方案. 这是原子结构基础研究为生产服务的一个例子.

思　考　题

3.1　试从量子力学关于电子概率分布的角度，而不用经典的电子轨道观念，来理解碱金属原子能级结构的某些特点. 可参看图 2.15.

3.2　当年有人反对电子自旋假设，理由之一如下：电子的经典半径 $r_e \approx 2.8 \times 10^{-15}$ m，按力学原理计算，电子就不可能具有 $\hbar/2$ 的自旋角动量. 请用经典力学与相对论观点对此加以评论.

3.3　试用毕奥-萨伐尔定律分别估算氢 $n=1,2$ 圆轨道上电子感受到的内部磁场($n=1$ 时 $v=\alpha c$). 再从氢 $n=2$ 能级精细分裂 0.365 cm^{-1} 估算内部磁场. 两者是否大体一致？

3.4　已知 Na $n=3$ 的 ^2P 能级精细分裂达 17.2 cm^{-1}，比 H $n=2$ 能级相应值还大得多，你认为是什么原因？

3.5　试从物理关系(不用公式)说明：(a) ^2S 能级没有精细分裂. (b) n 增大时，精细分裂迅速减小. (c) 同一个主量子数 n，l 增大时，精细分裂迅速减小.

3.6　已知 Na 3^2P 的精细分裂为 17.2 cm^{-1}. 试用表 3.1 中的 Z^* 值代入式(3.3.8)求精细分裂的"理论值". 比较这两个值，会发现什么问题？原因何在？

3.7　某一谱线超精细结构各分量的强度之间，是否也有"强度和定则"？为什么？

3.8　爱因斯坦-德哈斯实验能从宏观现象显示微观粒子角动量与磁矩间的关系. 实验如附图. 一细线下面悬一个软铁棒，棒外绕有磁化线圈. 先通直流电使棒磁化，并让棒静止. 然后突然使电流反向，这时将会发现铁棒绕细线有一突然的偏转，并随之出现扭摆式的振动. 请对此现象作定性解释.(参看：凯格纳克、裴贝-裴罗拉，近代原子物理学(上)，第九章，北京：科学出版社，1982.)

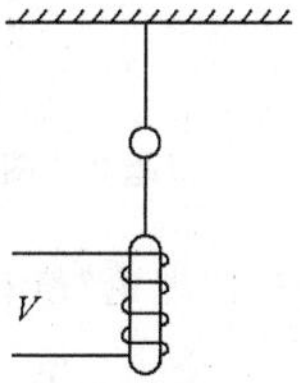

思考题 3.8 图

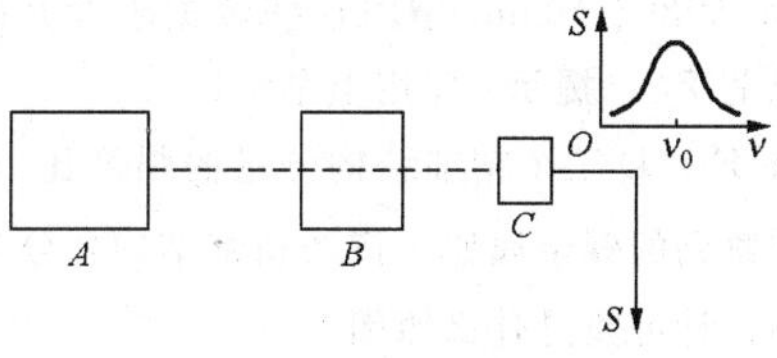

思考题 3.9 图

3.9　一条光谱线，可以看做是一个鉴频器，如附图，A 是一个频率可调的光源，B 是吸收室，C 是光电检测器. 当 A 发出的光的频率 ν 对准某一吸收线 ν_0 时，由 C 可输出一个电信号 S. 当光频 ν 变化时，S 随频率而变，如图中所示. 所以由 S 的变化可以鉴别出光频的变化. 据此，请设计出一种自动控制的方法，将光源频率控制在 ν_0 点.

3.10　有人做如附图所示的实验. 波长为 455.5 nm 的光通过 Cs 蒸气泡，经过一个能透过 1.34～1.36 μm 光的滤光片 F，到达光电探测器 D. 入射光使 Cs 气中原子激发，$6^2S_{1/2} \to 7^2P_{3/2}$，激发态上一部分原子再自发跃迁到 ^2D 态，发出 1.34 μm 和 1.36 μm 的荧光. 此荧光通过 F 而被 D 测出，问该方案有什么技术应用？

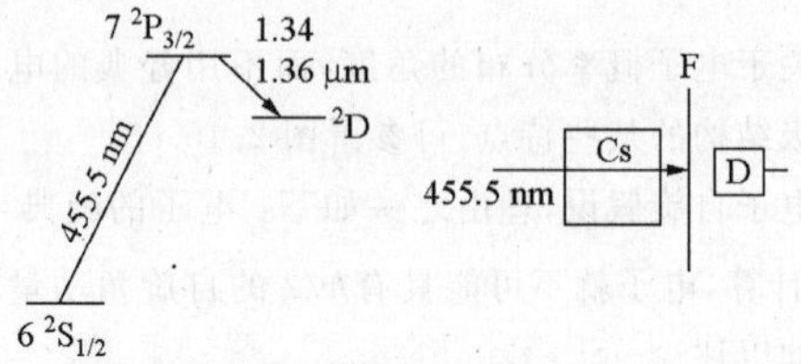

思考题 3.10 图

3.11　在距地面 90 km 上下的高空有钠原子层存在. 利用激光雷达探测该原子，可以研究有关的大气物理问题. 如钠层的厚度，钠的浓度等. 试推想其原理和所用方法. 利用类似的原理，用激光还可以做哪些工作？

习　题

3.1　应用能级符号标出图 2.20 中 H 原子的能级.

3.2　已知 Li 光谱主线系最长波长 $\lambda=670.7$ nm，锐线系和漫线系共同系限波长 $\lambda=351.9$ nm，求 Li 原子第一激发电势和电离电势.

3.3　K 原子共振线波长为 766.5 nm，主线系系限波长为 258.8 nm. 已知基态为 4S，试求 4S，4P 能级的量子数亏损.

3.4　证明精细结构分裂两个子能级能量的加权平均值即是未分裂前的能量 E_0，权重为简并度 $g_j=2j+1$. 即 $\dfrac{|\Delta E_1|}{|\Delta E_2|}=\dfrac{g_{j2}}{g_{j1}}$.（$E_0$ 称做 E_1，E_2 的"重心"，见附图.）

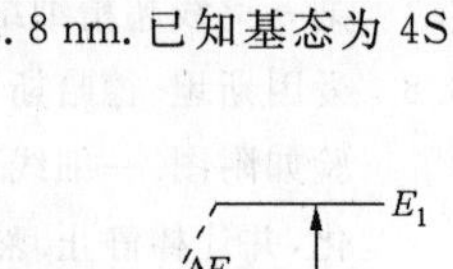

习题 3.4 图

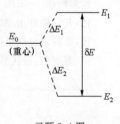

3.5　已知 Cs 原子电离能为 3.894 eV，共振线波长为 852.34 nm 及 894.60 nm. 请由这些数据求 6^2P 能级的等效核电荷 Z^*.（提示：应用上题结论.）

3.6　求 $^2F \to {}^2D$ 三个精细结构分量的强度比. 此外在实验中观察到的碱金属原子谱线精细结构各分量的强度比，往往与"理论"值有偏离. 你估计可能是什么原因？

3.7　不少原子核的自旋和磁矩值是从光谱数据中求出的. 氢原子超精细分裂值能精确计算. 对 1s 态

$$\Delta E_{ij}=\frac{A'}{2}[F(F+1)-I(I+1)-j(j+1)],\quad A'=\frac{8\pi a_1^3}{3}\alpha^2 g_I'\,|\psi_{1s}(0)|^2 Rhc$$

式中 $\psi_{1s}(0)$ 为 1s 波函数在 $r=0$ 处之值. 已知氢核 $I=1/2$,基态超精细裂距为 1.4204×10^9 Hz,求氢核(质子)的 g_I 和 μ_I(有效数字三位).

3.8　作出 $j=3/2$ 能级、$I=1$ 时超精细分裂图(按比例作图).

3.9　作出 ^{133}Cs $6^2P_{3/2}$($A'=250$ MHz)$\rightarrow 6^2S_{1/2}$ 谱线超精细结构图. 请按书中规格画出能级图、跃迁线及谱线相对位置图,并标明相对频率值.

3.10　Rb 原子几个最低能级的能量,以基态为零,是: $5^2S_{1/2}$,0; $5^2P_{3/2}$,12817 cm^{-1}; $5^2P_{1/2}$,12597 cm^{-1}; $4^2D_{5/2,3/2}$,19355 cm^{-1}; $6^2S_{1/2}$,20136 cm^{-1}; $6^2P_{3/2}$,23793 cm^{-1}; $6^2P_{1/2}$,23715 cm^{-1}. 请作出能级图. 问: 当用 420.3 nm 光照射此原子后,原子能发出哪些波长的荧光?

3.11　谱强度为 I_ν 的共振光通过厚为 dz、面积为 1 单位的样品(见附图). 设入射光的谱宽大于吸收线宽. 可用两种方法表示吸收功率:

(1) 用吸收系数 α 计算.

(2) 用 B 系数计算.

两种结果应该相等. 由此证明:

$$\int \alpha\, d\nu=\frac{Nh}{\lambda}\cdot B$$

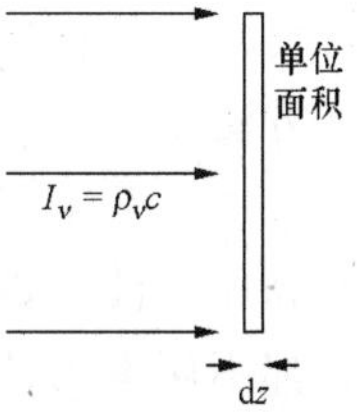

习题 3.11 图

式中 N 是粒子数密度.

3.12　碱金属原子共振线的吸收是很强的. 已知 Na $3^2P_{1/2}\rightarrow 3^2S_{1/2}$($\lambda=589$ nm)的 $A=0.6\times10^8\,s^{-1}$. 求浓度(粒子数密度)为 $2\times10^{18}/m^3$ 的 Na 蒸气对 589 nm 光的吸收系数 α,设线形为宽 1 GHz 之矩形. 求光强衰减到 1/e 的吸收长度.

3.13　在热平衡条件下的原子蒸气中,原子激发态粒子数 N' 与基态粒子数 N 之间,满足玻尔兹曼分布律,$N'/N=(g'/g)\exp[-(E-E_0)/k_BT]$,$g$ 为权重. 今使 Cs 原子蒸气处于高温热平衡态,发现其共振光谱双线 $\lambda_1=894.6$ nm,$\lambda_2=852.34$ nm 的强度比为 2∶3,试估算此蒸气的温度.

第四章 复杂原子的能级结构和光谱

凡是有两个及两个以上核外电子的原子，在力学上都属于“多体系统”. 多体问题不能精确求解，而需要用复杂的近似方法来进行计算. 这在量子力学也不例外，从这个意义上讲，除氢以外，所有的原子都可以看做“复杂”原子. 这些原子的能级结构和光谱并不一定很复杂，上一章关于碱金属原子的情况即是一例. 但是需要注意，那里的分析基本上是定性的. 若要求得较精确的原子参数(包括精细结构分裂)，仍需用复杂的近似计算方法.

经过几十年的努力，特别是借助于大型计算机的应用，人们在用理论计算原子波函数和能量方面，已取得很大的成绩，积累了丰富的材料. 这些都不属本书范围之内. 本章主要介绍以下内容：(1) 计算原子结构时所用的最基本的近似方法及其含义. (2) 以两个价电子为例分析在不同物理条件下能级的典型结构，并由此推广到更一般的情况. (3) 有关产生 X 射线的能级、X 射线谱及光电子能谱等问题.

§4.1 原子的壳层结构

4.1.1 有心力场近似

原子结构中的多体问题是个难题，即使核外仅有两个电子的氦原子也并不简单. 在图 4.1 中，“1”和“2”是两个电子，在某一瞬间，它们分别受到有心力(核的库仑吸引力) $\boldsymbol{f}_1$ 及 $\boldsymbol{f}_2$ 的作用，两个电子还分别受到非有心排斥力 $\boldsymbol{f}_{21}$ 及 $\boldsymbol{f}_{12}$ 的作用. 由于两个电子都在不断运动着，所以每个电子所感受到的势场是随时间而变的，是依赖于另一个电子的坐标的. 为解这样复杂的运动问题，必须采用近似方法.

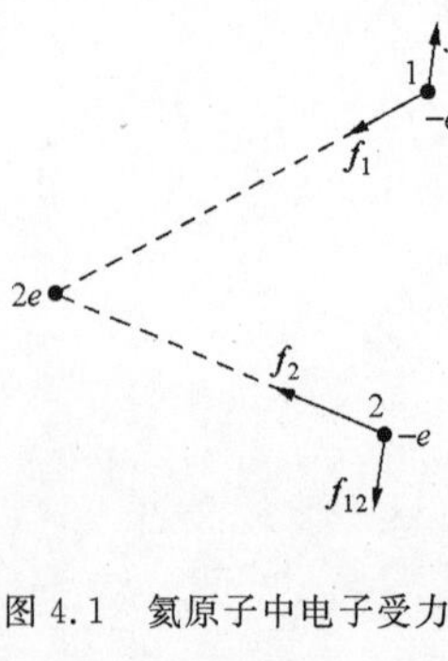

图 4.1 氦原子中电子受力图

在近代原子结构理论中，最常用的一种基本近似是有心力场近似，即假定每个电子只受到一个平均的有心力场的作用，势函数 $V(r)$ 不显含时间，而且电子在此势场中独立地运动. 这样，对每一个电子，都可以列出一个定态薛定谔方程. 若原子有 N 个电子，则第 i 个电子的薛定谔方程是

$$\left[-\frac{\hbar^2}{2m}\nabla_i^2 + V_i(r_i)\right]u_i = \varepsilon_i u_i, \quad i = 1,2,\cdots,N \tag{4.1.1}$$

式中 u_i 和 ε_i 分别是第 i 个电子的能量本征函数和本征值. 注意方程(4.1.1)在形式上与氢原子的薛定谔方程相同，仅有心力场的势函数 $V(r)$ 不同. 应用§2.4 中的分离变数法，可得第 i 个电子的本征函数：

$$u_i = R_i(r_i)\mathrm{Y}_i(\theta_i,\varphi_i) \tag{4.1.2}$$

其中径向波函数 $R_i(r_i)$ 满足微分方程

$$\left[\frac{\partial}{\partial r_i}\left(r_i^2\frac{\partial}{\partial r_i}\right) + \frac{2\mu r_i^2}{\hbar^2}(\varepsilon_i - V_i) - l_i(l_i+1)\right]R_i = 0 \tag{4.1.3}$$

而 $\mathrm{Y}_i(\theta_i,\varphi_i)$ 就是球谐函数. 由此可知，在有心力场近似下，问题归结为寻找恰当的等效有心力场 $V_i(r_i)$ 及解方程式(4.1.3).

但是方程式(4.1.3)并不是独立的，因为式中第 i 个电子的等效有心势场 V_i 与其他电子的波函数有关，所以式(4.1.3)是 N 个方程式的联立微分方程组. 该方程组的解法，在此不再讨论，但从这里可以得出重要的结论. 与氢原子的薛定谔方程相比，可以看出，第 i 个电子的径向波函数 R_i 将由两个量子数 n_i 和 l_i 表征，即 $R_i = R_{n_i l_i}(r_i)$. 至于球谐函数，则已知 $\mathrm{Y}_i = \mathrm{Y}_{l_i m_{l_i}}(\theta_i,\varphi_i)$. 因此，第 i 个电子的状态，将由三个量子数 n_i, l_i, m_{l_i} 来表征. 这三个量子数的物理意义与氢原子中相应的量子数相同. 对于有 N 个电子的原子体系，就有 N 组这样的量子数. 这是一个极为重要的性质，也是应用有心力场近似的直接后果. 当然，由于理论的近似性质，应用这一组量子数并不太准确.

4.1.2　泡利原理与壳层结构

上节指出，由一组电子的薛定谔方程可以定出复杂原子中每个电子的量子数 n_i, l_i 和 m_{l_i}. 再加上电子自旋磁量子数 m_{s_i}，每个电子有四个量子数. 对应每一对 n, l 值，有 $2(2l+1)$ 个不同的状态(不同的 m_l, m_s)数. 对应于每一个 n 值，有 $\sum_{l=0}^{n-1} 2(2l+1) = 2n^2$ 个不同的状态数. 然则复杂原子中的电子，如何分布于这些状态呢？为了解释元素的周期性质，泡利(W. Pauli)于 1925 年提出了一条重要原理：每个状态只能容纳一个电子，或者说，没有两个电子能具有四个完全相同的量子数 n, l, m_l, m_s，这

叫做泡利不相容原理. 后来这被证明为全同费米子的一个基本特性. 在原子结构问题上，这个原理直接导致原子的壳层结构：每一个(n,l)子壳层能容纳$2(2l+1)$个电子，每一个n壳层能容纳$2n^2$个电子. n从1到4的各壳层能容纳的电子数如表4.1所示. 电子已被填满的壳层叫做满壳层，或封闭壳层. 满壳层电子具有两个重要的特性：

表 4.1　各壳层电子数

n壳层	1	2		3			4			
n,l壳层	1s	2s	2p	3s	3p	3d	4s	4p	4d	4f
电子数	2	2	6	2	6	10	2	6	10	14
$2n^2$	2	8		18			32			

(1) 满壳层电子的电荷分布是球对称的. 在某一个n,l壳层中各电子的m_l,m_s值如表4.2所示. 电子的概率分布是$|\psi_{n,l,m_l}|^2$，与m_s值无关，满壳层电子总的分布概率是

$$2\sum_{m_l=-l}^{l}|\psi_{n,l,m_l}|^2=2|R(r)|^2\sum_{m_l=-l}^{l}|Y_{l,m_l}|^2$$

已知$|R(r)|^2$是球对称的. 又从球谐函数的特性可知

$$\sum_{m_l=-l}^{l}|Y_{l,m_l}|^2=\frac{1}{4\pi}(2l+1)$$

与角度无关，也是球对称的. 所以满壳层电子的分布是球对称的.

表 4.2　n,l壳层中电子的m_l,m_s值

m_l	l	$l-1$	…	$-l$
m_s	1/2, −1/2	1/2, −1/2	…	1/2, −1/2

(2) 满壳层电子总的角动量及磁矩均等于零. 令电子的总轨道量子数为L，总自旋量子数为S，它们的磁量子数分别为M_L及M_S. 将表4.2中$2(2l+1)$个电子的m_l及m_s值分别相加，有$M_L=\sum m_l=0$，$M_S=\sum m_s=0$. 因M_L，M_S只能取零值，可知$L=0$，$S=0$. 相应的磁矩也为零.

以上两点性质大大地简化了关于原子结构的理论计算，也简化了能级结构. 例如，假设在一个满壳层之外还有一个价电子，这个价电子与满壳层各电子之间的电性相互作用，基本上可以看做是一种有心力作用，即满壳层电子仅对核电荷起了一种屏蔽作用. 这个价电子与满壳层电子之间的磁性相互作用是完全没有的. 因此第三章中分析碱金属原子结构的

方法是有理论根据的.

4.1.3　价电子能级结构的确定

有心力场近似在解决原子结构问题上走了关键的一步，但还不是全部.设满壳层外有 N 个价电子，它们的量子数 n,l 均已确定.由有心力场近似，可以求出它们各自的能量本征值和本征函数.但这 N 个价电子间还有其他相互作用未被考虑.第一，价电子中其他$(N-1)$个电子对某个电子的排斥作用，即使从平均的角度看是有心的，但是非有心部分必定还要有明显的影响.这部分作用(以后简称电子间非有心电性相互作用)还未被计算.第二，电子本身以及电子之间的磁性相互作用未包括在有心力场近似之内.因此，在有心力场近似的基础上，再计算以上两项作用，就可以确定 N 个价电子能级结构的具体情况.

上述两种计算仍然是复杂的.本书满足于对多个价电子的能级结构及其主要特征有一个定性的、大体上的了解.这就比较简单，可以从价电子间电磁作用的相对强弱、各角动量之间的耦合情况，并应用泡利原理，作出必要的判断.下节先从两个价电子的情况开始分析.

§4.2　两个价电子的原子结构和光谱

二价原子中 Be，Mg，Ca，Sr，Ba 以及 Zn，Cd，Hg 等原子，在满壳层外有两个价电子，He 原子也是核外有两个电子.它们的能级结构属同一类型.本节先以 He 原子为例来讨论，兼及其他二价原子的能级和光谱.

4.2.1　$1snl$ 组态 LS 耦合的能级

原子中具有特定 n,l 值的电子的组合叫做电子组态，例如 Na 原子基态的电子组态是 $1s^2 2s^2 2p^6 3s$，这里 $1s^2$ 代表有两个 1s 电子，等等.He 原子基态的电子组态是 $1s^2$，一个电子被激发的组态是 $1snl$.现在分析后一种组态的能级结构.

两个电子的组态，需要区分两种情况：一种是两个电子的 n,l 值完全相同，这叫等效电子.对于等效电子的分析，需要应用泡利原理，因为这两个电子的其他的两个量子数 m_l,m_s 不能再相同.另一种是 n,l 值不全相同，这叫不等效电子.这时泡利原理已得到满足，不必再加考虑.

核外有两个价电子的原子能级结构的类型，取决于上节所讲的电子间的两种相互作用，即价电子间非有心电性相互作用和磁性相互作用.对

He原子而言，后一种作用很弱，可以先予忽略. 事实表明，非有心电性相互作用，不但使电子总能量上升(因为排斥力的势能为正值)，还使原来简并的能级分裂. 理论分析指出，为表征新的能级，还需要两个新的量子数 L 和 S. 前已指出，L 和 S 分别是表征两个电子的总轨道角动量 $\boldsymbol{L}=\boldsymbol{l}_1+\boldsymbol{l}_2$ 和总自旋角动量 $\boldsymbol{S}=\boldsymbol{s}_1+\boldsymbol{s}_2$ 的量子数. 从定义可知，L 可取从 l_1+l_2 到 $|l_1-l_2|$ 之值，S 可取从 s_1+s_2 到 $|s_1-s_2|$ 之值，即1和0. 能级符号的表示法与单电子的类似，即将 $L=0,1,2,\cdots$ 的能级记为字母S,P,D,…，并将2S+1之值记在字母左上角. 这样，1snl 组态的能级如表4.3所示. $2S+1$ 之值为1和3的态分别叫做单重态和三重态，理论和实验均已证明，单重态能量高于三重态.

表4.3　1snl 组态能级

组态	1sns($n>1$)	1snp	1snd	…
l_1,l_2 L	$l_1=0,l_2=0$ 0	$l_1=0,l_2=1$ 1	$l_1=0,l_2=2$ 2	…
能级符号	$^1S\ ^3S$	$^1P\ ^3P$	$^1D\ ^3D$	…

在上述能级结构的基础上，再考虑磁性相互作用，即自旋轨道相互作用. 两个电子的自旋轨道作用，如果仔细分析起来，也是相当复杂的. 这里有每个电子自身的自旋轨道相互作用(两项)，这个电子的自旋与那个电子的轨道相互作用(两项)，以及两个电子磁矩之间的相互作用. 但在大多数情况下，人们发现，两个电子的磁性相互作用可以作简化处理，它的哈密顿量可以归结为 ΔH_{LS}：

$$\Delta H_{LS}=a\boldsymbol{L}\cdot\boldsymbol{S} \tag{4.2.1}$$

$$\Delta E_{LS}=\frac{A}{2}[J(J+1)-L(L+1)-S(S+1)]\quad (A=a\hbar^2) \tag{4.2.2}$$

式中 J 是表征原子总角动量 $\boldsymbol{J}$ 的量子数

$$\boldsymbol{J}=\boldsymbol{L}+\boldsymbol{S},\quad J=L+S,L+S-1,\cdots,|L-S| \tag{4.2.3}$$

这就导致了三重态能级的精细结构分裂. 图4.2是1snl 组态的能级结构(包括精细结构在内)的示意图，图中字母的右下角为 J 值. 关于1snl 组态能级结构的分析，当然也适用于其他的 $nsn'l$ 组态. 上述分析方法及能级结构称做"LS 耦合". 典型的 LS 耦合需满足一个条件：精细结构分裂(由磁性相互作用引起)远远小于多重能级之间的距离(由电子间非有心电力作用引起). 又根据式(4.2.2)，精细结构分裂本身满足朗德间隔定则：精细分裂中两相邻能级间隔之比等于有关能级较大的两个 J 值之比. 如图 4.2 中所示，在$^3P_{2,1,0}$的分裂中，$\dfrac{E(^3P_2)-E(^3P_1)}{E(^3P_1)-E(^3P_0)}=\dfrac{2}{1}$. 读者可证明此定则之普遍性. 反过来讲，如果从光谱数据中得知某精细分裂符合朗德间隔定则，可以推定有关组态属 LS 耦合.

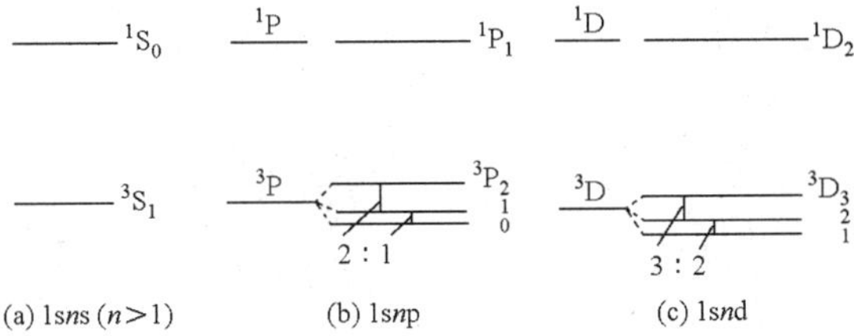

图 4.2　1snl 组态能级示意图

LS 耦合的形成，还可以从力学关系上直观地来理解. 当电子的自旋轨道相互作用可以忽略时，自旋运动和轨道运动是相互独立的，但两个价电子之间由于非有心斥力的作用而互相耦合. 在这种情况下，两个电子的总轨道角动量是个守恒量，量子数 L 有确定的物理意义. 同理，两个电子的总自旋角动量也是个守恒量，量子数 S 也有确定的物理意义. 所以用 L,S 来表征能态是恰当的. 在这种近似下，L 和 S 是好量子数. 当自旋轨道相互作用不可忽略、但其影响比较小的时候，如上面所说，能级有精细分裂. 有分裂的能级，L 和 S 已不是很好的量子数，但仍可应用. 但若自旋轨道相互作用很强，则宜另作讨论，见§4.2.3.

最后分析等效电子 $1s^2$ 组态的能级. 由于 $n_1=1,l_1=0;n_2=1,l_2=0$，所以由泡利不相容原理，这两个电子的其他两个量子数 m_l,m_s 不能全同. 现在 $m_{l_1}=0,m_{l_2}=0$，故 $m_{s_1}\neq m_{s_2}$. 这只有一种可能：$m_{s_1}=1/2,m_{s_2}=-1/2$（$m_{s_1}=-1/2,m_{s_2}=1/2$ 状态与此属同一状态，不另计）. 这时 $M_S=M_{S_1}+M_{S_2}=0$，因此 $S=0$，这只能构成$^1S_0$ 能级，而不允许构成$^3S_1$ 能级.

4.2.2 氦原子能级

He 原子的能级见图 4.3. 基态 $1s^2$，能级只有$^1S_0$. 一个电子被激发的态为 1snl，其能级结构已见上一小节. 图中以基态$^1S_0$ 作为能量的零点. 三个新引进的量子数 L,S,J 的跃迁选择定则（对一个电子跃迁而言）是

$$\begin{cases}\Delta L=\pm 1, \quad \Delta S=0\\ \Delta J=0,\pm 1 \quad (0 \nrightarrow 0)\end{cases} \tag{4.2.4}$$

其中 $\Delta S=0$ 表示单重态和三重态之间不能发生跃迁. 因此，图中把单重

能级与三重能级分开来画，以便于标出表示跃迁的线.

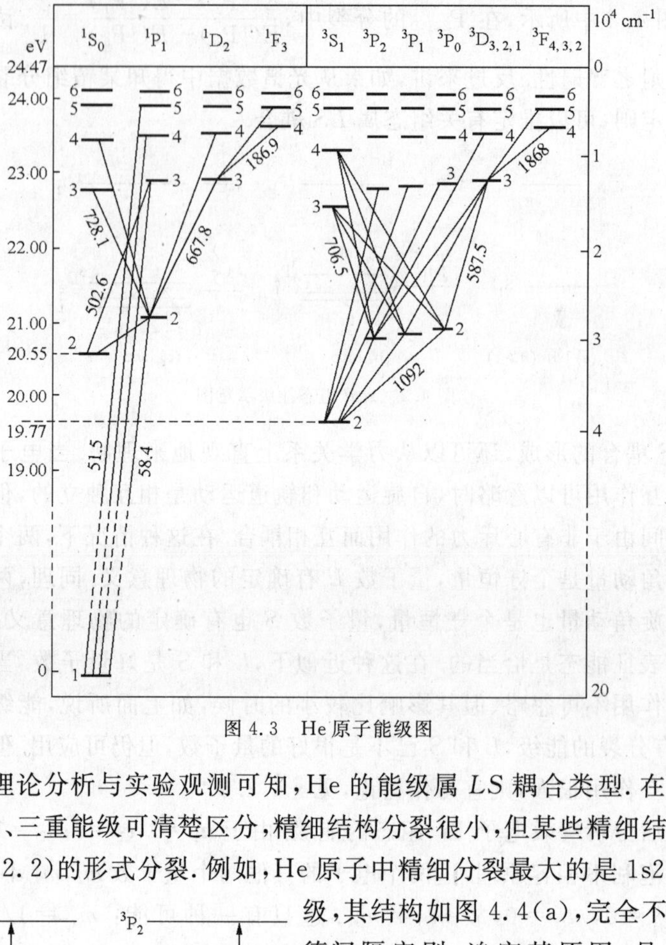

图 4.3　He 原子能级图

由理论分析与实验观测可知，He 的能级属 LS 耦合类型. 在一个组态中，单、三重能级可清楚区分，精细结构分裂很小，但某些精细结构并不按式(4.2.2)的形式分裂. 例如，He 原子中精细分裂最大的是 1s2p ^{3}P 能级，其结构如图 4.4(a)，完全不符合朗德间隔定则. 追究其原因，是近似式 $\Delta H_{LS}=a\boldsymbol{L}\cdot\boldsymbol{S}$ 太粗糙的缘故. 不过此式在二价原子的大多数精细结构中还是适用的，图 4.4(b)顺带给出了 Ca 原子 4s4p^{3}P 的精细分裂图，它基本符合朗德间隔定则.

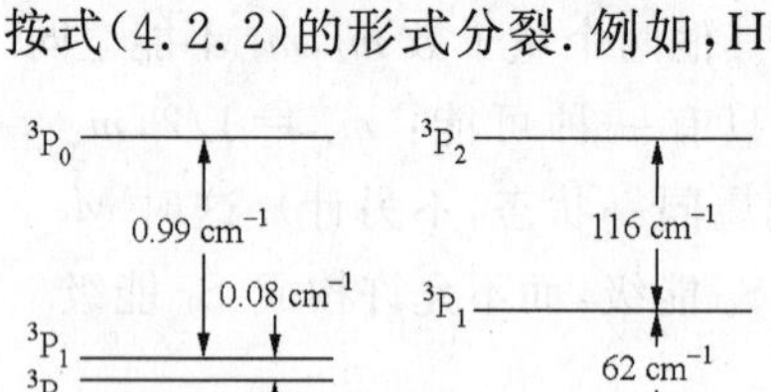

图 4.4　^{3}P 精细结构两例

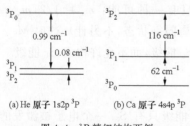

从 He 原子能级图(图 4.3)上看到，如果电子处在激发态 1s2s $^1S_0$ 或 1s2s $^3S_1$ 上，则按选择定则，它将不能跃迁回到基态. 这类激发态是亚稳态，电子处在这个能级上时，有相当长的寿命. 图 4.3 还表明，这两个能级的激发能分别是 20.55 eV 和 19.77 eV，相当大(远大于氢和其他大多数

原子的电离能). 因此,处在亚稳态的 He 原子,就像一个能量携带者. 当它与别的原子碰撞时,通过非弹性碰撞,将激发能传给对方,使其激发或电离,而自己回到基态. 所以 He 气常被充在放电管中,以促使别的原子激发.

He 原子光谱分为单谱线与具有精细结构的、来自三重态之间跃迁的谱线. 早年曾误认为存在两种氦——"仲氦"产生单谱线,"正氦"产生有精细结构的谱线,后来知道其实都是由一种 He 原子产生的.

4.2.3 两个价电子 jj 耦合的能级

两个价电子组成的能级,并不都属于 LS 耦合类型. 本小节介绍另外一种典型情况——jj 耦合. 在 jj 耦合时,两个价电子间的两种相互作用导致的能级分裂情况,正好与 LS 耦合时相反: 电子自身自旋轨道相互作用导致的分裂远远大于非有心电性相互作用所导致的分裂. 在作定性分析时,先忽略非有心电性相互作用,只考虑每个电子自身的自旋轨道相互作用. 在这种近似下,两个电子各自独立地运动,每个电子的总角动量 $\boldsymbol{j}_1$ 和 $\boldsymbol{j}_2$ 分别守恒,量子数 j_1 和 j_2 是好量子数. 能级位置也由 j_1,j_2 之值决定. 在此基础上,影响很小的非有心电性相互作用使 $\boldsymbol{j}_1$ 和 $\boldsymbol{j}_2$ 耦合,能级进一步作微小的分裂,原子的总角动量 $\boldsymbol{J}$ 总是守恒的:

$$\boldsymbol{J}=\boldsymbol{j}_1+\boldsymbol{j}_2,\quad J=j_1+j_2, j_1+j_2-1,\cdots |j_1-j_2| \tag{4.2.5}$$

最后能级的符号是$(j_1,j_2)_J$.

现仍以 sp 电子组态为例. 第一个电子 $l_1=0$,$s_1=1/2$,故 $j_1=1/2$. 第二个电子 $l_2=1$,$s_2=1/2$,故 $j_2=3/2,1/2$. 当只有自旋轨道相互作用时,能级先按(1/2,3/2),(1/2,1/2)分裂为二. 由于非有心电性相互作用,每一能级又按 J 值不同再分为二,示意图见图 4.5. 图中能级的高低次序,是按二价原子中常见情况安排的.

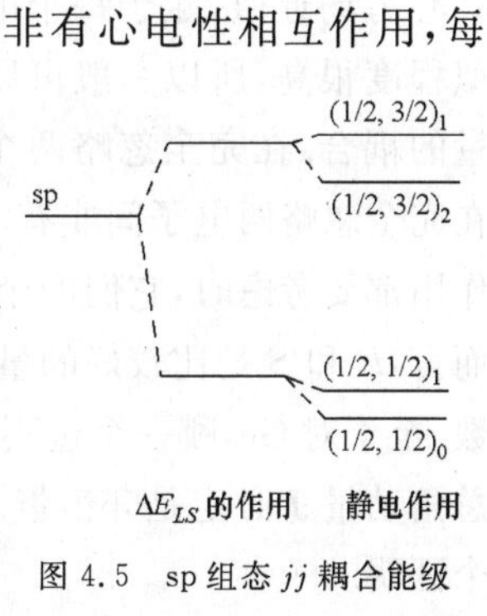

图 4.5 sp 组态 jj 耦合能级

二价原子中,会在两种情况下出现 jj 耦合. 一种情况是一个价电子激发到高激发态时,另一种情况是在重元素中. 在第三章中曾指出,当碱金属原子的原子量加大时,精细结构分裂增大得很快. 这表明磁性相互作用随原子量的增加而迅速加大. 对于两个价电子,这就会导致 jj 耦合. 图 4.6 给出了一个典型的例子,碳族诸元素 C, Si, Ge, Sn, Pb,最外层中有两个等效 p 电子. 当一个电子被激发到最近的 s 态时,就形成了 ps 组态: C 2p3s, Si

3p4s, Ge 4p5s, Sn 5p6s 和 Pb 6p7s. 它们的能级结构，与上面讲的两个电子 sp 组态的能级结构完全相同. 在图中，把这组相对应的能级按比例画出，以资比较. 从该图可以看出，C 2p3s 是很好的 *LS* 耦合，而 Pb 6p7s 是 *jj* 耦合，中间是逐步过渡的情况.

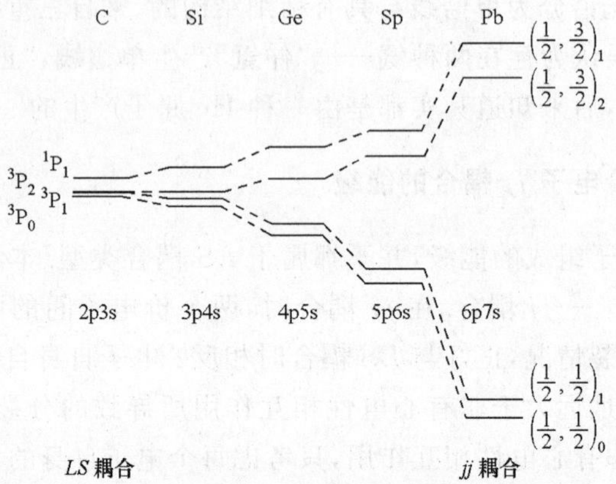

图 4.6　从 *LS* 耦合到 *jj* 耦合

jj 耦合能级的跃迁选择定则是(对一个电子跃迁而言)

$$\Delta j_1 = 0,\quad \Delta j_2 = 0, \pm 1(0 \nrightarrow 0);\quad \Delta J = 0, \pm 1(0 \nrightarrow 0) \tag{4.2.6}$$

这里出现一个问题：图中间几个元素(尤其是 Ge)的那些能级究竟用什么量子数表示？在发生跃迁时，遵守哪一个选择定则？要回答这个问题，有必要再对解决复杂原子结构的方法和原则作一个回顾. 人们最先应用有心力场近似，赋予每个电子以量子数 n 和 l. 这里有一定的近似性，但近似程度很高，所以一般可以肯定电子基本上属于哪个组态. 下一步是角动量的耦合. 在完全忽略两个电子间磁性相互作用时，L 和 S 是好量子数. 在完全忽略两电子间非有心电性相互作用时，j_1 和 j_2 是好量子数. 当两种作用都要考虑时，它们四个都不是真正好的量子数. 在图 4.6 中，对 C 2p3s 而言，L 和 S 是比较好的量子数，对 Pb 6p7s 而言，j_1 和 j_2 是比较好的量子数. 至于对 Ge，哪一个也不好用. 但是 J 始终是一个好量子数，因为原子的总角动量 $\boldsymbol{J}$ 必定是守恒量. 图中各对应能级的 J 量子数始终不变，也是一个证明.

总之，对复杂的原子能级，用简单的耦合类型来区分，一般是不太准确的，有时甚至很不准确. 对能级性质的准确描述，只有用由量子力学求出的波函数才行. 如果仅仅作为一个标记，则用哪一种符号都可以(所以现在为简单起见，一般只用 LS 耦合符号来标记所有的能级)。因为量子数 L,S,j_1,j_2 往往不准，所以有关的选择定则常不被遵守。这是出现“违禁跃迁”的原因之一，在重原子中是经常遇到的。但是注意 ΔJ 的选择定则是被严格遵守的。

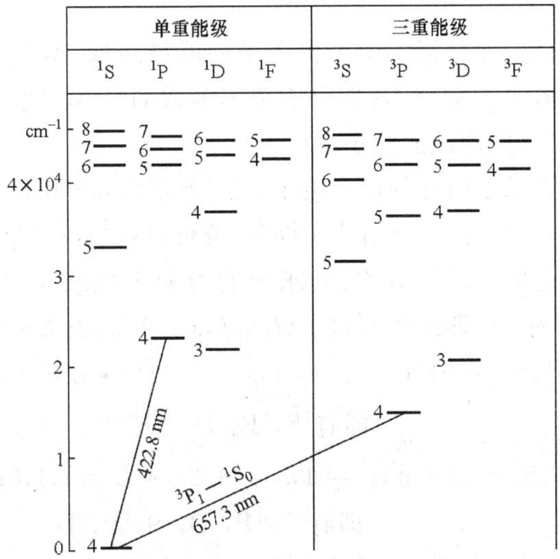

图 4.7 Ca 原子能级

4.2.4 钙原子能级

作为二阶碱土金属原子能级的代表，图 4.7 给出了 Ca 的能级。Ca 基本上属 LS 耦合类型，但是由单、三重能级之间的跃迁产生的某些谱线也不难观察到。图中标出了共振线(422.8 nm)和一条单—三重跃迁线 4s4p $^3P_1$—$4s^2\,{}^1S_0$(657.3 nm)。后者通称为“互组合线”，它违反 $\Delta S=0$ 选择定则，表明 LS 耦合已不理想。

碱土金属原子中两个价电子同时被激发的能级较易被观测到。在图 4.8 中示出了 3dnp($n=4\sim\infty$)各组态的能级所在区域(阴影部分)。当 p 电子电离($n\to\infty$)时，这些能级收敛于离子(CaⅡ)的 3d 能级。值得指出的是，这类能级有些位于中性钙原子(CaⅠ)电离限(即 CaⅡ的 4s 能级)之上不远处。处于该能级的原子有可能自动放出一个电子，而自己转到 CaⅡ的 4s 态，多余的能量转化为电子的动能。这类能级叫做

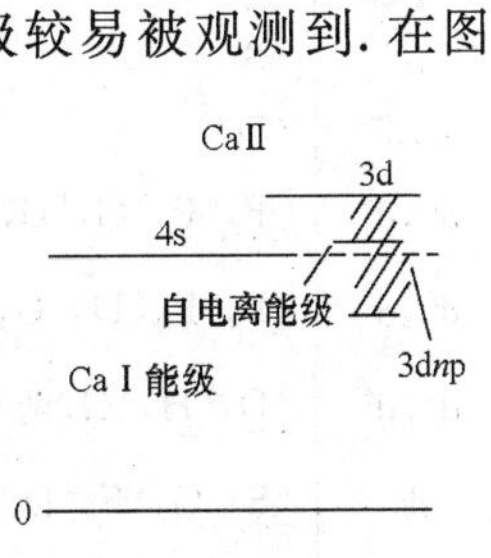

图 4.8 自电离能级

自电离能级.上述过程叫自电离过程,可用下式表示:

$$\mathrm{Ca\,I}^{**} \rightarrow \mathrm{Ca\,II}(4s) + e$$

§4.3　复杂原子能级结构的一般规律

上一节较详细地分析了两个价电子的能级结构,所使用的方法可以推广到更多价电子的场合.现在以三个不等效的 s,p,p′电子为例,按 LS 耦合类型,求出它们构成的能态.

首先用较为靠近内层的两个电子,按 LS 耦合,找出 L',S'的值.再用第三个电子的 l_3,s_3 与 L',S'作 LS 耦合,就可以找出最后能级的 L,S 值.

在 spp′组态中,先从 sp 组态,求出它有两个能级 $^1\mathrm{P}(L'=1,S'=0)$ 和 $^3\mathrm{P}(L'=1,S'=1)$.第三个 p′电子($l_3=1,s_3=1/2$)由 LS 耦合

sp ↗ $^1\mathrm{P}(L'=1,S'=0)+\mathrm{p}'(l_3=1,s_3=1/2)\rightarrow L=2,1,0;S=1/2$

即有 $^2\mathrm{S}$,$^2\mathrm{P}$,$^2\mathrm{D}$

sp ↘ $^3\mathrm{P}(L'=1,S'=1)+\mathrm{p}'(l_3=1,s_3=1/2)\rightarrow L=2,1,0;S=1/2,3/2$

即有 $^2\mathrm{S}$,$^2\mathrm{P}$,$^2\mathrm{D}$,$^4\mathrm{S}$,$^4\mathrm{P}$,$^4\mathrm{D}$

spp′组态共有 9 个多重能级,其中 6 个为双重能级,3 个为四重能级.上述两组双重能级 $^2\mathrm{S}$,$^2\mathrm{P}$,$^2\mathrm{D}$ 是由 sp 的不同状态(分别为 $^1\mathrm{P}$ 和 $^3\mathrm{P}$)产生的,所以是不同的能级.

由此不难推知,四个不等效电子将构成单、三、五重能级,……

表 4.4　p^n,d^n 组态能级表

组态	能　级
p,p^5	$^2\mathrm{P}$
p^2,p^4	$\underline{^3\mathrm{P}}$,$^1\mathrm{D}$,$^1\mathrm{S}$
p^3	$\underline{^4\mathrm{S}}$,$^2\mathrm{D}$,$^2\mathrm{P}$
p^6	$^1\mathrm{S}$
d,d^9	$^2\mathrm{D}$
d^2,d^8	$\underline{^3\mathrm{F}}$,$^3\mathrm{P}$,$^1\mathrm{G}$,$^1\mathrm{D}$,$^1\mathrm{S}$
d^3,d^7	$\underline{^4\mathrm{F}}$,$^4\mathrm{P}$,$^2\mathrm{H}$,$^2\mathrm{G}$,$^2\mathrm{F}$,两个 $^2\mathrm{D}$,$^2\mathrm{P}$
d^4,d^6	$\underline{^5\mathrm{D}}$,$^3\mathrm{H}$,$^3\mathrm{G}$,两个 $^3\mathrm{F}$,$^3\mathrm{D}$,两个 $^3\mathrm{P}$,$^1\mathrm{I}$,两个 $^1\mathrm{G}$,$^1\mathrm{F}$,两个 $^1\mathrm{D}$,两个 $^1\mathrm{S}$
d^5	$\underline{^6\mathrm{S}}$,$^4\mathrm{G}$,$^4\mathrm{F}$,$^4\mathrm{D}$,$^4\mathrm{P}$,$^2\mathrm{I}$,$^2\mathrm{H}$,两个 $^2\mathrm{G}$,两个 $^2\mathrm{F}$,三个 $^2\mathrm{D}$,$^2\mathrm{P}$,$^2\mathrm{S}$
d^{10}	$^1\mathrm{S}$

比较困难的是求等效电子的能态，上一节已经讲过，等效 s^2 电子，由于泡利原理，只能构成^1S 能态，而没有^3S 能态. 对于等效 p 电子、d 电子等等，这个分析比较复杂. 详见本书附录 D. 等效 p 电子和 d 电子组态构成的能态如表 4.4. 表中能态符号有下划横线的是最低态. 许多原子在基态时，最外层是 p^n 组态，它们是：硼族，p；碳族，p^2；氮族，p^3；氧族，p^4；氟族，p^5；氖族，p^6. 由表 4.4 可以查出它们的基态. 关于等效电子的能量最低状态，还有一条经验规律，叫洪德法则. 它指出，由等效电子组成的各能态中，能量最低的态，可以用以下方法确定：(1) 先选重数最高的态；(2) 如这种态有好几个，再选其中 L 量子数最大的态.

从表 4.4 可以看到，若某一壳层最多能容纳 N_0 个电子，则 N_1 个等效电子的能态和 N_0-N_1 个等效电子的能态符号相同，如 p^2 组态与 p^4 组态具有相同的能级结构. 表里还反映出一个重要的问题：在 d^3 到 d^7 各组态中，每个组态都具有一些量子数 L 和 S 完全相同的能态，如 d^3 具有两个^2D 态，而这两个^2D 态是能量不相同的态. 这就说明，单靠 L 和 S 量子数已不能唯一地表征某一能态. 换句话说，现有的量子数已经不够用了. 这类更深一层的问题，将由专门著作来介绍.

表 4.5　简化周期表

周期＼族	ⅠA，ⅠB (s)	ⅡA，ⅡB (s^2)		ⅢA (p)	ⅣA (p^2)	ⅤA (p^3)	ⅥA (p^4)	ⅦA (p^5)	0 (p^6)
1	^{1}H								^{2}He
2	^{3}Li	^{4}Be		^{5}B	^{6}C	^{7}N	^{8}O	^{9}F	^{10}Ne
3	^{11}Na	^{12}Mg	ⅢB—ⅦB，Ⅷ	^{13}Al	^{14}Si	^{15}P	^{16}S	^{17}Cl	^{18}Ar
4	^{19}K　^{19}Cu	^{20}Ca　^{30}Zn	^{21}Sc—^{28}Ni	^{31}Ca	^{32}Ge	^{33}As	^{34}Se	^{35}Br	^{36}Kr
5	^{37}Rb　^{47}Ag	^{38}Sr　^{48}Cd	^{39}Y—^{46}Pd	^{49}In	^{50}Sn	^{51}Sb	^{52}Te	^{53}I	^{54}Xe
6	^{55}Cs　^{79}Au	^{56}Ba　^{80}Hg	^{57}La—^{78}Pt	^{81}Tl	^{82}Pb	^{83}Bi	^{84}Po	^{85}At	^{86}Rn
7	^{87}Fr	^{88}Ra	^{89}Ac—						

有关各原子结构的数据见书末附表一. 这里列出一个简化的周期表，见表 4.5. 在表的左右两侧列出的原子，都是内有封闭壳层，外有等效 s 或等效 p 电子的结构(s^n 或 p^n，列在第一行括号内). 在表中部的ⅢB—ⅦB，Ⅷ各族大都具有未填充满的内壳层. 如^{21}Sc→^{28}Ni 各原子，有未填满的 3d 层，同时有一二个 4s 电子. 它们的基态，是由 $3d^n4s$ 或 $3d^n4s^2$ 组态形成，整个能级结构和光谱都更为复杂. 其中，^{26}Fe 的基态组态是 $1s^22s^22p^63s^23p^63d^64s^2$，其谱线极为丰富. 由于 Fe 的光谱极易获得，人们已将其谱线的波长测定，制成标准谱线图，以作光谱分析时标定波长之

用. ^{39}Y→^{46}Pd 具有未填满的 4d 层，^{57}La—^{69}Tm 具有未填满的 4f 层，它们都是稀土元素. ^{71}Lu—^{78}Pt 具有未填满的 5d 层. 它们的能级结构和光谱都是非常复杂的.

原子的基态最低能级，大多属 LS 耦合. LS 耦合的精细结构公式一般可以应用，即 $\Delta E_{LS}=\frac{1}{2}A[J(J+1)-L(L+1)-S(S+1)]$. 这里也有个规律：当等效电子少于半壳层时，上式中系数 A 为正值，等于半壳层时 A 为零，而超过半壳层时 A 为负值. 试用以分析周期表中两类原子的基态. 硼族(Ⅲ$_A$ 族)中的 B，Al 等原子的价电子是一个 p 电子，基态 ^{2}P，$^2P_{1/2}$ 是最低态，精细结构如图 4.9(a)所示. 卤素族(Ⅶ$_A$ 族)中的 F，Cl 等原子的价电子为 p^5，基态亦为 ^{2}P，而精细结构次序与硼族相反，$^2P_{3/2}$ 是最低态，见图 4.9(b)，这叫做精细结构的反转次序.

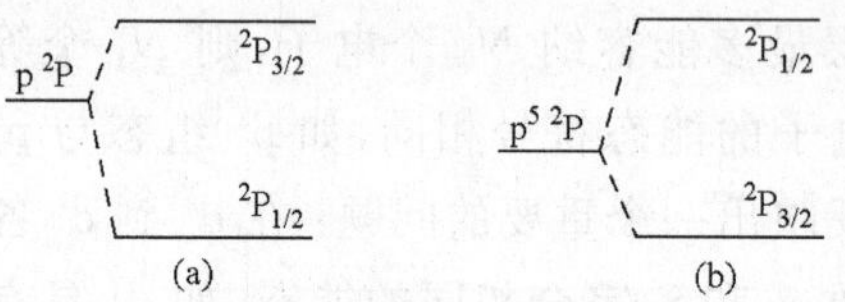

图 4.9　精细结构次序

§4.4　原子的电离能级和 X 射线谱

通常原子中靠近原子核的最内壳层总是被电子填满的，在那里不会自动出现跃迁. 但如果有一个内层电子被外来因素电离，并留下一个空穴，外壳层的电子就可能跃迁至该空穴，而发射一个光子. 由于内层电子的能量绝对值比外层电子大得多，这个光子的频率一般落在 X 射线波段，形成原子的 X 射线发射谱. 内层电子也可能吸收外来的 X 射线光子而被电离，这就形成 X 射线吸收谱，它实际上是一种电离谱. 如同光谱一样，X 射线谱也是研究原子结构(尤其是内层结构)的重要手段. 本节先介绍原子中一个内层电子被电离时的能级结构，再讨论谱的问题.

读者如对 X 射线的性质不太熟悉，可参考附录 E，或有关的书籍.

4.4.1　原子的 X 射线能级

原子发射或吸收 X 射线涉及到电离能级，这里以 Cd 原子为例，给出它的电离能级(限于一个电子被电离)，见图 4.10. 这种电离能级又叫 X 射线能级.

在 X 射线术语中把 n 等于 1，2，3，…的各层分别称做 K，L，M，…层，各层的电子分别称做 K 电子、L 电子等等. 在图 4.10 中，最上面一个能级

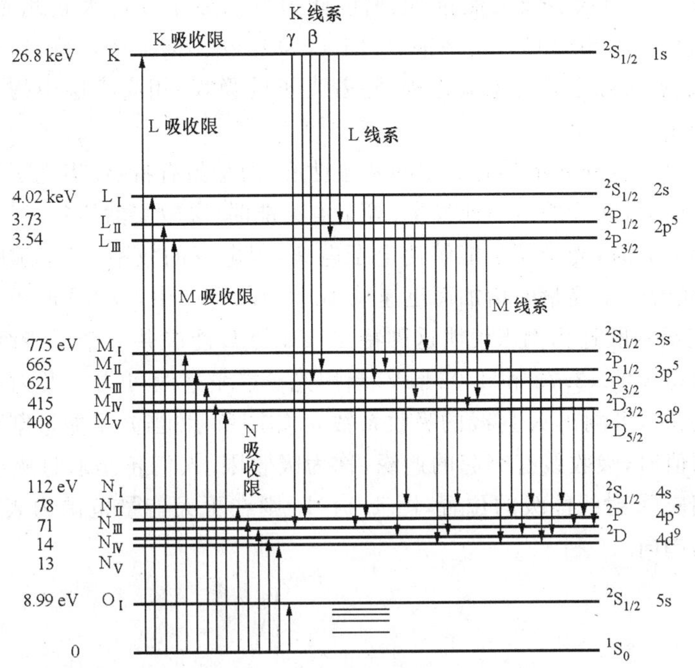

图 4.10　Cd X 射线能级图

左端所标的 K，指的是一个 K 电子(1s 电子)被电离的能级，26.8 keV 则是指这个电子的电离能，即在中性 Cd 原子中将一个 1s 电子电离所需的最低能量. 下面的 L 指一个 L 层电子被电离的能级，余类推. 注意 L 能级能量差不多只有 K 能级的十分之一，M 能级能量差不多只有 K 能级的百分之一，等等. 图上能级间隔不是按比例画出的.

Cd 的基态最外层是 $5s^2$ 组态，能级 $^1S_0$. 图中 O_I 能级是一个 5s 电子被电离的能级，电离能 8.99 eV，能级符号 $^2S_{1/2}$. 在基态与 O_I 态之间就是普通一个价电子被激发的光学能级. 在 O_I 能级之上是一组 5 个能级，能量在 13～112 eV 之间. 它们是一个 $n=4$ 的内层电子(4s，4p 或 4d)被电离后的能级. 试看其中 N_{IV}，N_V 一对能级. 它们是一个 4d 电子被电离的能级，即 4d 层现在有 $4d^9$ 电子. 由上节得知，$4d^9$ 能级符号与 $4d^1$ 相同，即为 ^2D，但精细结构是倒置的，$^2D_{1/2}$ 能级高于 $^2D_{3/2}$ 能级，如图所示. 这些符号列于能级图右侧. 其余能级的意义可类推.

4.4.2　原子的 X 射线吸收谱

用频率(光子能量)可调的 X 射线照射原子，当光子能量由小到大增加到某一 X 射线能级的能量(电离能阈值)时,原子即可吸收此光子,并从基态跃迁到相应的 X 射线能级. 图 4.10 中左侧向上的箭头,即表示这类跃迁. 这实际上是光电离过程,随着光子的吸收,相应壳层中的一个电子被击出.

光电离过程并不具有典型的共振性质,而是另有特点. 当光子能量小于电离能时,跃迁绝对不能发生;等于电离能时,吸收突然增加. 当光子能量继续加大时,光子还是能够使电子电离,但电离的效率(光子被吸收的概率)随着光子能量的增加而迅速减小. 图 4.11(a)中,以 Cd 原子从基态到 L 能级的跃迁为例来说明这种特点. Cd 的 L 能级共三个子能级,电离能分别是 3.54,3.73 和 4.02 keV. 当用光子能量连续可调的 X 射线照射 Cd 原子时,可测出 X 射线的吸收系数 α,如图所示. 当光子能量刚刚达到电离阈值时,吸收线有突起的边缘,称为吸收限. 人们正是通过吸收限来确定相应 X 射线能级的位置,图 4.11(b)则在更大能量范围内表现了 α 变化的趋向.

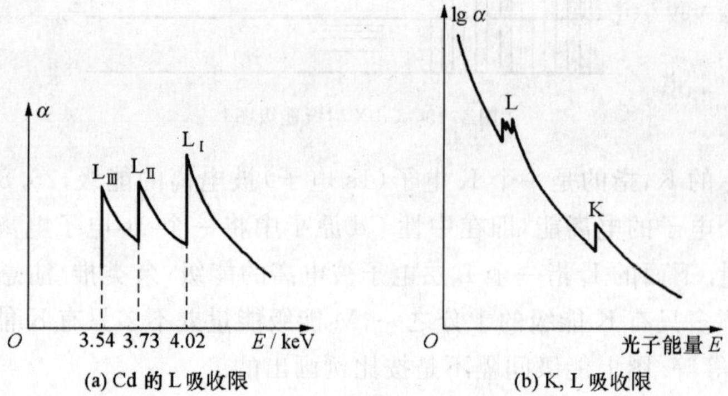

图 4.11　X 射线吸收谱

X 射线的光子能量与波长满足关系:$E=hc/\lambda$. 换算成常用单位则

$$\lambda\,(\mathrm{nm}) = 1.24/E\,(\mathrm{keV}) \tag{4.4.1}$$

介质对 X 射线的吸收,也遵循比尔定律

$$I = I_0 e^{-\alpha x} \tag{4.4.2}$$

式中 I_0 为入射光强,x 为介质厚度,I 为穿过介质后的光强. 式中的吸收系数 α,是从 X 射线衰减量算出的数值. 其实 X 射线不单会被介质"吸收",有一部分 X 射线被介质原子散射,射向四面八方,不能被探测器接收到,而这也表现为衰减. 有关 X 射线吸收与散射的进一步讨论,请参看附录 E.

4.4.3　原子的 X 射线发射谱

当原子内壳层中有一个电子被电离，留下一个空位时，较外层的电子就将跃迁到这一空位，而发射一个 X 射线光子. 内层电子的电离可用具有足够大能量的电子、光子或其他粒子轰击的方法. 内层电子跃迁的选择定则仍是 $\Delta L=\pm 1, \Delta J=0, \pm 1(0 \nrightarrow 0)$. 设 K 壳层有一个空穴，一个 L 电子跃入，如图 4.12(a)所示. 在能级图上，则是从 K 向 L_{II} 或 L_{III} 的跃迁，产生 K_{α_1} 或 K_{α_2} 谱线. 在图 4.10 中右侧已标出 Cd 原子产生发射谱的各种跃迁. 由 K 能级出发的跃迁产生 K 线系，其谱线的能量最高，波长最短. 依次类推. 图 4.10 上所示跃迁，可以串接式地发生. 例如在 K 层有空穴后，若有 L_{II} 电子跃入，则 L_{II} 层上又出现空穴，于是 M 或 N 电子又可以跃入，产生 L 线系谱线.

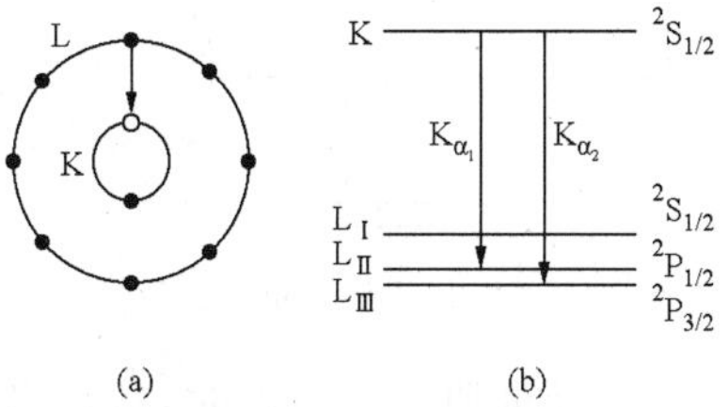

图 4.12　K_α 线的产生

原子的 X 射线发射谱是线状谱，其频率由原子结构的特点所决定，所以又叫原子的标识谱. 不同原子的内壳层结构，除了能量差别(由于核电荷数 Z 值不同)外，其他都是一样的. 正因为这点，不同原子的 X 射线标识谱之间，存在着简单的规律性. 这与普通光谱是很不一样的. 例如，对 K_α 线，莫塞莱发现

$$\sigma \approx R(Z-1)^2\left(\frac{1}{1^2}-\frac{1}{2^2}\right) \tag{4.4.3}$$

其他谱线，也有类似关系. 如对 L_{β_1} 线

$$\sigma \approx R(Z-7.4)^2\left(\frac{1}{2^2}-\frac{1}{3^2}\right) \tag{4.4.4}$$

等等. 这些关系，用玻尔理论基本上可以得到解释，如第一章所述. 图 4.13 给出几种原子 K 线系的谱线图，以显示其间的规律性.

原子的 X 射线谱，包括吸收谱及发射谱，均可用于材料分析. X 射线谱还有一个特点，即不论原子是孤立的，是处在分子中，还是位于某固体材料之中，它的 X 射线标识谱的频率基本不变. 这也是与普通光谱极不相同之处. 这个特点有利于材料分析. 另一方面，价电子的成键状况，会使谱线有微小的变化. 如果 X 射线谱仪的分辨能力足够高，就能测出这种变化，还能得到有关材料结构更多的信息.

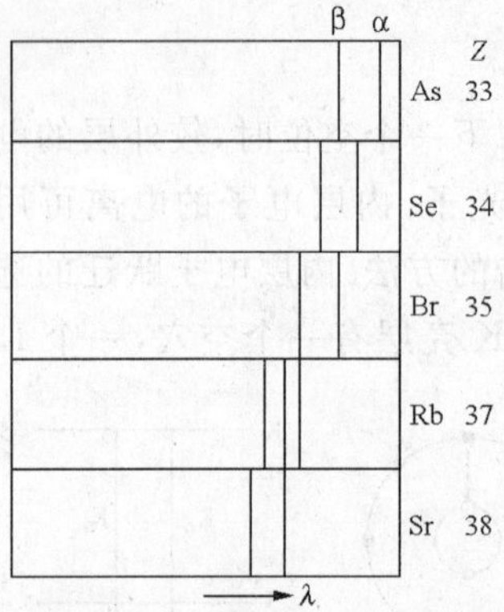

图 4.13　几种原子的 K 线系

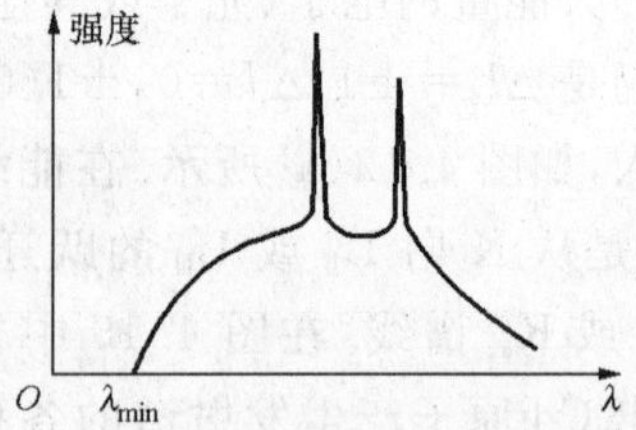

图 4.14　韧致辐射加标识谱示意图

在获取原子发射谱时，常常将材料当做阳极，在真空中让高能电子轰击它，使它产生 X 射线. 但在这个时候，除了阳极材料发出的原子标识谱线外，还发射出具有连续谱的 X 射线. 线状标识谱叠加在连续谱上(图 4.14). 这个连续谱是由进入材料的电子发射的. 高速运动的电子，进入材料后，受到很大的阻力，有很大的减速度. 根据经典电动力学理论，这减速电子将把它的全部或部分动能转化为电磁波能量而辐射出去. 这个过程叫做韧致辐射. 韧致辐射产生连续谱，它有一个最短波长 $\lambda_{\min}$，其光子能量 $hc/\lambda_{\min}$ 等于电子进入材料时的全部动能(eV). 因此，式(4.4.1)在此可以改一下，即 $\lambda_{\min}(\text{nm})=1.24/V(\text{kV})$.

§4.5　原子的光电子能谱和俄歇电子能谱

读者已经熟悉了从光谱的特征来了解原子内层结构的方法，本节提出了解原子结构的另一渠道——电子能谱法.

设原子中有处于某能态的电子，其电离能为 E_i. 用能量为 $h\nu$ 的光子照射原子，使这个电子电离. 电子电离后将获得动能 E_k，$E_k=h\nu-E_i$，即 $E_i=h\nu-E_k$. 通过测量光电子的能量 E_k，就可以得到有关 E_i 的信息.

测量电子能量用电子能谱仪. 这种仪器的基本原理在电磁学中讲过，即用电场、磁场使得具有一定能量的电子束聚焦. 这里介绍一种最简易的装置——平行板静电分析器. 图 4.15 是其原理图，在两块相距为 d 的平行导电板中加有均匀电场 $E=V/d$. 下面板上有两个狭缝 A 和 B，相距为 l. 能量为 E 的电子以 45°角射入狭缝 A，在反向电场中沿抛物线轨道运行，并从狭缝 B 射出. 这种装置有一定的聚焦能力，在一个小的张角内射

进 A 的电子均能到达 B 处. 经过计算容易求得以下关系：

$$V = 2dE/el \qquad (4.5.1)$$

当两缝间距离固定时，$V \propto E$. 调节电压 V 值，可使不同能量 E 的电子聚焦在 B 处. 又如固定 V 值，则 $l \propto E$，不同能量的电子将聚焦在下面板不同的位置上. 在下面板 B 的附近横放一排微型电子探测器，每个探测器将测到一定能量的电子.

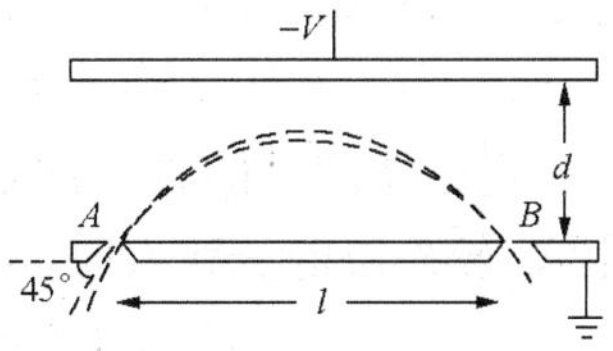

图 4.15　平行板分析器

近代的电子能谱仪是复杂的高精密仪器，它的能量分辨率很高，最高可达 10^{-5} 量级. 如入射电子能量为 1 keV，仪器能测出 meV 能量级的差异.

目前的光电子能谱方法有两大类：一类使用紫外光源，可以研究原子较外层的能级；另一类用 X 射线源，可以研究内层能级. 常用的紫外光源有氦放电管，它能发出 HeⅠ 21.2 eV 及 HeⅡ 40.8 eV 的紫外光. 图 4.16是用 HeⅠ 21.2 eV 的光照射 Ar，Kr 和 Xe 原子所得的光电子能谱. 由图可以定出 Ar $3p^5\ {}^2P_{1/2,3/2}$，Kr $4p^5\ {}^2P_{1/2,3/2}$ 及 Xe $5p^5\ {}^2P_{1/2,3/2}$ 的能量.

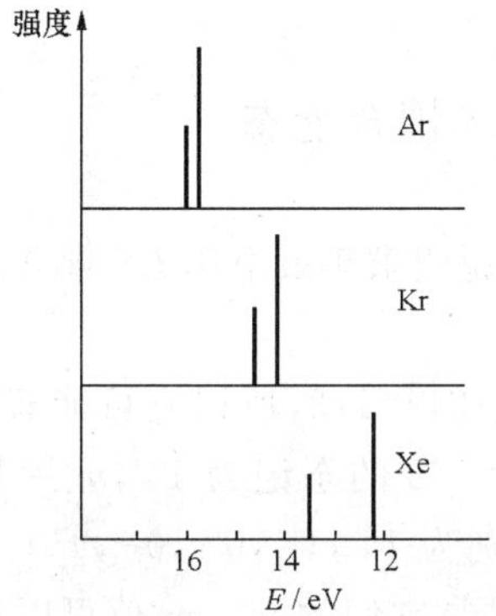

图 4.16　Ar，Kr，Xe 紫外光电子能谱

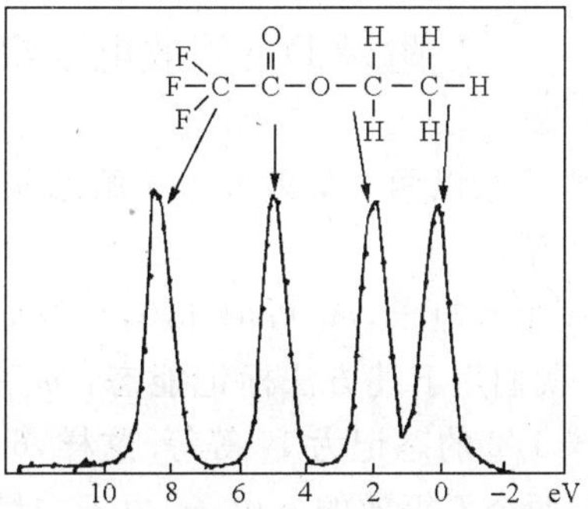

图 4.17　$C_2H_5 \cdot CO_2 \cdot CF_3$ 的 X 射线 C_{1s} 电子能谱

如果仅限于研究原子，该方法的意义还不大. 前面讲过，原子中价电子成键状况对内层电子能级有微小的影响. 因此，光电子的能量也受成键的影响. 图 4.17 是一个典型例子，给出了三氟醋酸乙酯 $C_2H_5 \cdot CO_2 \cdot CF_3$ 中 4 个碳原子的 1s 光电子能谱. 如果不考虑价电子影响，这 4 个碳原子的谱线应该在同一位置. 实际上 4 条谱线能量略有差异，这叫做化学位移，是由于碳原子处在不同的化学环境中而产生的. 图中上部是分子的结构式，其中可以清楚地看到 4 个碳原子的环境（成键情况）各不相同，谱

图的横坐标以$-CH_3$中C的1s结合能作为零点，用的激发源是X射线.读者请注意，利用这种谱来分析分子结构，其解释方法与普通光谱不同.

电子能谱中的另一种方法，是俄歇电子能谱法.当原子内壳层中出现空穴，较外层电子跃入时，不一定发射X射线.多余的能量可以传给另一个电子，使其电离.例如，在图4.18中，K层出现一个空穴，L层一个电子跃入，释放的能量传给了一个M层电子，使其电离，这类过程是法国科学家俄歇(P.V. Auger)发现的.由这种过程电离出来的电子叫俄歇电子.设K，L，M层电子的电离能分别是E_K，E_L，E_M，则俄歇电子的能量是

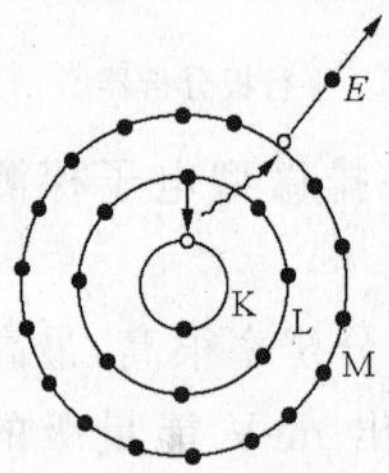

图4.18　俄歇过程

$$E = E_K - E_L - E_M \tag{4.5.2}$$

测量俄歇电子能谱的设备叫俄歇电子能谱仪.由于俄歇电子的能量涉及三个内层能态的能量，它能提供不少有关能级的信息.

俄歇效应又叫内光电效应.上面的例子也可以这样理解：当L电子跃入K层时，发出的X射线没有逸出原子，而是在原子内部产生了光电效应.俄歇过程之后，留下的原子内层有两个空穴，从而原子成为二次电离的离子.

附录D　等效电子组成的LS耦合能态

本附录以两个等效p电子组态np^2为例，说明求等效电子LS耦合能态的方法.

一个p电子，m_l可取1，0，-1；m_s可取1/2，-1/2，所以它可能有6个态.我们用下述方法标记能态：$m_l=1$，$m_s=1/2$的态记为1^+，$m_l=1$，$m_s=-1/2$的态记为1^-等等.这样，6个态分别为1^+，1^-，0^+，0^-，-1^+，-1^-.两个不等效的p电子，由于主量子数不同，它们的m_l，m_s值可以相同.因此$npn'p$组态可以有36个态，以$(1^+,1^+)$，$(1^+,1^-)$等表示之.

两个等效p电子则不同，需要考虑两个因素：一是不相容原理，两个等效p电子的m_l，m_s不能相同.因此，$(1^+,1^+)$之类的态不能存在.二是微观粒子的全同性原理.两个同类的微观粒子，如电子，是不能用“电子A”、“电子B”区分开来的.按经典观点，“第一个”电子在1^+态，“第二个”电子在0^+态，是与“第一个”电子在0^+态，“第二个”电子在1^+态不相同的，因为“第一个”与“第二个”电子可以区别.但是从电子的全同性质来看则否，$(1^+,0^+)$态与$(0^+,1^+)$态没有区别，只能算作一个态.最后结果

是，$npn'p$ 的 36 个态中，只有 15 个态存在于 np^2 组态. 这 15 个态记在表 D-1 中.

表　D-1

M_L / M_S	2	1	0	−1	−2
1		$(1^+,0^+)$	$(1^+,-1^+)$	$(-1^+,0^+)$	
0	$(1^+,1^-)$	$(1^+,0^-)$ $(1^-,0^+)$	$(1^+,-1^-)$ $(0^+,0^-)$ $(1^-,-1^+)$	$(-1^+,0^-)$ $(-1^-,0^+)$	$(-1^+,-1^-)$
−1		$(1^-,0^-)$	$(1^-,-1^-)$	$(-1^-,0^-)$	

已经知道，两个不等效 p 电子 $npn'p$ 在 LS 耦合时组成 ^1S，^1P，^1D，^3S，^3P，^3D 等 6 个能级. 在 np^2 组态，必定有一些不存在. 为求出允许存在的能级的 L，S 值，需要分两步：第一步先求出由单个电子的磁量子数 m_l，m_s 组成的两个电子体系的总磁量子数 M_L，M_S，它们之间的关系是

$$m_{l_1}+m_{l_2}=M_L,\quad m_{s_1}+m_{s_2}=M_S$$

第二步，再由可能出现的 M_L，M_S 值推出 L，S. 表 D-1 列出第一步的结果，把 15 个态按 M_L，M_S 分类列出.

表 D-1 可以简化成图 D-1 中最左边的(a)，图中数字表示态的数目. 第二步，先挑选 M_L 最大，M_S 也最大的态，发现有一个 $M_L=2$，$M_S=0$ 的态，这个态只能属于 $L=2$，$S=0$，由此推断存在 ^1D 能级，^1D 能级有 5 个态：$M_L=2,1,0,-1,-2$；$M_S=0$. 这就是图 D-1 中(b)所表示的. 从(a)中把(b)扣除，余下态中 M_L，M_S 最大的有一个 $M_L=1$，$M_S=1$ 的态，由此推断 $L=1$，$S=1$，即 ^3P 能级的存在. ^3P 各态记于(c). 最后剩下一个 $M_L=M_S=0$ 的态，为 ^1S. 所以，np^2 组态有 ^1S，^3P，^1D 三个能级.

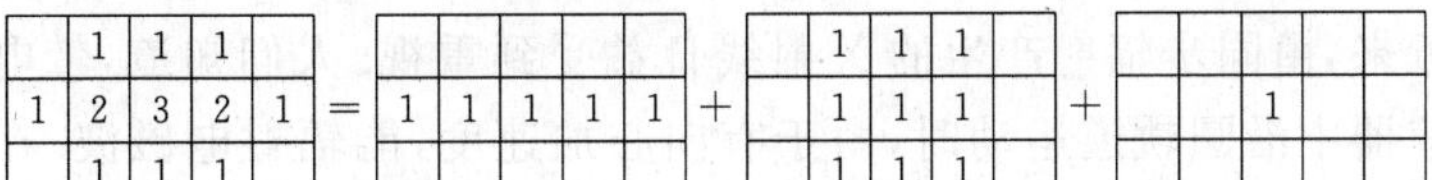

(a) $(np)^2$　(b) ^1D　(c) ^3P　(d) ^1S

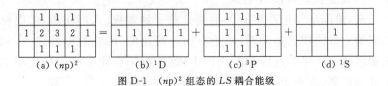

图 D-1　$(np)^2$ 组态的 LS 耦合能级

附录 E　关于 X 射线的若干知识

1. X 射线的产生

1895 年伦琴在研究放电现象时发现，放电管中的电子流撞击管子材料而发出的某种射线，能使荧光屏发光. 伦琴抓住这个线索进行研究，随

即发现这种射线能穿过他夫人的手，在手下面的感光纸上显示出手骨的像.这种能力非比寻常，伦琴把它叫做X射线.X射线是19世纪末物理学重大发现之一，并很快被医学界应用于诊断.确定X射线的本质的研究，则持续了较长的时间.后来通过衍射实验，才确定它是波长很短的电磁波.伦琴是第一位诺贝尔物理学奖获得者.

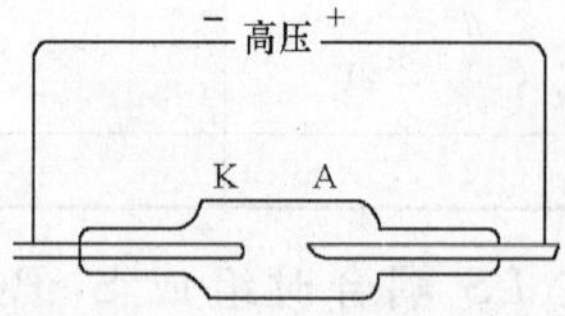

图E-1　X射线管示意图

产生X射线的原理图见图E-1.在一个高真空管中，由灯丝(或灯丝加热的阴极K)发出的电子经电场加速后轰击阳极A，即从阳极发出X射线.一般说来，电子在有加速度时能发射电磁波.在X射线管中，高速电子在进入金属时受到强力的阻滞，减速度极大.由此而引发的辐射称为轫致辐射(“轫”是旧式大车上刹车用的木头).轫致辐射具有连续谱，有一短波极限，相当于一个入射电子将其动能全部转化为一个光子能量的情况.不难得知，短波极限波长$\lambda_{\min}$与加速电压之间有以下关系：

$$\lambda_{\min} = hc/eV \tag{E.1}$$

同时，电子进入金属，还能激发金属原子发出特征X射线，其波长也必定长于$\lambda_{\min}$.式(E.1)用数字表示为

$$\lambda_{\min}(\text{nm}) \approx 1.24\times 10^{3}/V\ (\text{V}) \tag{E.2}$$

通常医用X射线机的加速电压在10^4 V上下，产生波长较短的X射线.它又叫硬X射线，通过物质时穿透能力比较强.较低电压加速的电子撞击材料时会产生波长较长的软X射线，其穿透力较弱(被材料吸收的比率较大).例如在显像管中，电子撞击荧光屏时，也产生微量软X射线，这是生活中应当注意到的.此外，利用气体放电过程，也能激发一些轻原子(例如He)的长波长区特征X射线.

近来，由同步辐射产生的X射线日益受到重视.人们知道，带电粒子在加速器中沿圆轨道运动时，由于有向心加速度，能辐射电磁波.在同步回旋加速器中产生的这种辐射叫同步辐射.电子在同步回旋加速器中的辐射能力很强，发射基本上是沿轨道切线的方向，如图E-2所示.辐射的准直性很好，图中所示发射张角为2θ，有关系

$$\theta = 1/\gamma \tag{E.3}$$

式中γ是电子的相对论质量与静止质量之比：

$$\gamma = [1 - v^2/c^2]^{-1/2}$$

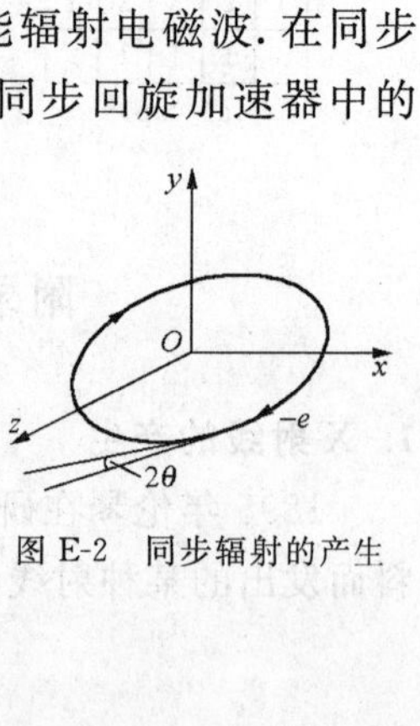

图E-2　同步辐射的产生

同步辐射具有连续谱,但覆盖范围比韧致辐射小得多.波长分布在特征波长 λ_c 附近,而

$$\lambda_c = \frac{4\pi}{3}R\gamma^{-3} \tag{E.4}$$

式中 R 是轨道半径.又,电子的动能是

$$E_k = mc^2(\gamma - 1) \tag{E.5}$$

式中 mc^2 是电子静止能量,它等于 0.511 MeV.设电子被加速到 800 MeV,则由式(E.5),$\gamma \approx 1560$,由式(E.3)和(E.4),$\theta \approx 6\times10^{-4}$ rad,在 $R=2$ m 时,$\lambda_c \approx 2.2$ nm.该同步辐射是方向性极好(近于激光)的 X 射线束.

同步辐射是偏振的,以脉冲方式工作,它的瞬态功率很高.所以,即使因需要单色 X 射线,而应用 X 射线分光仪之后,仍然能获得足够大的强度.它的另一个突出优点是波长在宽广范围内连续可调,尤其是在从真空紫外到 X 射线这一缺少可用光源的区域内,它能发挥独特的作用.

同步辐射目前仍然是极少数大型研究所的专用设备,用于基础研究、材料科学研究以及超大规模集成电路之研制等方面.

2. X 射线的衍射

1912 年,劳厄(M. von Laue)发现 X 射线通过晶体时会产生衍射现象,这就同时证明了 X 射线的波动性和晶体内部具有的周期性结构.实际上,晶体中的原子组成点阵,在空间作三维周期性排列,形成一个三维光栅,原子间距离为 nm 量级,适合于研究 X 射线的衍射(图 E-3).要分析这种光栅的衍射作用较为复杂,但可作如下简化处理.

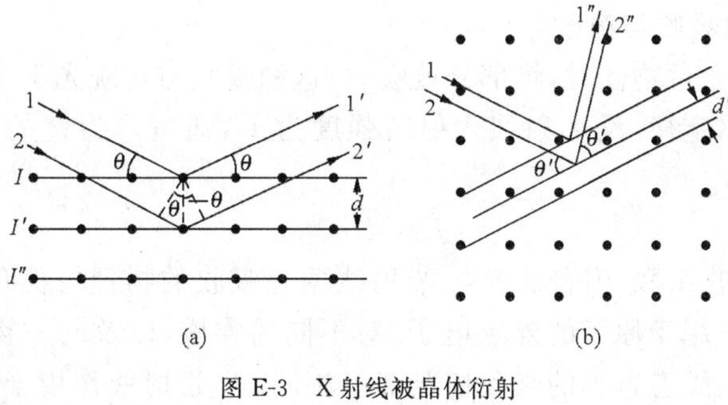

图 E-3　X 射线被晶体衍射

晶体中的原子,可以组成许多等距离的平面族.在图 E-3(a)中,在纸面上示出立方点阵的一个切面(在垂直于纸面的方向按周期排列的原子没有画出).图中 I, I', I'' 等就是这样一组(垂直于纸面的)晶面,面间距离为 d.可以证明,对入射线而言,这些晶面就好像是反射面.由各层面上反

射的射线，如果满足干涉极大值条件，就形成一束强度为极大的衍射线. 在图 E-3(a)中，沿纸面入射的射线 1 和 2，与平面成交角 θ，出射线用 $1'$，$2'$表示. 如满足干涉极大值条件

$$2d\sin\theta = n\lambda, \quad n = 1,2,\cdots \tag{E.6}$$

则沿 $1'$，$2'$方向有衍射线射出. 式(E.6)称做布拉格公式.

显然，这样的晶面族不止一个，图 E-3(b)中画出另一组晶面. 若入射线与图 E-3(a)中的同方向，则当条件 $2d'\sin\theta' = n\lambda$ 被满足时，沿 $1''$，$2''$方向将有衍射线射出.

图 E-4(a)是拍摄晶体 X 射线衍射相(劳厄相)方法的示意图，图 E-4(b)是 NaCl 晶体的劳厄相. X 射线衍射法是研究晶体结构的极其重要的方法，现在已发展成专门学科，有多种精密仪器和实验方法. 衍射晶体之于 X 射线，犹如光栅之于普通光. 该方法还用于测量 X 射线波长，制作 X 射线光谱仪、单色仪等.

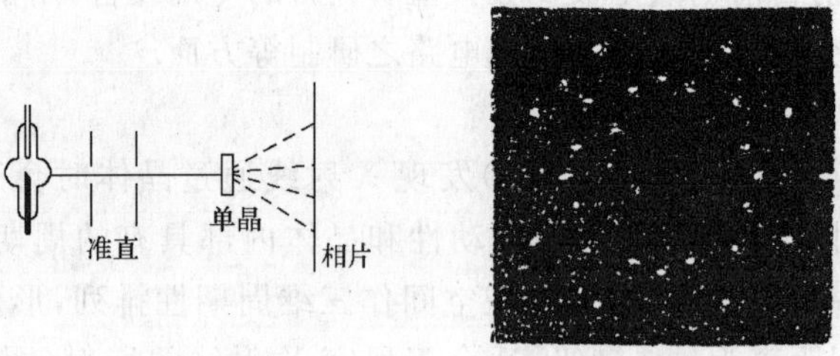

(a)　　　　(b)

图 E-4　(a) 拍劳厄相方法　(b) NaCl 劳厄相

3. X 射线的吸收与散射

X 射线通过物体时，将部分被吸收. 这种吸收与传统光学中的吸收一样，服从比尔定律. 设 X 射线入射时强度为 I_0，通过厚为 x 的介质后，强度减为 I，则

$$I = I_0 e^{-\alpha x} \tag{E.7}$$

式中 α 是吸收系数，但普通光与 X 射线两种吸收的物理过程有不相同之处. 普通光作用于原子的外层电子. 对不同的物质，以及同一物质不同的状态(气、液、固态)，光的吸收情况都不相同. 而 X 射线作用于内层电子，对某一种原子，不论它是单独存在，是在分子中或在金属中，X 射线的作用基本都是一样的. 简言之，X 射线的吸收具有原子的特征，并与原子的浓度成正比，因此，人们更常应用质量吸收系数 μ：

$$\mu = \alpha/\rho \tag{E.8}$$

式中 ρ 为原子的密度，而把吸收定律改写为

$$I = I_0 e^{-\mu\rho x} \tag{E.9}$$

μ 更能表征原子的吸收特性. 如 ρ 用单位 g/cm^3，则 μ 的单位是 cm^2/g. X射线通过介质时的衰减由两部分作用组成. 一是光电离，这在§4.4.2中已有说明. 在光子能量低时，由光电离作用贡献的吸收系数很大. 随着光子能量的增大，除了一些突出的吸收限以外，吸收系数将迅速减小. 二是光散射，散射导致光子改变原来的前进方向，不能被正前方的探测器测出，也算做被"吸收". 图 E-5 给出了 Al 和 Pb 的质量吸收系数随光子能量变化的情况，图中实线代表两种作用的总和，而虚线代表其中光电离贡献的部分. 在低能区，实线与虚线基本重叠，表明光电离的贡献占绝大部分. 仅当光子能量足够大、光电离作用很小时，散射的贡献才变成主要的.

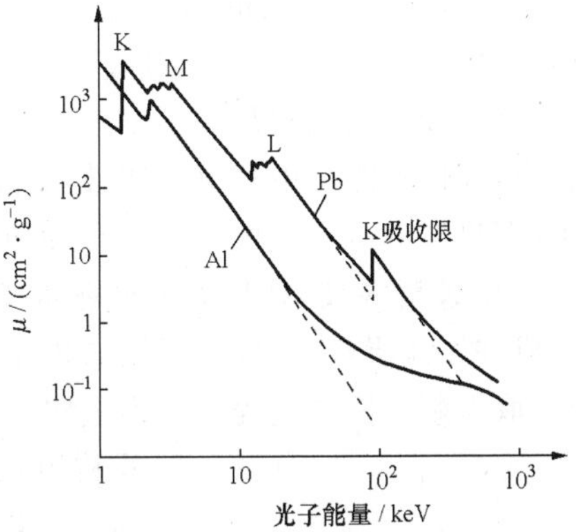

图 E-5　X射线的吸收

图 E-5 可以告诉我们两点常识. 一是软X射线的吸收要比硬X射线大一至四五个量级，在防护中需要注意. 二是图中 Pb 的质量吸收系数比 Al 大，再加上金属 Pb 的密度比金属 Al 大，吸收系数就更大了. 这个例子反映了一般规律，即重元素的吸收比轻元素大，所以在X射线防护中常用含重元素的材料，如铅玻璃、含铅布等.

现在具体分析散射. X射线被原子散射，主要有两种过程. 其一是相干散射，散射光的波长与入射光一致. 这是在普通光波段也存在的，可以用经典理论来解释. 另一是康普顿散射，散射光的波长发生变化. 1923年，康普顿(A. H. Compton)在研究X射线的散射时发现，当入射波长为 λ 时，散射角为 θ 的X射线波长 λ' 与 λ 不同，关系如下

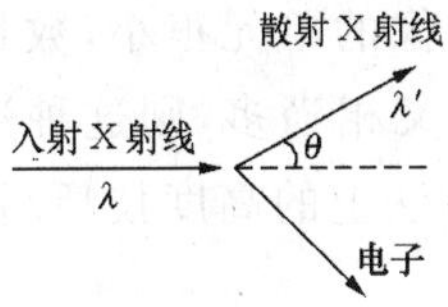

图 E-6　康普顿散射

$$\lambda' - \lambda = \frac{h}{mc}(1-\cos\theta) = 2.426\times10^{-3}(1-\cos\theta)\ \text{nm}$$

如把X射线看做电磁波，用经典理论根本不能解释此现象. 康普顿把X射线看做光子，光子与原子中的电子碰撞，根据能量守恒与动量守恒定律，导出了上述关系.(参看第二章习题.)

爱因斯坦于1905年在研究光电效应时，提出光子学说，认为光子的能量为 $h\nu$，其后又提出光子的动量为 h/λ. 在十几年后，这个理论还未得

到公认. 康普顿的工作,在波长相差极大的电磁波区域,再次论证X射线由光子组成,这对光子理论的确立,起了重要的历史作用,他为此获得诺贝尔物理学奖. 我国物理学家吴有训对这项研究作出过重要贡献.

4. X射线断层成像

X射线断层成像,俗称X光CT,CT是Computerized Tomography的简写. 本节对它作一点原理说明,并涉及一般的"三维重构"问题.

大家知道,一般的X光照片,是一个平面相,相片上的每一黑白点(称做像素),都是一束X射线穿过一个三维物体时,沿路径被吸收之后的总效果. 整个相片是一个三维物体沿某一方向被X射线照射后的二维投影,人们不能从中了解物体某一点的吸收性质. 从低维图像取得物体三维(即物体中每一成像单元)结构的问题称为三维重构.

在X射线技术中,为了解物体三维结构,先进行断层成像. 把物体划分成许多薄层,取得每一断层的相片(CT),这些相叠合之后,即构成立体相. 取得断层像的过程是二维重构.

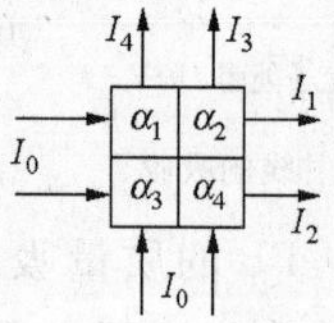

图 E-7　四单元成像

重构方法的原始思想比较简单. 设如图E-7,有一断层只包含4个边长为l的正方形成像单元,各单元对X射线的吸收系数分别为α_1到α_4. 用X射线如图E-7进行4次照射,测得透射光强分别为$I_1, \cdots, I_4$. 由图E-7可知,有

$$I_1 = I_0 e^{-\alpha_1 l} e^{-\alpha_2 l}, \quad \cdots, \quad I_4 = I_0 e^{-\alpha_1 l} e^{-\alpha_3 l}$$

以上是4个联立方程,解此方程即可求出未知的吸收系数$\alpha_1, \cdots, \alpha_4$,用不同灰度表示$\alpha$值,即得到一个二维像.

上述这类问题在物理上称为逆问题①,是从结果反求原因的问题. 上面例子确实太简单了,但如果一个真实物体,要求成像的单元很小,数目很大(即要求分辨率高),而用X射线照射所得数据又相当多,则这种逆问题就并不是那么好解的,需用许多技术上和计算方法上的高度技巧. 发明X射线CT的人曾获诺贝尔生理学或医学奖.

取得X射线CT的方案有多种,举例如图E-8. O是待测物体,现欲摄取纸面上一薄层的二维像. 上半圆上面放X射线源,并使X射线束限制在纸面上. 下半圆上放置小型X射线探测器阵列D. 在射线源从A位

① 逆问题往往比正问题更难. 另一个现成例子就是X射线衍射. 从晶体结构讲衍射像生成的原理还不难,从衍射图反推晶体结构,该如何去想,就不是一两段话说得清楚的. 我们初学物理时,已习惯于"正向推理",而实际问题往往还要求"逆向思维",请读者注意.

置匀速旋转至 B 位置过程中，在每一短时间间隔内，X 射线穿过薄层的某些部分，到达下半圆的探测器，产生通过物体不同部分的投影像（以电信号形式出现）. 全部光电信号与二维图像之间有复杂的数学关系，用计算机计算，复原为薄层的二维图像.

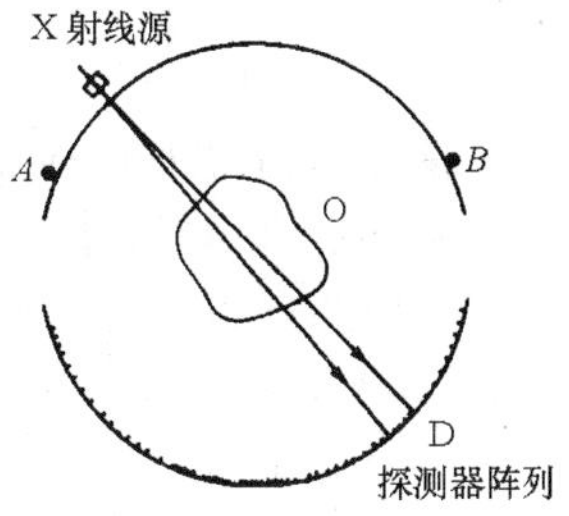

图 E-8　X 射线 CT 示意图

二维或三维重构原则上可用于各种射线：微观粒子束、超声波、无线电波、光波等. 当用某些射线无法摄取断层像时，必须直接进行三维重构. 如在电子显微镜中当需要三维像时，可从几个不同的角度拍摄物体的二维投影像，然后将这些少量的二维投影像重构为三维像. 显然这在数学上有更大的难度.

读者还可考虑一下，如把含有放射性原子的试剂注入样品中，能否通过放射性的测量得到该试剂在样品中分布的三维像.

成像技术在医学诊断上占有重要位置，是近代物理与电子学技术结合的产物，属医学电子学研究的内容. 此外，它在材料科学、物理探测、无损检测等方面也有重要的应用.

思　考　题

4.1　什么叫"好"量子数？你对现有的原子各量子数如何看法？

4.2　一个 p 电子有 6 个状态（$m_l=1,0,-1$；$m_s=\pm 1/2$）. 从量子数 m_l，m_s 的分配角度，说明 5 个等效 p 电子（p^5）也只能有 6 个状态，且形成能级 ^2P.

4.3　有人在研究 He 原子基态（$1s^2$）的精确波函数时，发现其中应包含有少量激发态（如 $1sns$ 等）的波函数在内. 你如何理解这个特点？

4.4　He-Ne 632.8 nm 激光的上能级是 Ne 原子 $2p^5 5s$ 的 $^1P_1$ 能级. 这个组态共有四个能级（见附图），试对这个组态的耦合类型作一评价.

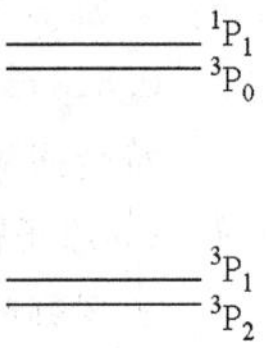

思考题 4.4 图

4.5　根据原子内部相互作用特点的分析，说明两个价电子：(1) 当原子量大的时候趋向于 jj 耦合；(2) 当一个价电子被激发到高能态（n 大）时，趋向于 jj 耦合.

4.6　从原子结构来看，为什么稀土族各元素的化学性质非常相近？它们的能级结构与光谱是否也如此？为什么？

4.7　用光电子能谱分析原子或分子结构，与用普通光谱分析相比，有什么特点？

4.8　设用一能量为 40 keV 的光子照射 Cd 原子，击出一个 K 电子. 随后，一个 L_I 电子跃迁到 K 层，由俄歇效应又放出另一个 L_I 电子. 有人根据图 4.10 数据求出此俄歇电子能量应为

$$E=(40-26.8-2\times 4)\ \mathrm{keV}=5.2\ \mathrm{keV}$$

式中 26.8 keV 和 4 keV 分别是 K 层和 L_I 层的电离能. 你对此有何看法？

4.9 设用一能量为 30 keV 的光子照射 Ca 原子，击出一个 K 电子. 此 K 电子在逸出原子时，有一定概率会"顺带"将原子中的 5s 电子带到激发态（例如 6p），这叫"携上"(shake up)过程. 问这时在光电子能谱中会出现什么现象？

4.10 有两种方法可以使原子激发或电离：用光子（包括 X 光）或电子. 光子或电子轰击原子后，能产生一系列后果，由此可以出现多种分析原子、分子结构的方法. 试分析一下，有哪些可行的方法？其中有没有你认为原理可行，而本书尚未介绍的方法？

习　题

4.1 以两个价电子为例，证明不论是 LS 耦合还是 jj 耦合，都给出相同数目的可能状态.

4.2 Ne 原子产生 632.8 nm 激光的上能级属 $2p^5 5s$ 组态，下能级属 $2p^5 3p$ 组态. 问这两种组态各有哪些 LS 耦合以及 jj 耦合的能级？又，从 $2p^5 5s$ 的 $^1P_1$（632.8 nm 激光的上能级）到 $2p^5 3p$ 能级，从跃迁选择定则来看，最多能产生多少条激光谱线？

4.3 Ne 原子基态是 $1s^2 2s^2 2p^6\,{}^1S_0$，一个电子激发的激发态为 $2p^5 nl$. 试按 LS 耦合模型画出 Ne 原子大致的能级图，其中至少包含基态以及 $n=3,4$；$l=0,1,2$ 的激发态和电离限.

4.4 由公式 $\Delta E_{LS}=\frac{A}{2}[J(J+1)-L(L+1)-S(S+1)]$，证明普遍的关系：各精细分裂 J 能级的能量加权平均值（它们的"重心"）即是未分裂前能级的能量. 又，你能否从物理关系来理解？

4.5 由上题公式证明朗德间隔定则.

4.6 某原子 495.3 nm 线有超精细分量五条，相对位置为 0，0.081，0.195，0.337 及 0.513 cm^{-1}. 已知下能级的超精细分裂可忽略，上能级 $J=2$. 证明此超精细分裂符合间隔定则，并由此定出核自旋量子数.

4.7 Ca 原子被电子轰击后激发到 K 能级，随之放出一个 K_α 光子. 问在此之后，可能出现哪些后续过程？

4.8 试求出图 4.15 所示电子能量分析器的关系式，并证明：在电子入射角为 45° 时，此分析器有一定的聚焦能力.

4.9 用于紫外光电子能谱的 He 放电光源可产生 21.2 eV 及 40.8 eV 的紫外线，请指出产生这两种光的上下能级.

4.10 解释图 4.16 所提供的有关 Ar，Kr，Xe 的能级的知识. 又，它们与书末附表一中三种原子的电离能数值有何关系？

第五章　磁场中的原子

本章讨论原子处在外加静磁场中的行为,这种行为当然与原子的磁性(源自电子轨道磁矩和电子自旋磁矩)有关.1896 年塞曼(P. Zeeman)发现,当把发射原子光谱的光源放在静磁场中时,一条光谱线分裂成频率相近的几条,它们都是偏振的,这就是塞曼效应.随即,洛伦兹用经典理论成功地解释了所谓的"正常"塞曼效应.自玻尔理论建立以后,人们认识到,磁场中原子能级将发生分裂,而光谱的塞曼效应就源于这种分裂.

能级在磁场中的分裂不大,裂距一般在 1 cm^{-1}以下.在这些分裂后的子能级之间也能发生跃迁,其频率在无线电波范围内.这种跃迁的机制不同于产生光谱线的跃迁,称做磁共振.人们从 20 世纪 30 年代末开始了原子磁共振研究.近几十年中,磁共振的研究有很大的发展,从原子磁共振出发,一方面发展了微波波段的量子放大与振荡,并进而导致激光的产生,另一方面则向电子顺磁共振谱和核磁共振谱方向发展,后来又发明了核磁共振成像技术.以上诸方面都在科学技术上产生了重大的影响.

本章主要讲述原子的磁性、塞曼效应和磁共振等基本现象.

§5.1　原子的磁性

5.1.1　原子的磁矩

在第三章式(3.2.3)′已经指出,原子中的电子作轨道运动时伴有轨道磁矩 $\boldsymbol{\mu}_l$:

$$\boldsymbol{\mu}_l = -g_l \frac{e}{2m}\boldsymbol{l}, \quad g_l = 1 \tag{5.1.1}$$

电子本身具有自旋磁矩 $\boldsymbol{\mu}_s$:

$$\boldsymbol{\mu}_s = -g_s \frac{e}{2m}\boldsymbol{s}, \quad g_s = 2 \tag{5.1.2}$$

原子的总角动量是 $\boldsymbol{j}$,$\boldsymbol{j}=\boldsymbol{l}+\boldsymbol{s}$.原子的总磁矩粗看似是 $\boldsymbol{\mu}_l+\boldsymbol{\mu}_s$,但是需要注意,在原子中 $\boldsymbol{j}$ 是守恒量,空间指向守恒,而 $\boldsymbol{l}$,$\boldsymbol{s}$ 的方向并不守恒,$\boldsymbol{\mu}_l+\boldsymbol{\mu}_s$的方向并不指向$-\boldsymbol{j}$,因为 g_l 和 g_s 之值不同,图 5.1 表示了这种情况.因此,对外起作用的磁矩,应是 $\boldsymbol{\mu}_l+\boldsymbol{\mu}_s$ 沿 $\boldsymbol{j}$ 方向的分量,把这个分量

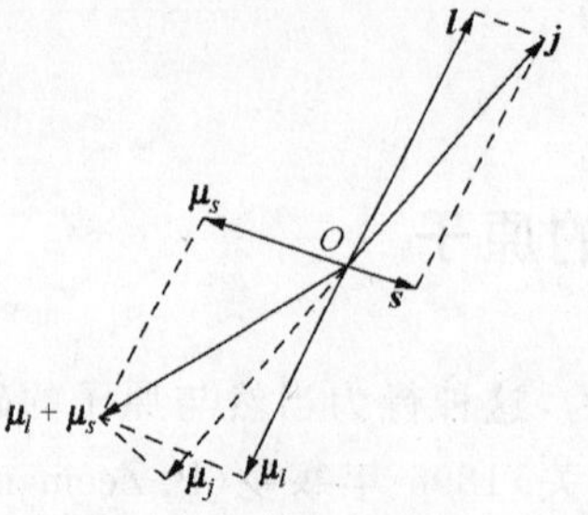

图 5.1　求 $\boldsymbol{\mu}_j$ 的矢量图

记为 $\boldsymbol{\mu}_j$. 利用矢量模型图 5.1,可得

$$\boldsymbol{\mu}_j=\frac{(\boldsymbol{\mu}_l\cdot\boldsymbol{j})+(\boldsymbol{\mu}_s\cdot\boldsymbol{j})}{\boldsymbol{j}^2}\boldsymbol{j} \quad (5.1.3)$$

式中分母上引入 $\boldsymbol{j}^2$,是为了与分子上的 $\boldsymbol{j}^2$ 相消. 把式(5.1.1)和(5.1.2)代入上式得

$$\boldsymbol{\mu}_j=-\frac{e}{2m}\cdot\frac{(\boldsymbol{l}\cdot\boldsymbol{j}+2\boldsymbol{s}\cdot\boldsymbol{j})}{\boldsymbol{j}^2}\boldsymbol{j} \quad (5.1.4)$$

从图 5.1 可以看出,应用三角形余弦定理:

$$2\boldsymbol{l}\cdot\boldsymbol{j}=\boldsymbol{l}^2+\boldsymbol{j}^2-\boldsymbol{s}^2,\quad 2\boldsymbol{s}\cdot\boldsymbol{j}=\boldsymbol{s}^2+\boldsymbol{j}^2-\boldsymbol{l}^2$$

式(5.1.4)变为

$$\boldsymbol{\mu}_j=-\frac{e}{2m}\cdot\frac{1}{2}(3\boldsymbol{j}^2-\boldsymbol{l}^2+\boldsymbol{s}^2)\cdot\frac{\boldsymbol{j}}{\boldsymbol{j}^2}$$

这个关系可移用于量子力学. 把物理量写作算符,并代入 $\boldsymbol{l}^2,\boldsymbol{s}^2,\boldsymbol{j}^2$ 的值,得到

$$\hat{\boldsymbol{\mu}}_j=-\frac{e}{2m}\left[1+\frac{j(j+1)-l(l+1)+s(s+1)}{2j(j+1)}\right]\hat{\boldsymbol{j}} \quad (5.1.5)$$

为与式(5.1.1)、(5.1.2)等写法一致,令

$$\hat{\boldsymbol{\mu}}_j=-g_j\frac{e}{2m}\hat{\boldsymbol{j}} \quad (5.1.6)$$

于是

$$g_j=1+\frac{j(j+1)-l(l+1)+s(s+1)}{2j(j+1)} \quad (5.1.7)$$

由式(5.1.6)得知

$$\begin{cases}\hat{\boldsymbol{\mu}}_j^2\ \text{的本征值为}\quad g_j^2 j(j+1)\mu_{\mathrm{B}}^2\\ \hat{\boldsymbol{\mu}}_{jz}\ \text{的本征值为}\quad g_j m_j\mu_{\mathrm{B}}\end{cases} \quad (5.1.8)$$

这就是一个价电子的原子的磁矩值. 至于多电子情况,仍使用类似于式(5.1.6)的表示式:

$$\hat{\boldsymbol{\mu}}_J=-g_J\frac{e}{2m}\hat{\boldsymbol{J}} \quad (5.1.9)$$

g_J 之值视多电子耦合状况而定,在理想的 LS 耦合时

$$g_J=1+\frac{J(J+1)-L(L+1)+S(S+1)}{2J(J+1)}$$

读者可试求理想 jj 耦合时 g_J 的表达式. 由于多电子的耦合往往既不是理想的 LS 耦合,也不是理想的 jj 耦合,所以在多数情况下没有简单的 g_J 表达式.

原子中的原子核往往具有核磁矩.这个磁矩很小,对原子的总磁矩影响不大,一般可以忽略.但是核磁矩将导致能级的超精细分裂,从而影响塞曼效应(见§5.2).

5.1.2 磁场中的原子磁矩

微观磁矩在磁场中的行为,严格地讲要用量子力学来研究,一般原子的结构都是比较复杂的,所以这里只计算一个简单的例子,即第二章中分析过的、不考虑电子自旋的氢原子在磁场中的情况.设氢原子处于某一 n,l 态,有角动量 $\hat{\boldsymbol{l}}$,伴有磁矩 $\widetilde{\boldsymbol{\mu}}=-g_l(e/2m)\hat{\boldsymbol{l}}$.在 z 向的磁场 $\boldsymbol{B}$ 中,磁矩与磁场之间有相互作用能

$$\Delta\hat{H}=-\hat{\boldsymbol{\mu}}\cdot\boldsymbol{B}=-\hat{\mu}_z\boldsymbol{B}=g_l(e/2m)\hat{l}_zB \tag{5.1.10}$$

这个附加能量很小,在计算的时候,可以采用微扰近似算法,即认为在此磁场中,作为一级近似,原子的波函数没有变化.于是,

$$\Delta E=\int\psi^*\Delta\hat{H}\psi\mathrm{d}\boldsymbol{r}$$

因为 ΔH 中只含有坐标 φ,所以积分中只需应用波函数式(2.3.21)即可,

$$\begin{aligned}\Delta E&=g_l(e/2m)B(1/2\pi)\int\mathrm{e}^{-\mathrm{i}m_l\varphi}\left(-\mathrm{i}\hbar\frac{\partial}{\partial\varphi}\right)\mathrm{e}^{\mathrm{i}m_l\varphi}\mathrm{d}\varphi\\&=g_lm_l(e\hbar/2m)B=m_lg_l\mu_\mathrm{B}B\end{aligned} \tag{5.1.11}$$

图5.2(a)中给出 $l=1,g_l=1$ 的能级分裂图,(b)则是自由电子在磁场中的能级图.因 $g_s=2$,所以两个子能级间的间距是 $\delta E=2\mu_\mathrm{B}B$.图中箭头代表磁矩的方向,向上是正 z 方向,与 $\boldsymbol{B}$ 方向一致.当磁矩方向与外场方向一致时,系统的势能最低.能级的能量变化值与磁场的强度成正比,这是在一级近似条件下的特点.关于磁场强弱的影响,在下一节中还要详细讨论.

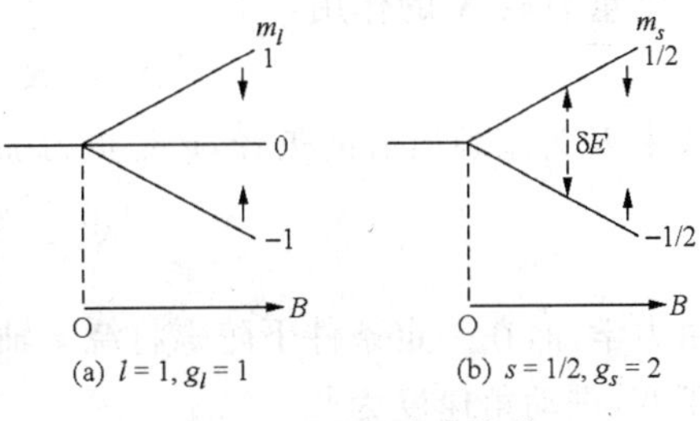

图5.2 能级的塞曼分裂

量子力学计算还证明,式(5.1.11)可以推广到某一 j 能级,这时式中的 g_l 需改为 g_j.

$$\Delta E=m_jg_j\mu_\mathrm{B}B \tag{5.1.12}$$

式中 g_j 由式(5.1.7)给出.用矢量模型,由 $\Delta E=\boldsymbol{\mu}_j\boldsymbol{B}$,也直接得到此式.

下面从经典物理学的角度来分析微观磁矩 $\boldsymbol{\mu}_J$ 在静磁场中的运动情

况.如图 5.3(a),$\boldsymbol{\mu}_J$ 在磁场 $\boldsymbol{B}$ 中,受到一个力矩 $\boldsymbol{N}$ 的作用,

$$\boldsymbol{N}=\boldsymbol{\mu}_J\times\boldsymbol{B} \tag{5.1.13}$$

假设这里没有角动量问题,$\boldsymbol{N}$ 的作用结果将使磁矩的方向转向与外场方向一致,如电磁学中所说的那样.但是在原子中,磁矩 $\boldsymbol{\mu}_J$ 与角动量 $\boldsymbol{J}$ 相联系.按角动量定理,这时的运动方程为

$$\boldsymbol{N}=\frac{\mathrm{d}\boldsymbol{J}}{\mathrm{d}t} \tag{5.1.14}$$

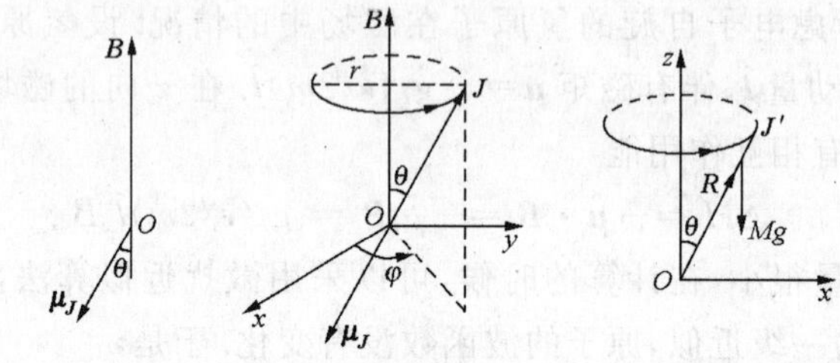

(a) $N=\boldsymbol{\mu}_J\times B$　(b) $\boldsymbol{\mu}_J$ 及 J 的进动　(c) 陀螺进动

图 5.3 拉莫尔进动

从力学上看,上述情况与绕定点转动的陀螺的运动属同一类问题.如图 5.3(c),一个质量为 M 的陀螺,可以绕固定点 O 运动.陀螺本身又在绕自己的对称轴作高速转动,并具有角动量 $\boldsymbol{J}'$.图中坐标系以 O 为原点,坐标轴 z 选取竖直朝上的方向,陀螺对称轴与 z 轴的夹角为 θ.这时,陀螺受到一个重力矩 $\boldsymbol{N}'$ 的作用,

$$\boldsymbol{N}'=\boldsymbol{R}\times M\boldsymbol{g} \tag{5.1.15}$$

式中 $\boldsymbol{R}$ 为陀螺质心的矢径,g 是重力加速度.运动方程为

$$\boldsymbol{N}'=\frac{\mathrm{d}\boldsymbol{J}'}{\mathrm{d}t} \tag{5.1.16}$$

由力学知,在一定条件下陀螺将绕 z 轴进动而不发生章动,这时 θ 角保持不变,进动角速度为[①]

$$\Omega=\frac{\mathrm{d}\varphi}{\mathrm{d}t}=\frac{RMg}{J} \tag{5.1.17}$$

对比可知,微观磁矩在静磁场中也将发生进动,进动角速度为

$$\omega_{\mathrm{L}}=\frac{\mathrm{d}\varphi}{\mathrm{d}t}=\frac{|\boldsymbol{\mu}_J|}{|\boldsymbol{J}|}B \tag{5.1.18}$$

① 参看力学书籍,例如王楚等编:《力学》中"初等刚体动力学"一节.此外在静磁场中,微观磁矩不存在章动.

一个粒子的磁矩与角动量之比称为旋磁比，以 γ 表示：

$$\gamma = \boldsymbol{\mu}_J / \boldsymbol{J} \tag{5.1.19}$$

当磁矩与角动量方向一致时 γ 取正值，否则为负值. 在原子中，γ 为负. 如把角速度看成矢量，用右手螺旋关系确定矢量方向，式(5.1.18)可写成

$$\boldsymbol{\omega}_{\rm L} = -\gamma \boldsymbol{B} \tag{5.1.20}$$

此式对所有微观磁矩都适用. 在原子中，写成磁矩与角动量关系的标准形式：

$$\gamma = -g\frac{e}{2m}, \quad \boldsymbol{\omega}_{\rm L} = g\frac{e}{2m}\boldsymbol{B} \tag{5.1.21}$$

微观磁矩的这种进动称做拉莫尔(Larmor)进动，进动角频率 $\omega_{\rm L}$ 称做拉莫尔频率.

对比量子理论公式 $\Delta E_m = m_J g_J \mu_{\rm B} B$ 与 $\omega_{\rm L} = g_J \dfrac{e}{2m} B$，便可发现其中极有意思的对应关系. 在能级分裂图像中，两相邻能级间的距离 $\delta E = g_J \mu_{\rm B} B$. 又拉莫尔频率 $\omega_{\rm L} = g_J \dfrac{e}{2m} B$，$\omega_{\rm L} \hbar = g_J \dfrac{e\hbar}{2m} B = g_J \mu_{\rm B} B$，即 $\delta E = \omega_{\rm L} \hbar$. 如在塞曼分裂两相邻能级间发生跃迁(磁共振)，其频率恰好等于经典的拉莫尔频率.

5.1.3 原子蒸气的宏观磁性

原子蒸气的宏观磁性是微观磁性的统计表现. 设某原子基态有量子数 J. 在弱的磁场中，其能级分裂如图 5.4 所示. 若每个塞曼能级上的粒子数都相等，则宏观磁矩等于零. 但在热平衡的时候，粒子数按玻尔兹曼分布，能量较低能级上的粒子数略多于较高能级上的粒子数. 于是，宏观看来，有一个指向与外场方向一致的宏观磁矩，这就是原子蒸气顺磁性的来源.

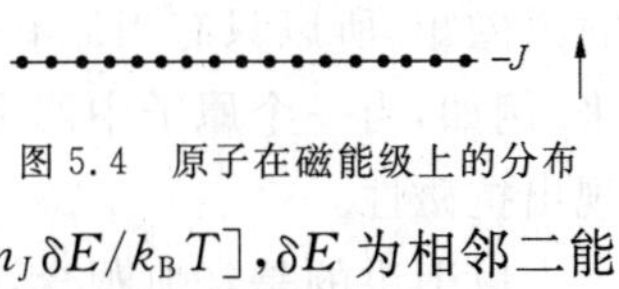

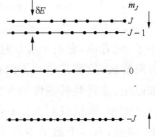

图 5.4 原子在磁能级上的分布

为便于计算，设 $m_J = 0$ 能级上的粒子数为 1，则某一 m_J 能级上的粒子数将是 $\exp[-m_J \delta E / k_{\rm B} T]$，$\delta E$ 为相邻二能级间的能量差. 总粒子数是 $\sum\limits_{m_J} \exp[-m_J \delta E / k_{\rm B} T]$. 又，在 m_J 能级上的原子的 μ_z 值是 $-m_J g_J \mu_{\rm B}$，所以原子的平均磁矩 $\overline{\mu_z}$ 是

$$\overline{\mu_z} = \frac{-g_J\mu_B\sum_{m_J} m_J \exp[-m_J\delta E/k_B T]}{\sum_{m_J}\exp[-m_J\delta E/k_B T]}$$

在 $\delta E \ll k_B T$ 条件下，$\exp[-m_J\delta E/k_B T] \approx 1-(m_J\delta E/k_B T)$. 再应用关系

$$\sum_{m_J} 1 = 2J+1,\quad \sum_{m_J} m_J = 0,\quad \sum_{m_J} m_J^2 = \frac{1}{3}J(J+1)(2J+1)$$

可以求出

$$\overline{\mu_z} = \frac{J(J+1)g_J^2\mu_B^2 B}{3k_B T} = \frac{\mu_J^2}{3k_B T}B \tag{5.1.22}$$

设原子数密度为 N_0，则单位体积中的磁矩(宏观磁矩)

$$M = N_0\,\overline{\mu_z} = \frac{N_0\mu_J^2}{3k_B T}B \tag{5.1.23}$$

顺磁极化率 $\chi = M/B = N_0\mu_J^2/3k_B T$. 对基态 $J=0$ 的原子(如惰性气体)，$M=\chi=0$.

原子还具有抗磁性，这可以从拉莫尔进动得到定性的解释. 设原子中的一个电子在 Oxy 面上以角速度 ω_0 作匀速圆周运动(图 5.5)，现沿 z 方向加上恒定磁场 B，则拉莫尔进动频率为 $\boldsymbol{\omega}_L = -\gamma\boldsymbol{B}$，也沿着 z 方向. 如果电子的旋转方向如图中所示，则它的角速度从 ω_0 加大到 $\omega_0+\Delta\omega=\omega_0+\omega_L$，它的磁矩沿 $-z$ 方向也有一个相应的附加量 $\Delta\mu$. 反之，如果电子旋转方向与图中所示相反，则它的角速度数值(绝对值)从 ω_0 减为 $\omega_0-\Delta\omega=\omega_0-\omega_L$，它的轨道磁矩，原来是沿 z 方向的，现在减小了，或者说，它沿 $-z$ 方向也有一个附加量 $\Delta\mu$. 总之，不论电子沿什么方向旋转，拉莫尔进动方向相同，结果总是使原子沿 $-z$ 方向产生一个附加磁矩，这就是抗磁性的来源. 由于 $\Delta\omega \ll \omega_0$，抗磁磁矩远小于原来的电子轨道磁矩，所以只有当原有的电子轨道磁矩被抵消时，抗磁性才能表现出来. 例如，当一个原子中两个电子在相同轨道上按相反方向旋转时就会表现出抗磁性.

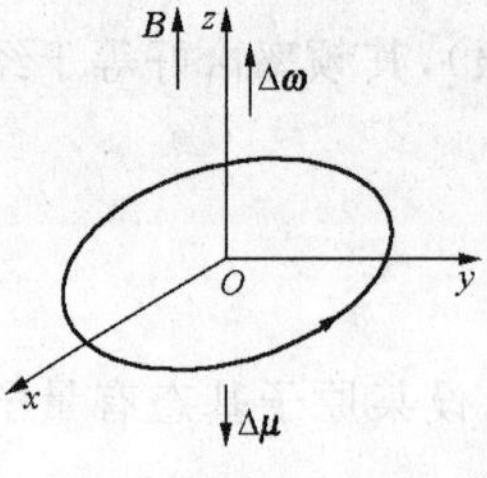

图 5.5 原子的抗磁性

以上讲的是经典观念，没有考虑电子的自旋，因而是不完备的. 但它能显示抗磁性的物理过程. 从量子理论看，如原子处于 $J=0$ 状态，它的固有磁矩为零，就能显出抗磁性，故惰性气体原子(处在基态时)都是抗磁性原子.

顺带指出，在大多数分子中，各原子中的价电子结合成键后，基态

$J=0$，因此，它们不具有顺磁性. 只有极少数分子，如 O_2，NO 等是顺磁分子，详见第七章.

§5.2　原子光谱的塞曼效应

当原子处在恒定磁场中时，它的光谱线常常发生复杂的分裂，这种分裂比较容易观察到，在 1896 年就被塞曼发现了，称为塞曼效应. 塞曼效应的一个典型现象是，一条光谱线分裂为等距的三条谱线. 洛伦兹用经典的电子论能圆满地解释这一现象. 他二人获得 1902 年诺贝尔物理学奖. 但是很多谱线的塞曼分裂远较此复杂，经典理论不能解释，遂被称做反常塞曼效应. 下面将指出，考虑到电子的自旋以后，就能解释此效应.

本小节着重用矢量模型，近似地分析不同条件下塞曼效应的类型，并注意磁场强弱的影响. 在附录 F 中，有用量子力学精确分析塞曼效应的例子.

5.2.1　正常塞曼效应

试分析某一 $^1P_1 \rightarrow {}^1S_0$ 跃迁所产生谱线的塞曼效应. 在磁场中，上能级分裂为 3 个子能级，下能级无分裂(图 5.6). 磁量子数 m_j 的选择定则是

$$\Delta m_j = 0, \pm 1 \tag{5.2.1}$$

这样，谱线分裂为三个分量，其频率分别为 ν_0 及 $\nu_0 \pm \Delta\nu$，而

$$\Delta\nu = \mu_B B/h \tag{5.2.2}$$

很容易估计 $\Delta\nu$ 的大小. 因为 μ_B/h 约为 1.4 MHz/Gs①，在 10^4 Gs 磁场中，$\Delta\nu \approx 1.4\times10^{10}$ Hz. 设谱线波长 $\lambda \approx 500$ nm，则 $\Delta\lambda/\lambda = \Delta\nu/\nu \approx 2.3\times10^{-5}$，$\Delta\lambda \approx 0.0115$ nm.

谱线的三个分量各具有特殊的方向性和偏振，如图 5.7 所示，

当观察者逆着外场方向(逆 z 方向)观察时，只看到 $\nu_0 \pm \Delta\nu$ 两个分量，频率高者为右旋圆偏振光(电矢量逆时针方向转动)，而低者为左旋圆偏振光，它们的偏振方向都是垂直于外场方向的. 当观察者垂直于 z 方向观察时，可以同时看到三条线偏振谱线，中间一条频率为 ν_0 的谱线，偏振面平行于 z 轴，两边两条垂直于 z 轴. 总起来讲，ν_0 线($\Delta m_j=0$)称 π(平行之意)分量，$\nu_0 \pm \Delta\nu$ 线($\Delta m_j = \pm1$)称 σ(垂直之意)分量. 作为普遍规律，对电偶极跃迁

① $1\,\text{Gs}=10^{-4}$ T.

$$\Delta m_j = 0(\pi), \quad \Delta m_j = \pm 1(\sigma) \tag{5.2.3}$$

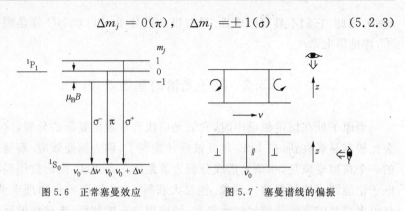

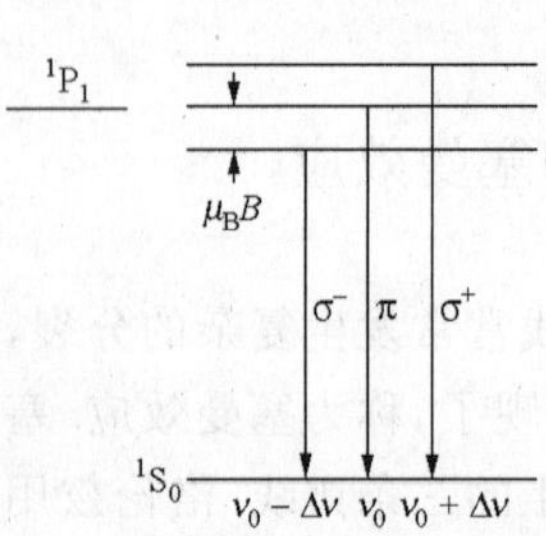

图 5.6　正常塞曼效应

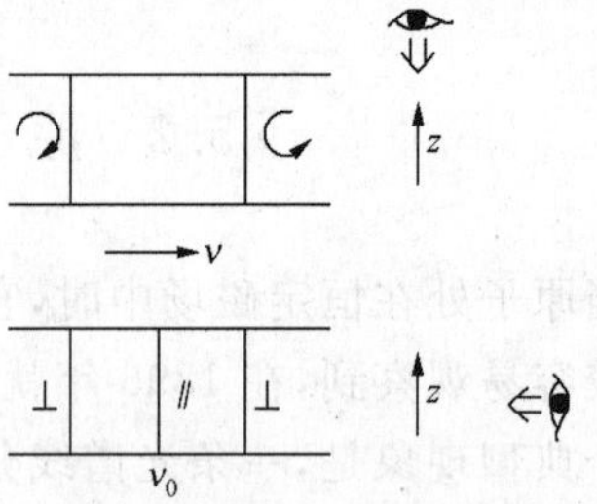

图 5.7　塞曼谱线的偏振

用量子力学可以证明，图 5.6 中三种跃迁的跃迁概率相同. 因此，当激发态 3 个子能级上的粒子数相同时，三条谱线各自的总辐射功率是相同的. 但由于 π 线和 σ 线的方向性不同，所以从不同方向看，各线强度也就不尽相同.

下面用洛伦兹理论来解释正常塞曼效应，这对我们理解这种现象仍是有益的. 第一章已经指出，洛伦兹认为原子发光是原子的电偶极矩作简谐振动产生的. 在三维空间中，电子(假定原子核不动)的简谐振动的三个分量宜按下述方式分解：沿 z 方向的振动，和在 Oxy 平面上按顺时针方向及逆时针方向的圆振动. 每种振动所发射的辐射的偏振可以用一个简单的方法求得. 以原子所在处为原点，为确定沿矢径 $\boldsymbol{r}$ 方向辐射的特性，观察者需沿 $-\boldsymbol{r}$ 方向观察原子，他所看到的电子运动的轨迹，即是光波中电矢量顶端振动的轨迹. 当没有外加磁场时，三个振动的频率相同. 如它们的辐射功率相等，则可以证明，三条谱线合在一起是各向同性的(沿任何方向，辐射的强度相同)、非偏振的. 这就是平常看到的原子自发辐射谱线(由某 $j \to j'$ 跃迁产生)的性质.

当有外加磁场时，情况发生了变化，沿 z 方向的线振动的频率不变. 但由上节的分析可知，在 Oxy 面上的顺时针圆振动的频率将减少 $\Delta\nu$(等于拉莫尔频率)，而反时针圆振动的频率将增加 $\Delta\nu$. 由此不难求得每种振动所发射谱线的特性. 图 5.8(a)中，电子沿 z 方向振动的频率不变. 沿 Oxy 平面上任意方向观察，原子发出的是沿 z 向偏振的线偏振光，而沿 z 方向无辐射. 图 5.8(b)中，电子在 Oxy 平面上作顺时针转动，由于拉莫尔进动，它的频率减小. 原子向不同方向发射的谱线的偏振已标出于图中. 以上结果与图 5.7 是完全一致的. 从这里再次看到量子理论与经典理论的对应关系：$\Delta m=0$ 的跃迁对应于电偶极矩沿 z 向线振动；$\Delta m=\pm 1$ 的

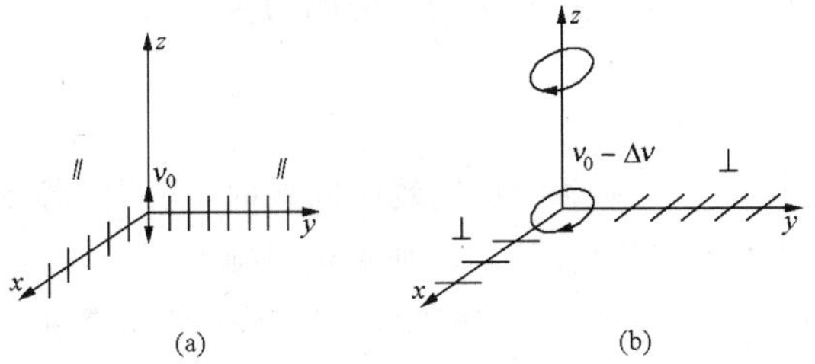

图 5.8 塞曼效应的偏振

跃迁对应于电偶极矩在 Oxy 平面上的圆振动.

从量子力学的观点看，塞曼谱线的偏振，符合微观粒子间的角动量守恒定律. 以图 5.6 为例，初态为 $m_j=1$ 时，角动量为 $+\hbar$. 末态 $m_j=0$ 时，角动量为 0. 从初态到末态发射的谱线，偏振应为 σ^+，因为 σ^+ 光子的角动量是$\hbar$，原子与光子系统的角动量守恒.

5.2.2 反常塞曼效应

大多数原子谱线的塞曼分裂比上述三线结构复杂，统称反常塞曼效应，用矢量模型容易解释. 以 Na $3^2P_{1/2}\rightarrow 3^2S_{1/2}$(589.6 nm)为例，如图5.9，能级分裂用 $\Delta E_m=m_j g_j \mu_B B$ 来计算，上能级 $g_j=2/3$，$\Delta E=\pm(1/3)\mu_B B$；下能级 $g_j=2$，$\Delta E'=\pm\mu_B B$. 能级分裂及谱线分裂见图 5.9. 以谱线未分裂时的位置为 $\Delta\nu$ 的零点，两条 π 线($\Delta m=0$)的 $\Delta\nu=\pm 2/3(\mu_B B/h)$，两条 σ 线($\Delta m=\pm1$)的 $\Delta\nu=\pm 4/3(\mu_B/h)$. 这 4 条线的强度相等.

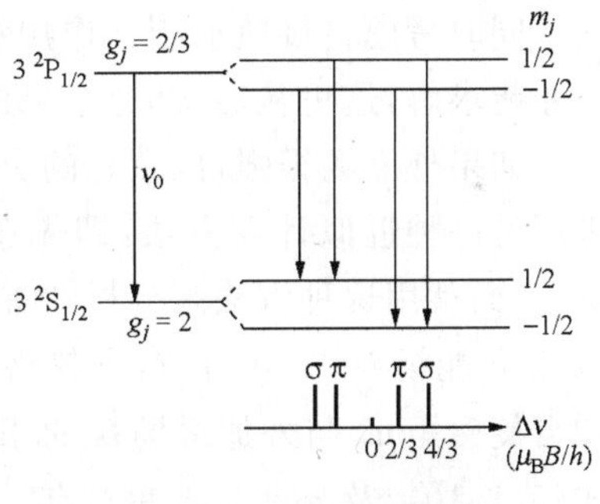

图 5.9 $^2P_{1/2}\rightarrow{}^2S_{1/2}$塞曼效应

分析谱线塞曼分裂结构，可以获得有关上下能级 g_j 的知识. 这对由多个价电子组成的能级尤其重要，因为这类能级的 g_J 值一般没有简单的公式可以精确计算，用从实验获得的 g_J 值，与量子力学计算结果比较，有助于了解能级耦合的特点.

经典理论不能解释反常塞曼效应，如果深究一下，就会发现，这是因为经典理论不能包括电子自旋的作用. 它只适用于上下能级均是以 $\mu_B B$ 的间距等距分裂的情况. 例如，前面举的$^1P_1\rightarrow{}^1S_0$ 谱线的例子，是单重能级之间的跃迁. 这里 $S=0$，$J=L$，而 $g_L=1$，电子自旋没有对塞曼分裂起作用.总之,经典理论仅部分地反映了问题的本质,具有局限性.

5.2.3　强磁场的作用

在以上两小节中处理原子塞曼效应问题时,均假定外加磁场比较弱,不影响原子内部的相互作用.如果外加磁场影响了原子内部作用,就需另作研究.下面分两种情况来讨论:忽略超精细结构和考虑超精细结构的情况.

在不考虑超精细相互作用时,价电子在原子中受到的作用有:等效有心力场作用,价电子间非有心电性相互作用和原子内部的磁性相互作用.对 LS 耦合的能态来讲,内部磁性相互作用是其中最弱的,它造成能级的精细结构.因此,分析外场作用的强弱,是拿它与内部磁性相互作用相比的.这种比较并不困难,试以 Na $3^2P_{3/2,1/2}$ 为例,它的精细分裂 $\Delta\nu_{ls}$ 是 17.2 cm^{-1},折合 5.2×10^{11} Hz.外磁场造成的能级变化 $\Delta\nu_m\approx1.4B$ MHz (B 用 Gs 作单位).当 $B=10^3$ Gs 时,$\Delta\nu_m\ll\Delta\nu_{ls}$,上节的分析完全成立.如 $B\approx10^4$ Gs,则 $\Delta\nu_m\approx(1/30)\Delta\nu_{ls}$,磁场已不是很弱.如 B 达到 10^5Gs,则 $\Delta\nu_m\approx\Delta\nu_{ls}$,二者相近,上节的分析方法就不适用了.因为不能先忽略外磁场的存在而讨论自旋轨道相互作用问题.

同时考虑自旋轨道相互作用和外磁场的作用,必须应用量子力学方法才能求解,这里从略.部分结果请参看附录 F.

如果外磁场很强,以致它的影响远远超过自旋轨道相互作用,又可以采用另一种近似计算方法,即先忽略内部磁性作用,只分析外磁场的影响.下面就用这种方法来分析 ^2P 能级的分裂.

^2P 能级 $l=1,s=1/2$,先忽略 $\boldsymbol{l}$ 与 $\boldsymbol{s}$ 之间的耦合,只考虑轨道磁矩 $\boldsymbol{\mu}_l$ 和自旋磁矩 $\boldsymbol{\mu}_s$ 与外加磁场 $\boldsymbol{B}$ 的相互作用.这样,在外加磁场 $\boldsymbol{B}$ 中,应用公式(5.1.10),及 $g_l=1,g_s=2$,有

$$\begin{aligned}\Delta E &= \Delta E_l + \Delta E_s = m_l g_l \mu_B B + m_s g_s \mu_B B \\ &= (m_l + 2m_s)\mu_B B \end{aligned} \tag{5.2.4}$$

^2P 的分裂如图 5.10(a).由于(m_l+2m_s)都是整数,所以能级又是作相隔为 $\mu_B B$ 的等距分裂.如果上、下能级均这样,那么谱线的塞曼分裂又将是典型的三线结构,这种强场下的塞曼效应又叫帕邢-贝克效应.用矢量模型表示,将 $\boldsymbol{l},\boldsymbol{s}$ 分别对 z 方向空间量子化,如图 5.10(b),这时 m_l,m_s 是好量子数.当然,以上描述是近似的,因为把自旋轨道相互作用忽略了.如果再考虑自旋轨道相互作用,则式(5.2.4)将有所修正,能级也稍稍偏离于图上的结构.

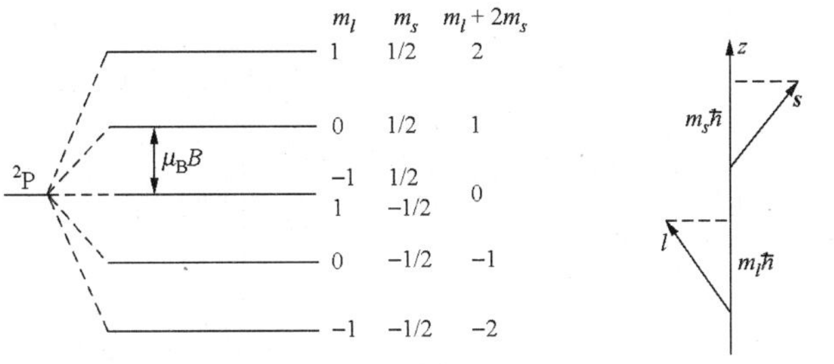

(a) ^{2}P 能级强场分裂　　(b) 矢量模型

图 5.10　强磁场塞曼效应

5.2.4　有超精细结构时的塞曼能级分裂

下面着重分析一下氢原子及碱金属原子基态$^2S_{1/2}$在磁场中的行为. 这个问题具有重要的历史意义与实际意义. 这些能级没有精细结构，但有超精细结构. 这里存在着三种相互作用：电子磁矩 $\boldsymbol{\mu}_j$（因$^2S_{1/2}$态 $l=0$，总磁矩 $\boldsymbol{\mu}_j$ 即等于$\boldsymbol{\mu}_s$）与外场的相互作用$-\boldsymbol{\mu}_j\cdot\boldsymbol{B}$；原子核磁矩 $\boldsymbol{\mu}_I$ 与外场之间的相互作用$-\boldsymbol{\mu}_I\cdot\boldsymbol{B}$ 以及 $\boldsymbol{\mu}_I$ 与 $\boldsymbol{\mu}_j$ 间的相互作用. 由式(3.4.5)，最后一项作用能用 $A\boldsymbol{I}\cdot\boldsymbol{j}$ 表示. 总的相互作用的哈密顿量是

$$\Delta H=-\boldsymbol{\mu}_j\cdot\boldsymbol{B}-\boldsymbol{\mu}_I\cdot\boldsymbol{B}+A\boldsymbol{I}\cdot\boldsymbol{j} \tag{5.2.5}$$

在第三章中讨论超精细结构时，没有外场，$B=0$，上式仅 $A\boldsymbol{I}\cdot\boldsymbol{j}$ 一项，由 $\boldsymbol{F}=\boldsymbol{I}+\boldsymbol{j}$，得出量子数 F，能级按不同的 F 值而分裂，F 是好量子数. 矢量图见图 5.11(a). 在很弱的外磁场中，式(5.2.5)中相互作用项 $A\boldsymbol{I}\cdot\boldsymbol{j}$ 仍为最大的项，F 仍保持为较好的量子数，每个 F 能级分裂为 $2F+1$ 个塞曼能级，能量变化是

$$\Delta E=m_F g_F \mu_B B \tag{5.2.6}$$

读者可试求式中 g_F 之表达式.

当外磁场较强，磁场引起的分裂远大于超精细分裂时，情况比较复杂. 在式(5.2.5)的三项中，按作用的大小排列，依次为：$-\boldsymbol{\mu}_j\cdot\boldsymbol{B}$，$A\boldsymbol{I}\cdot\boldsymbol{j}$ 和$-\boldsymbol{\mu}_I\cdot\boldsymbol{B}$. 它们共同作用引起的分裂为

$$\Delta E=m_j g_j \mu_B B+a m_I m_j-m_I g_I' \mu_B B \tag{5.2.7}$$

式中 m_I 是核磁量子数，可取从 I 到 $-I$ 之值，a 是一个系数. 此式的推导见附录 F. 它的解释如下：由于$-\boldsymbol{\mu}_j\cdot\boldsymbol{B}$ 最大，$\boldsymbol{\mu}_j$ 在空间取向量子化，$\mu_j g_j \mu_B B$ 表示由此引起的能级分裂. $A\boldsymbol{I}\cdot\boldsymbol{j}$ 居其次，比前者要小得多，它使上述能级有进一步微小的分裂. 图 5.12(a)给出空间量子化矢量图，图 5.12(b)则给出$^2S_{1/2}$($I=1/2$)能级的分裂情况. 这里因为电子的轨道角动

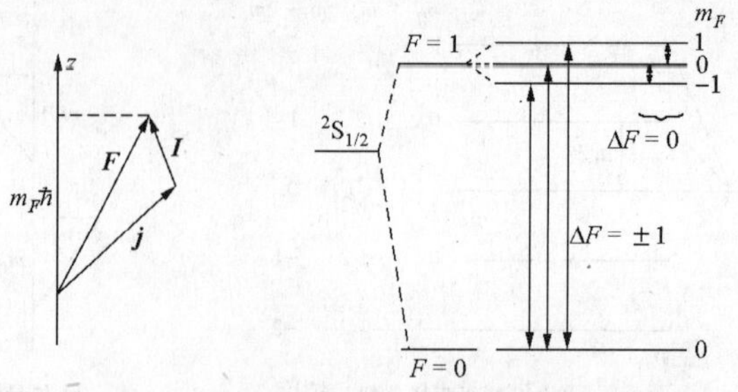

(a) $\boldsymbol{F}$ 空间量子化　　　　(b) $^2S_{1/2}$ 极弱场塞曼分裂

图 5.11　有超精细结构时极弱场塞曼效应

量为零,所以第一级的分裂就等同于自由电子能级的分裂,裂矩为 $2\mu_B B$. 式(5.2.7)中右边第三项表示核磁矩与磁场的相互作用,这一项最小,比第一项要小三个量级以上,在图中反映不出来. 值得注意的是,如果原子基态 $j=0$,则式(5.2.7)右边只剩下第三项,这将导致核磁能级的凸显,详见§5.3.3.

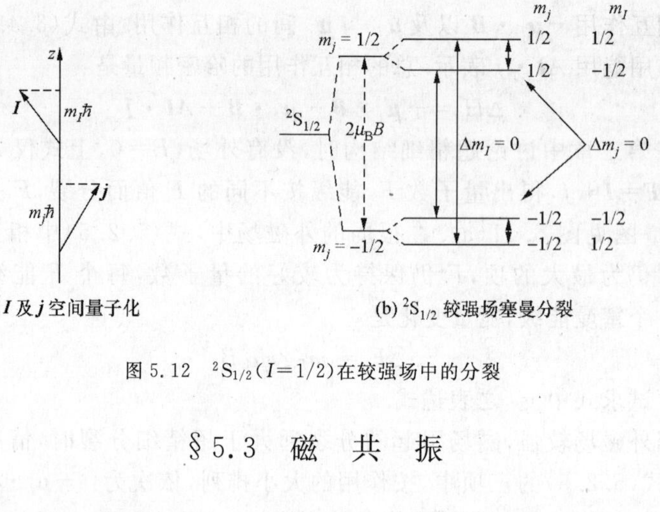

(a) $\boldsymbol{I}$ 及 $\boldsymbol{j}$ 空间量子化　　　　(b) $^2S_{1/2}$ 较强场塞曼分裂

图 5.12　$^2S_{1/2}(I=1/2)$在较强场中的分裂

§5.3　磁　共　振

5.3.1　选择定则和偏振

人们关心原子基态能级在外磁场中细微的变化,主要不在于研究光谱线的塞曼分裂,而是研究在塞曼子能级间的直接跃迁,即磁共振. 磁共振是共振电磁场中的磁分量与原子中的感生磁偶极矩相互作用产生的,量子力学中称为磁偶极跃迁. 磁偶极跃迁有与电偶极跃迁不同的选择定则. 在原子中,首先有

$$\Delta n = 0, \quad \Delta L = 0, \quad \Delta S = 0, \quad \Delta J = 0, \pm 1, \quad \Delta F = 0, \pm 1 \tag{5.3.1}$$

由于前三条选择定则的限制，磁共振只能在精细结构的塞曼子能级之间，以及超精细结构的塞曼子能级之间发生．所以磁共振频率一般比较低，常常在微波到更低频的波段．磁量子数的选择定则，则视具体情况而定．对$^2S_{1/2}$能级，在极弱磁场中，如图 5.11(b)，有两组跃迁：

$$\begin{aligned} \Delta F = 0, &\quad \Delta m_F = \pm 1 (\text{二线}) \\ \Delta F = \pm 1, &\quad \Delta m_F = 0, \pm 1 (\text{三线}) \end{aligned} \tag{5.3.2}$$

这其中，$F=0, m_F=0 \leftrightarrow F=1, m_F=0$ 的跃迁线，其频率受外界磁场的影响最小，往往被选作频率标准用线．在较强磁场中，如图 5.12(b)，也有两组跃迁：

$$\begin{aligned} \Delta m_j = 0, &\quad \Delta m_I = \pm 1 (\text{二线}) \\ \Delta m_I = 0, &\quad \Delta m_j = \pm 1 (\text{二线}) \end{aligned} \tag{5.3.3}$$

注意在后一组跃迁中，双线的频率非常接近于自由电子磁共振频率 $2\mu_B B$，它是在原子中发生的电子磁共振（顺磁共振）①.

磁共振是粒子中的感生磁偶极矩与共振电磁场中的磁分量相互作用的过程．Δm 与场的关系，也服从粒子和场系统的角动量守恒定律．至于具体的情况，则有所不同．例如对 $\Delta m=0$，两类跃迁中最有利的线偏振场应如图 5.13 中所示．

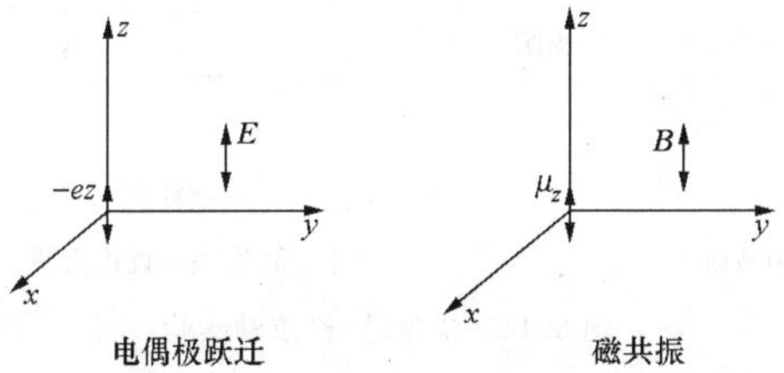

图 5.13 与 $\Delta m=0$ 对应的交变场

磁共振一般发生在射频区域．射频场的偏振并不是像光那样用偏振片产生的，所以实验方法上有很大区别．例如在微波波段，人们常在谐振腔中进行磁共振实验．微波在腔中建立起强的、有特定模式的场．人们可以得到偏振合适的交变磁场．

① 电子塞曼能级之间的跃迁称为顺磁共振．顺磁共振实验主要在凝聚态顺磁性粒子中进行，是研究凝聚态结构的手段之一．由于能级结构复杂，影响面也较小，本书从略．

5.3.2 施特恩-格拉赫实验

原子磁共振研究，开始于 20 世纪 30 年代，目的是研究粒子的微观磁性，当时所用技术源于 20 年代验证磁矩空间量子化的实验. 本节从这个实验开始，然后介绍原子(分子)束磁共振和核磁共振.

早在 1921 年，为了验证空间量子化假设，施特恩(O. Stern)和格拉赫(W. Gerlach)设计了如下著名的实验(如图 5.14)：在高真空系统中，使原子束通过一个非常不均匀的磁场. 该磁场由异形磁极产生，见图 5.14(a). 在磁极缝的中央部分，磁场 B 和磁场梯度 $\mathrm{d}B/\mathrm{d}z$ 都沿 z 方向，原子束通过该区域时，磁偶极矩 $\boldsymbol{\mu}$ 受到一个指向 z 轴的力

$$F_z = \mu_z \frac{\mathrm{d}B}{\mathrm{d}z}$$

磁矩取向不相同的原子，其 μ_z 值不同，受的力也不同. 它们在磁极缝中运动时，轨迹就被分开. 在射出极面后，处在不同磁能级的粒子沿不同方向前进，到达探测器. 如果磁矩的取向是连续的，那么原子到达探测器时，将有连续一片的分布. 而如取向是量子化的，原子只能到达不连续的若干点. 施特恩等用 Ag 原子做实验，在探测器两个不同位置上测出了 Ag 原子，确证了原子磁矩的空间量子化，以及能级的存在. (Ag 的基态为 $^2S_{1/2}$，$m_j = \pm 1/2$，故 Ag 原子经过极缝后分为两束.)

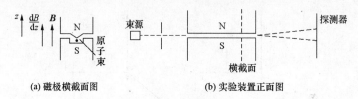

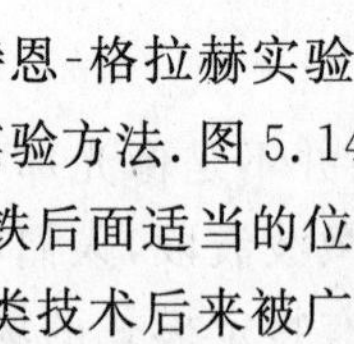

(a) 磁极横截面图

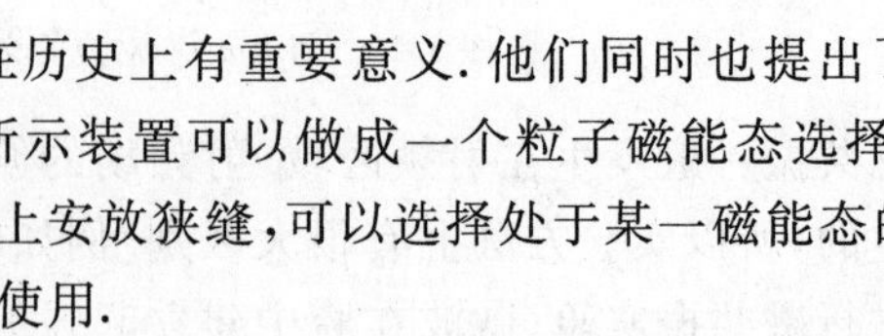

(b) 实验装置正面图

图 5.14 施特恩-格拉赫实验

施特恩-格拉赫实验，在历史上有重要意义. 他们同时也提出了一个重要的实验方法. 图 5.14 所示装置可以做成一个粒子磁能态选择器. 例如，在磁铁后面适当的位置上安放狭缝，可以选择处于某一磁能态的粒子通过. 这类技术后来被广泛使用.

5.3.3 原子(分子)束磁共振

磁共振上下能级的能量差小，因此在通常情况下，粒子差数也小. 按玻尔兹曼分布，两相邻能级中上能级 E_1 的粒子数 N_1 和下能级 E_2 的粒子数 N_2 之比

$$\frac{N_1}{N_2}=\exp\left(-\frac{\Delta E}{k_B T}\right),\quad \Delta E=E_1-E_2$$

可以作一个估算，在室温($T\approx300$ K)下，$k_B T\approx2.585\times10^{-2}$ eV，折合频率 6.25×10^{12} Hz，而由自由电子磁矩产生的两相邻磁能级，$\Delta E\approx2.8B$ MHz. 即令 $B=10^4$ Gs，$\Delta E\approx2.8\times10^{10}$ Hz，$\frac{N_1}{N_2}\approx0.996$，$N_1$，$N_2$ 相差仅千分之四. 若是由核磁矩产生的能级，$\Delta E\approx10^7$ Hz($B=10^4$ Gs 时)，$(N_2-N_1)/N_2\approx2\times10^{-6}$，差别更不足道. 因此为了实现原子的磁共振，首先要解决这个难题.

20 世纪 30 年代末，拉比应用选态技术解决了这个问题. 他的实验原理见图 5.15. 在高真空系统中，设置两个磁能态选择器 A 和 B. A，B 之间的 C 区设置弱磁场和射频部件，以实现磁共振. 设原子具有两个磁能级 m_1 和 m_2. 安排 A 的作用，使处于 m_1 能级的原子通过，而 B 使处于 m_2 的原子通过. 原子从束源出发，通过 A 的原子全都处于 m_1 态. 在 C 区，如果发生磁共振，有些原子将从 m_1 跃迁至 m_2，这部分原子将通过 B，到达探测器而被测出. 如不发生磁共振，则探测器无信号.

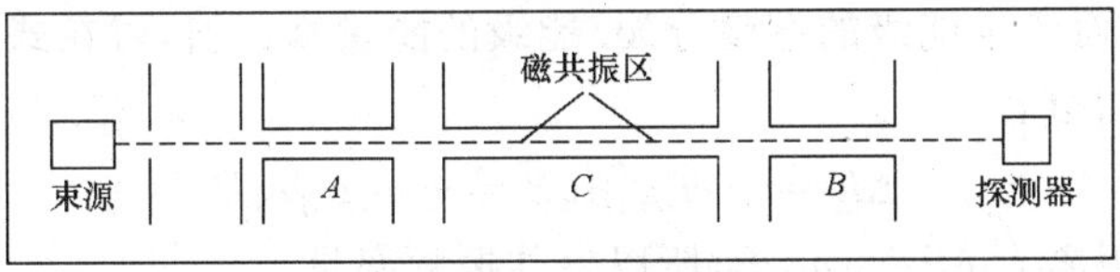

图 5.15 拉比原子束磁共振实验原理图

读者还可以注意到原子束磁共振方法的另一个不同于普通光谱方法之处. 在普通光谱法中，原子的能级跃迁导致光子的吸收或发射，这个过程可由光强的变化探测出来. 在原子束磁共振中，参与跃迁的原子数是极少的，而每一跃迁吸收或发射的光子能量比可见光的光子能量要小几个量级，这双重因素使得参与磁共振的无线电波强度的变化无法测出. 而在拉比法中，使用了原子检测法，每有一个原子发生跃迁，它就能到达探测器. 只要原子探测器的灵敏度足够高，整个设备就有了高的灵敏度.

人们利用原子(分子)束磁共振法研究了大量原子基态的超精细结构，测量了许多原子核的磁矩. 这种装置目前在一些实验室中仍在使用.

从原子束磁共振法发展了一项重要的应用技术——原子频标(原子钟). 人们发现，原子基态超精细结构中某些子能级间的跃迁频率特别准确、稳定，受外界环境的影响极小，可以作为频率和时间的基准. 1967 年，国际计量大会决议，将 ^{133}Cs 原子基态超精细跃迁($F=4, m_F=0\leftrightarrow F=3, m_F=0$)的频率规定为 9 192 631 770 Hz(无误差). 换言之，规定 ^{133}Cs 上述跃迁所对应的电磁波振动 9 192 631 770 个周期的时间为 1 s. 这就是目前科技界通用的赫兹定义和秒定义. 这个秒定义比天文秒定义的精确度要高 4～5 个量级. 原子频标(原子钟)是科技界最重要的基准之一，而频率则是各种物理量中能被测量得最准的一个. 有关量子频标的原理，参看附录 G.

5.3.4　核磁共振

原子束磁共振虽然取得很大成功，但它的实验设备复杂、工作困难、不易推广. 凝聚态物质中原子、分子的浓度比原子束中的浓度要大好几个量级，在室温下相邻磁能级间的粒子差数，足以使磁共振的观察成为可能. 人们为此进行了研究，并在 20 世纪 40 年代先后成功地观察到电子磁共振和核磁共振. 凝聚态磁共振，尤其是核磁共振研究的发展，在物质结构分析以及成像应用方面产生了巨大的影响，为此本小节略加介绍.

前面已经指出，在基态总角动量量子数 $J=0$ 的原子中，原子核磁矩与价电子之间的磁性耦合为零. 在这种情况下，如有外磁场，核磁矩就独立地取向，而产生能级的塞曼分裂. 能级的能量修正值，可在式(5.2.7)中令 $m_j=0$ 得到：

$$\Delta E = -m_I g'_I \mu_B B = -m_I g_I \mu_N B \tag{5.3.4}$$

相邻能级距离为 $\delta E = g_I \mu_N B$，所以磁共振频率是

$$\nu = \delta E/h = g_I \mu_N B/h \tag{5.3.5}$$

如果用式(5.1.19)所定义的旋磁比 γ 来表示，$\gamma = \boldsymbol{\mu}_I/\boldsymbol{I}$，$\omega = |\gamma| B$，则

$$\nu = |\gamma| B/2\pi \tag{5.3.6}$$

下面举几个例子. 有少数自由原子的基态 $J=0$，它们的核可以发生核磁共振. 例如 ^{131}Xe 原子核 $I=3/2$，$g_I=0.461$，$\mu_I = g_I I \mu_N = 0.691\mu_N$，核磁能级有 4 个，如图 5.16，磁共振频率在 $B=1$ T 时为 3.51 MHz. 又如 ^{129}Xe 的 $I=1/2$，在 $B=1$ T 时磁共振频率为 11.8 MHz，它的一个应用是肺部成像(参看思考题 5.18).

核磁共振主要在分子中进行. 大量分子的基态 $J=0$，分子中各原子核如有磁矩，就在外磁场中独立地取向，形成核磁能级，能进行核磁共振实验. 如氢原子核，$g_I=5.58$，由式(5.3.5)得知在 1 T 磁场下，核磁共振频率为 42.55 MHz. ^{14}N 原子核，$g_I=0.4036$，在 1 T 时核磁共振频率为 3.08 MHz.

按式(5.3.5)的表述，一种原子核，不论它在哪种分子中，或在分子的哪一部分，其核磁共振频率都是相同的. 但是进一步的研究发现，情况并

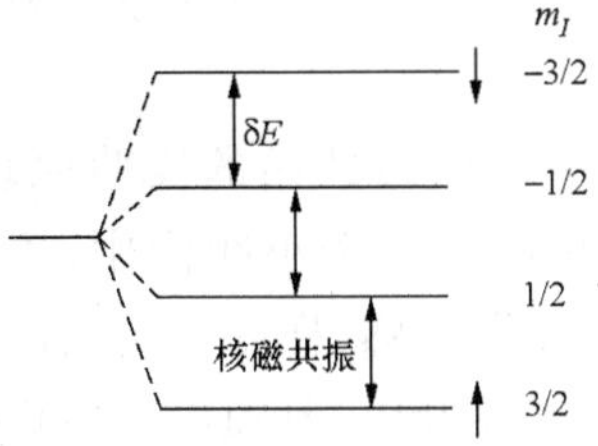

图 5.16 ^{131}Xe 核磁能级

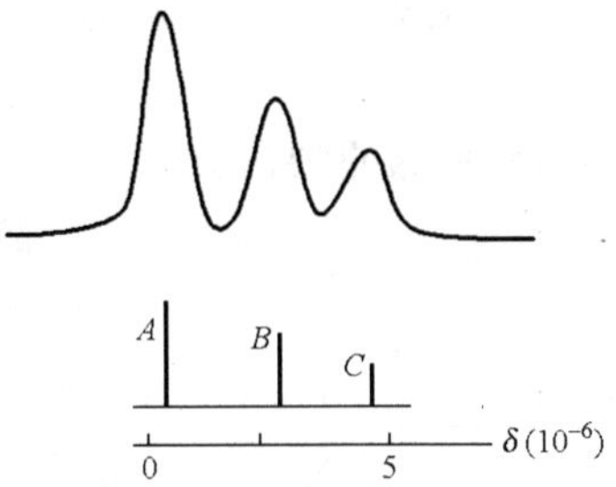

图 5.17 酒精分子中 H 的核磁共振谱

非完全如此. 同一种原子核在原子的不同化合情况下，其核磁共振频率有微小的差别. 以酒精分子中的 H 核磁共振线为例，它由相距非常近的三条谱线组成，如图 5.17. 谱线间的距离仅为共振频率的 $10^{-5} \sim 10^{-6}$ 量级. 三线的强度比为 3 : 2 : 1. 研究发现，它直接来源于分子结构的特点. 酒精分子的结构式是 $CH_3 \cdot CH_2 \cdot OH$：

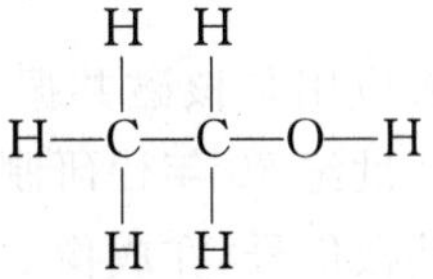

其中有 6 个氢原子，分为三组. CH_3 中的三个氢原子具有相同的化学环境为一组，CH_2 中的两个氢原子具有相同的化学环境为一组，OH 中的一个则有另一环境，自成一组，三条谱线正是分别由这三组氢核产生的. 这就表明价电子的不同结合状态，对核磁共振产生了一点微小的影响. 由此发生的频移，称做化学移位. 一般由下式定义化学移位 δ：

$$\delta = (\nu_r - \nu_0)/\nu_r \tag{5.3.7}$$

式中 ν_r 为谱线频率，ν_0 为人为设定的一个参考频率. 图 5.17 中已标出相应的 δ 之值. 我国学者虞福春是最早发现化学移位者之一.

液态分子中的核磁共振谱线特别锐(线宽很窄). 图 5.17 中酒精分子的谱线，在高分辨谱仪中，又进一步分裂成许多谱线，这些谱线的位置，都反映了酒精分子结构的特点. 参看附录 H.

核磁共振谱的特点如下：(1) 某一种原子核在一定的磁场下有一个确定的基本共振频率. 把仪器设定于这个频率附近，即可用于研究各种物体中该种原子的核磁共振谱. (2) 核磁共振谱可以具有极高的分辨率. 谱线的化学移位以及更细微的分裂与分子的结构(包含空间构形)相联系，极其有利于进行结构分析. (3) 大量的原子具有核磁矩，即使 $I=0$ 的原子，也可以用有核矩的同位素来代替. 例如有机分子中，碳是极重要的成分. ^{12}C 无核磁矩,但如用 ^{13}C 置换 ^{12}C,即可用 ^{13}C 核磁共振谱获得分子中有关碳原子的信息. 正是核磁共振的这些特点,使它成为物理化学分析的各种谱方法中最重要的方法之一.

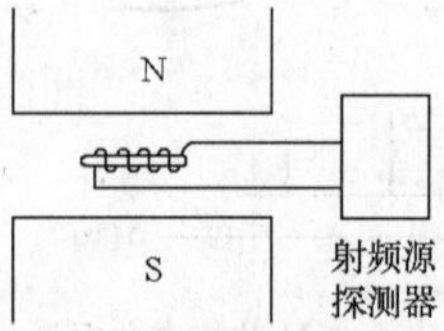

图 5.18 核磁共振实验原理

最后简单提一下核磁共振的实验原理. 如图 5.18,把样品放在一个小线圈中,置于强磁场内. 线圈是一个电感,样品就是它的芯子. 线圈两端加上射频电压,射频电流在样品中产生磁共振所需要的交变磁场. 当样品与交变场发生磁共振时,将吸收射频场的能量,这相当于使有芯线圈的电参量发生了变化,将这种变化用灵敏的电子学装置记录下来,即可获得磁共振信号. 近代的核磁共振谱仪,是技术要求极高的设备,它的频率分辨率可达 10^{-9} 以上(在核磁共振频率为 500 MHz 时,可分辨0.5 Hz). 高分辨率的核磁共振谱在物质结构分析方面有极为重要的应用.

核磁共振的另一个重大应用是核磁共振成像,人们应用近代断层成像技术和计算机技术,于 20 世纪 80 年代研制成功核磁共振成像装置. 例如我们探测氢原子的核磁共振信号,在成像之后,就可以得到物体中氢原子若干参数(例如浓度)在物体内的分布状况. 这种方法已在医学诊断、生理活动研究、材料分析等方面发挥了巨大的作用. 以上各点,读者可参考附录 H 中所作的进一步介绍.

核磁共振的经典理论,大大发展了磁矩在磁场中作拉莫尔进动的观点,取得了很大的成功,其影响远远超出磁共振之外,参看附录 I.

5.3.5 光磁双共振

前面讲的各种磁共振方法,或在原子束中进行,或在凝聚态中进行,却久久未能在气体中进行,其原因当然在于气体原子浓度太低、磁共振信号太弱而难以观察到. 20 世纪 50 年代中,卡斯特勒(A. Kastler)发明了一种双共振方法,能有效地在气体原子中进行磁共振实验,原理如下. 设某原子基态 $J=1$,激发态 $J=0$. 在磁场中,基态分为 $m_J=1,0,-1$ 三个磁能级. 要在气体原子的这些子能级间观察磁共振是困难的,因为相邻能级间粒子差数太小,气体浓度又低. 现在用 π 偏振的共振光照射原子,如图 5.19,原子将发生由 $J=1,m_J=0$ 到 $J=0,m_J=0$ 的跃迁. 但从激发态 $J=0,m_J=0$ 电子又可自发跃迁至基态各个能级,所以 $J=1,m_J=0$ 能级上的粒子数很快减小,趋近于零. 这叫光抽运作用(泵浦作用). 于是在

$J=1$,且 $m_J=1$ 和 $m_J=0$ 能级间以及 $m_J=0$ 与 $m_J=-1$ 能级间有足够的粒子数差,可以观察 $m_J=\pm1\rightarrow m_J=0$ 的磁共振.这里有光频和射频两个共振过程,所以叫做光磁双共振.

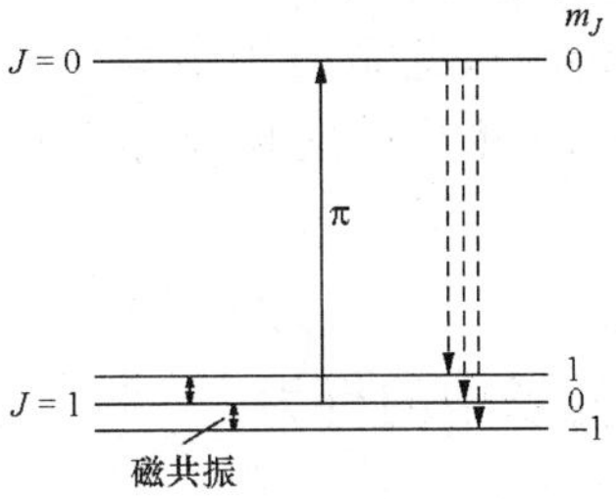

图 5.19 光抽运及光磁双共振

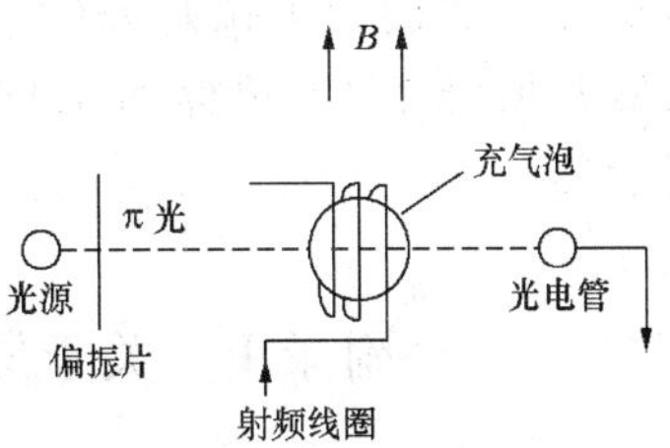

图 5.20 光磁双共振原理装置

磁共振过程也是通过光的变化来测量的.实验原理如图 5.20.含有气体的气泡放在射频线圈中,置于磁场 B 内.π 偏振光通过气泡进入光电管.先不加射频场.当光初射入时,由于基态 $m_J=0$ 上的粒子数还比较多,对入射光的吸收也较多,进入光电管的光线较弱.由于光抽运,基态 $m_J=0$ 上的粒子数很快地显著减少,导致光电流上升,最后达到一个稳定值.这时,若加上射频场,发生磁共振,基态 $m_J=0$ 上粒子数又增加,光电流随之减弱,磁共振的发生即由光的减弱来显示.这种检测方法有很大的优点.从能量的角度看,一次磁共振跃迁,能量变化等于一个射频光子的能量;而伴随着的光频跃迁,能量变化是一个光频光子的能量.用光强度变化代替射频场强度的变化,检测的能量大了好几个量级,灵敏度大为提高.总之,光抽运和光检测是提高灵敏度,使光磁双共振实验得以实现的两个关键因素.

光抽运方案较多,也不一定用偏振光.图 5.21 给出一个实例.^{87}Rb 基态有 $F=2,1$ 两个超精细子能级.激发态 $5^2P_{1/2}$ 的超精细分裂很小,分辨不开.由基态到 $5^2P_{1/2}$ 跃迁波长是 795 nm,具有两个分量 a 和 b,波长差 0.014 nm.如果单用 a 线或 b 线来抽运,都可以使基态 $F=2,1$ 两能级上产生大的粒子数差,允许进行 F 值 $2\leftrightarrow1$ 的磁共振.利用这个原理制成的 Rb 量子频标,结构比原子束频标简易得多,已得到广泛的应用.

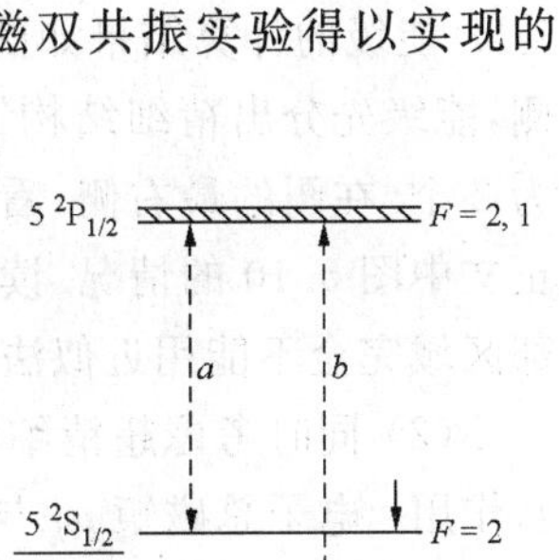

图 5.21 ^{87}Rb 光磁双共振

光磁双共振法使气态原子的磁共振研究得以开展.这里提出的光抽

运概念和双共振概念,对光谱学具有普遍的意义.

值得指出,本节所提各项工作的创始人,均曾获得诺贝尔物理学奖.其中有施特恩(1943),拉比(1944),布洛赫(F. Bloch)及泊塞耳(E. M. Purcell)(1952,核磁共振),卡斯特勒(1966).最后,1989 年诺贝尔物理学奖授予了拉姆齐(N. F. Ramsey),这是由于他早年利用原子束磁共振研制 Cs 频标的工作.此外,顺磁共振发现者亦获诺贝尔物理学奖.

附录F 关于原子在外场中的行为

1. 关于塞曼效应

在正文中讨论原子的塞曼效应时,全部应用了近似方法:弱场近似或强场近似.这种方法的优点是能应用矢量模型,具有简单清晰的物理图像,便于记忆.但是需要注意,在塞曼效应中应用矢量模型是有条件的:第一,如一切近似方法一样,它是不精确的,在需要精确结果的地方不能适用.第二,在不满足弱场或强场条件(而这是经常遇到的)时,这种模型失效.

精确求解,需用量子力学,这里不准备涉及,但给出一些结果.

(1) 同时考虑自旋轨道相互作用与磁场作用.相互作用的哈密顿量是

$$\Delta \boldsymbol{H} = -\boldsymbol{\mu}_l \cdot \boldsymbol{B} - \boldsymbol{\mu}_s \cdot \boldsymbol{B} + a\boldsymbol{l} \cdot \boldsymbol{s}$$

对^{2}P 能级的计算结果如图 F-1.图的横坐标是磁感应强度 B,在图的最左侧,能级先分出精细结构$^2P_{3/2}$和$^2P_{1/2}$,然后$^2P_{3/2}$分为 4 个磁能级,$^2P_{1/2}$分为 2 个.在图的最右侧,看不出精细结构.整个^{2}P 分为 5 个子能级,符合正文中图 5.10 的情况.读者可以看出,接近于“弱场”的区域是不大的,中部区域完全不能用近似法.

(2) 同时考虑超精细结构与外场(不考虑精细结构).这里有三种相互作用:电子总磁矩 $\boldsymbol{\mu}_j$ 与外场的作用,核磁矩 $\boldsymbol{\mu}_I$ 与外场的作用,以及核磁矩与电子总磁矩间的相互作用.哈密顿量如式(5.2.5)所示,为

$$\Delta H = -\boldsymbol{\mu}_j \cdot \boldsymbol{B} - \boldsymbol{\mu}_I \cdot \boldsymbol{B} + A\boldsymbol{I} \cdot \boldsymbol{j} \tag{F.1}$$

对$^2S_{1/2}$,$I=1/2$ 的能级,理论计算结果如图 F-2.图中最左侧为弱场近似,与图 5.11 同;最右侧为强场近似,与图 5.12 同.

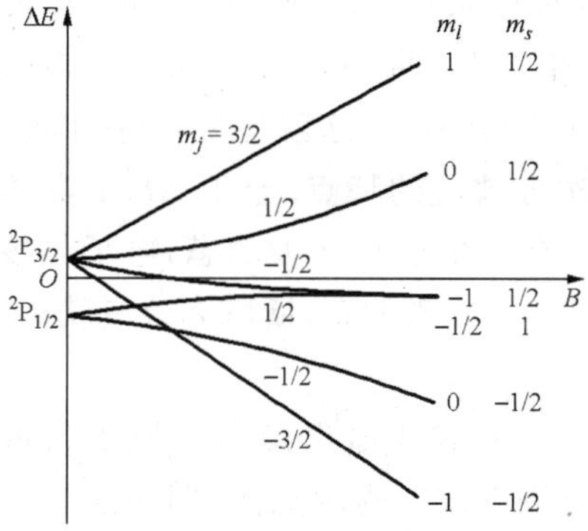

图 F-1　^{2}P 塞曼分裂

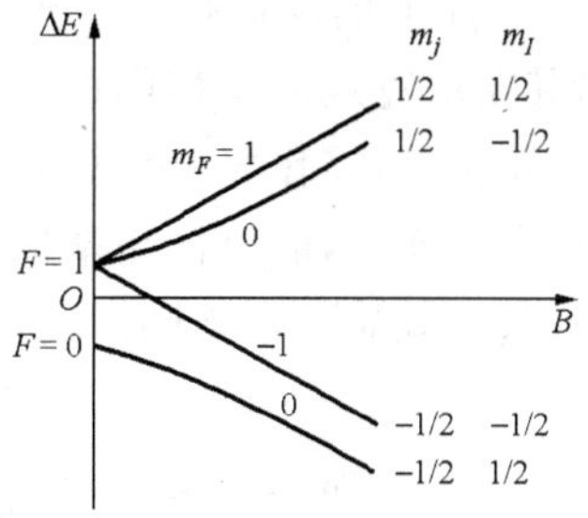

图 F-2　$^2S_{1/2}(I=1/2)$塞曼分裂

有意义的是，在以上两图中，当磁场变化时，能级均各有一个量子数保持不改变. 在图 F-1 中是 $m_j(=m_l+m_s)$，在图 F-2 中是 $m_F(=m_j+m_I)$. 其中物理意义是什么，读者可考虑一下.

上式(F. 1)在取强场近似时，可以应用矢量模型推导出正文中的式(5. 2. 7)，现补充如下：由于外磁场很强，核与电子间的磁相互作用相对较弱，可以认为电子总磁矩及核磁矩分别对外场空间量子化，如图 5. 12(a)所示，这时 m_j 和 m_I 是好量子数. 因

$$\boldsymbol{\mu}_j=-g_j\frac{e}{2m}\boldsymbol{j},\quad \boldsymbol{\mu}_I=g_I'\frac{e}{2m}I$$

故式(F. 1)中前两项导致的能量变化为 $m_jg_j\mu_BB-m_Ig_I'\mu_BB$. 至于式(F. 1)中第三项，$\boldsymbol{j}\cdot\boldsymbol{I}=j_xI_x+j_yI_y+j_zI_z$. 因为 $\boldsymbol{j}$ 和 $\boldsymbol{I}$ 绕 z 轴进动，上式等号右边前两项应取时间平均值，其结果显然为零，于是得知 $A\boldsymbol{j}\cdot\boldsymbol{I}=A\hbar^2m_jm_I=am_jm_I$，总的结果是

$$\Delta E=m_jg_j\mu_BB-m_Ig_I'\mu_BB+am_jm_I$$

实际上第二项是最小的一项.

2. 斯塔克效应

原子能级在外加电场中的移位和分裂称为斯塔克效应. 分析斯塔克效应，需用量子力学，这里从略，仅给出一些定性的判断. 斯塔克效应有以下几个特点. (1) 二次方效应. 按经典观点，一个原子在外加均匀电场 $\mathscr{E}$ 中，将被极化，产生感生偶极矩 d，$d=\alpha\mathscr{E}$，α 为静电极化率. 由此，附加的能量为 $\alpha\mathscr{E}^2/2$. 这里的二次方关系在量子力学中也成立，但限于非简并的能态. 一般说来，由于斯塔克效应，原子能级的附加能正比于外加电场的二次方. 对简并能级，会产生线性斯塔克效应. (2) 在不太强的外电场中，原

子能级仍以量子数 j,m 表征,这里的 m 是表示 j 沿外电场方向投影的量子数. 设某一 $m=m_a$ 的态,附加能 $\Delta E\propto\mathscr{E}^2$. 而 $m=-m_a$ 的态,相当于 $m=m_a$ 而电场反向($\mathscr{E}\to-\mathscr{E}$),$\Delta E\propto(-\mathscr{E})^2=\mathscr{E}^2$. 这就是说,$m=\pm m_a$ 的态,其斯塔克效应是相同的. 这是二次方效应的特点. 至于 ΔE 的具体数值以及符号,需作复杂计算才能求得. (3) 量子数 n 大的态,电子与核的平均距离变大,静电极化率也大,所以越是高激发态,斯塔克效应就越大,这与塞曼效应完全不同.

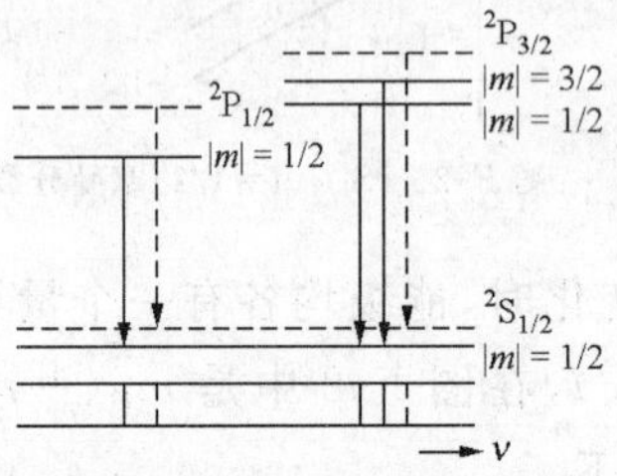

图 F-3　碱金属共振线斯塔克效应

图 F-3 给出碱金属原子共振线斯塔克效应的示意图. 图中虚线是能级或谱线原来的位置,实线是有外电场时的位置. 这里既有移位,又有分裂. 对 Na 原子来说,在 $\mathscr{E}\approx10^5$ V/cm 时,移位约为 0.005 nm.

对一般能级来说,原子的斯塔克效应较难从实验上进行研究,因为气体状态下的原子在强静电场中极易被击穿. 但高激发的斯塔克效应很强,而且容易从理论上进行计算,所以前一时期研究得较多.

斯塔克效应在一些工作中有实际意义. 例如在放电管中,在等离子体中,电子和正负离子产生的电场影响到原子,常使原子谱线加宽并发生频移(谱线中心频率有变化). 这常常是实际工作中需要考虑的一个因素.

附录 G　原子(分子)频率标准

原子(分子)频标是利用原子(分子)谱线频率的稳定性和精确性来精确测定频率的装置. 由于时间是频率的倒数,所以原子频标也可以用作时间标准,并称为原子钟.

频率(时间)是最基本的物理量之一,在近代科学与技术的发展中起着极其重要的作用. 人们对它的要求越来越高. 频率与时间的高精度测量,在航天、通信、测量等等领域,以及在若干基础研究中,起着举足轻重的作用. 从另一角度看,频标的发展又与物理学(特别是原子物理学)的前沿研究交织在一起,给我们提供了科学与技术互相促进而发展的良好例证. 鉴于频率是一切物理量中能测量得最准的一个量,所以另一些物理量的值常通过公式由频率的测量而求出. 如通过长度与时间的关系 $l=ct$,国际上已规定一个公认的光速值,$c=299\,792\,458$ m/s(不计误差),使长度单位由时间单位导出①. 这些都表明频率(时间)标准的重要性. 下面对微波频标作简单介绍.

微波频标分为自激型(主动式)和非自激型(被动式)两大类. 自激型微波频标的核心是一个微波激射器. 原子谱线自激振荡能产生极锐的谱线,如再加上准确性、稳定性、复现性②好,即可用作频标. 目前使用的氢激射器,输出频率在 1420 MHz 附近,稳定度极佳,达 10^{-14} 量级,但准确性较差,参看 § 6.4.

现在公定的国际基准由铯原子频标提供. 这是一种非自激型频标,其核心器件就是铯原子束磁共振装置. 为了得到更窄的共振谱线,在拉比装置的基础上,拉姆齐在 1949 年发明了一束原子经分隔的谐振腔发生两次共振的方法,原理见图 G-1. 在每一个腔中,原子经受一个 $\pi/2$ 脉冲的作用,最后获得的谱线,见图 G-1(b),称为拉姆齐花样. 拉姆齐花样的中心谱线的频宽 $\Delta\nu$,比单次共振谱线要小得多,用它来做频率的标准,精度也就提高了很多.

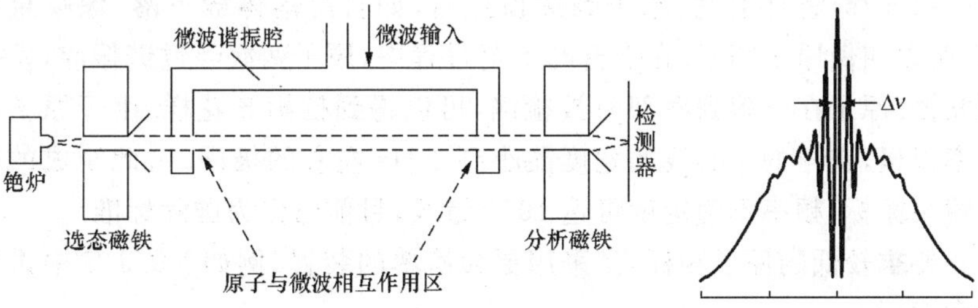

(a) 原理图　　(b) 拉姆齐花样

图 G-1　分隔腔原子束磁共振

原子频标装置的框图见图 G-2,设铯原子共振谱线的中心频率为 f_{Cs},用作基准. 标准频率(设为 1 MHz)由一个频率可微调的晶体振荡器给出. 但晶振单独工作时的频率还不够准确和稳定,尚需控制. 控制频率的原理如下:晶振输出先通过频率综合器. 这个装置的性能是将输入信号的频率由 1 MHz 精确地扩展到 f_{Cs}. 如晶振频率略偏离于 1 MHz,频率综合器的输出频率亦略偏离于 f_{Cs}. 用此频率的电磁场引发磁共振,可以设法使磁共振装置

---

① 1983 年国际会议通过的米的定义:"一米是光在真空中在 1/299 792 458 秒的时间间隔内所行路径的长度".

② 复现性,指重复性. 即不同国家、不同实验室研制的频标所得出的频率,以及同一频标多次开机或多次调节后所得的频率,它们之间的一致程度. 复现性差的方案,往往表明其中有难以人为控制的因素,不宜用作标准.

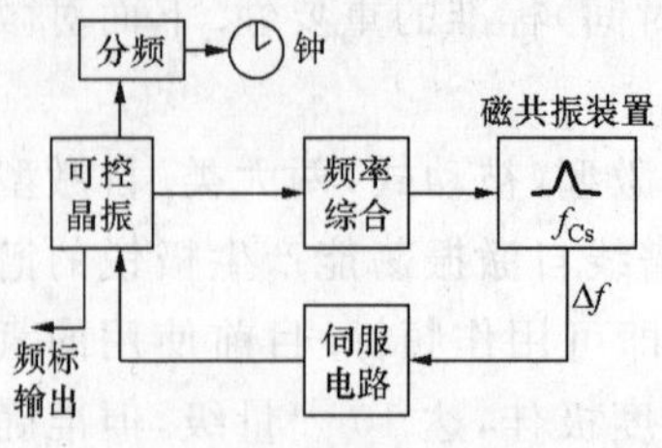

图 G-2　Cs 原子钟框图

的输出端给出频偏 Δf 之值(参看思考题 3.9). 将 Δf 负反馈给晶振,调整其频率,使 $\Delta f \to 0$. 于是晶振给出更为精确的 1 MHz 信号.

经国际会议认定,$f_{Cs} = 9\,192\,631\,770$ MHz,没有误差. 频率的倒数为时间,所以"秒"的定义是:$^{133}Cs(F=4, M_F=0 \leftrightarrow F=3, M_F=0)$跃迁所对应的电磁波振动 9 192 631 770 个周期的时间. 从 20 世纪 60 年代起,这个国际公认的秒定义和频率、时间基准一直使用到今天.

拉姆齐在 1989 年,即 40 年后,才得到诺贝尔物理学奖.

自从原子的冷却和陷俘(囚禁)研究取得重大进展以来,发展了新一代的铯束频标,原理见图 G-3. 铯原子在一个"阱"内被冷却和囚禁,这个原理在 §6.5 中将有讲述. 设法使原子从阱上端小孔中以一个小的初速率(~1 m/s)竖直上抛. 原子到达顶点后,如自由落体般下落,像喷泉那样,所以叫做原子喷泉. 在上升与下落过程中,原子两次经过谐振腔,发生磁共振. 原子在下落到底部时被检测,可以得到拉姆齐花样. 由于原子的速率很慢,花样的中心线的宽度能小到 1 Hz 左右的极限. 由此制成的原子喷泉频标,频率不确定度可达 10^{-15} 量级,目前已作为国际标准.

要求较低的原子频标,常采用更为简单的装置,例如 §5.3.5 中讲到的铷频标.

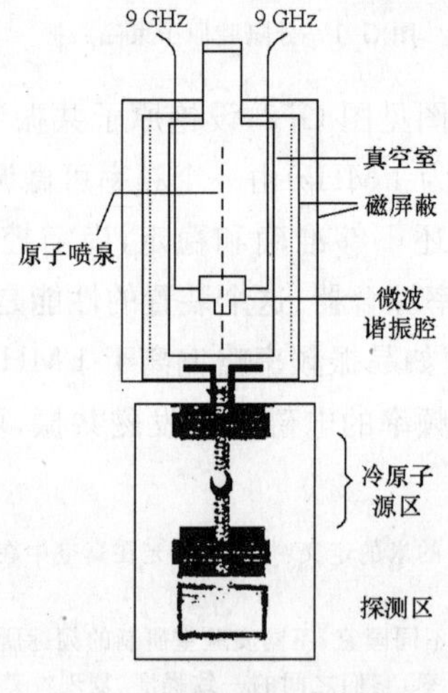

图 G-3　原子喷泉频标示意图

附录 H　关于核磁共振

核磁共振可以在物质的各种状态下发生，气体由于浓度太低，要进行核磁共振实验很困难. 液体状态或在溶剂中的分子的核磁共振，其谱线非常窄，分辨率很高，应用也最广，以下将作重点补充. 固体状态物质中的核磁共振另有特点，这里从略.

1. 吸收与弛豫

设有一对核磁能级，能量分别为 E_1，E_2，粒子数分别为 N_1，N_2，如图 H-1所示. 无磁共振时，N_1，N_2 服从玻尔兹曼分布，粒子差数 $\Delta N = N_1 - N_2$，有一平衡值 $(\Delta N)_0$. 在发生核磁共振时，粒子由 E_1 向 E_2 跃迁，产生核磁共振谱线，同时 ΔN 减小. 这时，弛豫过程也发生作用，驱使粒子由 E_2 向 E_1 跃迁(无辐射)，使 ΔN 恢复平衡值. 当吸收与弛豫这两个过程相抵时，核磁共振达到稳定状态. 核磁系统从外加共振射频场中吸收的能量通过弛豫过程释放到周围物质中去. 研究核磁共振，不能不涉及弛豫.

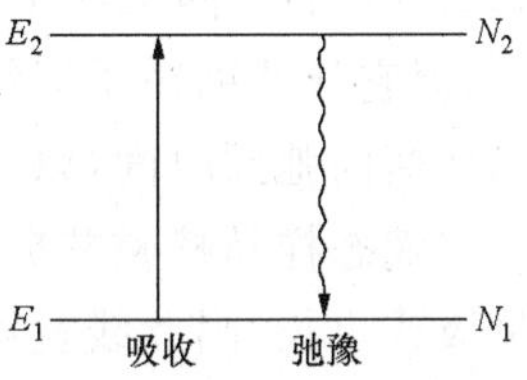

图 H-1　吸收与弛豫

在 §1.5.4 中曾提及原子中的弛豫问题. 核磁弛豫有它自己的特点，其物理机制也比较复杂. 可分为两类过程. 第一类使粒子差数趋向平衡，$\Delta N \to (\Delta N)_0$. 按弛豫规律，在没有共振场时

$$-\frac{\mathrm{d}(\Delta N)}{\mathrm{d}t} = k[\Delta N - (\Delta N)_0] \tag{H.1}$$

式中 k 是弛豫系数. 以撤去共振场的时刻为初始时刻($t=0$)，其时 $\Delta N = \Delta N(0)$. 对式(H.1)积分可得

$$\Delta N = (\Delta N)_0 + [\Delta N(0) - (\Delta N)_0]\mathrm{e}^{-kt} \tag{H.2}$$

ΔN 与 t 的关系如图 H-2. 令 $1/k = T_1$，T_1 称做纵向弛豫时间①，$t = T_1$ 时粒子差数已接近于平衡值，亦见图 H-2. 另一方面，T_1 显然也反映了能级的平均寿命，而平均寿命的倒数应是谱线宽度.

但核磁共振谱线宽并不单由 $1/T_1$ 决定，因为还有第二类弛豫过程. 这里不作详细分析，仅举其一例如图 H-3. 两个靠近的相同的核，由于相

① 核磁弛豫时间分为纵向与横向两类，这是在核磁共振经典模型中形成的术语. 纵向指 z 轴方向(磁场方向)，横向指垂直于 z 轴的方向. 参看附录 I.

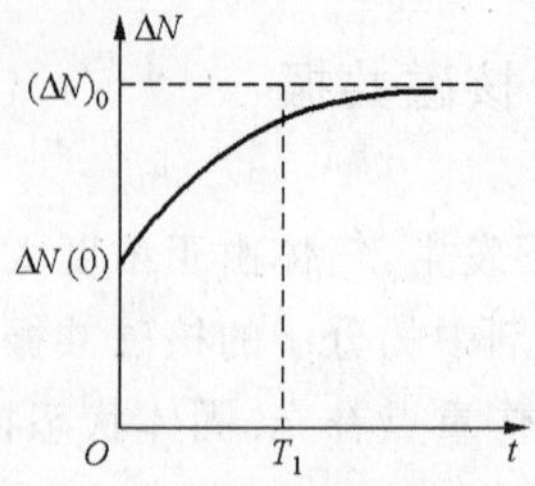

图 H-2 第一类弛豫过程

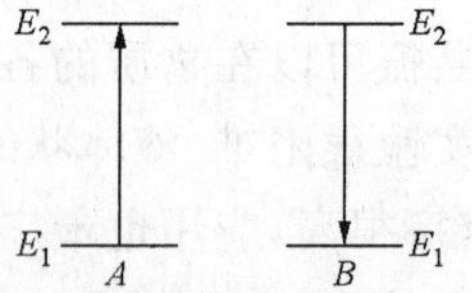

图 H-3 第二类弛豫过程

互影响，可能发生图中的过程：A 核由能级 E_1 跃迁到 E_2，而 B 核由 E_2 到 E_1，它们之间交换了能量. 就核系统而言，能级上的粒子数分布并没有变，但它显然缩短了能级生命，增大了线宽. 人们把决定线宽的弛豫时间称做横向弛豫时间，以 T_2 表示. $T_2<T_1$，线宽 $1/T_2>1/T_1$.

液态样品核磁共振的一个重要特点就是弛豫时间很长，T_2 可达 1 s 量级或更长，因此线宽可达 1 Hz 以下. 这就决定了其谱线有高分辨的可能性. 例如氢的核磁共振频率，在 $B=1\,\mathrm{T}$ 时约为 42 MHz，在液态样品中，它的核磁共振线宽可小到 1 Hz，分辨率可达 2×10^{-8}，在 $B=10\,\mathrm{T}$ 时可达 2×10^{-9}.

2. 核磁共振谱的精细结构

在正文中已讲过核磁共振谱的化学移位，并给出酒精分子中氢谱的例子. 本节将进一步介绍谱线的精细结构. 在进一步提高分辨率时，酒精氢谱表现出如图 H-4 的精细结构. 分析表明，它是由核自旋之间的相互作用引起的. 对图中结构的定性解释如下. 分子中 A 组核与 B 组核之间有相互作用. 先分析 B 组对 A 组的影响，两个 $I=1/2$ 的核，其自旋取向有三种情况，如表中所示，总磁量子数 $M_B=m_1+m_2$，可取 $1,0,-1$ 三个值，它们出现的概率是 1∶2∶1，这三种状态对 A 组核的影响不同，致使 A 线分裂为

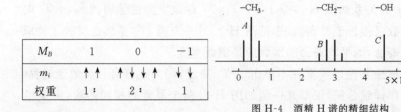

M_B	1	0	−1
m_i	↑↑	↑↓ ↓↑	↓↓
权重	1∶	2∶	1

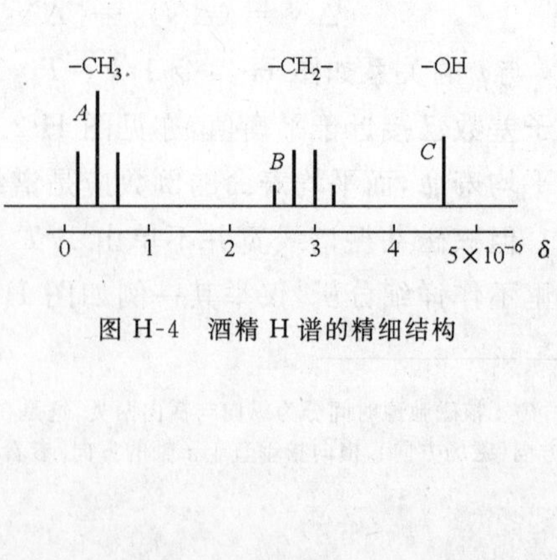

图 H-4 酒精 H 谱的精细结构

强度为1∶2∶1的三个分量. 读者不难分析出来：A 组核的总磁量子数 M_A 取 3/2,1/2,−1/2,−3/2 四值,出现的比例为 1∶3∶3∶1,因此,A 对 B 的作用使 B 线分为 4 线,强度比 1∶3∶3∶1. 用公式表示,有

$$\omega_A' = \omega_A + J_{AB}M_B, \quad \omega_B' = \omega_B + J_{AB}M_A \tag{H.3}$$

式中 ω_A,ω_B 是不计精细结构时的共振圆频率;ω_A',ω_B' 是计及精细结构后之值;J_{AB}称做自旋耦合常数,是图中 A 组三线和 B 组四线的裂距. 如分辨本领进一步提高,还会出现更复杂的结构,这里从略. 总之,核磁共振谱的化学移位和精细结构直接与分子结构(包括空间构像)相联系,故核磁共振谱法是极为有效的分析分子结构的手段. 它可用于分析溶液中很复杂的分子,通过计算机模拟,甚至可以显现分子的空间构像. 对那些难以或不能得到结晶的生物大分子物质,核磁共振是唯一能确定分子构像的分析工具.

3. 核磁共振成像

核磁共振成像(MRI, Magnetic Resonance Imaging)是继 X 射线 CT 之后在三维成像技术方面的又一重大成就,它的潜在发展能力大大超过了其他成像诊断技术. 核磁共振成像技术利用了共振频率 ν 与磁感应强度 B 之间的关系 $\nu=\frac{1}{2\pi}|\gamma|B$. 下面介绍一种容易理解的方案. 一个三维物体置于 z 向恒定磁场 B_0 中. 沿 z 向附加一梯度磁场,使 z 向磁场成为 $B_z=B_0+az$,式中 a 是梯度 $\mathrm{d}B_z/\mathrm{d}z$ 之值. 这样,物体的磁共振频率 $\nu=\frac{1}{2\pi}(B_0+az)$就与 z 坐标有关. 选定某一个工作频率,然后变化 a 值,即可选出物体垂直于 z 轴的不同薄层进行磁共振. 这是第一步,即选择断层以进行成像. 其次考虑如何进行每一薄层的二维成像. 最简单的方法,就是沿 x 轴及 y 轴均附加小的梯度场,并使磁共振定位于薄层中坐标为某一 (x,y)点. 再适当地变化后两个梯度场,使(x,y)点逐行扫过整个平面(如同电视图像之扫描),就能记录此平面上各成像单元(每一“点”)的磁共振信号. 实际上这个方案并不理想,工作速度慢,每次信号取自一个小的成像单元,也不够强. 实际上有许多复杂而有效的成像方案.

上面说到提取物体中各成像单元的磁共振信号. 这个信号包含着丰富的内容,都可以反映在三维像中,这是磁共振成像的另一大特色. 最基本的当然是密度像. 信号的强度正比于成像单元相应原子(核)的浓度,并以相应灰度的像素表示出来,目前医用像的分辨率已相当高,物体成像单元的线度可达 0.5 mm 以下,超过 X 射线 CT 的分辨率. 磁共振弛豫过程

影响信号. 通过特定的实验方法,可以将 T_1(或 T_2)有明显差异的核区别开来. 例如同是氢核,在脂肪中 T_1 短,在肌肉中 T_1 长;恶性肿瘤的 T_1 或 T_2 往往有异于正常组织. 这些都可在像中有反映. 流动的核的磁共振信号有其特点,可以从信号中提取出来,这又开辟了一个应用研究的方面,例如在人体中,一方面可用于了解血液流动的状况,另一方面又可使血管单独成像. 图 H-5 是一幅人脑内血管成像图,是由一百多片断层片叠合成的三维像.

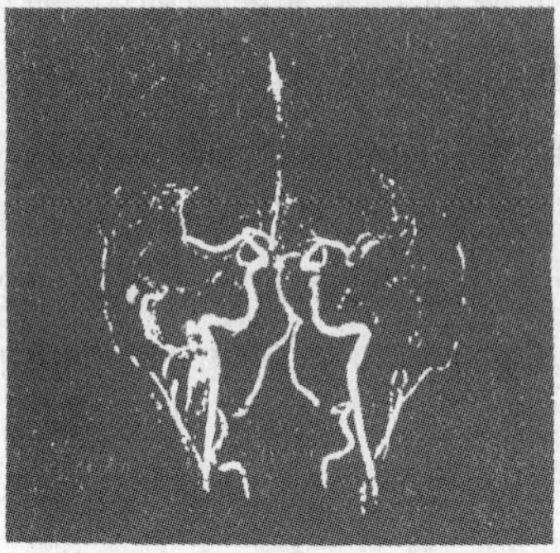
图 H-5 人脑血管 MRI

MRI 技术的发展很快,目前的微成像技术,以提高空间分辨率为目标,已可分辨尺度为几个微米的物体,接近分辨细胞的程度. 功能成像,可获得例如人的大脑在感觉、运动和思维过程中的功能性图像. 把核磁谱与成像结合,可用于研究活体中局部的某些化学结构或其变化过程而于样品无损. 这些都是其他方法从未能实现的.

以上简短的介绍,意在说明核磁共振成像的潜在能力,还表明基础物理研究是如何与近代尖端技术直接地、紧密地结合在一起的.

思 考 题

5.1 按量子论观点,微观磁矩在外磁场中有附加的相互作用势能 $-\boldsymbol{\mu}\cdot\boldsymbol{B}$. 按经典观点,微观磁矩在外场中作拉莫尔进动,具有附加动能. 这两者之间有无矛盾?

5.2 原子相邻塞曼子能级间的跃迁频率恰等于经典拉莫尔进动频率. 又由电磁学得知,一个自由电子在磁场中要作回旋运动,若类比于上述关系,你猜想量子力学中,自由电子在磁场中会有什么样的能级?

5.3 当原子能级的主量子数增大时,并不影响塞曼分裂的大小. 请从物理上说明这个问题.

5.4 当原子中一个价电子的主量子数变得非常大时,你认为外磁场对原子会产生什么影响?(提示:比较此电子所受静电力与磁力.)

5.5 一对精细分裂能级 $^2D_{5/2,3/2}$,裂距为 δE. $^2D_{5/2}$ 的 $m=-5/2$ 子能级的 $\Delta E_1=-3\mu_B B$,$^2D_{3/2}$ 的 $m'=\dfrac{3}{2}$ 子能级的 $\Delta E_2=\dfrac{6}{5}\mu_B B$,如附图. 有人计算认为,当磁场 B 值满足条件 $|\Delta E_1|+\Delta E_2=\delta E$ 时,m 和 m' 两能级将简并(重合). 你认为是否正确? 为什么?

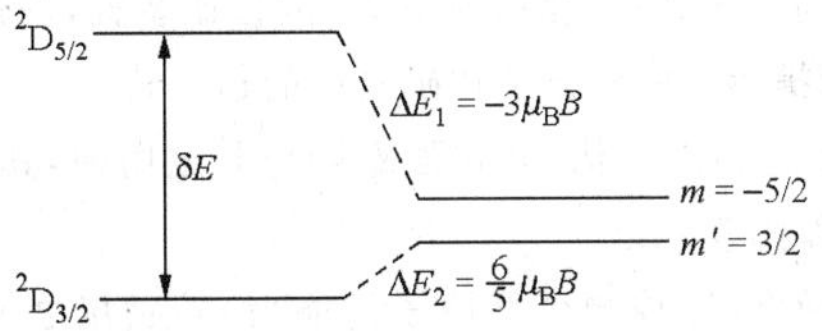

思考题 5.5 图

5.6 人们通常说：原子某一 $j \to j'$ 自发发射的光是非偏振的、各向同性的. 这里实际上隐含着一个条件，这个条件是什么？

5.7 上述论断，在加上外磁场之后仍然成立（当然仍满足上题中所问的条件）. 这就是说，如果塞曼分裂后的各谱线不用光谱仪分开，而是测量其总体的强度和偏振，则它仍是非偏振的、各向同性的. 请据此推出：$^1P_1 \to {^1S_0}$ 谱线各塞曼分量的相对强度应如附图所示.

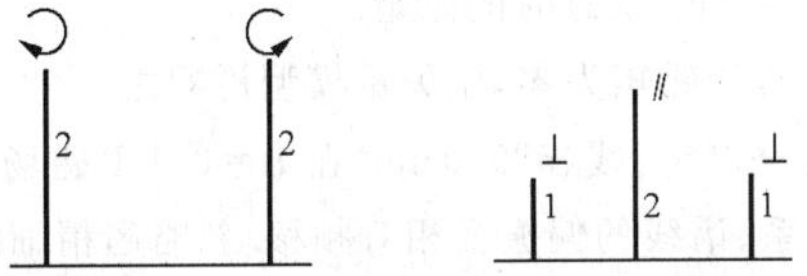

思考题 5.7 图

5.8 在图 5.16 中，m 最大的能级最低，而在图 5.2 中，m 最小的能级最低，请问原因何在？

5.9 一束 $\lambda = 253.7$ nm 线偏振光如附图照射汞原子，汞原子将发出共振荧光. 用经典理论分析，沿垂直于纸面的方向发射的荧光是否为偏振的？偏振方向是什么？（**提示**：先分析产生共振荧光的机制，即原子的感生电偶极矩如何振动.）

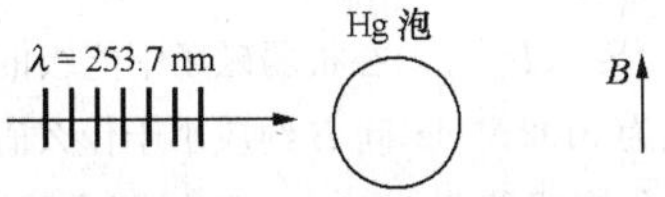

思考题 5.9 图

5.10 用能级跃迁理论解释上题，假设磁场方向是在纸面上，指向上方.

5.11 某原子基态 $j=1$. 用不同偏振的光作光抽运，可以使原子集中在某一个或两个塞曼能级上，而形成特殊的极化状态. 问在下列两种状态中，这种原子蒸气具有怎样的宏观磁性？(a) 原子全集中在 $m_j = -1$ 能级. (b) 原子平均分布在 $m_j = \pm 1$ 两个能级上.

5.12 在上题中，若光抽运过程停止，特殊的极化状态即趋于消失，试问这可能是由于什么原因.（**提示**：弛豫.）

5.13 本书已介绍过四种分析原子（分子）的方法：普通原子（分子）光谱，X 射线标识谱，光电子能谱以及核磁共振谱. 试分析它们的共同之处，指出后三种方法的一些特点.（**提示**：区分外层电子或内层电子及核行为的不同特点.）

5.14 有人提出可以利用施特恩-格拉赫装置,或拉比装置,进行同位素分离,试想利用什么原理?(**提示**:分析原子在磁极中的运动轨迹.)

5.15 一个^{2}P能级,无超精细结构.问在强磁场与弱磁场中,其塞曼子能级间各有何磁偶极跃迁?作图表示之.

5.16 核磁共振的灵敏度(即控测少量原子的能力)随磁场之增长而加大,所以现代谱仪常用超导强磁场.试分析此种性质从何而来?

5.17 ^{129}Xe经事先"极化"后,其磁子能级间粒子差数加大,核磁共振信号也随之加大.有人利用这点,使患者吸入极化^{129}Xe原子,获得肺部清晰的像.请想一想为得此像,需氙的核磁弛豫时间相当长,这是为什么?约多长?(**注**:肺部组织中氢含量太少,用一般氢的磁共振法难以得到满意的像.)

习 题

5.1 计算原子处于$^2P_{3/2}$,$^1F_3$状态时的磁矩.

5.2 试证原子在$^6G_{3/2}$态的磁矩为零,用矢量模型说明之.

5.3 试作出Na $3^2P_{3/2} \to 3^2S_{1/2}$线(589.0 nm)在$B=0.1$ T磁场中塞曼分裂的结构图,标明能级跃迁关系、谱线的偏振及相对频移.忽略超精细结构.

5.4 正文中指出,对有精细结构的能级,在强场中如忽略自旋-轨道相互作用,有

$$\Delta E = (m_l + 2m_s)\mu_B B$$

现请用矢量模型证明,若考虑到此作用,应有

$$\Delta E = (m_l + 2m_s)\mu_B B + a m_l m_s \quad (a \ll \mu_B B)$$

据此作出^{2}P能级分裂图,标明分裂值.

5.5 有超精细结构的能级,在很弱的磁场中,$\Delta E = m_F g_F \mu_B B$.请用矢量模型推出$g_F$之表达式(式中可忽略含$g_I'$项).

5.6 试作出Cs原子基态$6^2S_{1/2}(I=7/2)$在很弱磁场中能级的塞曼分裂图(标出ΔE值).已知此态超精细裂距为9192 MHz,问B约应小于什么值,以上近似才能成立?

5.7 两个价电子的jj耦合构成能级$(j_1 j_2)_J$,已知两电子的量子数j_1,j_2和g_{j1},g_{j2}之值,求$(j_1 j_2)_J$能级的g_J表示式.

5.8 一个电子在Oxy面上绕核(电荷$+e$)作圆运动,轨道半径为r,频率为ω_0.今沿z方向加磁场B(见附图).根据电子所受洛伦兹力的影响加以分析,证明频率的变化量即是拉莫尔频率.(因洛伦兹力影响很小,可设$|\Delta\omega| \ll \omega_0$,并假设轨道半径不变.)

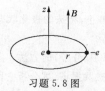

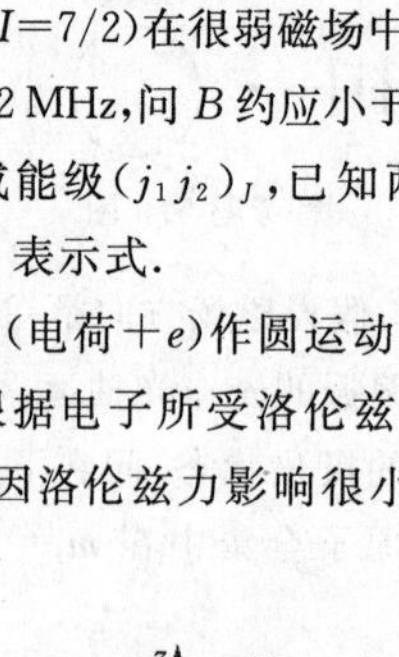

习题 5.8 图

5.9　一种航空测量地磁场方法的基本原理，是通过精确测量样品在地磁场中的核磁共振频率，以测定地磁场的微小变化．此法测得的相对变化可小到 10^{-6} 量级！设样品用水分子中的氢核，问该仪器的工作频率约为多大？

5.10　一个光抽运实验如附图．用圆偏振光抽运基态 $m=+1$ 能级上的粒子，最后粒子将集中到 $m=0,-1$ 两能级上．已知从激发态到基态三个子能级上的跃迁概率均相同，且抽运光很弱（$\rho_\nu B \ll A$）．忽略子能级间的弛豫作用，试列出能级上粒子数变化的方程式，求 $j=1, m=+1$ 能级上粒子数随时间变化的规律．设 $\rho_\nu B=10^{-4}A=10^4\,\mathrm{s}^{-1}$，问抽运光需作用多长时间，可使此能级上粒子数降至初值的 $1/e$？（可取近似值．）

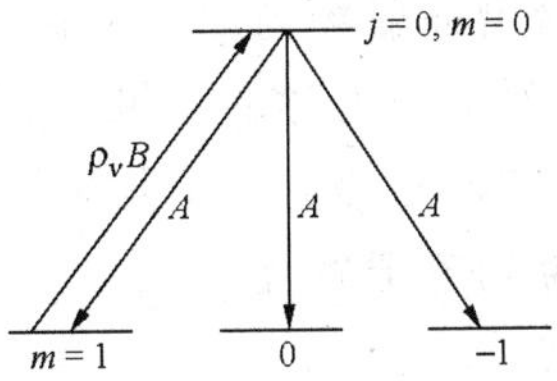

习题 5.10 图

第六章　原子与电磁场的相互作用

通过前面几章的论述，可以看出研究原子几乎离不开电磁场. 这里主要指原子光谱(含射频谱)的研究，也包括静电、磁场对原子的影响. 在前几章的基础上，本章将对以上问题的论述做进一步的充实，其中包含三个方面：一是较为完整地给出辐射场与原子共振相互作用的经典理论，即洛伦兹理论，并由此过渡到量子力学的结果. 二是介绍量子振荡，重点是与原子直接有关的激光. 三是介绍近二十年来迅速发展起来的微观粒子的陷俘与操控等方面研究的若干进展.

§6.1　辐射场与原子共振相互作用的经典理论

辐射场与原子共振相互作用的理论有三个层次：(1) 经典理论. (2) 初等量子力学理论，或半经典理论，原子是量子化的，而场不量子化，仍用麦克斯韦方程描述. (3) 全量子理论，原子和场都是量子化的.

本书在§1.5 中，已对谱线、吸收等问题作了经典的描述. 在§2.5 中，应用半经典理论，对量子跃迁问题作了介绍，其中对于最基本的问题，即拉比跃迁这一瞬态现象，讲得比较详细，而对稳态跃迁时光谱现象的各个方面，叙述尚不够全面. 虽然它们可以用量子力学直接讨论，但是从初学的角度看来，经典的论述可能更为直观，并且也是不可缺少的基础知识.

经典理论指出，未被激发的原子是没有电偶极矩的. 由于某种外部的原因，例如碰撞，能被激发起一个电偶极矩. 这个电偶极矩以固有频率振动，就产生自发发射. 另一方面，原子在外加共振场的作用下，将产生一个感生电偶极矩. 这两者的相互作用，导致了光谱中的吸收与色散现象.

在三维空间中的偶极子，可以分解为三个分量：沿 z 方向的线振动，以及在 Oxy 平面上的左旋及右旋圆振动. 下面以 z 向线振动为代表，分析原子自发发射和受激吸收过程.

6.1.1　原子自发发射

设以原子核为坐标原点，电子的坐标为 z，电偶极矩 D 是

$$D = -ez \tag{6.1.1}$$

设此电偶极矩的固有振动角频率为 ω_0，则振子的自由振动方程为

$$\ddot{z} + \gamma\dot{z} + \omega_0^2 z = 0 \tag{6.1.2}$$

式中 $\gamma\dot{z}$ 是阻尼项，反映了由于振子辐射能量而使振幅衰减的阻尼作用，γ 叫阻尼系数. 设由于某种激励作用，原子在 $t=0$ 时被激发起自由振动，初始振幅为 z_0. 将 $z=z_0 e^{i\omega t}$ 代入式(6.1.2)，可求出

$$z = z_0 e^{-\gamma t/2} e^{i\sqrt{4\omega_0^2-\gamma^2}\, t/2} \tag{6.1.3}$$

式中 z_0 是 $t=0$ 时的位移振幅. 根据电磁学理论，这个振动着的电偶极矩将辐射圆频率为 $\omega=\sqrt{4\omega_0^2-\gamma^2}/2$ 的电磁波. 由于 $\gamma\ll\omega_0$，故 $\omega\approx\omega_0$. 这个振子辐射的电磁波，电场强度 E 也用与式(6.1.3)类似的关系表示为

$$E = E_0 e^{-\gamma t/2} e^{i\omega_0 t} \tag{6.1.4}$$

E_0 是 $t=0$ 时的电磁波振幅. 每种原子有若干个固有振动频率，因此能发射出特有的光谱. 电磁波的强度 I 正比于 $|E|^2$，故

$$I = I_0 e^{-\gamma t} \tag{6.1.5}$$

式中 I_0 为 $t=0$ 时的强度. 振子的辐射功率 P 与时间的关系亦应与上式相同，即

$$P = P_0 e^{-\gamma t} \tag{6.1.6}$$

可以证明

$$P_0 = \frac{1}{4\pi\varepsilon_0}\cdot\frac{\omega_0^4}{3c^3}p_0^2 \quad (p_0 = -ez_0) \tag{6.1.7}$$

以上三式说明两点：(1) 辐射功率随时间呈指数下降. 可以定义一个辐射平均寿命 τ：

$$\tau = 1/\gamma \tag{6.1.8}$$

在 $t=\tau$ 时，辐射功率衰减到初始值的 1/e. (2) 辐射功率正比于频率的四次方，及电偶极矩振幅的二次方.

又由波动学①可知，一个电磁波的振幅（一般为复数）随时间而变化的过程（时域的表现），与它的频谱（频域的表现）直接联系. 设振幅为 $E(t)$，则振幅的谱密度 $E(\omega)$ 与 $E(t)$ 互成傅氏变换关系. 由 $E(t)$ 求 $E(\omega)$ 的公式是

$$E(\omega) = \frac{1}{2\pi}\int_{-\infty}^{\infty} E(t)e^{-i\omega t}\,dt \tag{6.1.9}$$

① 关于波动现象中的振幅与频谱间的傅氏变换关系，可参看王楚、余道衡：《电子线路原理》(上)中的"频谱的概念"一节.

而功率谱密度正比于$|E(\omega)|^2$. 应用于原子的自发发射时, 已知

$$E(t)=\begin{cases}0, & t<0\\ E_0\mathrm{e}^{-\gamma t/2}\mathrm{e}^{\mathrm{i}\omega_0 t}, & t\geqslant 0\end{cases}$$

故

$$E(\omega)=\frac{E_0}{2\pi}\int_0^{\infty}\mathrm{e}^{-\gamma t/2}\mathrm{e}^{\mathrm{i}(\omega_0-\omega)t}\mathrm{d}t=\frac{E_0}{2\pi}\cdot\frac{1}{\gamma/2-\mathrm{i}(\omega_0-\omega)}$$

$$|E(\omega)|^2=\frac{E_0^2}{4\pi^2}\frac{1}{(\omega-\omega_0)^2+(\gamma/2)^2} \tag{6.1.10}$$

式(6.1.10)表示了原子自发发射谱线功率的频谱分布, 也就是谱线的线形. 通常用归一化的线形函数$g(\omega)$, 使$g(\omega)\propto|E(\omega)|^2$, 且$\int_{-\infty}^{\infty}g(\omega)\mathrm{d}\omega=1$. 这里不难求出

$$g(\omega)=\frac{\gamma}{2\pi}\frac{1}{(\omega-\omega_0)^2+(\gamma/2)^2} \tag{6.1.11}$$

$\left(\text{应用定积分公式}\int_{-\infty}^{\infty}\frac{\mathrm{d}x}{x^2+c^2}=\frac{\pi}{c}\right)$. 如谱线的谱强度(单位角频率间隔中的强度)是$I_\omega$, 总强度是$I_0$, 则有

$$I_\omega=\frac{\gamma}{2\pi}\frac{I_0}{(\omega-\omega_0)^2+(\gamma/2)^2},\quad \int_{-\infty}^{\infty}I_\omega\mathrm{d}\omega=I_0 \tag{6.1.12}$$

这是洛伦兹线形, 线宽是γ. 这里出现了一个具有普遍意义的关系. 由(6.1.8)定义的振子平均寿命τ是振子发射的电磁波列大体上的持续时间, 而τ的倒数正是线宽. 换句话说

$$\text{正弦波列持续时间}\times\text{谱线宽度}\approx 1 \tag{6.1.13}$$

由这个关系确定的谱线宽度称做自然线宽, 它一般是谱线宽度的下限.

需要注意, 上述关系是对于静止的原子而言. 如原子在无规运动中, 则具有多普勒增宽, 如第一章所述. 由于它远大于自然线宽, 所以遮盖了真实线形. 但若假设两线的峰值及半宽相等, 则从图6.1中容易看出线形的差别.

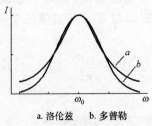

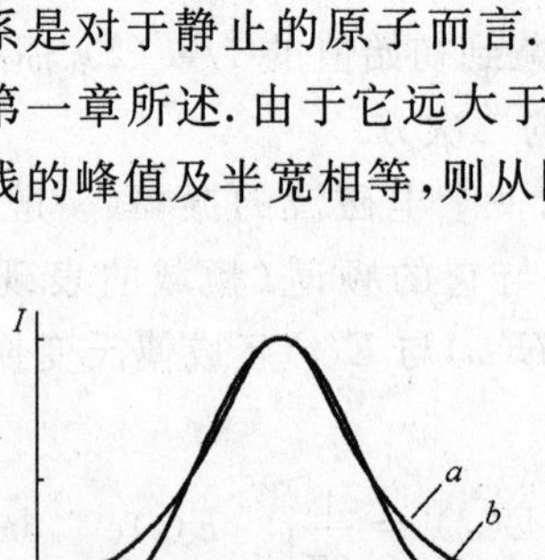

a. 洛伦兹　b. 多普勒

图6.1　两种线形的比较

6.1.2　原子的受迫振动

当入射的共振光照射原子时，受电磁波中交变电场的作用，原子发生受迫振动，形成感生电偶极矩. 设入射平面波是 $E_z = E_0 e^{i(\omega t - kx)}$. 原子中的电子受简谐力 $F_z = -eE_0 e^{i\omega t}$ 的推动. 运动方程是

$$\ddot{z} + \gamma \dot{z} + \omega_0^2 z = -\frac{eE_0}{m} e^{i\omega t} \tag{6.1.14}$$

假定受迫振动已到达稳定状态，就可将 $z = z_0 e^{i\omega t}$ 代入上式，求稳态解得

$$z_0 = \frac{-e/m}{(\omega_0^2 - \omega^2) + i\omega\gamma} E_0$$

感生电偶极矩

$$D = -ez = \frac{e^2/m}{(\omega_0^2 - \omega^2) + i\omega\gamma} E_0 e^{i\omega t} \tag{6.1.15}$$

这个电偶极矩以外加频率 ω 振动(这是受迫振动的特点)，但仅当 ω 接近于 ω_0 时才有明显的振幅. 这就是共振现象. 在精确共振点 $\omega = \omega_0$ 处，振幅达到极大. 注意式(6.1.15)中振幅为复数，它包含实振幅和相位两部分.

大量原子的受迫振动，将从外场中吸取能量. 同时，作为宏观介质，共振作用还影响了电磁波的传播特性. 对于这些问题，一般通过原子介质的电极化率来分析. 由电学得知

$$D = \varepsilon_0 \chi_e E = \varepsilon_0 \chi_e E_0 e^{i\omega t} \tag{6.1.16}$$

式中 ε_0 是真空介电常数，χ_e 是单个振子的电极化率①. 由式(6.1.15)

$$\chi_e = \frac{e^2}{m\varepsilon_0} \cdot \frac{1}{(\omega_0^2 - \omega^2) + i\omega\gamma} \tag{6.1.17}$$

令

$$\chi_e \equiv \chi_e' - i\chi_e'' \tag{6.1.18}$$

于是

$$D = \varepsilon_0 \chi_e' E_0 e^{i\omega t} + \varepsilon_0 \chi_e'' E_0 e^{i(\omega t - \pi/2)} \tag{6.1.19}$$

复数极化率的实部 χ_e' 表征了受迫振动中与入射波相位相同部分的振幅，而虚部 χ_e'' 则表征了相位落后 $\pi/2$ 那部分的振幅.

设原子气体的浓度为 N，则宏观电极化率(单位体积气体的电极化率)是

$$\chi = N\chi_e \equiv \chi' - i\chi'' \equiv N\chi_e' - iN\chi_e'' \tag{6.1.20}$$

---

①　这里是指对交变场的电极化率，而普物电磁学中只讲到静电极化率. 请注意区分.

由式(6.1.17)

$$\chi' = \frac{Ne^2}{m\varepsilon_0}\frac{\omega_0^2-\omega^2}{(\omega_0^2-\omega^2)^2+\omega^2\gamma^2},\quad \chi'' = \frac{Ne^2}{m\varepsilon_0}\frac{\omega\gamma}{(\omega_0^2-\omega^2)^2+\omega^2\gamma^2}$$

在共振区，$\omega\approx\omega_0$，$\omega_0^2-\omega^2=(\omega_0+\omega)(\omega_0-\omega)\approx 2\omega(\omega_0-\omega)$，以上两式简化为

$$\chi' = \frac{Ne^2}{2m\omega\varepsilon_0}\cdot\frac{\omega_0-\omega}{(\omega_0-\omega)^2+(\gamma/2)^2} \tag{6.1.21}$$

$$\chi'' = \frac{Ne^2}{2m\omega\varepsilon_0}\cdot\frac{\gamma/2}{(\omega_0-\omega)^2+(\gamma/2)^2} \tag{6.1.22}$$

在这样的介质中，有复数折射率① $\tilde{n}$，$\tilde{n}=\sqrt{\varepsilon}=\sqrt{1+\chi}$. 对气体介质，$\chi\ll 1$，故

$$\tilde{n}\approx 1+\frac{1}{2}\chi=\left(1+\frac{1}{2}\chi'\right)-\mathrm{i}\,\frac{1}{2}\chi'' \tag{6.1.23}$$

复数折射率的含义，可以从电磁波在介质中的表达式看出：

$$\begin{aligned} E &= E_0\exp\left[\mathrm{i}\left(\omega t-\frac{\omega\tilde{n}}{c}\chi\right)\right] \\ &= E_0\exp\left[-\frac{\omega}{2c}\chi''x\right]\exp\left\{\mathrm{i}\left[\omega t-\frac{\omega}{c}\left(1+\frac{1}{2}\chi'\right)x\right]\right\} \end{aligned} \tag{6.1.24}$$

上式等号右边，$E_0\exp\left[-\frac{\omega}{2c}\chi''x\right]$表示实振幅随传播距离 x 增大而衰减，而后面的指数函数则表示电磁波感受到的实数折射率是 $n=1+\chi'/2$. 下面分别讨论这两种作用.

6.1.3　吸收与色散

电磁波通过共振介质时，振幅衰减. 因强度 $I\propto|E|^2$，由式(6.1.24)，有

$$I = I_0\exp\left[-\frac{\omega}{c}\chi''x\right] \tag{6.1.25}$$

与比耳定律 $I=I_0\mathrm{e}^{-\alpha x}$ 比较，立刻得到吸收系数 α 的理论表达式：

$$\alpha=\frac{\omega}{c}\chi''=\frac{Ne^2}{2mc\varepsilon_0}\frac{\gamma/2}{(\omega-\omega_0)^2+(\gamma/2)^2} \tag{6.1.26}$$

α 是频率 ω 的函数，$\alpha(\omega)$表示了原子吸收谱线的线形. 从上式可见，吸收

---

①　一个原子有多个共振频率，它们都对复数折射率有影响. 本节着重分析在某一共振线附近狭窄频率范围内折射率的突出变化，忽略其他共振线对这里的微小影响. 参看赵凯华、钟锡华，《光学》，北京大学出版社.

谱线具有和发射谱线(6.1.12)完全相同的洛伦兹线形.

再看折射率,在吸收介质中,实数折射率为 $1+\chi'/2$. 电磁波的相速度从真空中的光速 c 减为 $c/(1+\chi'/2)$. 由式(6.1.21)

$$n=1+\frac{1}{2}\chi'=1+\frac{Ne^2}{4m\omega\varepsilon_0}\cdot\frac{\omega_0-\omega}{(\omega-\omega_0)^2+(\gamma/2)^2} \quad (6.1.27)$$

总之,受迫振动中相位与入射波相同的部分导致电磁波相速度的变化,而相位落后 $\pi/2$ 的部分导致电磁波能量的衰减. 为了更清楚地了解这两种作用的特点,将 χ', χ'' 与频率的关系绘于图 6.2 中. $\chi'(\omega)$ 的线形称做色散线形,其特征函数是 $\frac{\omega_0-\omega}{(\omega-\omega_0)^2+(\gamma/2)^2}$. 此式分子上的 $(\omega_0-\omega)$ 决定了它在精确共振点为零,低频部分取正值,高频部分取负值. 从图中还可以看到,在吸收线的中心部分,χ' 值随频率加大而减小,而这与通常"折射率随频率增大(波长变短)而增大"的情况正好相反,所以这区域叫做反常色散区. 与吸收相伴随的整个 χ' 急剧变化的现象,简称色散.

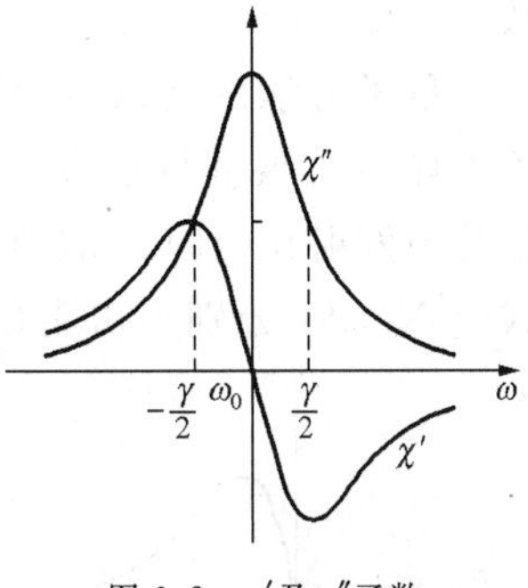

图 6.2 χ' 及 χ'' 函数

共振吸收与色散,乃是一个统一的物理过程——辐射场与原子共振的相互作用——在两个不同侧面的表现,两者是伴随在一起的. 一种原子,如果有许多吸收线,构成吸收谱,那么,它就有相应的"色散谱". 原则上,通过色散谱也可以研究原子内部结构.

在可见光波段,研究反常色散谱的工作比较少,因为实验技术方面较为不利. 试对吸收法与色散法作一个比较. 设在光波波长为 600 nm 处有一谱线,$\chi'_{max}=(1/2)\chi''_{max}=10^{-8}$. 在吸收法中,在谱线中心处,吸收系数 $\alpha_{max}=(\omega/c)\chi''_{max}\approx 0.2\ \mathrm{m}^{-1}$. 如吸收介质长为 1 m,则光通过后被吸收约 20%,这是极易测量的. 在色散法中,折射率的最大变化 $\Delta n_{max}=(1/2)\chi'_{max}=5\times10^{-9}$,如用干涉法测量,则光通过 1 m 介质,最大光程差 $\Delta l_{max}=5$ nm,约合 1/100 波长. 要测这样小的变化,虽仍是可行的,但比吸收法复杂了. 作为例子,图 6.3 给出了 Na 的部分色散谱. 但在射频谱区,人们可

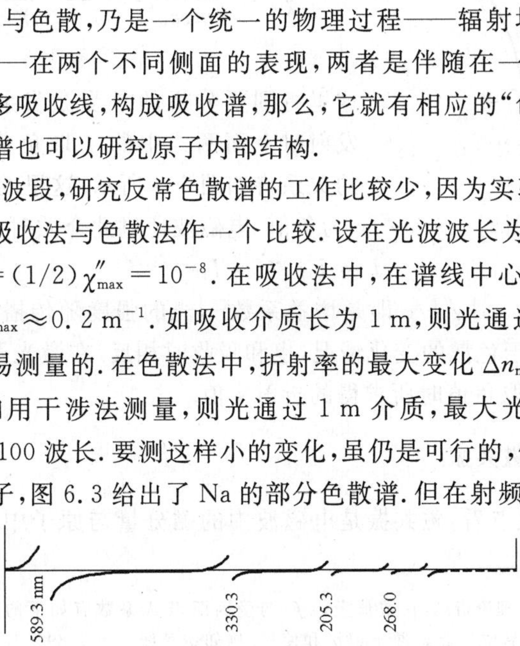

图 6.3 Na 的色散谱

以直接测量无线电波的相位，得出 χ' 的变化，所以色散法仍常被采用.

6.1.4 量子力学的修正和补充

上述经典理论的结果，在定性方面是正确的，但在数值上与实验结果不符. 人们发现，只需在式(6.1.21)与(6.1.22)右边乘以一个无量纲的数值 f，即可与实验一致. f 称为振子强度，按经典概念，一个原子可以具有多个谐振频率，其中以角频率 ω 振动的概率是 f. 所以 f 是一个小于1的数.

量子力学发展以后，根据对比，可以给出 f 的量子力学表达式，这里不予详述①. 根据量子力学，还可以对经典表达做进一步的补充：(1) 包括受激发射在内时 f 取负值. (2) 将粒子数密度 N 改为 $\Delta N = N_1 - N_2$，式中 N_1, N_2 分别为初能级与末能级上粒子数密度. 这样，可以得到如下公式

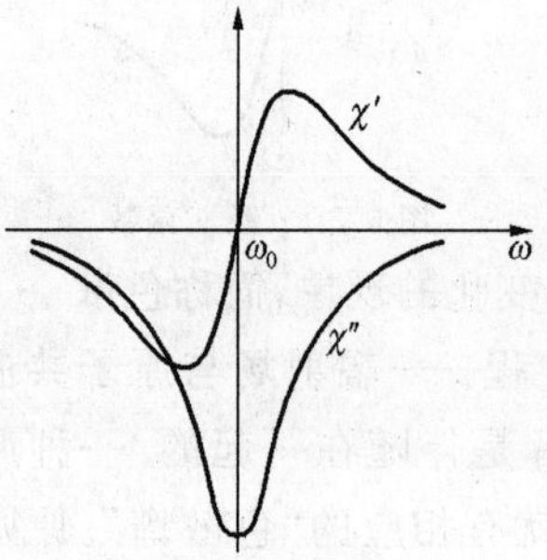

图 6.4 受激发射时的 χ' 及 χ''

$$\chi' = \frac{\Delta N e^2 f}{2m\omega\varepsilon_0} \cdot \frac{\omega_0 - \omega}{(\omega_0 - \omega)^2 + (\gamma/2)^2} \tag{6.1.28}$$

$$\chi'' = \frac{\Delta N e^2 f}{2m\omega\varepsilon_0} \cdot \frac{\gamma/2}{(\omega_0 - \omega)^2 + (\gamma/2)^2} \tag{6.1.29}$$

这里特别要分析的是受激发射. 由于在受激发射时上面两式中的 f 取负值，χ' 及 χ'' 与 ω 的关系将如图 6.4 所示. 这里的物理意义很清楚. 在受激发射时，$\alpha = \omega\chi''/c$ 为负值. 电磁波通过此介质时

$$I = I_0 e^{-\alpha x} = I_0 e^{\omega|\chi''|x/c} \tag{6.1.30}$$

强度得到放大，$\omega|\chi''|/c$ 即是增益系数②，光的强度随传播距离增大而指数地增强. 至于色散的变化情况，也和吸收时相反. 在激光器中，对激光谱线，应该用 f 取负值时所求得的折射率值.

6.1.5 关于磁共振

从经典观点看，磁共振是电磁波中的磁分量与原子中感生磁偶极矩

① 量子力学理论指出，在数值上，$|f|$ 与爱因斯坦 A 系数有如下的简单关系：$|f| = 1.50\lambda^2 A$（λ 用 cm 单位）. 此式便于记忆和使用. 例如钠黄线，$\lambda = 5.89 \times 10^{-5}$ cm，$A = 0.62 \times 10^8 s^{-1}$，可得 $f = 0.32$.

② 历史上，曾用“负吸收”来描述这种现象.

的共振相互作用.所以,从原则上看,处理的方法与前面讲的电相互作用是类似的,感生磁偶极矩用磁极化率表征,磁极化率具有实部与虚部,分别表征色散和能量的吸收(发射).但是在磁共振中,有恒定磁场的存在,而且弛豫过程更强烈地影响共振,所以理论更为复杂.附录Ⅰ对此有初步的介绍,读者将会发现,磁共振的经典图像极为直观且有意义,许多概念已为近代激光光谱学所采用.

§6.2　量子振荡与微波激射

20 世纪 40 年代原子束磁共振工作的开展,在物理学家面前提供了一个诱人的前景:利用原子或分子的受激发射,实现微波的量子放大与振荡.这既是原子物理学科本身发展的必然趋势,也是技术上的要求.因为电磁波作为信息载体,频率越高越好.当时用电子学方法产生厘米波的技术已比较成熟,而在产生更短波长的相干电磁波方面,却遇到了很大困难,物理学家们企图另辟途径.量子振荡便是很有希望的一种方法.终于,汤斯(C. H. Townes)于 1954 年研制成第一台微波量子放大和振荡器,创建了"量子电子学"这一学科.本节将初步介绍它的原理.

6.2.1　微波激射器

汤斯发明的量子放大和振荡器,用的物质是氨(NH_3)分子,工作在 1.25 cm 波段.他把工作原理及器件称为 maser,它是 Microwave Amplification by Stimulated Emission of Radiation 各字首字母缩写而成,我国译为微波激射(器).下面以氢原子激射器为例,一方面因为氢的能级简单,另一方面由于器件本身也比较重要.氢激射器的原理装置及所用能级如图 6.5 所示.氢原子基态 $1^2S_{1/2}$,核自旋 $I=1/2$,超精细能级 $F=1,0$,裂距约 1420 MHz,见图 6.5(a).图 6.5(b)中,态选择器只允许 $F=1$ 态的氢原子通过.氢原子束中的 $F=1$ 态原子通过选择器后进入一个放在微波谐振腔内的空泡中.当把共振电磁场输入谐振腔时,氢原子发生 $F=1\rightarrow F=0$ 的受激发射,使入射波得到放大.这就是量子放大作用.由受激发射的性质可知,这是一种相干放大.就是说,如果入射波是相干的,则放大后的波仍是相干的.

如氢原子的放大能力足够强,就可能发生自激振荡.这时,不需要输入,也能输出 1420 MHz 的相干电磁波,这就叫量子振荡.

从氢的能级图可以看到,$F=1,m_F=0\rightarrow F=0,m_F=0$ 分量的跃迁频

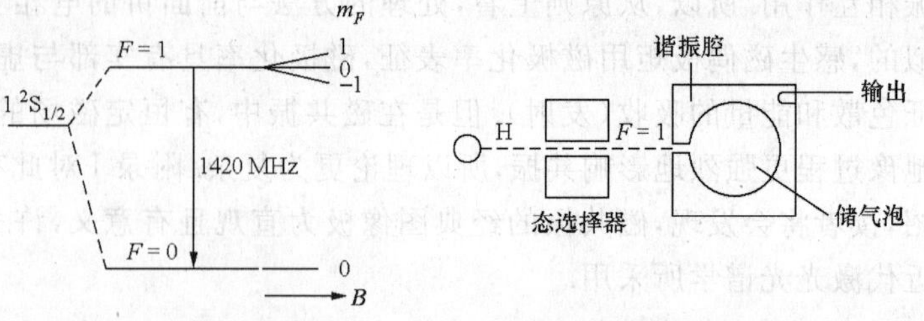

(a) 能级　　　　　　　　　　(b) 激射器

图 6.5　H 激射器

率受外磁场的影响很小. 利用这条谱线可以做成量子频率标准，频率稳定度可达 10^{-14}.

应用量子放大原理，可以制成微波量子放大器. 在 20 世纪 50 年代，曾出现过有应用价值的固体微波量子放大器，但由于需用低温设备等，体积庞大，技术复杂，未能进入市场.

6.2.2　谐振腔与量子振荡

本小节着重分析谐振腔与量子振荡的关系. 在电子学中，所谓自激振荡，是指一个器件能产生特定频率的电磁振动，而不需要外加这种频率的电磁振动去引发的物理过程. 典型的自激振荡器包括一个选频放大器和一个正反馈电路，如图 6.6. 设放大器输入的电磁振动振幅为 I_i，输出为 I_o，从 I_o 中分出一部分反馈回输入端，其相位与 I_i 相同，以加强放大器的输入，这就叫正反馈. 当正反馈足够强时，就构成一个振荡器，自激振荡就可以在其中发生. 振荡频率为选频放大器所选定的频率.

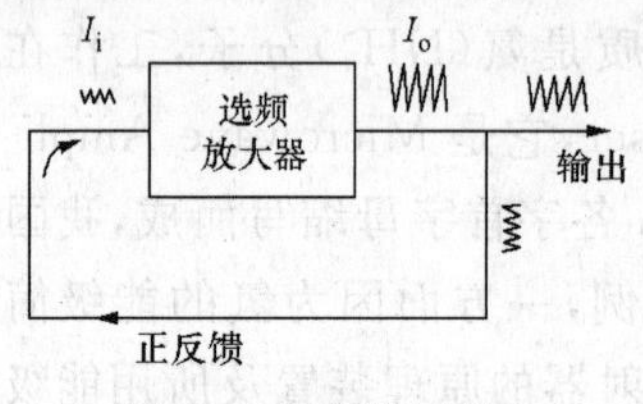

图 6.6　振荡器方块图

在量子振荡器中，放大是通过原子、分子等物质的受激发射而实现的. 至于正反馈机制，则视电磁振动的频率而定. 现在讨论微波振荡，所以用谐振腔实现正反馈. 为说明谐振腔的作用，先将它与低频 LC 谐振电路比较. 图 6.7(a) 是一个并联 LC 回路，R 是等效电阻，一般很小. 电路由一个恒流源驱动，$I=I_0\cos\omega t$，谐振频率 $\omega_0\approx 1/\sqrt{LC}$. 当恒流源频率 $\omega=\omega_0$ 时，在 LC 回路中有比驱动电流大 Q 倍的电流 QI 在流动，Q 称为谐振电路的 Q 值. 这里的电感和电容构成储能(储存电磁振动)的部件. Q 值还有以下几种等价的含义.

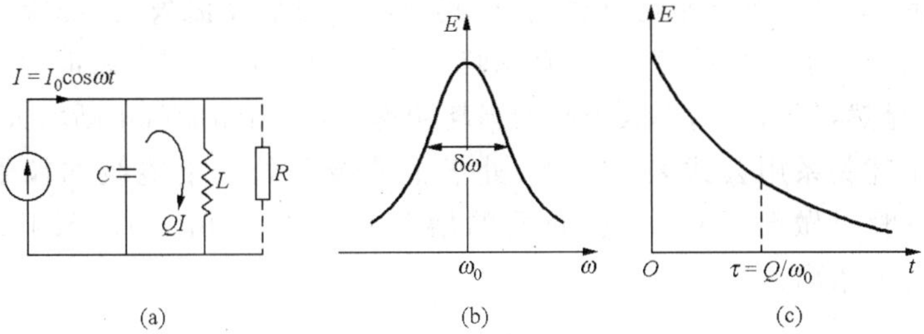

图 6.7　*LC* 谐振回路特性

(1) 设回路中储存的电磁能为 E,回路的损耗功率(由电路中的等效电阻产生)为 P_L,则有

$$Q = \omega_0 \frac{E}{P_L} \tag{6.2.1}$$

(2) 图 6.7(b)中所示为储能谐振曲线,$\delta\omega$ 为此谐振曲线的半高线宽,有关系

$$Q = \frac{\omega_0}{\delta\omega} \tag{6.2.2}$$

(3) 当回路电源切断后,回路中的储能将逐渐耗损而趋于零,参看图 6.7(c),有

$$E = E_0 \mathrm{e}^{-t/\tau}, \quad \tau = \frac{1}{\delta\omega} = \frac{Q}{\omega_0} \tag{6.2.3}$$

可见 Q 值越高,谐振曲线就越窄、越陡,回路储存能量的时间就越长.

一个微波谐振腔的工作特性与此非常相似.它一般是一个中空的金属腔,其内壁镀金或银,以减小电阻,并使电磁波的反射系数趋近于 1.腔的形状及尺寸设计使得某些特定频率的电磁波能在其中形成一定类型的驻波,这种驻波是由于电磁波在腔内壁来回反射、相干叠加而形成的.因此对某些特定频率,在空腔中能形成很强的驻波场,空腔成为储能处所和实现选频正反馈的处所.谐振腔难免有一定的损耗,它是由于腔内壁电阻不等于零而产生的.此外,为了实验和工作,必须从腔中取出一小部分电磁波,这也算在损耗之中.腔的 Q 值的定义仍如式(6.2.1)～(6.2.3).微波谐振腔的 Q 值可高达几千、几万.现在用超导材料做腔,Q 值可高到 10^9 量级以上.在切断能源后,腔中储存的电磁能以指数规律衰减,$E=E_0\mathrm{e}^{-t/\tau}$,又叫做腔中光子寿命.此式还表示在这情况下从腔中输出的是一列衰减波.由傅氏变换关系,此波的频谱宽度是 $1/\tau=\delta\omega=\omega_0/Q$.

为做成量子放大或振荡器,需使处于上能级的原子(处于粒子数反转状态的原子)源源不断送进腔内,使其在腔内发生受激发射,源源不断地产生新的光子.这时的腔称做有源腔.单位时间内产生的电磁能称做增益功率.显然,当增益功率大于腔的损耗功率时,腔内储能就不断增大.

上述关系用公式表示如下.处于上能级和处于下能级的粒子差数 ΔN 一般叫做激活粒子数,介质的增益系数 G 已由公式(6.1.29)和(6.1.30)给出:

$$G=\frac{\omega}{c}\,|\,\chi''\,|,\qquad |\,\chi''\,|\propto\Delta N$$

当仅考虑增益时,入射波 I_0 能得到放大,$I=I_0\mathrm{e}^{Gx}$,但腔必定有损耗.以 L 代表损耗系数,当只有损耗时,$I=I_0\mathrm{e}^{-Lx}$,所以当增益与损耗同时存在时

$$I=I_0\mathrm{e}^{(G-L)x} \tag{6.2.4}$$

当增益系数 G 大于损耗系数 L 的时候,介质就有净增益,能够起放大作用和发生振荡.腔的损耗系数由腔的结构决定,为要产生振荡,G 必须大于 L,也就是说,ΔN 有一个阈值 ΔN_{th},当 ΔN 大于 ΔN_{th} 时,振荡才能发生.

当振荡达到稳定状态时,腔内激活粒子数与微波输出的强度均达到稳定值.实际上这是一种动态平衡状态:在单位时间内,由外界提供的激活粒子数与因受激发射而失活的粒子数目相等;由受激发射产生的电磁波功率正好等于损耗功率(包括输出在内).

稳定的量子振荡能产生相干度极高的电磁波.换句话说,由量子振荡器产生的谱线单色性极高,频带极窄.这个特性不难定性地理解.先忽略自发发射等因素,假定量子振荡器腔内的电磁场及输出的电磁场完全由受激发射产生,则这个场是相干的.在稳定振荡时,它们的振幅又是稳定的.因此,输出的电磁波就是一列无限长的正弦波,它的线宽应为零.这种极限情况不可能出现,因为腔中总有非相干辐射在不断地产生.它们主要来源于自发发射,还有一些其他的噪声.但是腔中的受激发射占压倒优势,所以在输出波中,相干辐射也占压倒优势,线宽是非常窄的.设腔中相干光辐射功率是 P_{c},非相干光辐射功率是 P_{nc},空腔的谐振曲线线宽为 $\delta\omega$($\delta\omega=\omega_0/Q$,见式(6.2.2)),理论分析发现,输出线宽 $\delta\omega_{\mathrm{e}}$ 为

$$\delta\omega_{\mathrm{e}}=\frac{P_{\mathrm{nc}}}{P_{\mathrm{c}}}\delta\omega=\frac{P_{\mathrm{nc}}\omega_0}{P_{\mathrm{c}}Q} \tag{6.2.5}$$

$\delta\omega_{\mathrm{e}}$ 正比于非相干光辐射功率与相干光辐射功率之比,又正比于腔的谐振线宽.举例来说,氢原子微波振荡器,$\omega_0=2\pi\times1.42\times10^9\ \mathrm{Hz}$,线宽可做到 $\delta\omega_{\mathrm{e}}\approx2\pi\times10^{-8}\ \mathrm{Hz}$,$\delta\omega_{\mathrm{e}}/\omega_0$ 竟可小到 10^{-17} 量级.

汤斯以及前苏联的两位科学家，独立地开创了量子电子学这一新学科，他们获得了1964年诺贝尔物理学奖. 两国的科学家还分别指出，应用微波激射的原理，可以实现光频段的量子振荡，产生相干的光波，也就是后来所说的激光. 为此，他们还提出了适用于光波的开放式谐振腔方案. 不久，第一个激光器就出现了. 激光在科学与技术两方面的作用非常巨大，其影响远远超过了微波激射.

§6.3 激 光

6.3.1 激光的产生

自微波激射器的研究获得成功后，依据同样的原理，把波段推向红外与可见光，就成为研究的热点. 由于可见光频率比微波大4～5个量级，需要解决新的问题. 在能级性质方面，光频段自发发射跃迁概率相当大，因此需要更有效的粒子数反转机制. 在谐振器结构方面，传统的封闭空腔也不再适用. 因为微波谐振腔的尺寸，大体上与谐振波长相近，而可见光波长为微米量级，做这样小的腔也很难于工作. 于是汤斯等人想出了开放腔的方案. 光学中常用的法布里-珀罗干涉仪，可以当做光频谐振腔用. 作为例子，图6.8(a)中给出一种共焦腔结构，它由两个凹面反射镜构成，镜的

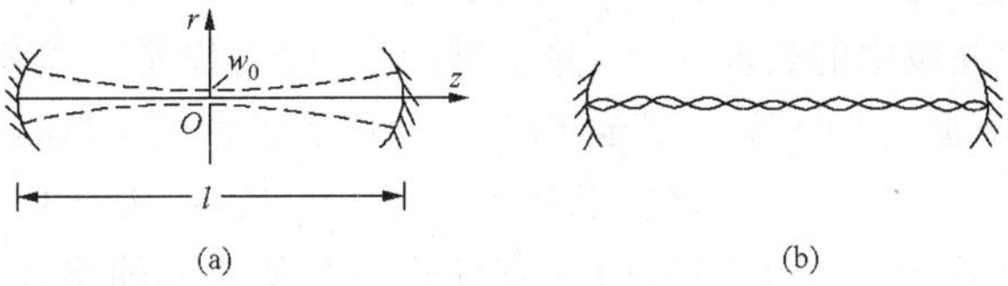

图6.8 光频谐振腔一例

曲率半径为 R，两镜相隔距离为 $l=R$(即两镜的焦点重合). 电磁波在两镜之间来回反射，形成驻波，如图6.8(b). 由此图可以看出，激光的波长 λ 与腔长 l 有下列关系

$$l = n\lambda/2, \quad n = \text{正整数} \tag{6.3.1}$$

腔中的场结构可以由解麦克斯韦方程得到. 图(a)中，标出了 z 和 r 两个方向，电场的分布是高斯型的

$$E(r,z) \propto \exp[-r^2/w^2(z)] \tag{6.3.2}$$

这叫高斯光束. 式中 $w(z)$ 是一个与坐标 z 有关的参数. 在腔的中心，坐标原点处，$w(z=0)=w_0$ 叫做光束的“腰”. 在 $r=w(z)$ 处场的振幅减为相应的轴上数值的 $1/\mathrm{e}$，强度减为轴上值的 $1/\mathrm{e}^2$. 图6.8(a)中的两条虚线就标

出场强为轴上值 $1/e^2$ 的位置. 从图上可见，电磁场的绝大部分被束缚在两个反射镜之间. 电磁场的损耗主要来自两方面：一是腔镜反射系数不为 1 所引起的，二是光束在镜面处的衍射引起的. 把这两种损耗减得足够小，就能使腔的 Q 值大到足以引起振荡. 由此产生的光叫激光.

激光(器)的英文是 laser，它是 Light Amplification by Stimulated Emission of Radiation 第一个字母的缩写. 顾名思义，微波激射与激光是同一类型的物理过程在不同波段的表现. 第一个激光器是梅曼(Maiman)于 1960 年发明的，用红宝石作为激活介质，激光波长为 694.3 nm. 目前，激光器种类极多，工作物质有气体、固体、液体，波长从远红外(与微波衔接)直至 X 射线，性能各异. 激光器已成为科学技术界极其重要的相干光源.

6.3.2　激光的一些性质

激光与微波激射是由同一类型物理过程产生的. 如同微波激射一样，在激光中，腔内受激辐射的成分占绝大部分，而自发辐射等非相干辐射极少，所以激光的相干性极高，线宽极窄. 也由于此，不论激光的总强度如何，它的谱强度(单位频率间隔中的强度)总是很高的.

以上只是笼统地来说. 实际上，现在激光器种类繁多，性能各异，需要具体分析，这里从略. 值得指出的是，激光的若干技术指标已经达到光学以至物理学领域中的最高水平，并正继续发展. 可以举一些例子. 从理论上讲，He-Ne 激光的频宽可窄至 10^{-3} Hz，目前已做到 1 Hz 以下. 这就是说，线宽与频率之比 $\delta\omega/\omega$ 之值已达 10^{-15} 量级. 当然，从技术上看，要实现这样的高指标是十分困难的，因为有各式各样使激光输出线宽加大和使频率发生抖动的因素. 但比之普通光源，激光总是窄线宽的. 这对测频的精确性，以及随之而来的各种应用，极为重要. 激光可以以持续时间极短的脉冲形式发射. 目前的超短激光脉冲，已达飞秒($1\ \mathrm{fs}=10^{-15}\ \mathrm{s}$)量级. 注意这时一个光脉冲所形成的“波列”仅包含少数正弦电磁振动. 用飞秒激光器还能进一步产生持续时间为阿秒(10^{-18}秒)量级的极短光脉冲. 这个时间已小到足以研究原子、分子内部电子运动过程. 它们从技术上开辟了研究超快微观现象的广大领域. 大能量、大功率激光器是另一个发展领域，最大脉冲功率已超过 10^{15} W. 它们可以用于激光加工、激光武器、激光引发核聚变等方面. 而小型半导体激光器广泛用于光通信、光电子学方面，并可以制成集成的器件.

下面着重介绍一下激光的模式问题，也就是激光的电磁场结构型式问题. 激光产生于谐振腔内，其电磁场结构是完全确定了的. 场的模式(模)分纵模与横模.

1. 纵模 设激光腔两端镜的距离是 l，由于激光在腔中形成驻波，所以 l 必等于整数倍的半波长，参看图 6.8(b). 为简单起见，设腔内折射率为 1，则 $l=q\lambda/2$，q 为正整数. 由 $\nu=c/\lambda$，得

$$\nu_q = q\frac{c}{2l} \tag{6.3.3}$$

ν_q 就是腔的共振频率，q 称为纵模序数. 每一个纵模有特定频率 ν_q，两相邻纵模间的频率差(纵模间隔)是

$$\nu_{q+1} - \nu_q = \frac{c}{2l} \tag{6.3.3$'$}$$

例如，$l=15$ cm 时，纵模间隔是 10^9 Hz(=1 GHz). 图 6.9 给出法布里-珀罗腔谐振曲线，显示了它的纵模. 每一个纵模处有一个谐振曲线. 一种激光介质，如果它能产生振荡的频率范围较宽，大于纵模间隔 $c/2l$，就可能同时在几个频率上振荡，形成激光的多纵模结构. 只有一个纵模的激光称单纵模激光.

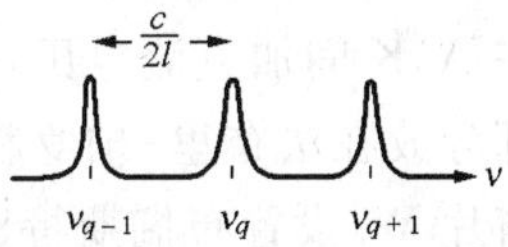

图 6.9 法布里-珀罗腔纵模

2. 横模 激光电磁场在垂直于腔轴线的横截面上的分布型式称为横模. 式(6.3.2)曾给出 $E(r,z)\propto\exp[-r^2/w^2(z)]$的电场分布. 这是一个最简单、最基本的横模，称做基横模. 如果一个 He-Ne 激光器工作于此模式，在它的输出光束中插入一个白色的屏，屏上光斑将呈现如图 6.10(a)所示的强度分布：中心最强，向周边以 $e^{-a^2r^2}$ 规律变弱. 激光器还可以工作于更复杂的横模. 如图 6.10(b)中的光斑，沿 x 轴有一暗区，图 6.10(c)中的光斑，沿 x 及 y 轴各有一暗区等. 将沿 y 轴方向的暗区数记为 m，沿 x 轴方向暗区数记为 n，m 和 n 称为横模序数. 激光的模式即以

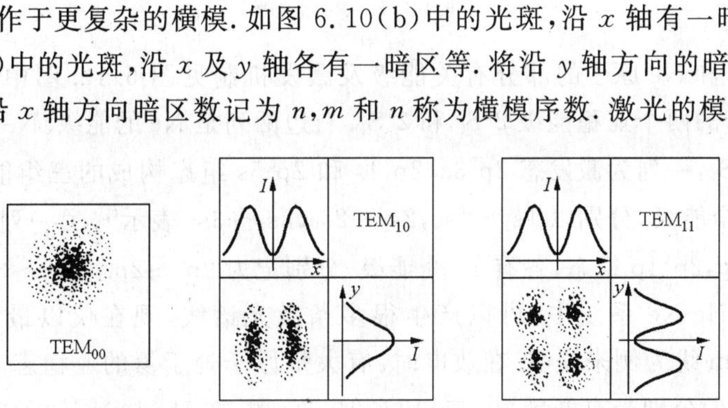

(a) (b) (c)

图 6.10 激光的横模

TEM_{mnq}表示(TEM 表示电场和磁场矢量均沿横截面分布). 图 6.10(a)为TEM_{00q}模(基模), 简作 TEM_{00} 模, 或 00 模. 图 6.10(b)为 TEM_{10q}模, 图 6.10(c)为 TEM_{11q} 模, 同一纵模(q 相同)中, 各不同横模的频率亦有微小差异. 横模的形成及其数学表示式比较复杂, 这里从略.

激光光斑的强度分布图形, 是光波电磁场理论的一个直观的演示. TEM_{00q}模的激光是各种模式中光谱最纯、相干性最好的激光.

6.3.3 以原子为激活介质的激光器

激光可以在多种不同能级结构的物质中产生. 本书仅以两种利用原子能级的激光器为例, 来说明获得粒子数反转和产生激光的方法.

1. He-Ne 激光器 这是经常使用的一种小功率连续工作的激光器, 一种典型的结构如图 6.11. 在一个放电管中, K 是筒状阴极, A 是阳极, 在 A, K 间加直流电压, 使管中 He, Ne 混合气体放电. 放电管的毛细管 T 部分放在法布里-珀罗腔中, 管子两端是对 632.8 nm 光成布儒斯特角的窗片 W. 设置布儒斯特窗的目的是使激光的平行偏振分量通过时反射率为零, 以减少腔内部的损耗(因此, 能产生振荡的光也是平行偏振的光, 其他偏振的光在通过布儒斯特窗时受到的损耗大, 不能起振). 两片腔镜中, 至少有一个有微小的透过率(例如 1%), 以供激光输出.

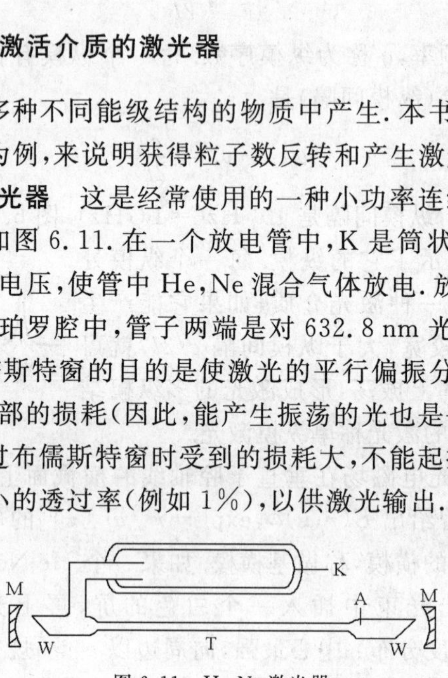

图 6.11 He-Ne 激光器

He 和 Ne 原子的部分有关能级及激发机制见图 6.12. 图中左边是 He 原子的两个亚稳能级 2^1S_0 和 2^3S_1. 右边两列是 Ne 的能级. Ne 的基态是 $2p^{6}\,{}^1S_0$, 一列为激发态 $2p^5 3s$, $2p^5 4s$ 和 $2p^5 5s$ 组态构成的三组能级, 每组有 4 个能级, 分别以 $1s_2 \sim 1s_5$, $2s_2 \sim 2s_5$, $3s_2 \sim 3s_5$ 表示①. 另一列为激发态 $2p^5 3p$, $2p^5 4p$ 组态, 各有 10 个能级, 分别记为 $2p_1 \sim 2p_{10}$, $3p_1 \sim 3p_{10}$.

在 He-Ne 系统中, 可以产生很多条激光谱线, 现在仅以最常用的 632.8 nm 线为例来说明. 在放电时, 有大量原子处于氦的亚稳态 2^1S_0 及 2^3S_1, 它们分别带有能量 20.55 eV 和 19.77 eV. 在 He 与 Ne 原子碰撞时,

① Ne 原子激发态大体属 jj 耦合类型, 但不典型. 目前常用老式的"帕邢"符号来标记能级.

能使 Ne 原子激发：

$$He(亚稳) + Ne(基态) \rightarrow He(基态) + Ne^* + \Delta E_k$$

式中 Ne^* 为激发态 Ne，ΔE_k 保持过程前后能量守恒. 当 $|\Delta E_k|$ 很小时，上述过程发生的概率很大，是一种共振能量转移过程(参看 §1.5.4). 实验表明，He 2^1S_0 态很容易将能量转移给 Ne 原子的 $3s_2$ 态. $3s_2$ 能级上的粒子数大增，而较低能级(属 $2p^53p$，$2p^54p$ 组态)上的粒子数很少，这就形成粒子数反转状态，可以产生激光. 最容易产生的激光是 $3s_2 \rightarrow 3p_4$，3.39 μm 及 $3s_2 \rightarrow 2p_4$，632.8 nm. 设计腔的参数，或改变腔的结构，使之最有利于某一线的振荡(例如，使谐振腔的反射镜对某一波长的反射系数最大，而对其他波长的反射系数低)就能产生某一谱线的激光.

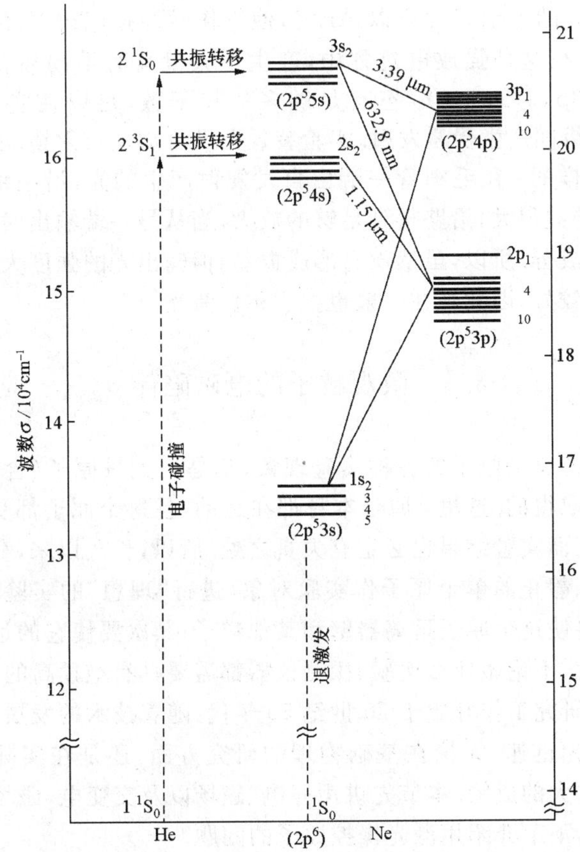

图 6.12　He-Ne 能级图

He-Ne 632.8 nm 激光是使用很广泛的一种激光.

2. X射线激光 一般的X射线由自发发射产生，是非相干光. 相干的X射线极为诱人，但却很难产生，因为在X射线波段自发跃迁概率很大. 此外，有关的光学部件，如X射线的高反射率反射镜等，也难以研制.

X射线激光研究已经有了突破. 首先在类Ne离子能级上观察到受激发射. 氖的原子序数为10，基态为$2p^6\,{}^1S_0$，激发态有$2p^5 3s$，$2p^5 3p$等等，已见图6.12. 类Ne离子有Na^+($Z=11$)，Mg^{2+}($Z=12$)，Al^{3+}($Z=13$)…，它们的能级结构都属于Ne的类型. 但随着Z的加大，能级的能量绝对值迅速变大，相应的光谱也逐步进入X射线波段. 首先从理论上发现，$2p^5 3p \to 2p^5 3s$某些能级之间容易观察到受激发射，而后在实验上观察到，如Ar^{8+} 46.875 nm线，Ge^{22+} 19.5 nm，Cu^{19+} 28.5 nm，Se^{26+} 20.6 nm等线. 下面介绍的一种产生Ar^{8+}线的实验装置相对简单一些. 在一个直径4 mm、长10 cm的毛细管中充以Ar气，使它作脉冲强流放电，瞬时电流峰值达40 kA. 在这种强放电过程中，产生了大量具有不同离化度的离子，而Ar^8 $2p^5 3p(1/2,1/2)_0$态有足够多的粒子数，足以在它与$2p^5 3s(1/2,1/2)_1$能级间产生受激发射. 实验装置上没有加上反射镜. 实际上的物理过程是这样的：在毛细管一端由自发发射产生的光，沿毛细管向前传播时，由于增益很大，沿路得到足够的放大，当从另一端输出时，已是受激辐射占主要成分. 所以，虽然没有形成振荡，但输出光的强度大，相干性和方向性都比较好，因此现在一般也把它称做激光.

§6.4 微观粒子的电磁陷俘

前面讲到的有关原子的各种实验现象，都是用大量原子(含离子)作为实验对象而取得的. 这里，原子本身都在运动，且每个原子都受到周围原子的影响，因而实验结果也必定有失真之处. 所以，长久以来，科学家们梦想用孤立的、静止的单个原子作实验对象，进行“理想”的实验. 困难是很大的，首先要使这个原子远离器壁和其他粒子；其次要使它的运动速度几近于零；最后，不论做什么实验，探测仪器都需要具有绝顶高的灵敏度.

这方面的研究工作开始于20世纪50年代，随着技术的发展，近二十多年来进展尤为迅速. 无论在基础物理的研究方面，还是在实际应用方面，都取得了重大的成绩. 本节先讲用静电、磁场以及交变电、磁场陷俘原子的研究工作，下节介绍用激光操控原子的问题.

6.4.1 静电、磁场以及交变电、磁场对粒子的陷俘

1. 二维离子阱 上世纪中叶，保罗(W. Paul)开始研究离子的陷俘

问题. 首先介绍一种具有四个电极的二维离子阱.

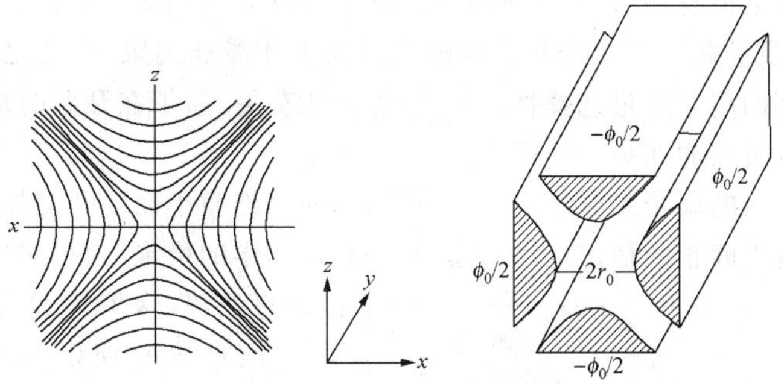

(a) xz 面上等势线　　(b) 电极结构

图 6.13　二维四极离子阱

一组具有四个电极的系统,有如图 6.13 所示的结构. 电极的内表面为双曲线形的、沿 y 轴方向延伸的长棒. 相对放置的两个电极用电路连接起来,形成两组. 整个系统放在高真空中. 在两组电极间加上电压 U_0,于是各电极上的电势 ϕ 分别是 $\pm U_0/2$. 这样,在 xz 面上,电势 ϕ 的分布是

$$\phi = (U_0/2r_0)\cdot(x^2 - z^2) \tag{6.4.1}$$

式中 r_0 是轴线到各个电极的距离. 由 $E=-\nabla\phi$,得

$$E_x = -(U_0/r_0)x,\quad E_z = (U_0/r_0)z,\quad E_y = 0 \tag{6.4.2}$$

现在分析一个位于轴线上带有正电荷 e 的粒子的行为. 它因为不受力,所以加速度为零,将不会偏离轴线. 如果初速度不为零,则当其沿 x 方向偏离时,会受到正电极施加的简谐力的作用,而围绕 O 点作简谐振动;如它沿 z 方向偏离,会受到负电极的吸引而离去. 在一般情况下,粒子会作复杂的运动而趋向负极. 总之,这个粒子处在势能的鞍点上,是不稳定的.

然而,如在电极上叠加一个交变电压 $V_0\cos\omega t$,情况会有所改变. 初看起来,交变电压对粒子的平均效果为零,但如粒子已有一点偏离于轴线,这个电压的平均效果,却有一个指向轴线的力. 如果这个力与使粒子离开轴线的力,两者的效果达到某种动态平衡,就可以将粒子陷俘在轴线近旁一个很小的区域内.

从数学上看,在有 $V_0\cos\omega t$ 时,粒子的运动方程是

$$\begin{cases} \ddot{x} + (e/mr_0^2)(U_0 + V_0\cos\omega t)x = 0 \\ \ddot{z} - (e/mr_0^2)(U_0 + V_0\cos\omega t)z = 0 \end{cases} \tag{6.4.3}$$

这种微分方程叫马修(Mathieu)方程,已经有了很好的解法. 在特定的条件下,方程有稳定解,粒子的 x 和 z 坐标被约束在轴线附近的一个小区域

以内.这个条件与以下因素有关:(1) 与为离子阱所设置的各参数 r_0,U,V 和 ω 等数值有关.(2) 与被约束的粒子的质量 m 有关.故在特定的条件下,只有质量在一个严格的小范围内的离子才能被约束.换言之.离子阱具有很高的离子质量选择性.(3) 与初条件有关.离子在开始时离开轴线的距离以及它的速率必须很小.

被约束的离子并非绝对的静止不动,而是作微小而复杂的振动.粒子的这种近乎静止的稳定运动状态,是一种动力学的稳定.为了对此有比较直观的理解,保罗曾设计并制作了一个力学的演示模型,如图 6.14 所示,在一圆盘上,水平放置一个如式(6.4.1)所示的等势面.通过曲面中心竖直向上的是 y 轴,坐标 y 代表势能 ϕ.曲面的中心就是势能的鞍点.现在在鞍点上放一个小球.这个球是不稳定的,随时会滑下来.但是如果使圆盘绕 y 轴旋转,当频率合适的时候,小球就会被稳定地约束在距鞍点很近的一点上.小球的这个机械运动,与离子阱中离子的运动,性质上有类似之处.我们不去分析小球的全部运动情况,但是可以看出一点,它必定有随盘的转动而绕 y 轴旋转的成分.这个运动提供了指向鞍点的向心力.

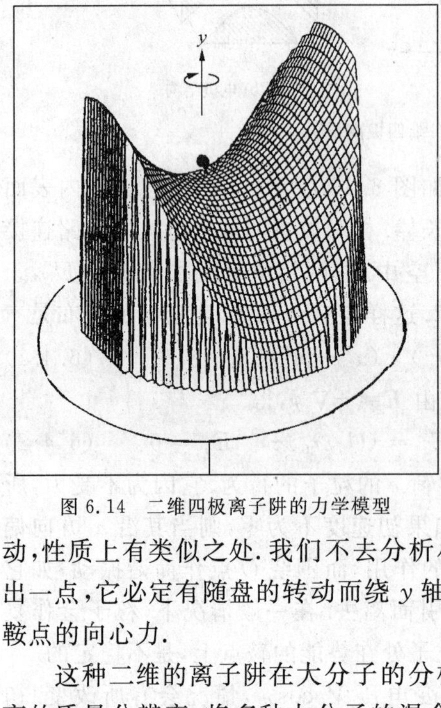

图 6.14 二维四极离子阱的力学模型

这种二维的离子阱在大分子的分析上有重要的应用,原因是它有很高的质量分辨率.将多种大分子的混合物做成离子,沿 y 轴送进四极阱.在某种参数设置的时候,只有某个质量的离子能沿轴线走出阱的另一端.如果在实验时连续改变这个参数,就可能使各种质量的离子依次射出阱外.应用这个原理,可以制成设备相对简单、质量分辨率很高,而且灵敏度也很高(因为需要的分子数量少)的质谱仪.在生物、化学界,这种四极质谱仪应用很广.

2. 三维四极阱 为了将离子拘禁在三纬空间中的某点附近,需要将前述离子阱的结构做一点改变.图 6.15 是保罗设计的一种三维四极阱的剖面图.沿 z 轴放置一对极面为旋转双曲面的极帽,中间是一个金属环,其极面也是双曲线形的.图中标示的两个距离,须满足关系 $r_0=\sqrt{2}z_0$.在

此装置下，场中电势函数是

$$\phi = (U_0/r_0)\cdot(r^2-2z^2) \quad (6.4.4)$$

这个函数与式(6.4.1)是同一类型的，仅以 r 和 $\sqrt{2}z$ 分别代替了(6.4.1)中的 x 和 z. 因此，前面所做的分析，这里也完全适用. 在一定的条件下，离子可以被陷俘在阱的中心点附近. 对于被陷俘的离子而言，在 O 点附近有一个等效的势阱(赝势阱)，其深度约为 10 V 量级. 如离子原来的动能较大，需先将离子减速，再进入阱内. 即使已被陷俘的离子，为了将其动能降至最低，还可以进一步使其"冷却". 这在下一节将有所说明.

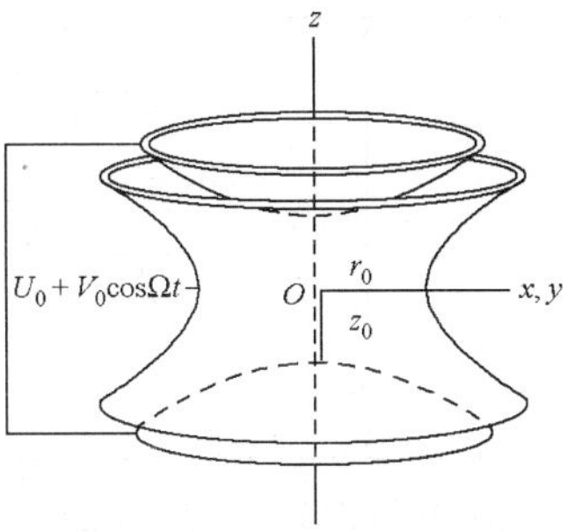

图 6.15　保罗型离子阱

观察被陷俘的离子，常用荧光法. 用共振光照射离子，它所发出的荧光可以用显微镜通过极间隙缝观察到.

设计良好的离子阱能够陷俘少量的以至单个的离子，并保存很长的时间. 作为例子，彩图 2 和彩图 3 给出了两幅被陷俘的钡离子所发出的共振荧光图.

3. 中性粒子及电子的陷俘　具有磁偶极矩的粒子，在静磁场中有一定的势能，因此，设计一种磁场结构，形成势能阱，就可能将粒子陷俘其中. 保罗就曾用这种原理陷俘中子，并进行了研究.

德默尔特(H. G. Dehmelt)研究电子的陷俘. 它用的是保罗型的离子阱，但在电极间只加直流电压，同时沿 z 轴加上一个强磁场. 他将电子陷俘，并进一步冷却后，曾将单个电子拘禁于阱中心 1 μm 的区域内达 10 个月之久. 他由此测量出电子的磁矩，精度达到 12 位有效数字. 其后量子电动力学的理论计算结果，前 11 位都与该实验值符合. 这是对量子电动力学正确性的有力支持，具有重要的意义.

保罗和德默尔特曾获 1989 年诺贝尔物理学奖.

6.4.2　技术应用之例——单离子光频标准

科学家研究陷俘的粒子，一方面是推进基础物理研究，同时也关注其技术应用. 仅举两方面的例子. 首先是用于光频标准.

被陷俘的离子，可以给出极窄的光谱线. 如果它的频率非常准确，容易测量，就有可能被选为光频的标准. 因为一般谱线的自然线宽还不够小，所以常选择违禁跃迁谱线. 但是产生这种谱线的跃迁速率很小，难以观察，所以需采用一种如图 6.16 所示的能级结构. 图中 1 是基态，2 是亚

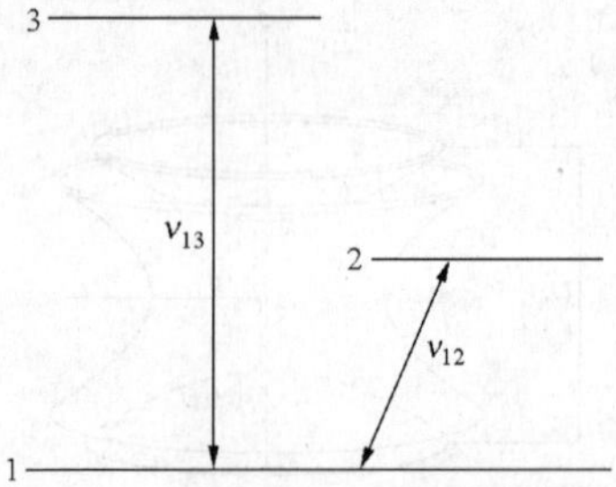

ν_{13}为共振跃迁　ν_{12}为钟跃迁

图 6.16　观察钟跃迁的方案

稳态，3 是共振激发态. 1，3 之间的电偶极跃迁，其频率记作 ν_{13}；1，2 之间有电四极跃迁，频率记作 ν_{12}，它是准备作为标准频率用的，又称为钟跃迁. 由于这个跃迁难以检测，就借助于电偶极跃迁来观察，方法是这样的. 假定只有一个离子. 用比较强的 ν_{13} 激光照射，这离子将在能级 1 与 3 之间来回跃迁，从而发出相当强的共振荧光(参看习题 1.10)，很容易被检测到. 这时，用另一束频率为 ν_{12} 的激光照射该离子. 当这离子处于基态，吸收了一个 ν_{12} 光子后，它将到达亚稳态 2，同时，共振荧光消失，并且持续到离子从亚稳态回到基态时才恢复. 荧光强度的这一突然变化，记录了单个离子一次量子跃迁事件的发生，称为一次量子跳跃. 让 ν_{12} 激光的频率缓慢地扫过吸收线，同时记录下 ν_{13} 线量子跳跃发生的情况，就可以推算出钟跃迁吸收线的线形.

显然，在这种实验中，对引发钟跃迁的激光的性能要求极高. 它的线宽和频率稳定度最好都在钟跃迁自然线宽之内，才能发挥钟跃迁频率的标准作用.

人们已经并正在研究着好几种离子的钟跃迁. 近期的一个例子如下. 离子选用 $^{115}In^+$，其最低的三个能级见图 6.17. 钟跃迁的频率和波长分别是 1.268×10^{15} Hz 和 236.5 nm. 它是由电四极跃迁产生的，自然线宽仅为 0.82 Hz. 相对线宽 $\delta\nu_{12}/\nu_{12}=6.5\times10^{-16}$. 这就意味着，如果用这个跃迁的频率作为标准，其频率不确定度可以高于此值. 该实验测到线宽 43 Hz，受限于 ν_{12} 光的频率不确定度.

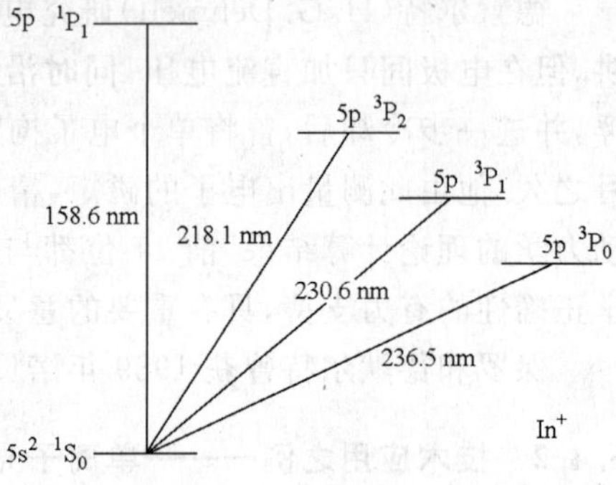

图 6.17　$^{115}In^+$ 部分能级图

国际上做得最好的是 $^{199}Hg^+$ 光频标，频率不确定度已达 9.1×10^{-16}.

6.4.3　技术应用之例二——量子计算

量子计算是量子信息学在计算技术方面的应用. 早在 1959 年，费曼就在一次讲演中指出，物理学中还有一块很大的领域未被开发[①]，这就是在微观尺度上研究各种技术应用.他举例说，应该能够在一根大头针的头(直径约 1.6 mm)上记录下全部不列颠百科全书，并且能够读出.他提出要“重新安排原子”(为技术应用服务)，这是一个极有远见的倡议.在 20 世纪七八十年代，以微观粒子为信息载体的量子信息学缓慢地发展起来.近二十多年来，进展加快.无论在量子力学的基础研究方面，还是在量子信息的理论研究方面，都取得了重要的进展.在实验研究方面，也取得不少结果，但距实际应用还相当远.这里仅介绍有关量子计算的一些情况.

现代的计算机都是基于二进制计算.因此，任何具有稳定的两个状态的微观粒子，都可以作为一个计算单元.设某原子具有两个能级，如图 6.18 所示.假设这系统是孤立的，没有自发发射和弛豫.设粒子居于下、上能级时分别代表信息 0，1，它们的状态用 $|0\rangle$，$|1\rangle$ 表示.0 与 1 之间的转换用共振场来实现.

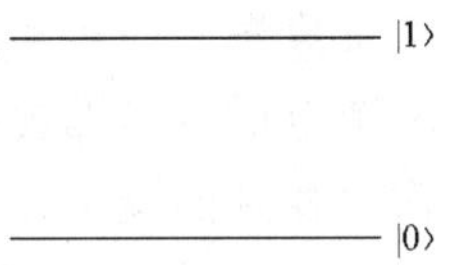

图 6.18 二能级粒子作为量子计算的单元

如果情况仅止于此，量子信息也就没有太大的意义.关键在于，微观粒子可以处于相干叠加态，叠加系数 a_i 一般为复数：

$$|\Psi\rangle = a_1|0\rangle + a_2|1\rangle, \quad |a_1|^2 + |a_2|^2 = 1 \qquad (6.4.5)$$

$|\Psi\rangle$ 所载有的信息量称为一个量子比特.显然，量子比特完全不同于传统计算中的比特.

进一步考虑，如果有两个相邻的二能级粒子，相互间有弱的耦合，则有可能组成一个二粒子体系，载有两个量子比特的信息，它们分别用 $|00\rangle$，$|01\rangle$，$|10\rangle$，$|11\rangle$ 表示.这个系统就可以处在代表二进制四个数的叠加态上.依此类推，若有 N 个这样的粒子组成一个系统，则它可以处在 2^N 数目的叠加态上.在接到运算指令后，2^N 个叠加系数将同时按特定的规律变化.当 N 很大的时候，这就相当于传统计算法中的一种极大规模的并行运算，是现代计算机无法实现的.因为存在着这种可能性，有关量子计算的建议引起了人们的关注.

需要进行两个方面的探索.首先，从计算数学的角度看，有哪些计算问题适合于应用这种特殊的计算方法.其次，如何从物理上予以实现.

量子算法 关于第一个问题的探索，沉闷了相当长的一段时间，到 1994 年才有所突破.现在已经对几大类问题的量子计算方法有了深入的

① 他的讲演题目是：“There’s plenty of room in the bottom”.

分析.下面仅举两个简单的例子.

1. 大数的因子分解　一个大的合数,如要求出它的因子,是件很费时间的计算.设有大数 A,它是两个大的素数之积.在求这两个因子的时候,一般需要从 1 开始,逐个数进行试除,最多的时候需要用 $\sim\sqrt{A}$ 去除.假如一个数有 N 位,估计平均要做 $10^{\sqrt{N}}$ 次计算.一个 400 位数的因子分解,要做 10^{20} 次计算,这是现代的计算机也无法做到的.

有人找到了一种量子算法,能极大地缩短计算时间.例如,据理论估计,求一个 260 位的大数的因子只需几十小时.

一种常用的密钥,是基于大数因子分解的困难性而设计的.如上述量子算法能够实现,这种密钥就不难破解.

2. 搜索算法　许多问题可以归结为从大量数字中找出其中的一个.假设有 N 个电话号码无规地排列着,要找出其中的一个.平均而言,在查到 $N/2$ 次时找到的概率为 1/2.现已提出的一种量子算法,平均大约只需 $\sqrt{N}$ 次.在附录 K 中将介绍一个最简单的算例,以显示量子计算的特点.

量子计算的物理实现　这方面的探索,目前仍处在最初级的阶段.虽然从原理上看,任何具有两个本征状态的微观粒子,如光子、电子等等,都可以载有一个量子比特的信息,并用以进行一定的计算,但是如要组成一个多粒子体系,就需要具有合适的耦合特性.

人们已经提出了好几种方案,并且不同程度地进行了少数几个量子比特的实验.用线性陷俘的离子来进行实验,就是其中的一种.保罗发明了二维线性离子阱,将此阱略加改变,在两端加上一对带正电的电极,并用激光减速离子,可以将离子陷俘在轴线上等距离的各点上,形成一串,如图 6.19.相邻离子间的距离为微米量级.

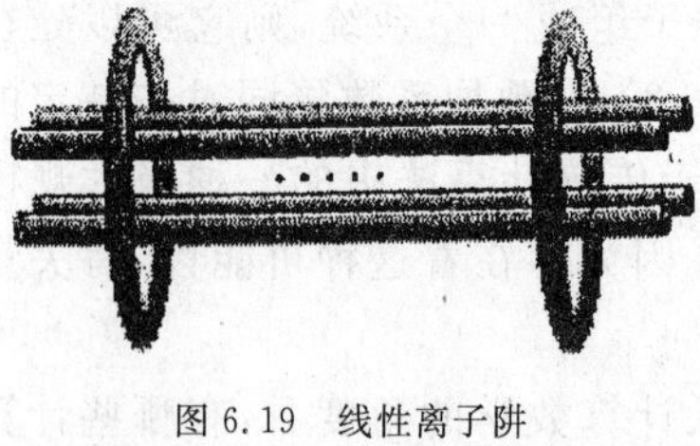

图 6.19　线性离子阱

各个离子基本上是孤立的.选择一对能级,代表 $|0\rangle$ 和 $|1\rangle$.用激光制备和检测量子态.这对能级间的自发发射概率必须很低,以使离子能较长时间地处于相干叠加态上,进行运算.

各个离子之间有弱的耦合.离子排成一串,类似于一个线性分子,作为整体,具有特定的振动模式(参看 §7.2.3).这种振动使粒子间发生耦合,有可能组成适合于量子计算的体系.虽然目前人们能陷俘几十个离子,形成一串,但仅能做一点简单的计算试验.

然而,近代微小(μm~nm 尺度)器件制作技术的发展极为迅速,微型离子阱和中性粒子阱也已出现,并被制成芯片.利用陷俘在微型芯片中的粒子,加上适当的耦合,以制成大规模的量子计算系统,是正在被科学家考虑的一种发展可能.

总起来看,目前关于量子计算的理论研究大大超前于实验的研究.关于物理实现的方案虽然很多,但尚有待突破.附录 K 中有一些补充的介绍.

§6.5　原子的激光操控与陷俘

自从人们对单个的、被陷俘的原子物理行为发生兴趣,并且进行了富有成果的研究工作以后,用激光操控、陷俘原子及其他微观粒子的研究随即开始.首先是使原子减速.这项工作开始于 20 世纪 70 年代.最初的工作主要用于原子束减速,但在冷却气体原子研究中遇到了很多困难.80 年代,发明了新的方法,使气体原子温度能降到 μK 量级.到 90 年代,更能使原子的温度降至几十 nK 量级.在此期间,无论在基础物理的研究方面,还是在实验和技术的应用方面,都取得重大的成果,曾有两届诺贝尔物理学奖授予这方面的研究者.本节将对此做一个简单的介绍.

6.5.1　激光对原子的机械力作用

激光对原子的机械力作用,有两个方面机理.

1. 散射力　光具有动量,因而与物体碰撞(散射)的时候,对方会感受到一个力的作用.这个力称做散射力.这在经典电动力学中和光子理论中都已经有了很好的说明.现在分析用共振光照射原子的效果.如图 6.20,一个质量为 M 的原子,其共振频率为 ω_0,以速率 v 向前运动.一束频率为 ω 的共振光迎头照射过来.考虑到多普勒频移,光频应取

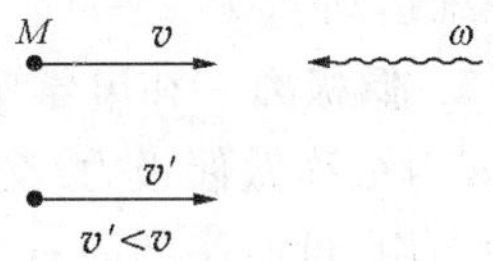

图 6.20　散射力减速示意图

$$\omega = \omega_0(1 - v/c) \tag{6.5.1}$$

才能得到精确共振.这时,如原子吸收了一个光子,则由动量守恒定律,原子的运动速率将由 v 减为 v', $M(v-v')=h\omega/c$,故

$$\Delta v = h\omega/cM = h/M\lambda \tag{6.5.2}$$

这个过程有效地降低了原子的速率.

原子吸收一个光子后,随即通过自发发射放出一个光子,自身则有一

个反冲.由于自发发射是随机的、各向同性的,反冲也是这样.

原子减速,激光的频率随即也略微调高,使下一次吸收时原子与光之间仍保持精确共振.经过很多次的吸收与自发发射后,可以估算一下总的效果.原子每一次的减速都用式(6.5.2)表示,而多次反冲的效果初步可以认为是平均掉了.

以^{23}Na原子的减速为例.设原子的初速为$v=1500$ m/s,被589 nm的共振光迎头照射.把有关数值代入(6.5.2)式,可知每吸收一个光子,$\Delta v\approx 3\times 10^{-2}$ m/s,故经过大约5×10^{4}次的吸收与再发射,Na原子的速率将接近于零.这过程需要多长的时间?可作一个粗略的估算.已知Na 3^2P态的平均寿命为1.6×10^{-8} s.假定每吸收一个光子,平均也需要同样长的时间,则每一轮的吸收与发射,需3.2×10^{-8} s.故减速过程共需$3.2\times 10^{-8}\times 5\times 10^{4}=1.6\times 10^{-3}$ s.易知在这段时间内,平均加速度为$a\approx -\Delta v/t=-9\times 10^{5}$ m/s^2,原子共飞行了约1.25 m的距离.由$F=ma$可推算,原子平均受力约为3.5×10^{-20} N.然而,原子受的力的绝对值虽小,但由于原子的质量很小,它所获得的减速度值却很大,在上例中,减速度值约等于地面重力加速度值的十万倍左右.在此力作用下,初速为每秒1 km量级的粒子,能在1 m左右的距离内基本上被停住.由于此力与原子对共振光的散射过程(吸收与再发射)相联系,故它被称做散射力.

用散射力来减速原子是有限度的.即使开始的时候原子的速度与入射光的波矢方向正好相反,在原子发射出一个光子后,由于反冲,它的速度方向就会有无规的微小变化.下一次吸收光子时,就不能保持严格的对头碰撞.这种效应是积累的.大量粒子的这种无规运动最后限制了速率的进一步降低.用钠原子做的初步实验表明速率可降至$10\sim 10^2$ m/s量级.按一维运动$k_B T/2=mv^2/2$估算,以钠原子计,T约为300 mK～30 K.

2. 偶极力　在电学中,电偶极矩在不均匀的静电场中将受到力的作用,该力被称做偶极力.交变电场与感生的交变电偶极矩之间也有同一性质的作用.设原子的固有共振频率为ω_0,受到共振(含近共振)场$E_0 e^{i\omega t}$的作用,产生感生电偶极矩D.由式(6.1.19)可知,D,E_0的方向相同,但D比E_0有一个相位滞后.所以相互作用能ΔE可以写成

$$\Delta E=-DE_0 e^{i\omega t}=-(\varepsilon_0\chi_e' E_0 e^{i\omega t}+\varepsilon_0\chi_e'' E_0 e^{i(\omega t-\pi/2)})E_0 e^{i\omega t}$$

对一个周期作平均,

$$\Delta E=-(1/2)\varepsilon_0\chi_e' E_0^2 \tag{6.5.3}$$

区分三种情况.

(1) $\omega>\omega_0$,此时χ为负,E_0越大,ΔE也越大,所以原子受到的力指

向电场强度低的地方.

(2) $\omega<\omega_0$，此时 χ 为正，E_0 越大，ΔE 越小，原子受到的力指向电场强度高的地方.

(3) $\omega=\omega_0$，此时 $\chi=0$，原子不受力.

在平面波场中，电场是均匀的，不存在偶极力. 但在平面驻波场中，偶极力可能指向波节或波腹. 对高斯光束（参看图 6.8）而言，当负失谐时，偶极力沿光束传播的路线是指向腰部，垂直于此方向则是指向轴线. 正失谐时则反之.

综合应用这两种力，可以设计成不同结构的激光场，引导原子沿特定的路程运动，例如，可以使原子束准直、会聚等等. 与电子光学[①]相类比，这被称做原子光学. 人们指望它也能在理论和技术应用中，如电子光学那样发挥重大的作用. 目前人们已经进行过一些实验，例如原子干涉的实验.

6.5.2　光学粘团与原子陷俘

用扫频的共振激光减速原子，使其温度降到 mK 量级，这仅是第一步. 人们希望能把原子的温度降到 μK 量级，甚至更低，并且能被陷俘. 这将有更大的理论和实际意义. 人们目前已提出许多方案，也进行了不少实验工作. 这里仅举具有阶段重要性的几项工作.

1. 光学粘团　设用两束激光沿 x 轴对射，一个原子进入光束中. 调低激光频率，使负失谐有一个适当的固定值，以达到如下的效果：当原子沿 $+x$ 方向运动时，由于多普勒效应，可以吸收迎头来的光子而被减速. 但是从后面射来的光子，其频率却已落到原子吸收谱范围以外，不能被吸收. 这对于向 $-x$ 方向运动的原子，也是同样的.

详细的分析指出，如原子的速率已经足够低，它受到的力数值上正比于原子速率，方向与原子运动方向相反.

$$F=-\alpha v \tag{6.5.4}$$

式中比例系数 α 与实验的参数有关. 从这个式子可以看出，原子相当于在一个具有黏滞性的介质中受到一个阻尼力的作用.

现在用六束激光，分别从 x,y,z 轴的六个端点射出，并会聚于中心. 当一群原子进入此激光会聚处的时候，都受到阻尼力的作用. 原子迅速被

① 电子光学，研究用电磁场控制电子在空间中运动的学科，是设计各种电真空器件的理论基础.

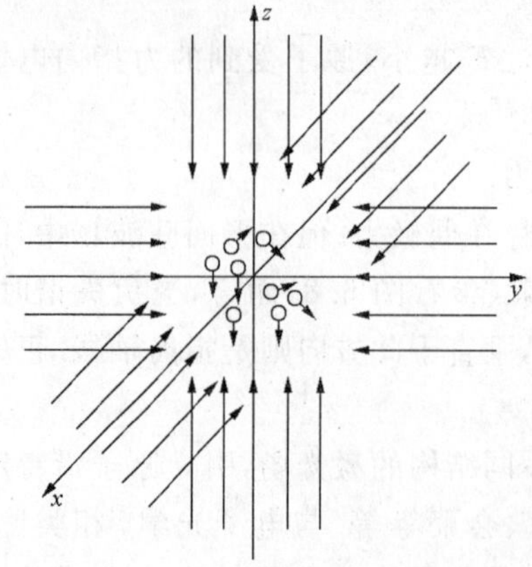

图 6.21　6 束激光的原子三维冷却

减速，并被挤压成一小团，称为光学粘团. 对于某些原子，光学粘团可以达到几十 μK 的低温. 图 6.21 是这种作用的示意图. 但是光学粘团不能维持较长的时间，因为原子同时具有的无规运动，将导致粘团的扩散. 一般它可以维持约零点几秒，需要在扩散以前对它加以利用.

光学粘团可利用普通气体原子来获得冷原子，其密度会比原来大很多，这对应用来讲也是很有利的.

2. 磁光阱　在上一小节中讲到，应用外加磁场的办法，可以陷俘具有磁偶极矩的中性粒子. 现在人们常用磁场与共振光相结合的方案，来冷却和陷俘原子，最通用的是一种磁光阱. 阱中的原子温度最低可到 1 mK 左右，且密度较大，总量较多. 这些被存储着的原子，随时可以释放出来，以备应用，这就大大推动了冷原子研究工作的开展.

磁光阱的一个重要应用是制成原子喷泉频标. 磁光阱作为冷原子的存储器. 设法使原子以很小的初速度从阱的上端开口处垂直上抛. 原子上升到顶点后，如自由落体那样下落，像喷泉似的. 其间原子两次经过微波谐振腔，发生磁共振. 由于它的速度很慢，得到的共振信号频宽很小，因而制成的频标，精度提高了两个量级以上. 前人曾多次想制造原子喷泉式的频标，但都因没有冷原子源而失败. 有关情况见附录 G.

1997 年的诺贝尔物理学奖授予在原子冷却与陷俘方面最有贡献的三位科学家，其中华裔学者朱棣文(S. Chu)因发明光学粘团方法而获奖.

6.5.3　玻色-爱因斯坦凝聚

在§2.6.5 中已经指出，玻色子在温度足够低的时候，可能形成玻色-爱因斯坦凝聚(简作 BEC). 原子中有一类是玻色子，下面将分析其形成 BEC 的具体条件. 我们知道，粒子的德布罗意波长 λ_B 大体上是粒子位置不确定性的量度. 当 λ_B 明显小于粒子间距离时，每个粒子各有与它联系着的不同的德布罗意波. 如 λ_B 明显地大于原子间距离，则全部原子均与单一的德布罗意波联系，形成 BEC. 由 $\lambda_B=h/mv$ 得知，当室温时，以 $v\sim300$ m/s 计，$\lambda_B\sim0.6\times10^{-10}$ m，与原子本身的尺度差不多，太小了. 所以原子的温度必须降得很低，才有可能形成 BEC. 此外原子间的距离与密度有关. 由这些关系，理论分析指出，实现 BEC 的阈值条件是

$$\rho\lambda_{B}^{3}=2.612 \tag{6.5.5}$$

式中 ρ 是原子密度. 一般说来，现在应用的温度在 1 μK～100 nK 量级，密度在 $10^{14}\sim10^{15}/\mathrm{cm}^3$ 之间. BEC 不能从液态或固态转化，因为它们的原子间的相互作用太强，难以把问题弄清楚. 需要从分散的冷的原子直接转化. 所以，自磁光阱发明以后，科学家看到了希望，立即致力于实现 BEC. 待到将阱中冷原子进一步降温的方法找到后，1995 年终于第一次实现了铷原子的 BEC. 采取的是蒸发冷却法. 将阱的深度（亦即势垒高度）逐步降低，每降下一点，速率最大的那些原子就会逃出（蒸发）阱外，余下的原子的温度就低了一点. 应用这种方法，康奈尔（E. C. Cornell）于 1995 年首次观察到了 BEC 的形成.

有一些方法来判断 BEC 的形成，但是最直接的方法，是观察德布罗意波的干涉. 麻省理工学院的凯特利（W. Ketterle）设法使阱中由钠原子组成的 BCE 分两团引出阱外. 在自由下落和扩散的过程中，两团 BEC 相遇，发生干涉，形成了一幅非常漂亮的德布罗意波的空间长程干涉图 6.22. 干涉图形的宽度是 1.1 mm. 在图中的相消干涉点，原子出现的概率为零. 这意味着，原子与原子叠加成了真空①. 微观的量子力学效应宏观地展现于人们的眼前！

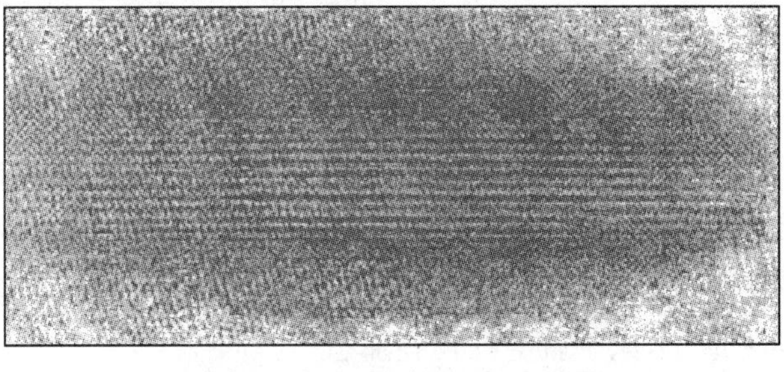

图 6.22 凯特利获得的 BEC 干涉图

鉴于 BEC 研究的重大意义，康奈尔、凯特利和维曼（C. Wiemen）等三位科学家获得 2001 年诺贝尔物理学奖.

从阱中引出的 BEC 又叫原子激光，也就是激光式的原子，或相干原

① 凯特利的原话是："Destructive interference means that atoms plus atoms add up to vacuum."

子束的意思.在德布罗意提出物质波概念 71 年后,人们终于能产生并利用原子物质波,已经用原子激光进行了许多基础和应用研究.彩图 4 是由北京大学小组在我国首次观察到的原子激光图.在图的上端,Rb-87 原子的 BEC 从冷阱中释出,并自由下落,形成相干原子束.下落的持续时间注于图下面.这是一幅伪彩色片,图中颜色由红向黄、蓝色的变化,代表原子浓度由大到小的分布.

6.5.4　原子干涉

利用冷原子可以进行大量的基础和技术应用研究. 本小节将介绍原子干涉问题.这里讲的干涉,不是上一小节所述已形成玻色-爱因斯坦凝聚的原子的干涉,而是通常意义上的分波干涉.这需要将原子德布罗意波分波,随后两束波沿不同的路径传播,最后再会合形成干涉.这也就是狄拉克所说的,原子自己与自己的干涉.由于在室温下原子的德布罗意波长太短,所以很多原子干涉的研究工作都是用冷原子进行的.

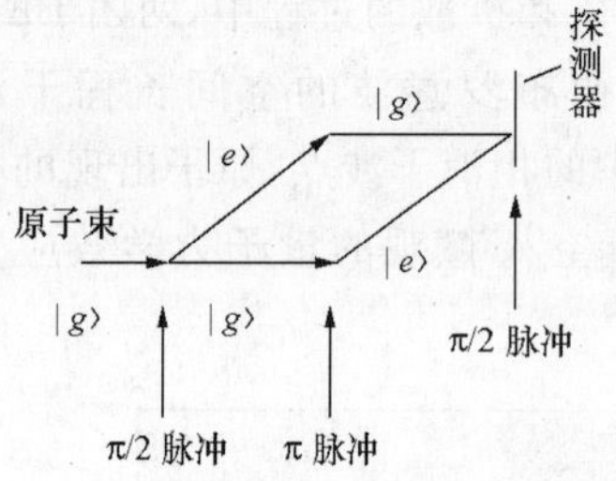

图 6.23　原子的典型内态干涉原理图

原子干涉比之电子干涉,有许多特点,这使它更有发展的余地.最重要的一点是,原子可以实现内态干涉.原子具有复杂的内部结构.利用共振场与原子的相互作用,可以分束,可以改变原子的运动方向,以实现干涉.下面就是一个典型的例子,如图 6.23 所示.

设某原子在基态 $|g\rangle$ 时,具有动量 $\boldsymbol{p}$.它受一束波矢为 $\boldsymbol{k}$ 的共振光的照射,跃迁到激发态 $|e\rangle$.由于动量守恒,原子的动量将改变为 $\boldsymbol{p}'=\boldsymbol{p}+\hbar\boldsymbol{k}$.把内外态的符号结合,初态和末态分别记作 $|g\rangle_p$ 和 $|e\rangle_{p'}$.现在用一个 $\pi/2$ 脉冲照射原子,原子就会处在叠加态

$$|\psi\rangle = 1/\sqrt{2}\{|g\rangle_p + |e\rangle_{p'}\}$$

上.从波动的性质看,每个原子的德布罗意波都被分波,一束沿原有的方向前进,一束被折射,波长变短.两个波的振幅(概率幅)减小为 $1/\sqrt{2}$. $\pi/2$ 脉冲起着分波器的作用.

第二步用 π 脉冲照射原子.两列波的状态互相对换. π 脉冲起着反射镜的作用.最后,当两束波会合的时候,再次用 $\pi/2$ 脉冲照射.两波束再次分波,各分为 $|g\rangle$ 与 $|e\rangle$ 两支,发生干涉.

从这个例子可以推想，原子干涉不但可以像光学干涉仪那样，有多种实现干涉的方式，而且，原子与共振场的相互作用，更有许多丰富的内容可加以利用. 例如，有人让原子通过两个分离的共振区，用干涉的方法，能够观察到光学拉姆齐条纹.

还有一个因素能影响原子干涉，那就是重力. 由于冷原子的速率相当慢，重力有可能影响在干涉仪中运动着的原子，从而影响到干涉结果. 所以原子干涉也可用于研究有关惯性、重力等方面的问题.

附录 I　关于核磁共振的经典理论

磁共振的经典理论是 20 世纪三四十年代由拉比、布洛赫等人为解释核磁共振现象而建立的. 它虽然在某些方面不够精确，但却取得很大成功，且有形象化的优点，影响深远.

1. 自由粒子的核磁共振

设一粒子具有自旋角动量 $\boldsymbol{I}$，旋磁比 γ（设为正值），处在 z 向外加恒定磁场 $\boldsymbol{B}_0$ 中. 这时，磁矩 $\boldsymbol{\mu}_I$ 将受到力矩 $\boldsymbol{N}=\boldsymbol{\mu}_I\times\boldsymbol{B}_0$ 的作用，绕 z 轴作拉莫尔进动，进动频率

$$\boldsymbol{\omega}_0=-\gamma\boldsymbol{B}_0 \tag{I.1}$$

进动的方向如图 I-1(a)所示.

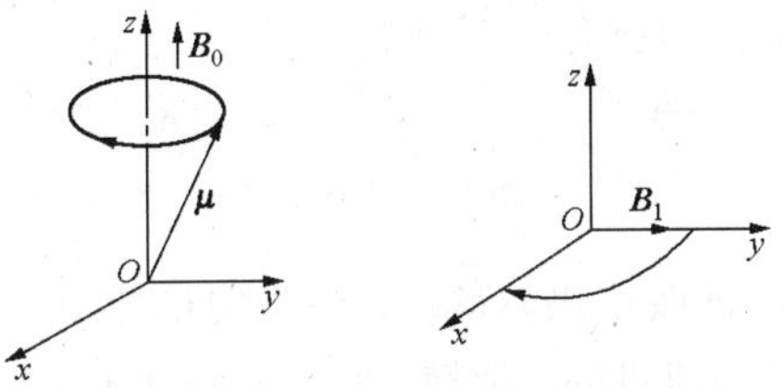

(a) 拉莫尔进动　(b) 旋转磁场

图 I-1　旋转磁场

磁共振的频率即是拉莫尔进动频率. 为产生磁共振，如图 I-1(b)所示，在 Oxy 平面上加上一个与磁矩进动同方向的旋转磁场 B_1，旋转频率也是 ω_0，以使旋转场与磁矩的进动同步，这样它们之间的相互作用就能产生积累的效果. 通常把旋转磁场表示为①

$$\begin{cases} B_x = B_1\cos\omega_0 t \\ B_y = -B_1\sin\omega_0 t \end{cases} \tag{I.2}$$

这时，磁矩受到的力矩为

① 这个旋转场实际上是由一个线性交变场 $B_x=2B_1\cos\omega_0 t$ 产生的. 这个场可分解为两个旋转方向相反的旋转场：一个是 $B_x=B_1\cos\omega_0 t$，$B_y=-B_1\sin\omega_0 t$；另一个是 $B_x=B_1\cos\omega_0 t$，$B_y=B_1\sin\omega_0 t$. 后者不引起磁共振的作用.

$$\boldsymbol{N} = \boldsymbol{\mu}_I \times \boldsymbol{B} \tag{I.3}$$

其中 $\boldsymbol{B}$ 包括恒定场和交变(旋转)场在内. 磁矩的运动方程是

$$\boldsymbol{N} = \frac{\mathrm{d}\boldsymbol{I}}{\mathrm{d}t} = \frac{1}{\gamma}\frac{\mathrm{d}\boldsymbol{\mu}_I}{\mathrm{d}t}$$

或

$$\dot{\boldsymbol{\mu}}_I = \gamma\boldsymbol{\mu}_I \times \boldsymbol{B} \tag{I.4}$$

这就是自由粒子磁共振的基本方程,可以从数学上求解. 但我们将避开数学问题,而用更直观的方式求出一个解答.

设想一个旋转坐标系 $x'y'z$,它随着磁矩和旋转场一起转动. 在这坐标系中,假如没有旋转场,磁矩就是静止的. 可见在 $x'y'z$ 坐标系中,z 向的恒定磁场并不存在. 而在此坐标系中,交变旋转场也是静止的,其方向可设为沿着 x' 轴. 总之,在旋转坐标系中,磁矩只感觉到沿 x' 轴方向的 B_1 磁场的存在,如图 I-2 所示. 所以,磁矩将绕 x' 轴作拉莫尔进动,频率为

$$\omega_{\mathrm{R}} = \gamma B_1 \tag{I.5}$$

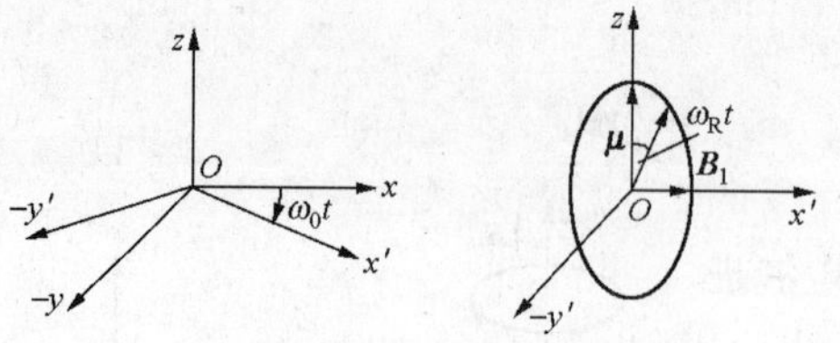

图 I-2 旋转坐标系中的磁矩

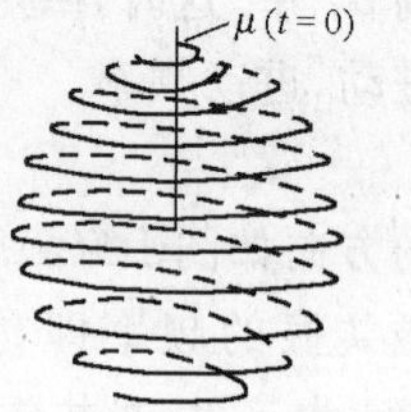

图 I-3 μ_I 的运动轨迹

ω_{R} 称做拉比频率. 设 $t=0$ 时磁矩 $\boldsymbol{\mu}_I$ 是沿 z 轴方向,则它将在 $Oy'z$ 面上以角速度 ω_{R} 旋转. 在实验室坐标中,自由粒子的磁矩的运动情况如图 I-3. 图中给出的是磁矩顶端描出的轨迹,它落在以 μ_I 为半径的球面上. 由于射频场幅度 B_1 远小于恒定场 B_0,拉比频率 ω_{R} 比绕恒定场的拉莫尔进动频率(即磁共振频率)ω_0 小几个量级. 例如质子(氢核)在 1 T 磁场中,$\omega_0 = 2\pi\times 42.55\ \mathrm{MHz}$,若 B_1 为 10^{-4} T,则拉比频率 $\omega_{\mathrm{R}} \approx 2\pi\times 4\ \mathrm{kHz}$. 反映在图 I-3 中,磁矩在绕 z 轴进动约 10^4 圈之后,才由指向正 z 方向转为负 z 方向. 我们注意到: $\boldsymbol{\mu}_I$ 矢量绕 z 轴的进动是由外加恒定场引起的,而此矢量沿 z 轴投影

$$\mu_{Iz} = \mu_I \cos\omega_{\mathrm{R}} t \tag{I.6}$$

的周期变化才是由射频共振场引起的. 下面着重分析这种运动在量子物理学中的意义.

前面已经指出，磁矩朝上（指向 z 方向）表示粒子处于下能级，朝下则处于上能级. 式(Ⅰ.6)表示粒子在上下能级之间来回跃迁. 然而中间过程究竟反映什么呢？

一个二能级的自由粒子，上、下能级的能量分别为 E_2 和 E_1，磁共振跃迁频率为 $\omega=(E_2-E_1)/\hbar$. 设 $t=0$ 时粒子处于下能级，并受射频场的作用而发生磁共振跃迁. 磁矩与磁场的相互作用哈密顿量是 $\hat{H}_0+\hat{H}'=-\gamma(\boldsymbol{B}_0+\boldsymbol{B}_{ac})\cdot\hat{\boldsymbol{I}}$.

由量子力学含时薛定谔方程，

$$\mathrm{i}\hbar\frac{\partial\psi}{\partial t}=(\hat{H}_0+\hat{H}')\psi=[-\gamma(\boldsymbol{B}_0+\boldsymbol{B}_{ac})\cdot\hat{\boldsymbol{I}}]\psi \tag{Ⅰ.7}$$

式中 $\boldsymbol{B}_{ac}$为交变场. 设 ψ_1,ψ_2 分别为下、上能级的本征函数，ψ 处于ψ_1 和 ψ_2 的叠加态，但叠加比重随时间而变化. 故可令

$$\psi=a_1(t)\mathrm{e}^{-\mathrm{i}\omega_1 t}\psi_1+a_2(t)\mathrm{e}^{-\mathrm{i}\omega_2 t}\psi_2,\quad a_1(0)=1,\quad a_2(0)=0$$

上式可以严格求解. 计算表明，粒子处在能级 E_1 和 E_2 的概率分别为

$$\begin{aligned}p_1&=|a_1(t)|^2=\frac{1}{2}(1+\cos\omega_{\mathrm{R}}t)\\p_2&=|a_2(t)|^2=\frac{1}{2}(1-\cos\omega_{\mathrm{R}}t)\end{aligned} \tag{Ⅰ.8}$$

式中 $p_1+p_2=1$，ω_{R} 正是拉比频率. 图 Ⅰ-4 中，将经典理论中的 $\mu_{Iz}(t)$与量子力学理论中的 $p_1(t)$画在同一张图上，以资比较. 从这里立刻可以看出 μ_{Iz}的物理意义，它与粒子处于下能级的概率有直接的对应关系. 于是产生这样一个关于磁共振的图像：当 $t=0$ 时，粒子处于下能级，磁矩朝上. 随之，粒子将处于一种叠加态

$$\psi(t)=a_1(t)\mathrm{e}^{-\mathrm{i}\omega_1 t}\psi_1+a_2(t)\mathrm{e}^{-\mathrm{i}\omega_2 t}\psi_2$$

式中

$$|a_1|^2=p_1=\frac{1}{2}(1+\cos\omega_{\mathrm{R}}t)$$

$$|a_2|^2=p_2=\frac{1}{2}(1-\cos\omega_{\mathrm{R}}t)$$

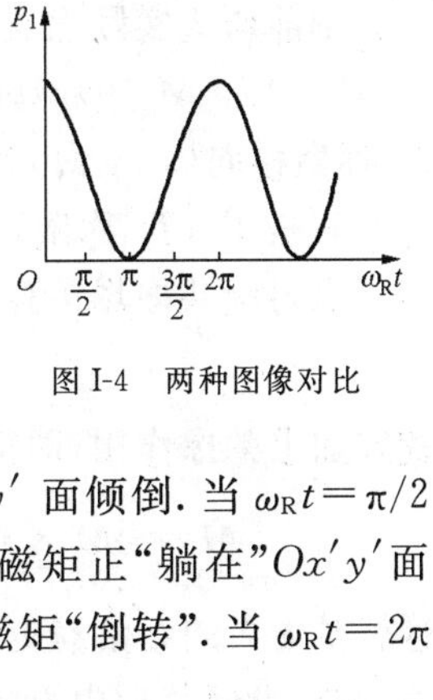

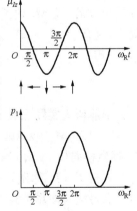

图 Ⅰ-4 两种图像对比

这相应于经典理论中磁矩在 $Oy'z$ 平面上向 $Ox'y'$ 面倾倒. 当 $\omega_{\mathrm{R}}t=\pi/2$ 时，粒子处于上、下能级的概率各占一半，而此时磁矩正“躺在”$Ox'y'$面上，$\mu_{Iz}=0$. 当 $\omega_{\mathrm{R}}t=\pi$ 时，粒子“跃迁”到上能级，磁矩“倒转”. 当 $\omega_{\mathrm{R}}t=2\pi$ 时，粒子回复到 $t=0$ 时的状态.

至此,如果读者已学习过§2.5量子跃迁问题,不难看出,这正是拉比跃迁.从历史上看,拉比本是在研究磁共振时提出来的.这里讲的是一个与量子力学理论相对应的经典理论.所谓 $\pi/2$ 脉冲等等,在经典图像中,就是磁矩在旋转坐标的 $Oy'z'$ 面上绕 x' 轴转动的角度.

2. 凝聚态物质的稳态核磁共振

凝聚态物质的核磁共振与自由粒子的核磁共振的主要不同在于前者弛豫过程起重要作用.读者可以注意到,在自由粒子中,磁矩交替地从共振场吸收能量($\gamma B_1\delta t$ 从 0 到 π)和向射频场放出能量($\gamma B_1\delta t$ 从 π 到 2π).而在凝聚态中,磁矩系统(大量磁矩)从射频场中吸收能量,然后通过弛豫过程将部分或全部吸收的能量转化为热能.系统对交变场有能量的净吸收.在作用时间足够长时,吸收过程与弛豫过程将达到平衡,于是磁共振出现一种稳态反应,而拉比跃迁则是瞬态过程.

设在无磁共振时,物体有宏观磁矩 $\boldsymbol{M}_0$,指向 z 轴正方向.这是磁矩 $\boldsymbol{M}$ 的热平衡位置及平衡数值.仍用旋转坐标系概念,在共振场作用下,$\boldsymbol{M}$ 开始绕 x' 轴以拉比频率进动,并从外场吸取能量.如果弛豫作用不存在,$\boldsymbol{M}$ 的行为就与上节所述的相同.

弛豫过程驱使 $\boldsymbol{M}$ 恢复到平衡位置及平衡值.具体过程如下,在 $\boldsymbol{M}$ 的三个分量 M_x, M_y, M_z 中 M_x, M_y 的平衡值均为零,它们趋向于平衡的过程是相同的,而 M_z 的平衡值为 M_0,按一般的以指数规律趋近于平衡的规律,应有

$$-\frac{\mathrm{d}M_x}{\mathrm{d}t}=\frac{1}{T_2}M_x,\quad -\frac{\mathrm{d}M_y}{\mathrm{d}t}=\frac{1}{T_2}M_y,\quad -\frac{\mathrm{d}M_z}{\mathrm{d}t}=\frac{1}{T_1}(M_z-M_0) \tag{I. 9}$$

上式中前两式实际上表示

$$M_x(t)=M_x(0)\exp[-t/T_2]\quad 及\quad M_y(t)=M_y(0)\exp[-t/T_2]$$

T_2 称做横向(x,y 向)弛豫时间;最后一式指出 M_z 分量趋向平衡值的特征时间是 T_1,T_1 称做纵向弛豫时间.

当射频共振场单独起作用时,运动方程类似于式(I. 4),即

$$\dot{\boldsymbol{M}}=\gamma\boldsymbol{M}\times\boldsymbol{B} \tag{I. 10}$$

此式加上弛豫作用,即得到核磁共振的基本方程

$$\dot{\boldsymbol{M}}=\gamma\boldsymbol{M}\times\boldsymbol{B}-\frac{1}{T_2}M_x\boldsymbol{i}-\frac{1}{T_2}M_y\boldsymbol{j}-\frac{1}{T_1}(M_z-M_0)\boldsymbol{k} \tag{I. 11}$$

这就是著名的布洛赫方程.我们不去全面分析这个方程,仅指出求稳态解的步骤.设磁共振中心频率是 ω_0,而外加频率是 ω.转换到与外加场同样

旋转的坐标系中去,$\boldsymbol{M}$ 的三个分量是 $M_{x'}$,$M_{y'}$ 及 M_z. 当磁共振达到稳定时,磁矩在旋转坐标中是静止的,$\dot{M}_{x'}=\dot{M}_{y'}=\dot{M}_z=0$,这就把微分方程化为代数方程,很易求解. 结果是

$$\left.\begin{aligned} M_{x'} &= \frac{\Delta\omega\gamma B_1 T_2^2}{1+(T_2\Delta\omega)^2+\gamma^2 B_1^2 T_1 T_2} M_0 \\ M_{y'} &= \frac{\gamma B_1 T_2}{1+(T_2\Delta\omega)^2+\gamma^2 B_1^2 T_1 T_2} M_0 \\ M_z &= \frac{1+(\Delta\omega T_2)^2}{1+(T_2\Delta\omega)^2+\gamma^2 B_1^2 T_1 T_2} M_0 \end{aligned}\right\} \tag{I. 12}$$

式中 $\Delta\omega=\omega-\omega_0$.

需要注意,在实验室坐标中,B_1 是旋转场的振幅,$M_{x'}$,$M_{y'}$ 也是旋转着的. $M_{x'}$ 和 $M_{y'}$ 在无共振时是不存在的,它们是感生磁偶极矩的两个分量,其中 $M_{x'}$ 与外场同相位,而 $M_{y'}$ 的相位与外场相差 $\pi/2$. 如 $\chi=\chi'-\mathrm{i}\chi''$ 为磁极化率,则有 $\chi'=M_{x'}/2B_1$,$\chi''=M_{y'}/2B_1$(注意外加场是 $B_x=2B_1\cos\omega t$). 如果再分析一下式(I. 12),就会发现,三个式子中分母上最后一项如果被忽略的话(一般此项在射频场不强时远小于 1),$M_{x'}$ 是色散线形,而 $M_{y'}$ 是洛伦兹吸收线形. 用 $M_{y'}=\gamma B_1 T_2 M_0/[1+T_2^2(\omega-\omega_0)^2]$ 与标准洛伦兹线形 $g(\omega)=(\gamma/2\pi)\cdot 1/[(\omega-\omega_0)^2+(\gamma/2)^2]$ 比较,便可看出,磁共振吸收线的线宽是 $2/T_2$. 不论是感生磁偶极矩的色散部分或是吸收部分,都可以通过电子技术从实验中提取出来.

上述结果表明磁共振经典理论与洛伦兹理论有本质上共同的地方.

在固体介质中,核磁弛豫过程相当快,T_1,T_2 比较小. 而在液体中,核磁弛豫很慢,T_1,T_2 可长到秒的量级,吸收线宽 $2/T_2$ 可小到 1 Hz 以下. 所以液态样品的核磁共振谱可以有极高的分辨率.

最后,再提一下核磁共振实验方法的原理. 在 z 向恒定磁场 B_0 中,沿 Oxy 面放置一个线圈,线圈中置样品. 当线圈通以共振射频电流时,在线圈中产生一沿线圈轴线方向(设为 x 方向)振动的磁场 $B_x=2B_1\cos\omega_0 t$. 此交变磁场可分解为在 Oxy 面上分别作左旋及右旋的两个旋转场,其中之一与样品作用发生磁共振. 在无磁共振时,样品中的宏观核磁矩为 M_0,指向 z 轴方向,在发生共振时,宏观磁矩 $\boldsymbol{M}$ 将偏离原来方向,并以共振频率(拉莫尔进动频率)ω_0 绕 z 轴进动,如图 I-5.

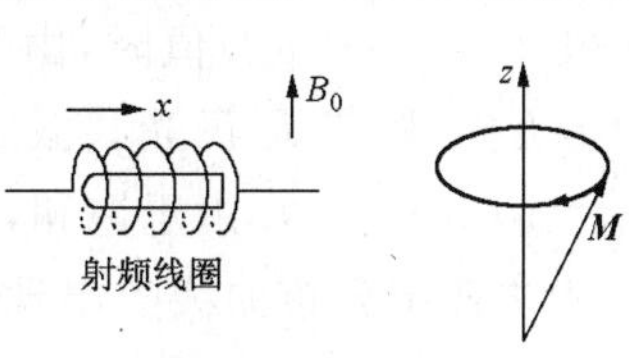

图 I-5 宏观磁矩的运动

据此,就可以设计实验方法,以提取 $\boldsymbol{M}$ 中与外场相位相同的色散信号 χ' 或与外场相位差 $\pi/2$ 的吸收信号 χ''. 作为一个思考题,请想出一种与正文中不同的探测核磁共振的实验方法.

附录 J　消多普勒谱

自从激光发明以后,就发展了多种消除多普勒增宽的高分辨率光谱方法. 原来气体原子或分子的谱线均具有多普勒增宽,而消多普勒谱的线宽可接近于自然线宽. 于是光谱分辨率一下子提高了两个量级左右,极其有利于分析原子、分子内部细致的相互作用. 本节介绍消多普勒谱有代表性的两种方法.

1. 饱和吸收谱

如图 J-1,一束窄线宽激光分为两束,从两个相反方向射进吸收室,在室中的光程大部分是重合的. 一束光 I_s 称为饱和光,光强很大;另一束 I_p 称为检测光,光强可大可小. 当光频扫过某吸收线时,从检测光接收并记录谱线.

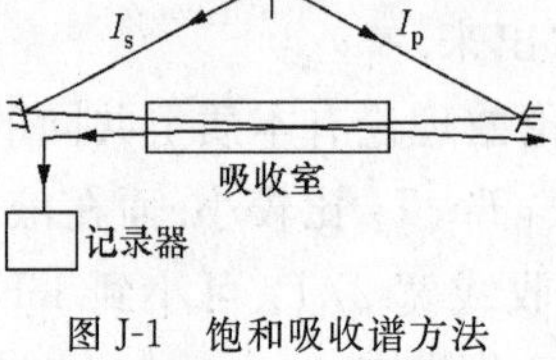

图 J-1　饱和吸收谱方法

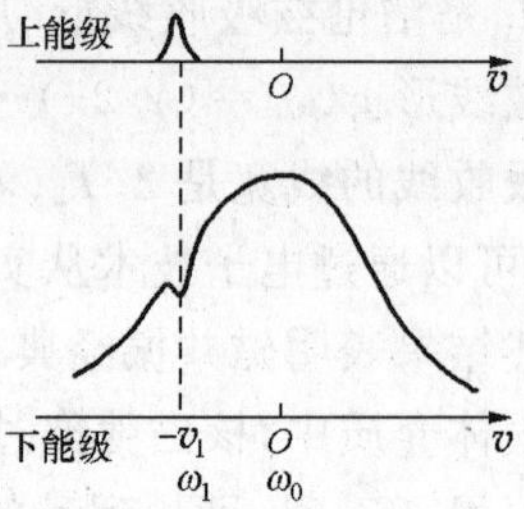

图 J-2　烧孔效应

两束光的作用不同. 设谱线中心圆频率为 ω_0,激光频率由低频通过 ω_0 向高频方向扫动. 当激光频率尚未达到共振区时,下能级上粒子的速率分布服从麦克斯韦分布,而激发态上粒子数为零. 当激光频率扫到共振线内某一 ω_1($<\omega_0$)值时,由于 I_s 很强,使吸收出现饱和. 令 I_s 传播方向为正方向,则与 I_s 激光共振的原子具有速率 $-v_1$, v_1 与 ω_1 之间符合关系 $\omega_1=\omega_0(1-v_1/c)$. 由于饱和,下能级速率为 $-v_1$ 之粒子数减少,以致在图 J-2中之速率分布曲线上出现一个凹陷,同时在激发态上有速率为 $-v_1$ 之粒子出现. 这就是强光的"烧孔效应".

同频反向光 I_p 同时照射原子,但它是与速率为 $+v_1$ 之原子起共振作用,所以 I_p 光的吸收与 I_s 不存在的时候相同,而与 I_s 的烧孔效应无关联.但当频率扫到中心 ω_0 时,正向光 I_s 作用于 $v=0$ 的原子,并在速率分布曲线中央烧出一孔,而反向光 I_p 也与这批原子作用,所以它"发现"下能级的粒子数突然比正常的时候少,因而吸收也比 I_s 不存在的时候少,I_p 吸收线中心就出现一个凹陷,称做兰姆凹陷,如图 J-3 所示.兰姆凹陷中心圆频率即是 ω_0,凹陷的宽度接近于自然线宽.

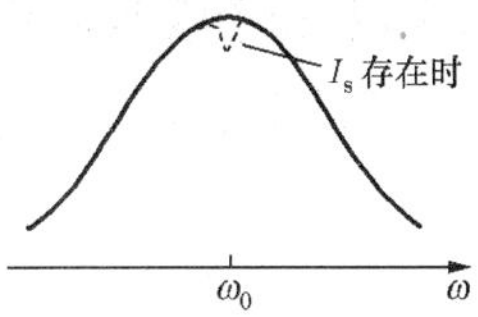

图 J-3　I_p 的吸收线形

如果在多普勒线形内有两条频率很接近的谱线,那么在 I_p 的多普勒吸收线形的背景上,就会出现两个凹陷,从而使这两条谱线明显地被分开.

从这种高分辨谱的机制中也可以看出它的弱点:谱线信号很弱.因为只有速率在零附近的那群原子对高分辨谱线有贡献.

有一些气体,谱线的吸收系数非常小,用图 J-1 的方法看不到饱和吸收谱.这时可用改进的方案,把吸收室放入激光腔中.腔中光强比腔外高一二个量级以上,因而更容易产生饱和,但这时取得谱线的方式不同.由于腔内有吸收体,激光的增益减少,激光输出功率也有所降低.但是吸收曲线的中心 ω_0 处有一个凹陷,相应地在激光输出功率曲线上,在 ω_0 处就出现一个尖峰,称为反兰姆凹陷,它就是谱线中心位置.图 J-4 表示一个输出频率可以微调的 He-Ne 633 nm 激光器的输出功率与频率的关系曲线(可调范围约 500 MHz),在腔内加 $^{127}I_2$ 吸收室. $^{127}I_2$ 的一组吸收线正好与激光频率重合.这组线有 14 个超精细结构分量,在普通吸收谱中是完全分不开的.在图 J-4 的激光功率曲线上则呈现 14 个尖峰(由于太小,仅为曲线高度的千分之几,故图上显不出),经检出后,得到 14 个分量的位置,如图下部短线(从 a 到 n)所示,线宽约 4～5 MHz(普通吸收线宽 360 MHz),其中 i 分量的频率经精确测定,被推荐作为光频标准频率之一.

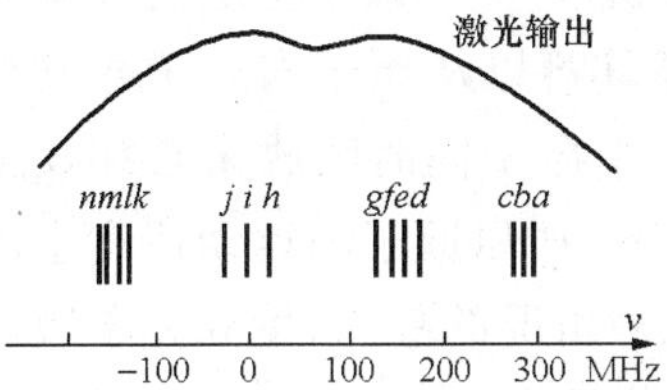

图 J-4　He-Ne/$^{127}I_2$ 饱和吸收谱

2. 双光子吸收谱

一个原子同时吸收两个频率相同或相异的光子而直接跃迁到上一能级的过程称为双光子吸收,如图 J-5.它是§7.3 中所讲的非线性光学过程的一种.这里专讲同频光子的情况.在上能级 E_2 与下能级 E_1 中间划一个虚能级 E_i.按非线性光学原理,在 E_i 附近必须存在一个(或数个)实能级,如 E',且 $E_1 \rightarrow E'$ 及 $E' \rightarrow E_2$ 的单光子跃迁均是允许的.由于单光子跃

迁有选择定则 $\Delta l=\pm 1$，所以双光子吸收有选择定则 $\Delta l=0,\pm 2$. 又设实能级 E' 与虚能级 E_i 之间的能量差为 ΔE，可以证明，由 E_1 到 E_2 的跃迁概率 W_{12} 正比于 $E_1\to E'$ 及 $E'\to E_2$ 跃迁概率之乘积，反比于 $|\Delta E|^2$. 一般来说，双光子吸收的跃迁概率比单光子吸收小得多. 但当 $|\Delta E|$ 很小时，也能变得比较大.

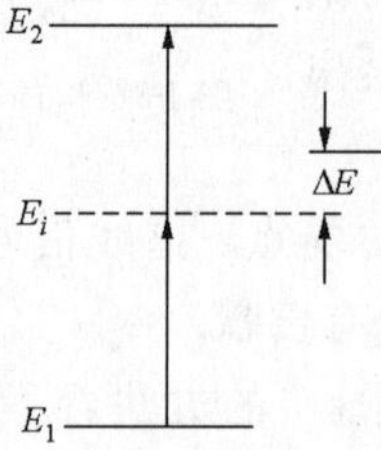

图 J-5　双光子吸收

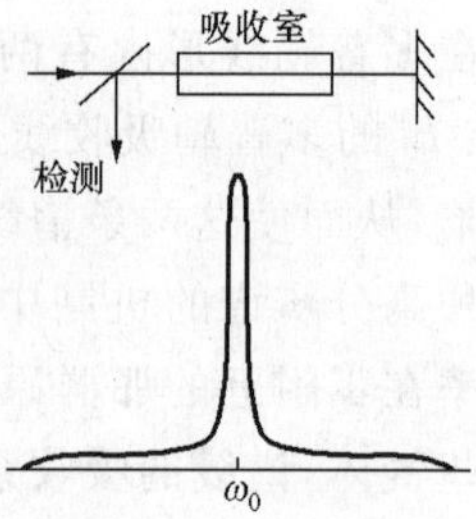

图 J-6　双光子吸收谱

双光子吸收的最大特点，就是存在消多普勒谱. 在实验方法上，总是使同频激光同时从相反方向射入吸收室，最简单的装置如图 J-6 所示. 有三种不同的情况：原子同时吸收来自左边（右边）来的两个光子，或吸收一个来自左边、另一个来自右边的光子. 前两者显然导致了普通的多普勒吸收线形，而后者则否. 大家知道，多普勒频移可以从原子与光子相互作用前后动量与能量守恒的关系来解释. 当一个原子同时吸收来自相反方向的两个同频光子时，由于光子的总动量为零，所以原子的运动速度也不会改变. 这就是说，没有多普勒频移. 上述三种情况的总和，使双光子吸收谱线如图 J-6 中所示，有一个宽而弱的多普勒吸收线形，中间有一突出尖峰，就是消多普勒谱. 重要的一点是，它是由全体原子参与贡献的，因此比饱和吸收谱强得多. 双光子跃迁的一个很好的例子就是氢原子 1S→2S 跃迁，参看图 2.25.

附录 K　激光稳频与光频测量

光谱线频率的稳定和测量对科技界有重要的意义，下面做简单的介绍.

(1) 激光稳频　自从激光器发明以来，就开始了用分子谱线来稳定激光频率的研究. 人们都知道激光的单色性非常好. 激光的线宽很窄，频率不确定度 $\Delta\nu/\nu$ 很小. 但是实际上的数值往往与理想差距很大，这是各种干扰影响的结果. 其中腔长的影响很重要. 式(6.3.1)给出了激光波长 λ 与腔长 l 的关系, $\lambda=2l/n$, 因此 $\Delta\lambda/\lambda=\Delta l/l$. 在介质折射率 n 不变的情况下,频率的不确定性数值上与波长的不确定性相同. 如果腔长为 1 m, 希望频率稳定度达到 10^{-10},需要 $\Delta l=0.1$ nm,这是一个很小的量. 所以人们可以利用腔长对频率的敏感性,进行稳频工作. 当稳频要求高的时候,一切能引起微小振动的因素都要考虑到.

激光稳频的实验方法,原理与微波稳频一样. 与分子某吸收线频率基本相同的激光,在穿过盛有该分子的吸收室后,其频差信号可被测出. 用这个信号去改变腔长,从而改变激光频率,使其被稳定在谱线中心频率近旁.

最常用的稳频激光器之一是用碘分子稳定的 632.8 nm He-Ne 激光器,目前国际推荐的频率值是 473 612 214 712±5 kHz,频率的不确定度为 10^{-11} 量级.

具有高精确的频率值,并且经过稳频的激光器,有很多重要的科学研究和实际的应用价值. 时间是能精确地测量的. 现在光有了非常准确的频率和同样准确的真空波长,长度也就能精确地测量. 光速已经被定义而没有误差. 所以,从原则上讲,有关长度、位移、速度、加速度等物理量都可以用光学方法作精密的测量. 可见其应用面之广.

(2) 光学频率的测量　射频频率可以用记数的方法直接测量,光频则不行,因为没有反应速度如此之快的物理过程可资利用,所以光频精确测量的研究进展缓慢,直到 20 世纪最后几年间才取得突破. 用的是光频梳测量光频的方法. 此法的核心器件是一台锁模飞秒激光器. 这是一台脉冲激光器,有如下几个指标: ① 光频在一个宽的范围内连续可调. ② 脉冲持续时间为飞秒(10^{-15} s)量级,这是飞秒激光器名称的由来. ③ 脉冲重复频率 f_{rep} 约为几百兆赫. 在时间坐标轴上,光频脉冲的波形如图 K-1(a). 这样的脉冲系列,具有很宽的频谱,谱的频率间隔就是 f_{rep},见图 K-1(b). 这就叫做光频梳. 梳上的任一频率 ν_m 可表示为

$$\nu_m = mf_{\text{rep}} + \nu_{\text{CEO}}, \quad m\text{ 为整数} \tag{K.1}$$

式中 ν_{CEO} 叫做起始频率,是假设将图(b)中梳齿延伸到频率零点附近时,第一个梳齿的位置. 式中的两个频率参数都是可以测量的,也都可以锁定在原子频标的标准频率上. 所以,光频梳中各个梳齿的频率准确度都可以达到与原子频标相同的程度.

图(b)中的纵座标是频谱的强度. 具有足够的强度、能够用于测频的谱线,其范围可以设法做到大于一个倍频程. 举一个具体例子. 设激光器

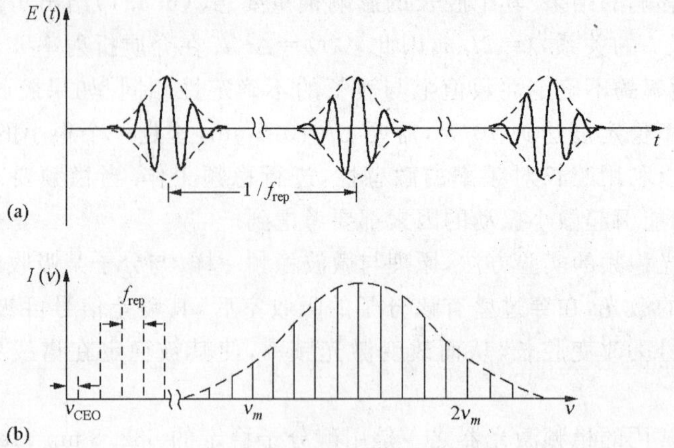

图 K-1　锁模飞秒激光的时域和频域谱

发出的光频约为 5×10^{14} Hz(波长为 600 nm 的红光),已设定 $f_{rep}=200$ MHz$=2\times10^8$ Hz,并求得 $\nu_{CEO}=20$ MHz. 以图中的 ν_m 和 $2\nu_m$ 两点为一个倍频程的两端,其频率分别约为 3.5×10^{14} 和 7×10^{14} Hz. 在这个倍频程内,每 2×10^8 MHz 有一个梳齿,共有 1.75×10^6 个梳齿(由此可见,图中画出的梳齿数仅是示意之用,实际上梳齿太密集了. 无法画出). 总之,在这个设备中,有大于此数的标准频率可供测频之用.

用光频梳测频的方法是简单的. 待测光谱线通过普通光学波长计可以测出波长,由此求出的频率,其误差小于锁模飞秒激光器的脉冲重复频率 f_{rep}. 于是就可以判断此频率位于光频梳的那两个梳齿之间. 实验时,使待测激光与锁模飞秒激光器发出的激光拍频,很容易得到待测频率与最近一个梳齿频率之差.

光频梳是在 1999～2000 年间做成的. 2005 年的诺贝尔物理学奖授予三位科学家,第一位是量子光学的创始人格劳伯(R. J. Glauber). 第二、三位是霍尔(J. L. Hall)和亨施(T. W. Hänsch),他们各自在长期从事高分辨率、高精确度、高稳定性激光光谱研究工作的基础上,推动了光频测量和光频标的研究,发明了光频梳方法. 光频梳是利用了近代的超稳定激光器、超快速脉冲激光器、超灵敏激光器这三个不同方面的成就,加以综合而发明出来的,它将相差近五个量级的两个电磁波频率联系了起来,能方便地对光频作极高精度的测量. 人们预测,这将推动今后许多方面基础和应用研究工作的开展. 无怪乎霍尔宣称:光学已经爆炸式地繁荣起来了.

用光频梳法测量光频,精确度决定于铯原子频标. 现在人们指望,在光频段建立频标，其性能可能优于微波频段的频标．到时候，时间和频率的定义都将由光钟给出．

附录L 关于量子计算的一些补充

1. 用核磁共振进行量子计算

在本书§5.3以及附录G中，已经初步介绍了核磁共振问题．在量子计算问题上，人们发现了它的另一种技术应用．

设一个分子中含有几个具有核磁矩的原子核．不同的核具有不同的核磁共振频率．相同的核，由于化学移位，也可能具有稍微不同的共振频率．它们可以用合适的脉冲射频场来激励．相邻的核矩之间有弱的耦合，属自旋—自旋耦合类型，很适合于进行计算．

设有两个核，自旋量子数均为1/2．以向上和向下的两个箭头表示核自旋的两个本征态，则两个自旋的体系有四个本征态：$|\uparrow\uparrow\rangle$、$|\uparrow\downarrow\rangle$、$|\downarrow\uparrow\rangle$和$|\downarrow\downarrow\rangle$．应用现代的核磁共振技术，能够产生特定的叠加态，并根据计算的需要，改变其叠加系数．

利用核磁共振进行计算，有两个特点．(1) 用宏观量的液态分子样品．单个分子的核磁共振信号很弱，难以检测，但液态分子的核磁能级仅取决于分子本身，而与周围分子间的相互作用无关．因此，用宏观样品，及已有的核磁共振技术，便于进行实验．(2) 液态分子核磁弛豫时间比较长，一般可达秒量级．所以有足够长的时间让核磁处于相干态，便于初期的研究工作．

已经用过好几种分子进行了简单的量子计算的演示．图L-1是其中的两种．注意图中之碳原子均已为^{13}C所置换．^{12}C核的自旋量子数$I=0$，没有核磁矩，而^{13}C核的$I=1/2$．(a) 三氯甲烷，利用^{13}C和^{1}H两个原子核．两个量子比特．(b) 丙氨酸，利用三个^{13}C原子核．三个量子比特．人们已成功地进行了更多量子比特计算的演示．

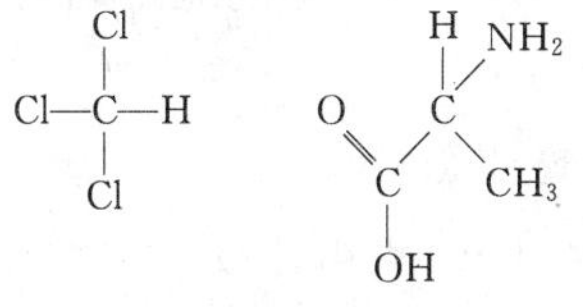

(a) (b)

图L-1 两个用于核磁共振量子计算的分子

从长远来看，当量子比特数超过十个以上时，利用核磁共振的难度越来越大.因为那时核磁能态的密集度急剧增大,核磁共振信号迅速减弱.但是目前进行的几个量子比特的演示实验,仍是研究初期极为重要的基础工作.

2. 逻辑门演示

逻辑门是经典计算机的最基本的运算.这里用微观粒子作两个例子.

(1) 非门　单个粒子用 π 脉冲照射,可以形成 $0\to 1$ 或 $1\to 0$ 的变化,这就是非门运算,占一个量子比特的信息.

(2) 可控非门　两个粒子耦合,形成如图 L-2 的关系.

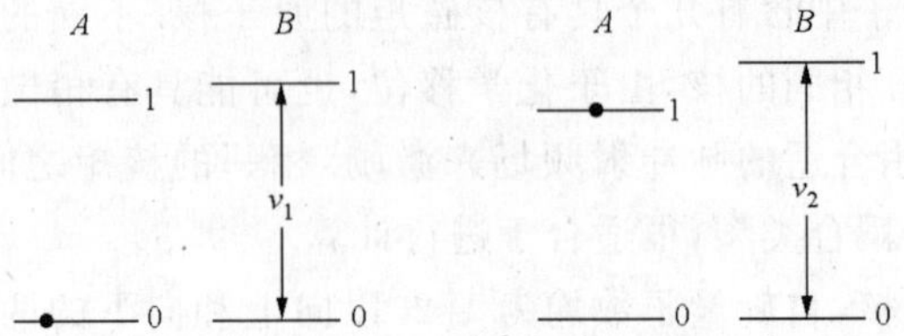

图 L-2　用两个量子比特构成可控非门

当 A 粒子分别为 0 或 1 时,B 粒子的共振频率分别为 ν_1 或 ν_2.现在用频率为 ν_1 的 π 脉冲照射 B 粒子,则有真值表如表 L-1.

表　L-1

(照射前)		(照射后)	
A	B	A	B
0	0	0	1
0	1	0	0
1	0	1	0
1	1	1	1

这是可控非门的运作.

3. 量子搜索法演示

格罗弗(L. K. Grover)提出了一种量子搜索算法,称为格罗弗算法.问题是:有 N 个数字 $s_1, s_2, \cdots, s_N$ 无规地排列着,要求找出其中的某一个 s_i.算法如下.

先使粒子系统处于叠加态

$$\begin{aligned} |\psi\rangle &= a_1 \mid s_1\rangle + a_2 \mid s_2\rangle + \cdots + a_N \mid s_N\rangle \\ &= N^{-1/2}\{\mid s_1\rangle + \mid s_2\rangle + \cdots + \mid s_N\rangle\} \end{aligned} \tag{L.1}$$

式中所有叠加系数均为 $N^{-1/2}$,即测出每个态的概率均为 $1/N$.

在搜索时,第一步是将 $|s_i\rangle$ 的叠加系数由 $N^{-1/2}$ 变为 $-N^{-1/2}$,即将其

相位改变 180°. 于是

$$|\psi\rangle = N^{-1/2}\{|s_1\rangle + |s_2\rangle + \cdots - |s_i\rangle + \cdots + |s_N\rangle\} \tag{L.2}$$

第二步，将式(L.2)中各叠加系数 a_x 改换为 a_x'，

$$a_x' = -a_x + 2\bar{a} \tag{L.3}$$

式中 $\bar{a}$ 是式(L.2)中所有 a_x 值的平均值. 经过这种运算，$|\psi\rangle$ 中 $|a_i'|^2$ 的比重将会增加. 在经过多次这种运算后，$|a_i''|^2$ 的比重就会变得很突出，从而可被测出①.

可以用 4 个数的搜索进行演示. 利用三氯甲烷分子中两个原子核的 4 个态 $|00\rangle$，$|01\rangle$，$|10\rangle$ 和 $|11\rangle$ 代表 4 个数. 先让粒子处于叠加态

$$|\psi\rangle = (1/2)\{|00\rangle + |01\rangle + |10\rangle + |11\rangle\} \tag{L.4}$$

假设要找的是 $|10\rangle$，搜索步骤如下：使 $|\psi\rangle$ 改变为

$$|\psi\rangle = (1/2)\{|00\rangle + |01\rangle - |10\rangle + |11\rangle\} \tag{L.5}$$

然后对叠加系数按式(L.3)改变. 由上式得知，$\bar{a} = 1/4$. 由

$$a_x' = -a_x + 1/2$$

得知 $a_{00}' = a_{01}' = a_{11}' = 0, a_{10}' = 1$，

$$|\psi\rangle = |10\rangle \tag{L.6}$$

粒子已转化为所寻找的状态.

按传统搜索法，在 4 个数里找出 1 个，平均需要两次多一点. 在上例中，仅 1 次就找出来了. 注意这里进行的“计算”，是人们通过外加共振场控制一个分子中两个核矩的微观运动状态而实现的，是实在意义上的量子计算，传统计算机无法模仿.

思 考 题

6.1 在原子与共振电磁场相互作用中，原子电极化率的实部 χ' 与虚部 χ'' 之间有无内在的联系？为什么？

6.2 一个一维的有阻尼的简谐振子，在外加简谐力推动下作受迫振动. 请解释以下情况：(1) 当外力的相位与受迫振动的相位相同时，外力对振动系统不作功. (2) 当外力的相位超前于受迫振动的相位 $\pi/2$ 时，所作的功率最大，即振子最有效地从外力吸收能量. 问同一类型的情况在微观世界会发生吗？当然是用经典模型.

6.3 请设想一种可以观测色散谱的方法.

6.4 用重氢原子作介质，是否可以得到和用氢作介质时差不多的微波激射器？

---

① 可以证明，经过式(L.3)的变换，仍保持 $\sum |a_i'|^2 = 1$.

6.5　在用激光作吸收谱实验时，激光本身的线宽和强度分布形式对记录到的谱线是有影响的. 设吸收线形状如附图(a)，若用一个线宽很窄的激光，如图(b)，去做实验，使激光频率扫过吸收线，会观察到怎样的吸收线形(忽略饱和)? 又若用线宽较宽的激光，如图(c)，做同样实验，结果又如何?

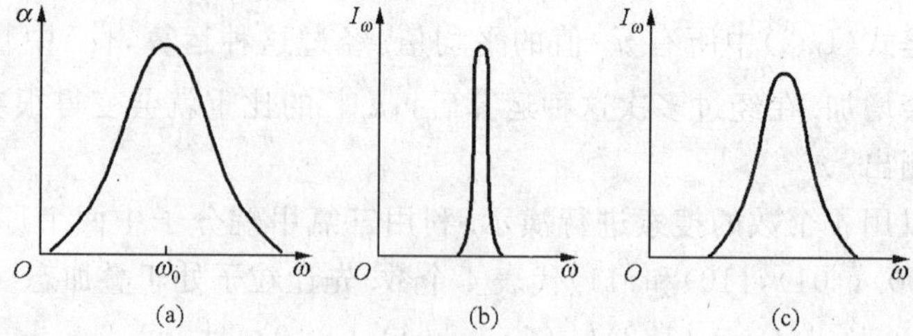

思考题 6.5 图

6.6　谱线的自然线宽是与不确定性原理相联系的. 激光的线宽可以远小于自然线宽，这是否违反不确定性原理? 请解释之.

6.7　脉冲激光器输出脉冲式的激光. 如脉冲持续时间很短，将会影响线宽，这是什么原因? 如持续时间为 1 ns，估计线宽是多大?

6.8　据报道，已有一种激光器，其输出功率极大，超出全世界所有发电站加起来的发电功率. 你认为这是可以理解的吗?

6.9　单模激光与多模激光的主要区别何在? 什么时候必须用单模激光?

6.10　仿照思考题 3.9. 设计一种用分子谱线来稳定激光频率的方案.

6.11　激光重力计中，一个自由落体在真空中，从静止经 t 时间下落距离 s. 用原子钟测时间，稳频激光器干涉法测距离，由此算出重力加速度 g，精度可达 10^{-9}. 如 g 值变了 10^{-9}，相当于在地面上高度仅变化了几 mm! 你知道这样高精度的来源吗?

6.12　光纤放大器在光纤通信技术中，作为光中继之用，具有重要意义，光纤放大器的构造是这样的. 在通常的通信光纤中插入一小段光放大介质. 这个介质可以放大通信波段(例如 1.55 μm)的光，但需用一个更高频的光给它以激励. 试推想这种光纤放大器大体上的能级结构和工作原理.

6.13　请设计出一个实验方法，能够观察到图 J-2 中粒子分布曲线上的凹陷. (**提示**：另用一束辅助激光.)

6.14　在某些材料中，能够用激光在能级粒子数分布曲线上产生出永久的或半永久性的凹陷. 你能设想这种效应在电子技术上潜在的应用可能性吗? (**提示**：信息存储.)

6.15　朱棣文等人已经用原子喷泉技术研制成测量重力的装置，达到很高的精度. 你能设想他们所用方法的大致原理吗?

习　题

6.1　从 χ 的表达式指出它是一个量纲为 1(纯数字)的物理量.

6.2　求单原子 χ'_{max}，χ'_{min} 及 χ''_{max} 之表示式，证明 $\chi'_{max}=|\chi'_{min}|=\frac{1}{2}\chi''_{max}$.

6.3　设某原子蒸气的一条强吸收线，$\omega_0=2\pi\times5\times10^{14}$ Hz，自然线宽 $\gamma=10^8\ \mathrm{s}^{-1}$. 又设振子强度 $f\approx1$，粒子数密度为 $2\times10^{18}/\mathrm{m}^3$. 由于多普勒增宽，可设 χ'_{max} 和 χ''_{max} 之值均减为静止原子相应值的 1/100. 试求此原子蒸气的 χ'_{max} 和 χ''_{max} 值，并从而求出 $|\Delta n|_{max}$ 和 α_{max}.

6.4　一束速率为 v 的原子，沿垂直方向穿过宽度为 d 的激光光束，并发生共振吸收. 由于原子穿越光束的时间很短，因此吸收谱线就产生一定的线宽，称为渡越增宽. 试求渡越增宽的表示式. 又因原子运动的方向不完全平行，原子束有一小的张角 2α. 如要求谱线的残余多普勒增宽小于渡越增宽，α 角不能超过多大？

6.5　一原子通过共振光区域的时间为 T. 在此时间内它受到 $E=E_0\mathrm{e}^{\mathrm{i}\omega t}$ 交变场的作用. 用傅氏变换证明：吸收线频谱正比于 $E_0^2\dfrac{\sin^2[(\omega-\omega_0)T/2]}{(\omega-\omega_0)^2}$，渡越增宽为 $5.56/T$.

6.6　在思考题 6.5 中，设吸收线为多普勒线形，线宽为 $\delta\omega_1$，激光强度分布也为多普勒线型，线宽为 $\delta\omega_2$. 证明观察到的吸收线也是多普勒线型，线宽大于 $\delta\omega_1$ 及 $\delta\omega_2$，但小于 $\delta\omega_1+\delta\omega_2$.（**提示**：令 $\alpha=A\mathrm{e}^{-a^2(\omega-\omega_0)^2}$，$I_a=B\mathrm{e}^{-b^2(\omega-\omega'_0)^2}$. 吸收线形由这两个函数的卷积

$$S(\omega_0-\omega'_0)=\int_{-\infty}^{\infty}\alpha(\omega-\omega_0)I_a(\omega-\omega'_0)\mathrm{d}\omega$$

决定.）

6.7　一 He-Ne 激光器，设放电管放电时气体温度为 400 K，求 632.8 nm 光的多普勒增宽. 若忽略压强增宽，则在 1 m 长的腔中，最多能在几个纵模上发生振荡？

6.8　He-Ne 激光器腔长 1 m，腔镜为平面镜，反射系数 99%，求空腔纵模宽度.（$\delta\omega=c(1-R)/l$，R 为反射系数）已知激光器输出的极限线宽约为 10^{-3} Hz，试估计这时激光中受激发射与自发发射份量之比.

6.9　某原子有三个能级如附图，“0”是基态，“1”和“2”是激发态，平时上面无粒子. 2→1 及 1→0 的跃迁是允许的. 今用碰撞法把粒子从“0”送到“2”，速率为 $\mathrm{d}N_2/\mathrm{d}t=R$，问在什么条件下会发生粒子数反转，使 $N_2>N_1$？此法比较容易产生粒子数反转，某些激光器的激发原理可简化成这一类型. 又问 He-Ne 激光器是否属此类型？

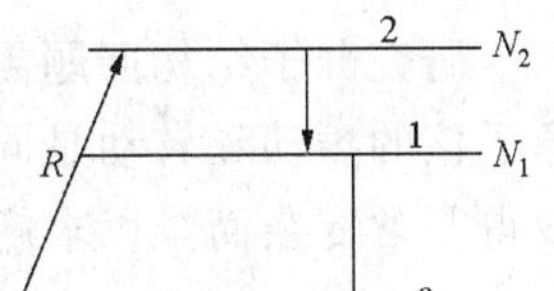

习题 6.9 图

第七章　分子结构与光谱

分子由原子组成，原子的价电子通过化学键相互结合形成分子. 分子的内部运动远比原子复杂. 首先，一个稳定的分子，各组成原子之间有相对稳定的距离，它们的价电子互相结合，形成分子的电子基态与各激发态. 如以基态能量为零，则电子激发态的能量与原子的激发能同量级，一般在 10 eV 上下. 所以，由电子能级间跃迁产生的光谱，落在紫外到可见光范围内. 其次，分子内各原子按一定的规律振动. 由于原子的质量（主要是原子核的质量）比电子大得多，振动运动的速度也比电子运动的速度小得多. 不同的振动状态形成分子的振动能级，振动能量约在 1 eV 以下，振动谱落在红外波段. 最后，分子作为一个整体，可以绕分子中的若干轴线作转动运动. 由转动能级之间的跃迁产生的纯转动谱，处于远红外至微波波段.

本章以二原子分子为例，在介绍了有关分子形成的若干要点之后，分别叙述了分子的转动能级、振动能级和电子能级，以及有关的谱线特点，最后简单介绍了拉曼过程和非线性光学过程.

§7.1　分子的形成

7.1.1　玻恩-奥本海默近似

研究分子结构问题需要应用量子力学. 在分子内部，价电子的运动、原子核的振动和转动是同时存在的. 如果同时加以处理，薛定谔方程就会变得非常复杂而难以求解. 由于原子核的运动要比电子的运动慢得多，一般采用玻恩-奥本海默近似. 在这种近似中，在求电子波函数时，假定各原子核在空间是相对静止的，核间距离仅作为参数出现在薛定谔方程中. 如以最简单的分子之一——氢分子离子 H_2^+ 为例，如图 7.1 所示，M_1，M_2 是两个相距为 r_N 的氢原子核，一个电子到两核的距离分别为 r_1 和 r_2. 薛定谔方程是

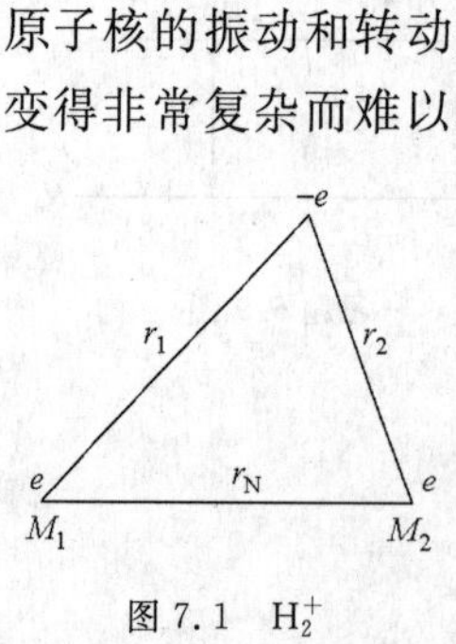

图 7.1　H_2^+

$$-\frac{\hbar^2}{2m}\left(\nabla^2-\frac{e^2}{4\pi\varepsilon_0 r_1}-\frac{e^2}{4\pi\varepsilon_0 r_2}+\frac{e^2}{4\pi\varepsilon_0 r_N}\right)\psi_e=E_e\psi_e \qquad (7.1.1)$$

式中 r_N 为一参数. 解方程可求出电子态能量 E_e 和波函数 ψ_e. 在此基础上,再考虑核的运动问题.

7.1.2 氢分子离子 H_2^+、电子能态、振动势能和分子的形成

氢分子离子的薛定谔方程已见式(7.1.1),有各种近似的解法. 一种方法是用原子的波函数来构成分子波函数. H_2^+ 基态最粗糙的一个近似解就是

$$\psi_e=[\psi_{1s}(1)+\psi_{1s}(2)]/\sqrt{2}=A(e^{-r_1/a_1}+e^{-r_2/a_1}) \qquad (7.1.2)$$

式中 $\psi_{1s}(1)$是电子只受核 M_1 的作用的基态 1s 波函数,而 $\psi_{1s}(2)$是电子只受核 M_2 作用的基态 1s 波函数. 分子基态波函数是两者的叠加,A 是归一化系数. 电子的概率分布 $|\psi_e|^2$ 如图 7.2 所示,是相对于原子核连线为轴对称的. 电子的总能量 E_e 是核间距离参数 r_N 的函数.

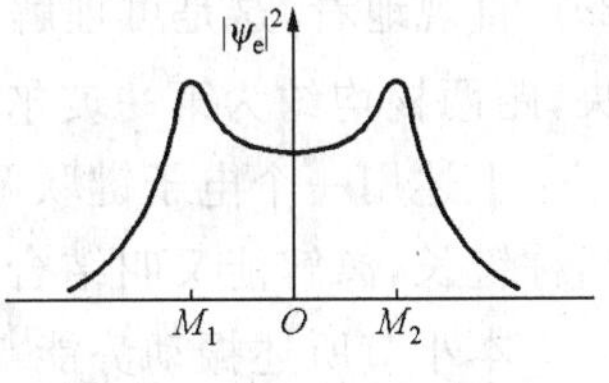

图 7.2 H_2^+ 中电子分布

分子的组成与原子间相互距离的关系极大. 下面分析当 H_2^+ 中的两核距离变化时,分子的势能与电子能量及核间距离的关系,以及稳定分子的组成问题. 在 H_2^+ 中,两核振动时的势能 $V(r)$是核间距离 r 的函数. 当核间距离变化时,不但电子总能量 E_e 有变化,而且两核间的库仑势能 $e^2/4\pi\varepsilon_0 r$ 也有变化. 因此,这两者之和即是使核振动的势能 V:

$$V(r)=E_e(r)+\frac{e^2}{4\pi\varepsilon_0 r} \qquad (7.1.3)$$

这势能的减量等于核振动动能的增量.

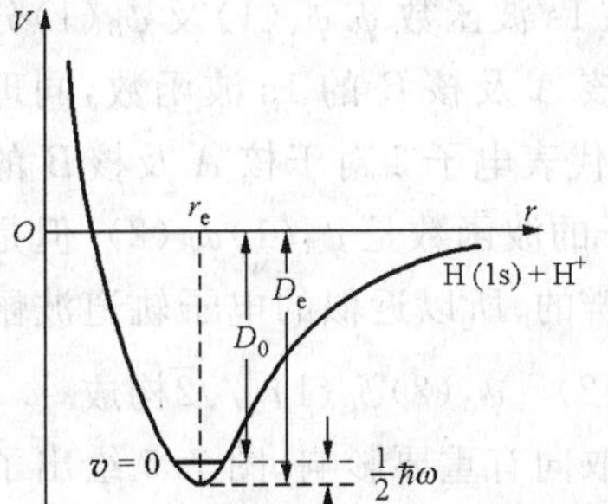

图 7.3 H_2^+ 势能曲线

H_2^+ 电子基态的势能曲线 $V(r)$如图 7.3 所示. 图中以两核距离为无穷远,电子处于某一核的 1s 态(即 $H(1s)+H^+$)时的能量为零. 两核接近时,势能为负. 在 $r=r_e$ 时,势能达极小值 V_{min}. 当 r 小于 r_e 时,V 急速增大. 这里存在一个势能阱. 按经典力学观点,如果原子核相对静止,全无振动,则此分子将处于 $r=r_e$ 处(平衡点). 在这里,势能最小,电子对两个核的吸引力正好与两核间的排斥力相

平衡.可见在 H_2^+ 的基态中,单个电子起了将两个氢核结合起来的作用.

按量子力学观点,核的振动是量子化的(参见§2.2).人们用 v 表示分子振动的量子数.理论指出,即使 $v=0$,系统仍具有零点能 $\hbar\omega/2$.在图7.3中标出了 $v=0$ 的能级,这就是 H_2^+ 电子基态、振动基态的能级. $|V_{\min}|$ 减去 $\hbar\omega/2$ 之值称做分子的离解能,以 D_0 表示,$|V_{\min}|$ 之值以 D_e 表示,则

$$D_0 = D_e - \frac{1}{2}\hbar\omega \tag{7.1.4}$$

显然,如果这个分子吸取了外界来的等于或大于 D_0 的能量,并且这个能量转化为原子核的振动能,那么这两个核的振动振幅将变大,有足够的能量使彼此分离(离解)而形成两个碎片 H(1s)和 H^+.

H_2^+ 的平衡距离是 1.06×10^{-10} m,约等于玻尔第一半径的两倍,即 $2a_1$.直观地看,这是可理解的.这时电子的平均位置是处在两个氢核的中央,距两核均约为第一玻尔半径之遥. H_2^+ 的离解能是2.65 eV.

上述用一个电子键联两个原子的情况称为单电子键,核间的平衡距离称键长,离解能又叫结合能.

本小节所述振动势能与分子组成问题,对一般的二原子分子都适用.

7.1.3　氢分子、双电子共价键

氢分子中有两个氢核 M_A 及 M_B,和两个电子1及2,如图7.4.在薛定谔方程中,势能包括以下诸项:

$$V = \frac{e^2}{4\pi\varepsilon_0}\left(-\frac{1}{r_{1A}} - \frac{1}{r_{1B}} - \frac{1}{r_{2A}} - \frac{1}{r_{2B}} + \frac{1}{r_{12}} + \frac{1}{r_N}\right) \tag{7.1.5}$$

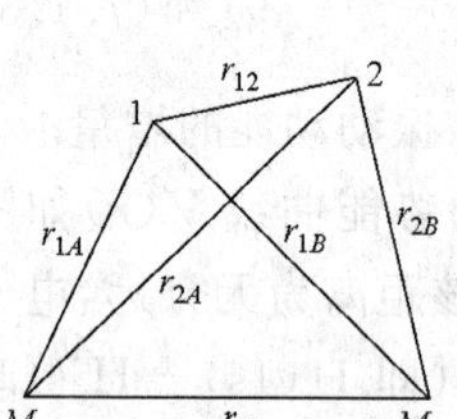

图7.4　氢分子

分子波函数也可以用原子波函数构成,对氢分子基态,可用氢原子基态1s波函数 ψ. $\psi_A(1)$ 及 $\psi_B(1)$ 分别代表电子1对于核 A 及核 B 的1s波函数,同理 $\psi_A(2)$ 及 $\psi_B(2)$ 分别代表电子2对于核 A 及核 B 的1s波函数.两个电子的波函数是 $\psi_A(1)\psi_B(2)$.但是两个电子是不可分辨的,所以近似的电子轨道波函数可以由 $[\psi_A(1)\psi_B(2)\pm\psi_A(2)\psi_B(1)]/\sqrt{2}$ 构成.

在计算电子能量时发现,电子的自旋取向有重要影响.图7.5绘出了理论计算的 H_2 振动势能曲线,其中箭头表电子自旋取向.能量零点是两个氢原子 H(1s)相距为无穷远时的值.从图中可以看出,只有两个电子自旋取向相反时,才能成键,形成稳定的氢分子.两个电子的自旋取向如果

相同，则当两个核接近的时候，一直受到排斥力的作用，是反键的，不能形成稳定分子. 这是泡利不相容原理在起作用. 换一种说法，当两个氢原子的 1s 电子云互相接近的时候，有排斥作用使稳定的分子不能形成.

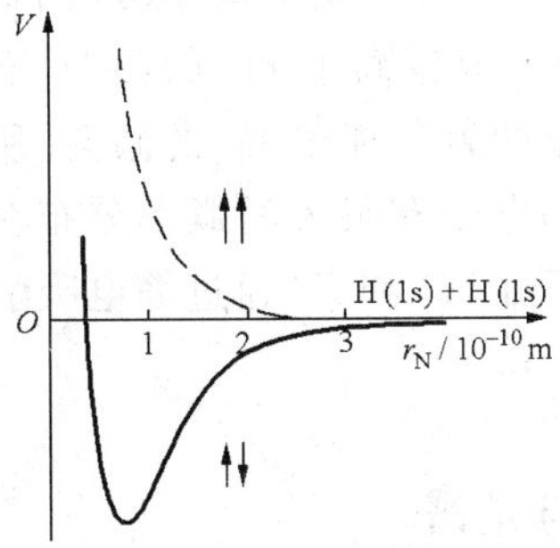

图 7.5　H_2 的势能曲线

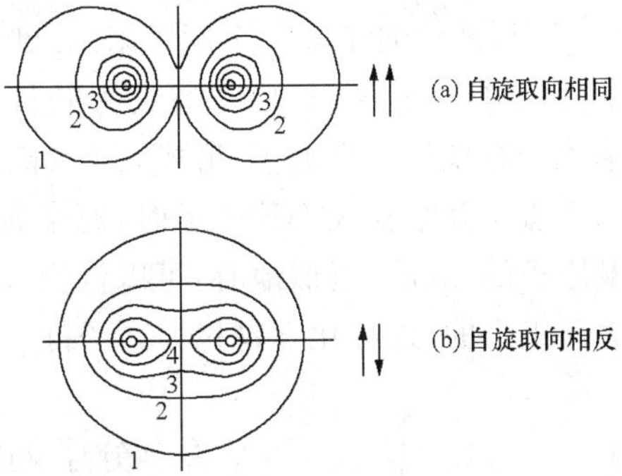

图 7.6　H_2 电子云分布

由全同粒子的性质可知，H_2 基态电子波函数 ψ 应是反对称的. ψ 由轨道波函数与自旋波函数相乘得到. 由于两个自旋取向相反的电子的波函数是反对称的①，所以轨道波函数应是对称的，即应取

$$[\psi_A(1)\psi_B(2)+\psi_A(2)\psi_B(1)]/\sqrt{2}$$

图 7.6 表示了两种状态中电子云的分布，从图 7.6(a)可以看出两片电子云相斥的情况.

氢分子中的键是双电子键，键长 0.74×10^{-10} m，比 H_2^+ 的短；结合能 4.48 eV，比 H_2^+ 的大. 可见 H_2 的双电子键比 H_2^+ 的单电子键强有力得多. 在分子中，一般出现的都是双电子键. 在 H_2 分子中，两个成键电子为两个核机会均等地“共享”，根本不能分辨某个电子属于某个原子核，这种化学键叫共价键. 一般说来，在各种分子中，共价键经常出现. 成键的一对电子，大多自旋取向相反，通常把这叫做“电子配对成键”.

当一个原子的多个价电子构成多个共价键时，往往形成一种“杂化轨道”. 如碳原子的 4 个价电子是 $2s^22p^2$，但在 CH_4 中，这 4 个价电子的组态是 sp^3，4 个波函数是 ψ_{2s}，ψ_{2p_x}，ψ_{2p_y} 及 ψ_{2p_z} 的不同组合，这就是杂化轨道. 它们与 4 个 H 原子构成 4 个共价键，键的方向性使 4 个 H 原子位于正四面体的顶点，C 原子位于中央.

---

① 设电子自旋波函数为 ϕ_α，ϕ_β，则两个自旋取向相反的电子波函数为

$$[\phi_\alpha(1)\phi_\beta(2)-\phi_\alpha(2)\phi_\beta(1)]/2$$

7.1.4　离子键

两个原子通过价电子结合成分子时，必定会出现某些价电子同时“属于”两个核的情况，否则不会成键. 但价电子云的分布，却不一定类似于 H_2，而可能偏向于某一个原子附近. 到了极限的情况就变成离子键. 例如氟化氢(HF)分子，氢原子有失去其价电子而形成氢离子 H^+ 的倾向，而氟原子有获得一个电子，形成具有 $2p^6$ 满壳层的氟负离子 F^- 的倾向. 所以当氢与氟结合成 HF 分子时，原来属于氢的电子有很大的概率分布在氟原子的 2p 层. 近似地看，可以认为这分子是由 H^+ 和 F^- 通过静电吸引力而组合的，这种化学键称为离子键.

§7.2　分子的能级与光谱

分子的三种运动形成三个层次的能级：电子能级、振动能级与转动能级，因此分子具有三类光谱. 本节以二原子分子为主作简单介绍.

7.2.1　二原子分子的转动能级与纯转动谱

设两个原子的质量分别为 M_1, M_2，它们距质心分别为 r_1, r_2，如图 7.7 所示. $r_1 + r_2 = r_0$，r_0 是两原子的距离. 两原子连线叫分子轴. 整个分子可以绕通过质心 O 并垂直于分子轴的轴线转动. 由力学可知，转动惯量为

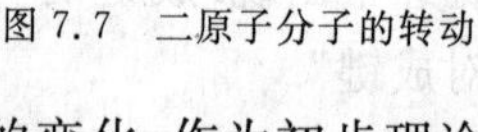

图 7.7　二原子分子的转动

$$I = \frac{M_1 M_2}{M_1 + M_2} r_0^2 = \mu r_0^2 \qquad (7.2.1)$$

式中 μ 是折合质量. 有两个因素会影响转动惯量：(1) 转动产生离心力，使两个原子的距离加大；(2)分子还有振动，振动使 r_0 有周期性的变化. 作为初步理论，先忽略这两个因素. 这就是刚性转子的假设. 对刚性转子，有关系

$$E = \frac{1}{2} I \omega^2 = \frac{(I\omega)^2}{2I} = \frac{p^2}{2I} \qquad (7.2.2)$$

式中 ω 是转动角频率，p 是角动量. 应用量子力学时，将 p^2 作为算符 $\hat{\boldsymbol{p}}^2$，薛定谔方程是

$$\frac{\hat{\boldsymbol{p}}^2}{2I} \psi = E\psi \qquad (7.2.3)$$

这个方程的能量本征值很容易求得，因为 $\boldsymbol{p}^2$ 的本征值是 $J(J+1)\hbar^2$，所以能量的本征值是

$$E_J=\frac{\hbar^2}{2I}J(J+1)=BhcJ(J+1) \tag{7.2.4}$$

式中

$$B=\frac{h}{8\pi^2 Ic} \tag{7.2.5}$$

J 在分子中称为转动量子数；B 叫转动常数，可以由式(7.2.5)求出. 当二原子分子中原子量很小时，$B\approx10^3\ \mathrm{m}^{-1}$. 对于小的 J 值，$E_J\approx10^{-3}$ eV. 原子量越大，转动惯量越大，转动能越小. 转动能级的分布如图 7.8 所示.

现在分析转动能级之间的跃迁问题. 显然，这种跃迁，是交变电磁场与分子转动运动之间相互作用的结果，而与分子的振动、价电子的运动关系不大. 分析证明，为发生跃迁，分子必须具有固有的电偶极矩. 当分子转动时，这个转动(亦即在平面上的圆振动)着的电偶极矩与交变场相互作用，导致光子的发射或吸收.

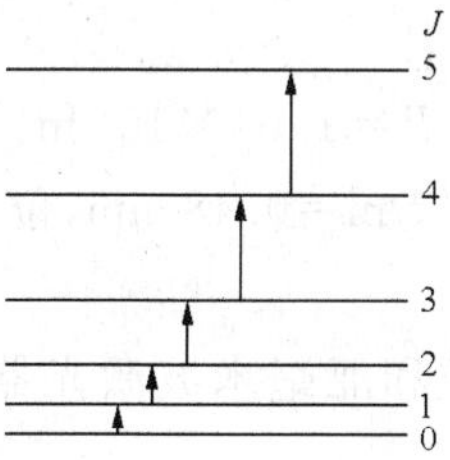

图 7.8　转动能级

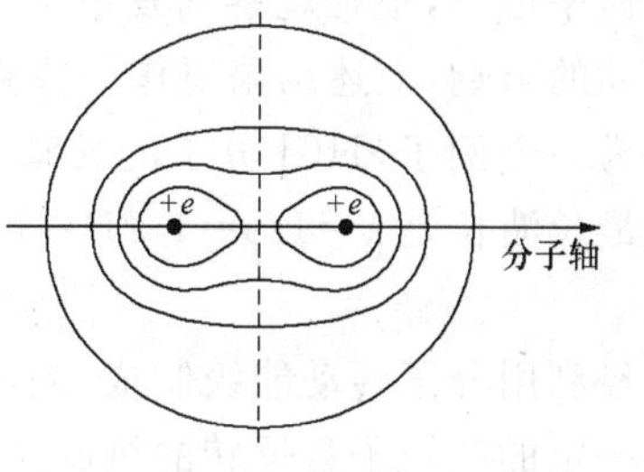

图 7.9　H_2 中电子概率分布

二原子分子中电子云的分布是轴对称的，它的电偶极矩只能沿着分子轴的方向. 等电荷的二原子分子，如 H_2，O_2，N_2 等①，不可能存在电偶极矩. 因为这时两个原子核的正电荷相同. 两核外电子对称地分布在两个核的周围，如图 7.9 所示. 图中的曲线表示电子概率密度相同处的连线. 显然，这种对称的正负电荷分布，不可能具有电偶极矩. 因此，这些分子不可能发生转动能级之间的跃迁.

不等电荷核的二原子分子具有电偶极矩 $\hat{D}$. 跃迁矩阵元是

$$D_{12}=\int\varphi_{J_1}^*\hat{D}\varphi_{J_2}\,\mathrm{d}\boldsymbol{r}$$

① 等电荷核二原子分子包括不同同位素的同核二原子分子. 如对氧分子而言，有 $^{16}O^{16}O$，$^{16}O^{18}O$，$^{18}O^{18}O$ 等.

由此可得选择定则

$$\Delta J = \pm 1 \tag{7.2.6}$$

谱线的波数是

$$\sigma = \frac{1}{hc}(E' - E) = B[J'(J'+1) - (J'-1)J'] = 2BJ' \tag{7.2.7}$$

式中 J' 是上能级的量子数. 因 J' 可以等于 1,2,3,…,所以光谱谱线波数形成一个倍频系列

$$\sigma = 2B, 4B, 6B, 8B, \cdots$$

由光谱频率可以测出分子转动常数 B,从而由式(7.2.5)可得到转动惯量 I. 当原子质量为已知时,可以由式(7.2.1)算出两原子间的距离.

谱线的频率是 $\nu = \sigma c$,但有时候径直将 σ 叫做频率.

观察分子纯转动谱时,分子一般处于电子基态和低振动态($v=0,1$ 等). 由于转动能级间能量差很小,故在室温下不同 J 能级上都有粒子占据. 但下能级粒子数多于上能级粒子数,所以可以观察到吸收谱. 由于自发跃迁速率很小,很难观察到发射谱. 又,如果考虑到转动离心力作用及分子振动的影响,上述结果要作一些修正.

作为一个例子,HCl 分子的转动常数是 $B = 1.04 \times 10^3\ \mathrm{m^{-1}}$. 纯转动谱线的最长波长是 $\lambda = 1/\sigma = 1/2B = 4.8 \times 10^{-4}\ \mathrm{m} = 0.48\ \mathrm{mm}$,位于亚毫米波段.

已经利用分子转动能级制成多种远红外和亚毫米波激光器,当然这里需要一定的使粒子数反转的机制.

7.2.2　二原子分子的振动和振转谱

图 7.3 已经给出一种分子的振动势能曲线. 这个曲线的底部,非常接近于一个抛物线. 因此,分子的振动,作为初步近似,可以看作是简谐振动. 可以设想两个原子由一个弹性系数为 k 的弹簧相连,如图 7.10. 振子所受的力与位移成正比,$F = -k(r - r_e)$,振动频率 $\nu_0 = \frac{1}{2\pi}\sqrt{k/\mu}$,势能 $V = \frac{1}{2}k(r - r_e)^2$. 按量子力学,振动是量子化的,振动能量

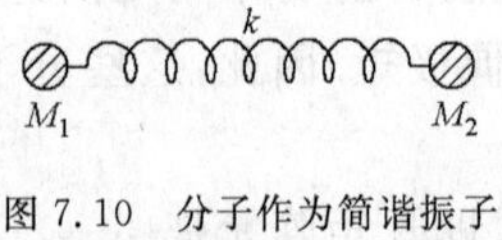

图 7.10　分子作为简谐振子

$$E_v = \left(v + \frac{1}{2}\right)h\nu_0, \quad v = 0,1,2,\cdots \tag{7.2.8}$$

式中 v 是振动量子数. 这个能级系列是等距的,相邻二能级间能量差为 $h\nu_0$. 但是,分子的势能曲线上部偏离抛物线较显著,影响是不可忽略的. 修正方法,这里从略. 修正后的能量用以下标准形式来表示

$$E_v = hc\omega_e\left(v+\frac{1}{2}\right)-hc\omega_e x_e\left(v+\frac{1}{2}\right)^2+\cdots \tag{7.2.9}$$

注意式中 ω_e 不具有频率的量纲,而有波数的量纲①. 又,$x_e \ll 1$. ω_e,$\omega_e x_e$ 等称做分子的振动常数. 由于存在修正项,当量子数 v 加大时,相邻能级的间距逐渐减小. 一个典型的能级图见图 7.11. 把振动能级画在势能曲线内,是一种传统作法. 从经典力学看,横线长度表示了分子振动时两个原子距离的变化. 但从量子力学看,原子概率分布有一些超出了这个界限.

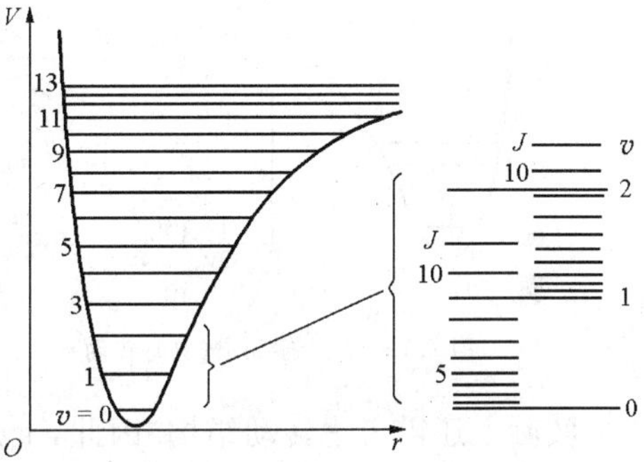

图 7.11 二原子分子振动及转动能级

二原子分子的振动能 $hc\omega_e$ 约从 0.5 eV(轻分子)到 0.025 eV(重分子). 分子振动常数的一组典型数值是,对 HCl 分子电子基态,$\omega_e = 2.99\times10^5\ \text{m}^{-1}$,$\omega_e x_e = 5.3\times10^3\ \text{m}^{-1}$.

分子在振动的同时还在转动,因此对应每一振动态有许多转动态. 分子能级是振转能级,振转能级的能量是

$$E_{v,J} = hc\omega_e\left(v+\frac{1}{2}\right)-hc\omega_e x_e\left(v+\frac{1}{2}\right)^2+hcBJ(J+1)+\cdots \tag{7.2.10}$$

图 7.11 画出了 $v=0,1$ 两个振动态的部分振转能级.

在分子振动能级之间发生跃迁的条件,也是分子必须具有电偶极矩. 因此同核二原子分子无振转谱. 跃迁的选择定则,对简谐振动是 $\Delta v=\pm1$,对非简谐振动是

$$\Delta v = \pm1,\pm2,\pm3,\cdots \tag{7.2.11}$$

分子在通常情况下都处于电子基态及低振动态. 最易观察的是由 $v=0$ 出发的吸收谱,$v=0\to v'=1$ 跃迁产生基频(不计转动能级),频率为 ν_0. $\Delta v>1$ 的跃迁产生"泛频谱",频率大体为 $2\nu_0$,$3\nu_0$ 等. 产生泛频线的跃迁概

① 这是分子光谱中沿用的符号,注意不要与圆频率相混.

率随 Δv 的加大而迅速减小，相应的谱线强度也迅速减弱，如图 7.12 所示. 基频线在红外波段，泛频线在红外或可见波段.

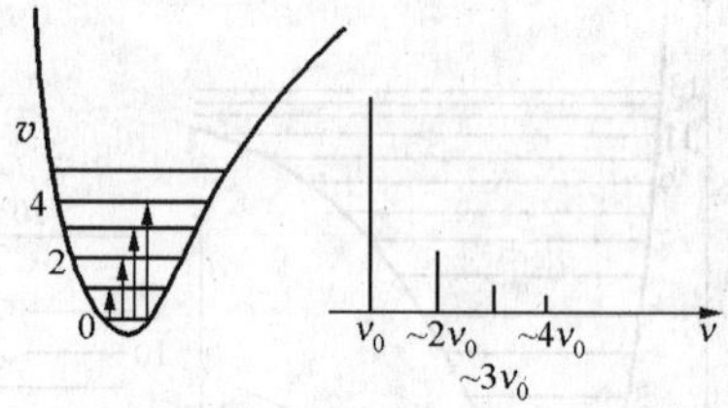

图 7.12 分子振动谱(忽略转动)

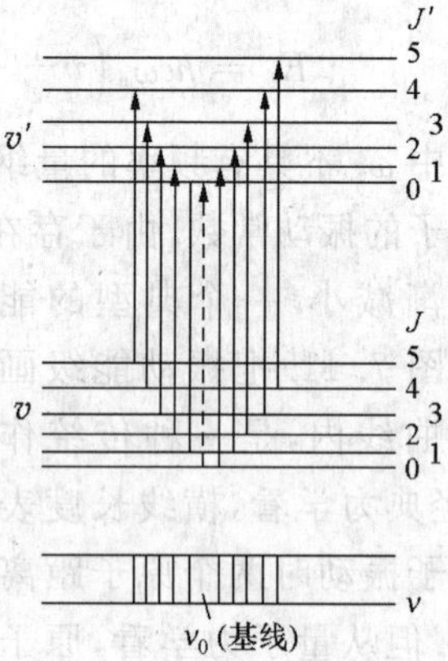

图 7.13 振转谱带(一部分)

实际上还需考虑转动结构. 因此，上述振动谱线均有精细的结构. 图 7.13 给出了某一 Δv 跃迁中谱线的结构. 由图可见，它由若干条密集的、间距大致相等的谱线组成，由 $\Delta J=\pm1$ 决定，这叫做一个谱带. 注意谱带靠近中央部分，$J=0\to J'=0$ 的线是不存在的，它的位置正好等于不考虑转动时振动谱线的位置. 这在谱带中形成一个空缺，频率为 ν_0，称为基线.

简言之，二原子分子振转谱是带状谱，每"一条"振动线都是一个谱带.

7.2.3 多原子分子的振动谱

多原子分子的振动情况很复杂，本小节仅讲一点基本概念. 由 N 个原子组成的分子，有 $3N-6$(或 $3N-5$)个振动自由度. 它具有 $3N-6$(或 $3N-5$)个基本振动方式. 这种基本振动叫做简正振动，可以用振动理论分析出来. 每一简正振动有一个振动基频. 分子的任何振动可以由这些简正振动组成. 设各简正振动间无简并，其基频波数为 $\omega_1,\omega_2,\omega_3,\cdots$，则能级能量为

$$E(v_1,v_2,v_3,\cdots)=\left(v_1+\frac{1}{2}\right)hc\omega_1+\left(v_2+\frac{1}{2}\right)hc\omega_2+\left(v_3+\frac{1}{2}\right)hc\omega_3+\cdots \tag{7.2.12}$$

其中 $v_1,v_2,v_3,\cdots$ 是振动量子数，取值 $0,1,2,\cdots$，以上假设振动无简并.

能级用符号($v_1,v_2,v_3,\cdots$)来表示.

例如CO_2分子,是线性分子,有4个振动自由度,它的简正振动模式和波数如图7.14所示.图中●代表碳原子,○代表氧原子.它们共有4种振动方式,但是只有3个振动频率,因为图中间两种振动实际上是相同的(+代表垂直纸面向外,-代表垂直纸面向里),是简并的模式.由于ω_2振动有简并,能级公式为

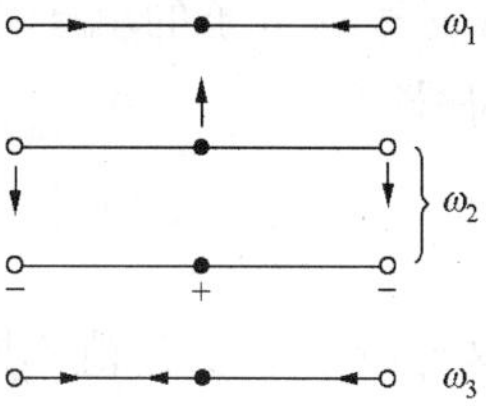

图7.14 CO_2的简正振动

$$\frac{E(v_1,v_2,v_3)}{hc}=\left(v_1+\frac{1}{2}\right)\omega_1+(v_2+1)\omega_2+\left(v_3+\frac{1}{2}\right)\omega_3$$

顺带指出,CO_2激光器是一种非常重要的激光器,激光输出波长在10.4 μm和9.4 μm附近,它是由振动态(0,0,1)→(1,0,0)及(0,0,1)→(0,2,0)跃迁中的若干振转谱线产生的.CO_2激光器的连续输出功率可达10 kW以上,广泛应用于激光加工、通信、光雷达、激光武器等方面.

分子振动光谱中的一个重要情况为,若干振动频率基本上是分子内部某些很小原子团的振动频率,而与分子的其余成分关系不大.这些频率就成为这些原子团的特征.因此,它们对于分析分子结构具有重要意义.表7.1中列出了部分原子团特征吸收谱线的频率和波长.

表7.1 原子团特征红外吸收谱线

原子团	C—O	C=O	C=C	C≡C	C=S	C—H	O—H
频率/cm^{-1}	1150	1095～1745	1590～1640	2220	1530	2890～3350	3600
波长/μm	8.5	5.90～5.73	6.30～6.10	4.50	6.59	3.46～3.0	2.75

分子的红外振动谱(振转谱)是分析物质结构的各种谱方法中最重要的方法之一.

7.2.4 分子的电子能态与电子带系光谱

前面讨论的都是分子中价电子处于基态的情况.分子还有许多电子激发态.分子中电子的轨道运动、自旋运动及其耦合状况很复杂.本小节仅就二原子分子作一最初步的介绍.在分子中,电子在一个相对于分子轴是轴对称的电场中运动.分子的轨道总角动量沿分子轴方向的分量是量子化的,记为M_L.M_L值可正可负,但M_L和$-M_L$状态实际上无区别,因为从M_L态换到$-M_L$态,相当于电子的转动全部反向,这对于分子的状

态无影响. 因此,只需取 M_L 的绝对值. 令

$$\Lambda = |M_L| \tag{7.2.13}$$

Λ 是表征分子的电子态的重要量子数. 对不同 Λ 值的电子态,有不同的符号:

Λ	0	1	2	3
分子态符号	Σ	Π	Δ	φ

这与原子中按 L 值不同而分为 S,P,D 等态类似.

电子自旋是不受电场影响的,分子中各电子的总自旋角动量,仍如原子中那样,用量子数 S 表征. 把 $2S+1$ 值写在分子态符号左上角,作为多重数. 图 7.15 是 Li_2 分子几个电子态的势能曲线图. 基态是 $^1\Sigma$ 态,$\Lambda=0$,$S=0$,两个价电子的自旋取向相反. 上面一个 $^3\Sigma$ 态,不能形成稳定分子. 这里 $S=1$,表示两个价电子自旋取向平行,再上面两个激发态 $^1\Sigma$ 和 $^1\Pi$ 都能形成稳定分子.

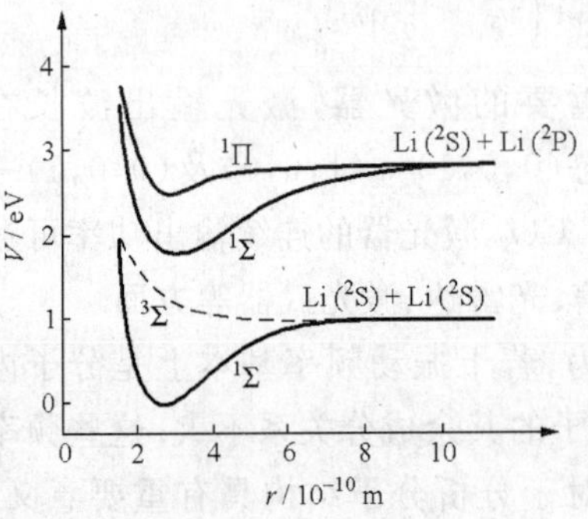

图 7.15　Li_2 电子态

极大多数二原子分子基态都是 $^1\Sigma$ 态,它们没有固定磁矩,是抗磁性分子. 少数二原子分子不同. 如 O_2 基态为 $^3\Sigma$,NO 基态为 $^2\Pi$,它们是顺磁性分子.

每一个稳定的激发态中都包含大量振转能级,电子激发态与基态之间的跃迁产生分子的电子光谱. 在吸收谱中,电子一般从电子基态的低振动态出发,可以看到若干振转谱带. 在发射谱中,分子可以被激发到电子激发态的许多振转态上,因此,当电子向下能级跃迁时,可以产生大量振转带,叫做"带系". 电子跃迁是由感生电偶极矩引起的,各量子数的选择定则是

$$\begin{aligned} &\Delta\Lambda = 0, \pm 1; \quad \Delta S = 0; \\ &\Delta v = 0, \pm 1, \pm 2, \cdots; \quad \Delta J = 0, \pm 1 \quad (0 \nrightarrow 0) \end{aligned} \tag{7.2.14}$$

每一个 Δv 跃迁产生一个谱带,这个谱带结构比红外振转带(图 7.13)还要复杂. 作为一个例子,图 7.16 中给出 N_2 分子 $C^3\Pi \to B^3\Pi$ 跃迁所产生的谱带系发射谱线. 这个带系叫做第二正带系. 图 7.16(a)中显示出 9 个谱带,每带相应于一个 Δv,如 0.5 带是由 $v'=0 \to v=5$ 产生的. 图 7.16(b)则将其中一个带(0.2 带)中 380.5～375.5 nm 范围内的光谱用高分辨光谱仪记录,显示带中密集的电子振转谱线.

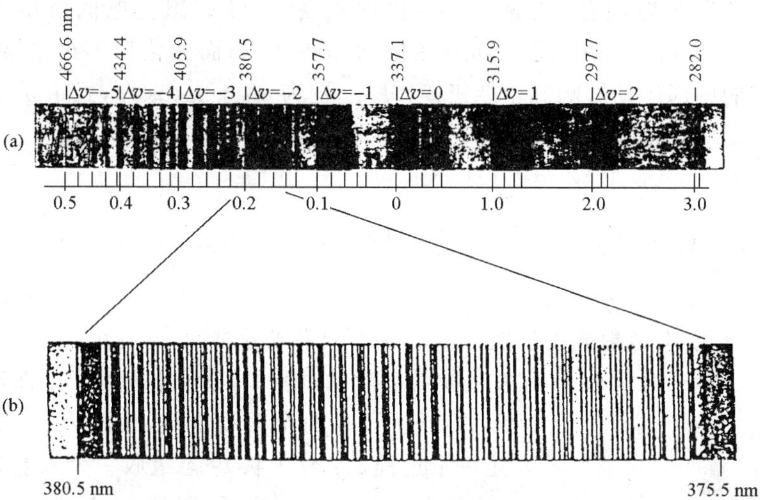

图 7.16 $C^3\Pi \rightarrow B^3\Pi$ 电子带系光谱

§7.3 拉曼散射和非线性光学效应

第六章曾指出，一个原子(分子)在外加交变场 $E_0 e^{i\omega t}$ 作用下，会发生受迫振动，出现感生电偶极矩 $D=\varepsilon_0 \chi_e E_0 e^{i\omega t}$. 对某一特定外加频率而言，极化率 χ_e 是一个常数，电偶极矩以外加频率作简谐振动. 如果由于某种原因，感生偶极矩的振动出现了其他频率成分，原子就可能发射其他频率的谱线. 这就出现了更加丰富多彩的光谱现象.

7.3.1 拉曼散射与分子的拉曼光谱

光散射是一种常见的光学现象，当入射光频率与分子不共振时，分子受迫振动是非常微弱的. 但这种微弱的受迫振动也能向各方向发射与入射光同频率的光，这就是瑞利散射. 由电磁理论得知，偶极子辐射功率正比于 $|\ddot{D}|^2$，所以散射光强正比于频率的四次方. 这正是许多光学现象(如天空的蓝色)发生的原因.

但在 1928 年，印度物理学家拉曼(C. V. Raman)发现，分子(他用的是溶液)的散射光中，具有与入射光频率不同的成分. 设入射光圆频率为 ω_0，散射光中有频率成分 ω：

$$\omega = \omega_0 \pm \omega' \tag{7.3.1}$$

研究发现，ω' 与分子某些振动、转动频率相符，这就是拉曼效应.

从经典物理看，拉曼效应的物理机制如下. 在感生电偶极矩 $D=\varepsilon_0\chi_e E_0\cos\omega_0 t$ 中，由于分子同时在振动和转动，因而极化率不再是常数. 分子的内部运动影响感生偶极矩，使 χ_e 变为 $\chi_{e0}+\chi_e'\cos\omega' t$，式中 ω' 为分子振动(转动)圆频率. 于是

$$
\begin{aligned}
D &= \varepsilon_0(\chi_{e0}+\chi_e'\cos\omega' t)E_0\cos\omega_0 t \\
&= \varepsilon_0\chi_{e0}E_0\cos\omega_0 t+\frac{1}{2}\varepsilon_0\chi_e' E_0[\cos(\omega_0+\omega')t+\cos(\omega_0-\omega')t]
\end{aligned}
\tag{7.3.2}
$$

由此可见，在散射光中出现了 $\omega_0\pm\omega'$ 的频率成分.

从量子力学来看，在发生拉曼散射的过程中，分子中发生了如图7.17所示的跃迁. 设有两个振动能级，相距为 ω'. 图中左边一个过程是：分子从 v_1 态吸收一个入射光子 ω_0，而放出一个 $\omega_0-\omega'$ 光子，回到 v_2 态. 右边一个过程则相反，分子从 v_2 态到 v_1 态，放出 $\omega_0+\omega'$ 光子. 低频分量($\omega_0-\omega'$)叫斯托克斯分量，高频分量($\omega_0+\omega'$)叫反斯托克斯分量. 由于在通常情况下 v_2 上的粒子数远小于 v_1 上的粒子数，故反斯托克斯分量较难观察. 以上过程同样可以出现在两个转动能级之间(这时频移 ω' 更小)以及两个 v 不相同的振转能级之间. 跃迁的选择定则是

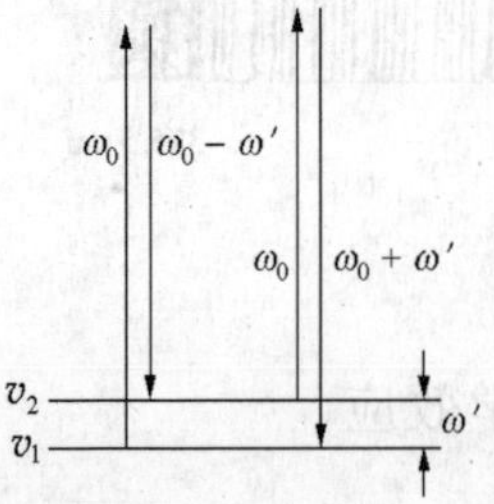

图 7.17　拉曼跃迁

$$
\Delta v=0,\pm 1;\quad \Delta J=0,\pm 2 \tag{7.3.3}
$$

图 7.18 是 HCl 分子的一幅拉曼散射谱图，图 7.19 是相应的振转能级图.

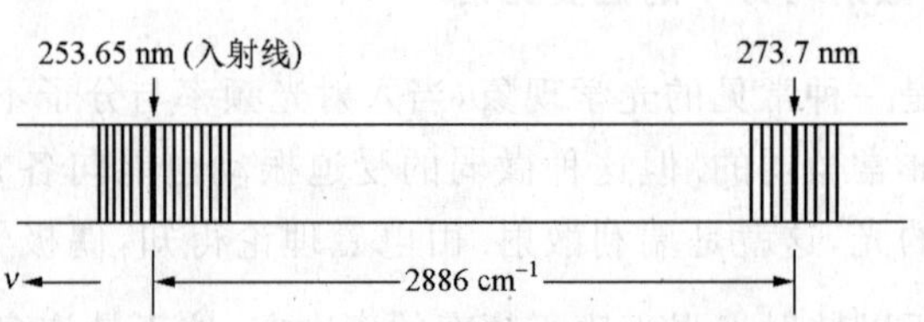

图 7.18　HCl 拉曼散射谱

图 7.18 中 $v=0,J=0$ 和 $v'=1,J'=0$ 之间的距离为 2886 cm^{-1}. $v=0$ 和 $v'=1$ 两组振转能级中转动分裂值几近相同. 入射激励光用的是 Hg 灯发出的 253.65 nm 紫外线. 在散射光中，可看到一条由 $v=0\rightarrow v'=1$ 的拉曼散射斯托克斯分量，$\lambda=273.7$ nm. 273.7 nm 与入射波长 253.65 nm 之间的关系是

$$(273.7\times10^{-7}\ \text{cm})^{-1}=(253.65\times10^{-7}\ \text{cm})^{-1}-2886\ \text{cm}^{-1}$$

它是由如图 7.19 左边所示各可能跃迁中的 $\Delta J=0$ 的跃迁产生的. 这类跃迁有好多个(从 $v=0$ 中不同的 J 能级出发),但由于频率非常接近,只形成了一条线. 以 273.7 nm 线为中心形成的一个谱带,则是由 $\Delta J=\pm2$ 的各分量所贡献的. 这些分量,除紧靠中心的线之外,其他各线之间的间距大约相等,为 40.5 cm^{-1}. 此外围绕入射的 253.65 nm 线也有一个谱带,属于 $\Delta v=0,\Delta J=0,\pm2$ 各线,两侧线的间距为 41.6 cm^{-1}. 读者可从这些数据中求出 HCl 分子的若干常数.

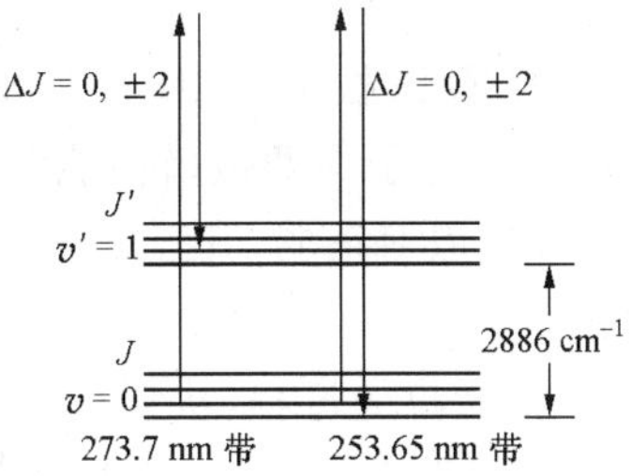

图 7.19　HCl 拉曼散射跃迁图

拉曼散射谱是很弱的,过去要用强的单色光源及特殊设计的聚光本领很强的光谱仪. 自从有了激光光源后,拉曼谱就较易获得了. 拉曼谱线结构决定于分子的振动、转动特性,而与入射光频率无关,是分析分子结构的有效手段. 有意义的是,等电荷核二原子分子没有振动谱及转动谱. 用拉曼谱就能有效地研究其振转特性.

拉曼散射谱的强度与入射光强成正比.

7.3.2　非线性光谱

迄今为止,我们认为,感生电偶极矩与外场有线性关系,$D=\varepsilon_0\chi_e E$. 当外场 E 作简谐振动时,感生偶极矩亦作同频简谐振动. 但当入射光非常强时,感生偶极矩就会出现非线性响应. 一般说来,有以下关系:

$$D=\varepsilon_0\chi_e^{(1)}E+\varepsilon_0\chi_e^{(2)}E^2+\varepsilon_0\chi_e^{(3)}E^3+\cdots \tag{7.3.4}$$

式中 $\chi_e^{(1)}$ 是线性极化率,$\chi_e^{(2)}$ 是二阶极化率,$\chi_e^{(3)}$ 是三阶极化率,…….高阶效应的影响一般比低阶的影响要小得多. 但随着入射光强的增大,越是高阶,相对增长得越快. 因此,原子、分子的高阶极化具有重要的意义. 以二阶极化为例,设入射光为 $E_{10}\cos\omega t$,则

$$D^{(2)}=\varepsilon_0\chi_e^{(2)}(E_{10}\cos\omega_1 t)^2=\varepsilon_0\chi_e^{(2)}\cdot\frac{1}{2}E_{10}^2(1+\cos2\omega_1 t) \tag{7.3.5}$$

$D^{(2)}$ 中包含了倍频振动,于是原子可发射倍频光. 如入射光中包含两个频率的光 $E_{10}\cos\omega_1 t+E_{20}\cos\omega_2 t$,则 $D^{(2)}$ 中将出现和频$(\omega_1+\omega_2)$及差频$(\omega_1-\omega_2)$的振动,能起到光学混频的作用. 高阶极化是一种非线性效应,有关的物质称做光学非线性物质. 理论分析证明,具有中心反演对称的物质,如气体,不具有偶阶非线性效应. 因辐射强度正比于 $|\ddot{D}|^2$,故 n 阶倍频强

度正比于 E^{2n}，即正比于入射光强的 n 次方.

光学非线性效应的内容丰富多彩，本小节仅举三方面的例子.

1. 受激拉曼散射. 在 7.3.1 节中已介绍过拉曼散射，如入射光圆频率为 ω_0，分子中两振(转)能级间的距离为 ω'，则在散射光中有 $\omega_0 \pm \omega'$ 成分. 拉曼散射很弱，其强度与入射光强的一次方成正比. 它属于自发发射性质.

受激拉曼过程，从频率关系上看与普通拉曼过程相同，但性质不同，它具有受激发射性质. 散射光具有很好的相干性、方向性，其强度可以达到很大的数值. 分析表明，它是由三阶非线性极化引起的. 设如图 7.20 的能级，i 为初能级，f 为末能级，n' 是一个虚能级. 在两个圆频率为 ω_1，ω_2 的光的作用下

$$D^{(3)} = \varepsilon_0 \chi_e^{(3)} [E_{10} \cos\omega_1 t + E_{20} \cos\omega_2 t]^3 \tag{7.3.6}$$

$D^{(3)}$ 中包含 $E_{10}^2 E_{20} \cos(\omega_1 - \omega_1 + \omega_2)t$ 成分，引起 ω_2 光的发射，导致受激发射. 实际过程如下. 如图 7.20 所示，当用 ω_1 光照射介质时，普通拉曼过程放出弱的 ω_2 的光子，散射光强正比于入射光强. 入射光强 I_1 变大时，非线性过程开始起作用. 这个过程显然对 ω_2 光有增益作用，并且随着 ω_1 光的增强，增益系数也越来越大. 当 ω_1 光强 I_1 达到一定阈值时，受激发射开始占优势，光强 I_2 开始急剧增加，这就是受激拉曼散射阶段. 图中在 I_1 的阈值左边，是很弱的普通拉曼散射，光强 $I_2 \propto I_1$；右边是受激拉曼散射，I_2 正比于 I_1 的高次方. 当 I_1 很大时，I_2 出现饱和.

从能级跃迁角度看，需要假定一个虚能级，如图 7.20 中的 n'. 粒子从初能级 i 经过中间的虚能级 n' 到达末能级 f. 它并不停留在虚能级上，但在虚能级附近必须有实能级 a(一个或多个)存在，且跃迁 i→a，a→f 为选择定则所允许. 这种跃迁也有共振性质，即实能级距虚能级越近，跃迁概率越大.

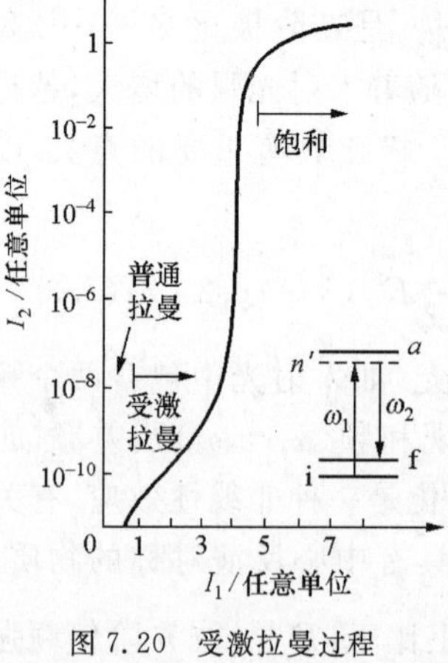

图 7.20　受激拉曼过程

受激拉曼效应可用于光谱分析，在技术上，它的主要应用之一是改变激光频率，扩大现有激光器的使用范围. 所用介质大都为流体或高压气体，高压是为了增大分子浓度. 如常用的一种氢移频器，充有 50 个大气压的氢气. 氢的两个振动态之间有频差 $\omega' = 4155\ \text{cm}^{-1}$. 激光通过它，可以使波长变长(斯托克斯分量，下移频)或变短(反斯托克斯分

量,上移频)激光.当入射光功率足够大时,转换效率可达10%以上.

2. 谐波发生.利用二阶、三阶非线性极化,产生光的二次、三次倍频,有重要的实用意义.图7.21是用Nd:YAG 1.06 μm激光在Rb蒸气中获得三倍频(354.7 nm)的能级图.基态是5S,从基态出发,有三个虚能级 n_1,n_2 和 n_3.根据跃迁选择定则,由5S→n_1,在 n_1 附近的5P实能级起主要作用.n_1→n_2,n_2 附近的S及D能级起主要作用.n_2→n_3,n_3 附近的P能级起主要作用.从 n_3→5S产生三倍频光.

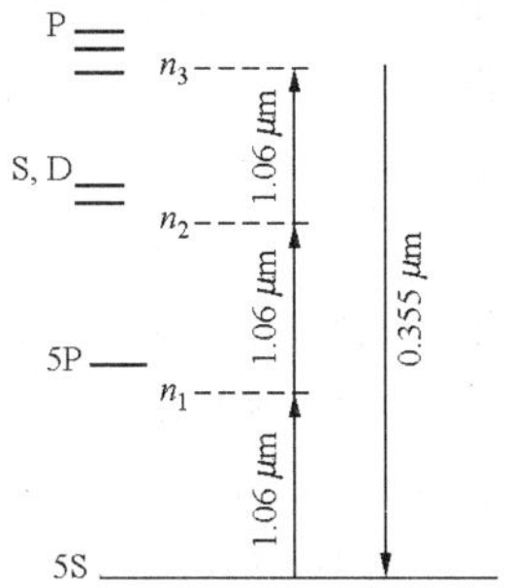

图7.21 Rb中1.06 μm光三倍频

实用的倍频介质,大多用晶体.由于二、三倍频光输出分别与入射光强的二、三次方成正比,所以入射光越强,转换效率越高.实用的倍频器,转换效率可达百分之几十,应用很广.

3. 参量放大与振荡.用强激光照射非线性介质,能产生类如图7.22所示的跃迁.介质吸收一个 ω_p 光子,发出一个 ω_s 和一个 ω_i 光子,$\omega_p=\omega_s+\omega_i$.这时,如再输入一个信号光 ω_s,它将得到放大,在一定条件下能产生 ω_s 的振荡.ω_p 是泵频,ω_s 称为信(号)频,ω_i 称为闲频.图7.23是一个参量振荡器原理图.腔镜 r_1,r_2 组成 ω_s 的光频谐振腔,但对 ω_p 为透明.腔中放置非线性介质(一般用晶体).当用强激光 ω_p 照射时,在适当条件下腔内能产生 ω_s 的振荡,并从腔中输出.这就是参量振荡.如果腔镜 r_1 和 r_2 对于 ω_s 和 ω_i 光都是高反射率,则在腔中可同时产生 ω_s,ω_i 的振荡.这时"信频"和"闲频"的区别就没有意义了.

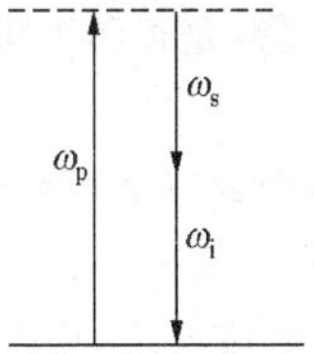

图7.22 参量放大、振荡中的跃迁

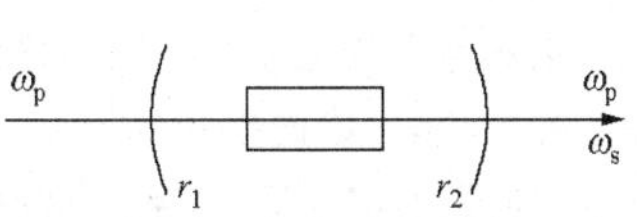

图7.23 光参量振荡器

参量放大和振荡,本来是在射频电路中实现的,这些电路由电阻、电容、电感、谐振腔等组成.典型的参量放大和振荡器具有泵频、信频和闲频三个谐振电路.在泵频的作用下,可以使信频输入得到放大,或引起信频振荡.当频率由射频转向光频时,由集中参量元件实现的过程变成由微观粒子来实现了.光频参量振荡是量子振荡的一种.

光频参量振荡器的输出频率具有宽调谐特性,它取决于腔的性质、非线性材料的性质以及它的温度、晶轴取向等因素.这是一种重要的可调谐激光源.

思 考 题

7.1 H_2^+ 是最简单的单电子成键的分子,它的构成是否可以用下述的经典模型来解释:两个氢核相距为 r_e,互相排斥.在两者之间有一个电子,用吸引力把它们联系成稳定的分子.

7.2 HF是由离子键结合的,为什么正离子和负离子不会互相吸引而"中和"?

7.3 分子的振动能否用经典的求粒子系统振动模式(振动基频及一系列倍频)来描绘?

7.4 分子转动的经典理论与量子力学理论的结果有何异同?

7.5 分子能级有无塞曼效应?有无超精细结构?

7.6 有一类分子(如XeF),电子基态不能形成稳定态,但某些激发态却可形成稳定分子.两态的势能曲线如附图所示,这叫准分子.准分子如图中所示的跃迁,特别有利于产生激光,试推想其原因.

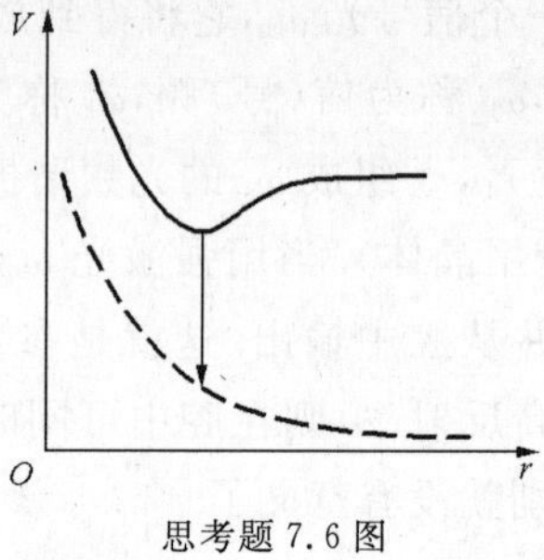

思考题7.6图

7.7 正文公式(7.3.4)中,各阶极化率 $\chi_e^{(1)}$,$\chi_e^{(2)}$,$\chi_e^{(3)}$ 等,是否属于同一类物理量?它们的量纲各是什么?

7.8 通过三束频率分别为 ω_1,ω_2,ω_3 的激光(其中两个或三个频率也可以相同)的三阶非线性效应,可以产生频率为 $\omega_1\pm\omega_2\pm\omega_3$ 或 $\omega_1\pm\omega_2\mp\omega_3$ 之相干光.这一般称之为"四波混频"过程.今有一波分复用光纤通信系统(见附图),有相邻频道频差相同的多个激光通过同一光纤传输,每一频率激光中都载有大量信息.若在光纤中出现四波混频,你能想出这对通信所产生的影响吗?

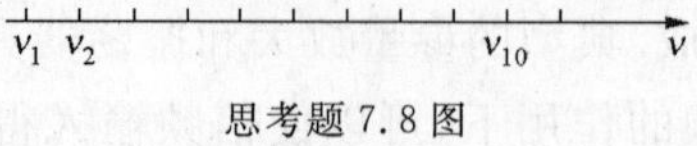

思考题7.8图

7.9 利用非线性光学效应，在光频段可以实现频率的加法(和频)、减法(差频)和乘法(倍频). 可否设想，利用这些效应，研制出能产生任意频率(任意颜色)的相干光的设备来(相当于射频的信号发生器).

7.10 “荡秋千”是机械振动中说明参量振荡的一个生动例子. 在这里，荡秋千者在秋千上的周期性动作将能量注入振动系统，而系统(人及秋千)的振动频率是能量注入频率的一半. 试分析荡秋千的过程并说明这一点.

习　题

7.1 查手册得知 H_2 分子电子基态 $\omega_e = 4401\ \mathrm{cm^{-1}}$，$\omega_e x_e = 121\ \mathrm{cm^{-1}}$，$B = 59.6\ \mathrm{cm^{-1}}$，求 H_2 分子振动基态的振动频率和纯转动谱的基频.

7.2 H_2 分子内部的运动有三个层次：电子绕两个氢核的运动，两个氢原子的振动和转动. 试用一种简单的近似估算方法，选取三个有代表性的数据，能反映以上三种运动快慢的程度，并据此评论玻恩-奥本海默近似的合理性.

7.3 HBr 分子的远红外吸收谱是一组等间距的谱线，相邻谱线频差 $\Delta\sigma = 16.94\ \mathrm{cm^{-1}}$. 试求 HBr 分子的转动惯量及两个原子核间的距离. 已知 H 和 Br 的原子量分别是 1.008 和 79.92.

7.4 HCl 分子有一个近红外光谱带，相邻几条谱线的波数是 2925.78，2906.25，2865.09，2843.56 和 2821.49 $\mathrm{cm^{-1}}$. H 和 Cl 的原子量分别是 1.008 和 35.46. 试求这个谱带的基线波数和 HCl 的转动惯量.

7.5 氯原子两同位素 ^{35}Cl 和 ^{37}Cl 分别与氢化合成 $H^{35}Cl$ 和 $H^{37}Cl$. 试求这两种分子振动光谱中相应光谱带基线的频率比. 只考虑简谐振动.

7.6 利用受激拉曼效应可以改变激光器输出的激光频率. 今有一激光器，输出在红光区域内，连续可调. 但是工作需要有红外 800 nm 的激光，于是想用此效应移频. 已知氢分子移频器可上或下移频 4155 $\mathrm{cm^{-1}}$，问应该如何调整现有激光器的波长？

7.7 莫尔斯(P. M. Morse)曾用一个解析函数

$$V(r - r_e) = D_e[1 - e^{-\beta(r - r_e)}]^2$$

来表示二原子分子势能曲线，式中 D_e 为图 7.3 中之 $|V_{\min}|$，r_e 为两核间平衡距离. 此式中除 D_e 外，只多了一个参数 β，相当简单，而与实际情况吻合得相当好. 上式以曲线最低点为势能零点. 已知对 H_2 基态，式中 $\beta \approx 2$(r 用 Å 为单位). 请用坐标纸作出此势能曲线[横坐标$(r - r_e)$可取 −0.35，−0.25，0，0.25，0.50，0.75，1.00，1.50，2.00 Å 诸值]. 又，在哪个范围内，上式可近似用抛物线表示？

第八章 附篇一——固体物理学的一些知识

固体是由大量的原子(分子、离子)以一定的方式排列组成的,其密度为$10^{22}\sim10^{23}$个原子每立方厘米.这些粒子之间有着相当强的相互作用,固体的宏观性质就是大量粒子间相互作用和集体运动的表现.由于结构的复杂性,在固体中出现的各种物理过程极为丰富,固体材料在科学技术上的应用也极为广泛.近半个世纪以来,固体物理已成为物理学研究最重要的方面之一.从电子学的角度来看,1948年巴丁(J. Bardeen)、布喇顿(W. H. Brattain)和肖克莱(W. B. Shockley)发明了半导体三极管,在这以后,固体元器件在电子学、光电子学领域迅猛地发展起来.他们三人为此获得1956年的诺贝尔物理学奖.

本书附篇的目的,是在学习原子、分子结构的基础上,给固体物理学中某些重要问题,如晶格振动、能带结构等,一个最浅显的介绍,使读者留下一个初步印象.较深入的探讨,有待于后续课程,如固体物理学或固体电子学等课程的学习.

§8.1 固体结构

8.1.1 晶体与非晶体

固体一般分为晶体与非晶体两大类.晶体结构的主要特点是,组成晶体的粒子排列得十分有规则,在空间具有周期性质,或称为长程有序.非晶体则不然,它的组成粒子的空间分布在长距离上不再有规律性,但还保持有短程的有序.晶体有确定的熔点,其物理性质一般为各向异性,非晶体无确定的熔点,当温度升高时,它逐渐软化,流动性增加.它的宏观物性是各向同性的.玻璃、塑料、橡胶等是人们日常遇到的非晶体.

所有晶体的结构用晶格来描述.晶格是一种数学上的抽象,它是由数学上的几何点在空间作周期性的无限重复分布构成的.晶格的每一个格点上附有一个完全相同的原子群,称为基元.简单地说,晶格加基元形成晶体结构.晶格具有周期性.选取晶格最小的周期性单元以表现这种周期性,这种最小的单元称做原胞.原胞通常是平行六面体,其三边的矢量取作基矢，以 $\boldsymbol{a}_1$，$\boldsymbol{a}_2$ 和 $\boldsymbol{a}_3$ 表示. 图 8.1 给出了简单立方晶格和面心立方晶格的原胞和基矢，前者的原胞就是单元立方格子，而后者的原胞比立方格子要小得多.

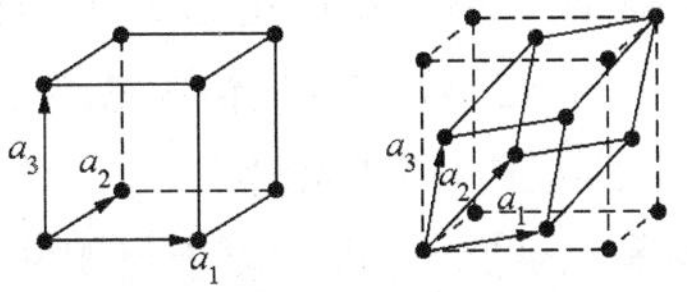

(a) 简单立方　　(b) 面心立方

图 8.1　原胞与基矢

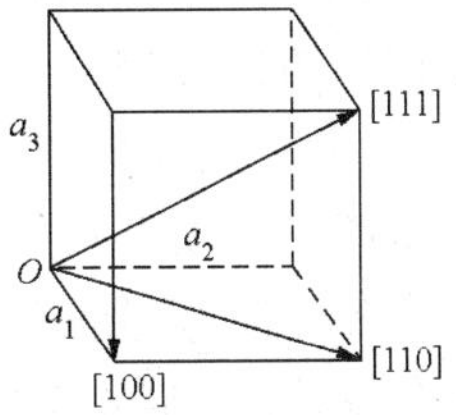

图 8.2　晶向

晶格中的格点可以看成是分布在一系列相互平行的直线上，这些直线称为晶列. 同一个晶格可以形成方向不同的晶列，每一个晶列定义了一个方向，称为晶向. 如果从一个格点沿晶向到最近的一个格点的位移矢量为 $l_1\boldsymbol{a}_1+l_2\boldsymbol{a}_2+l_3\boldsymbol{a}_3$，则晶向就用$[l_1,l_2,l_3]$来表示，称为晶向指数. 图 8.2 中给出立方晶格中的三个晶向.

晶体中的格点还可以看成是分列在平行而等距的许多平面上，这样的平面称为晶面. 一个晶格可以有无限多种取向不同的晶面系. 晶面用三个米勒指数来标识，方法如下：以三个基矢的方向作为坐标轴方向，距原点最近的一个晶面切割三个轴，若其截距为 a_1/h_1，a_2/h_2 和 a_3/h_3，该面即以$(h_1h_2h_3)$标记. 图 8.3 给出了简单立方晶格中三个不同的晶面. 例如最靠近原点的(110)面，它截 $\boldsymbol{a}_1$，$\boldsymbol{a}_2$ 轴于 a_1，a_2 点，而与 $\boldsymbol{a}_3$ 轴平行，故 $h_1=1$，$h_2=1$，$h_3=0$. 由于晶体有许多取向不同的晶面，一个晶体就不一定只有一种外形. 例如食盐结晶就不一定是正立方形的，而可能是由多个不同晶面按一定规律围成的多面体.

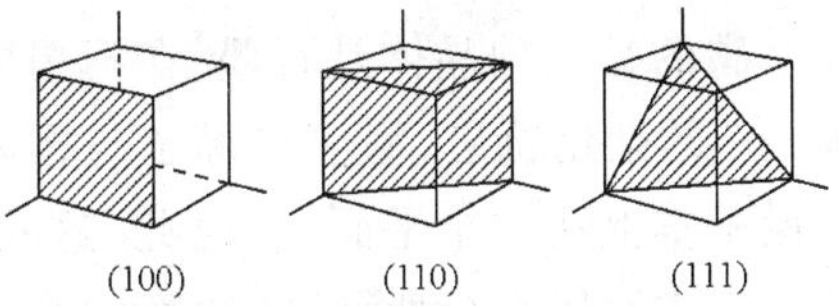

图 8.3　立方晶格的三个晶面

以上讲的都是理想晶体，实际的晶体中往往存在着各种各样的缺陷或杂质，偏离于理想晶格的结构. 最明显的例子是多晶，它是由许多取向各异的微小晶粒组成的. 晶体中的缺陷或杂质对晶体的性质往往有很大的影响，可以有目的地加以利用.

8.1.2　晶体的结合

组成晶体的粒子通过粒子间相互作用力(化学键)结合在一起. 晶体

的结合(键合)有四种基本形式,实际的晶体以这四种基本结合形式为基础,可以具有复杂的性质.

(1) 离子性结合. 组成晶体的基本单元是离子. 它们以离子键相结合. 以 NaCl 晶体为例,如图 8.4,Na^+ 和 Cl^- 相间排列,每个离子的近邻有六个异电荷的离子. 总起来看,异电荷离子间相互作用远大于同电荷离子间相互作用,所以晶体能够形成. 由离子键形成的晶体称为离子晶体. 碱金属与卤素族元素化合物的晶体是最典型的离子晶体.

(2) 共价结合. 组成晶体的基本单元是原子,每个原子与相邻的原子以共价键结合. 晶格的结构与共价键的方向性有很大的关系,下面以碳的两种晶体为例来说明. 在金刚石中,C 的价电子具有 sp^3 杂化轨道(与 CH_4 中类似),晶格以正四面体为单元,构成网格,如图 8.5 所示. 共价键的强度本来就大,这种每原子四个共价键的结合,使得金刚石具有极高的硬度.

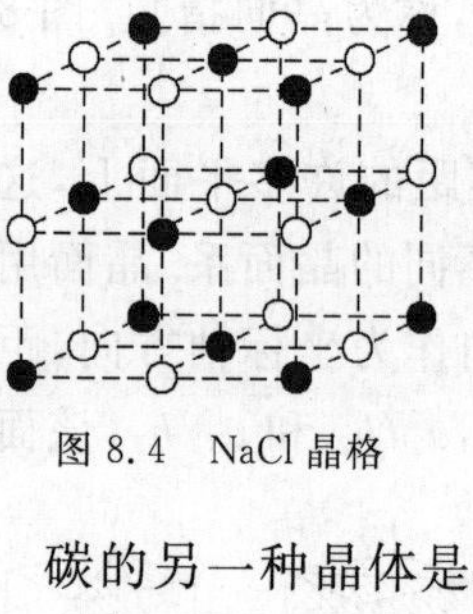
图 8.4　NaCl 晶格

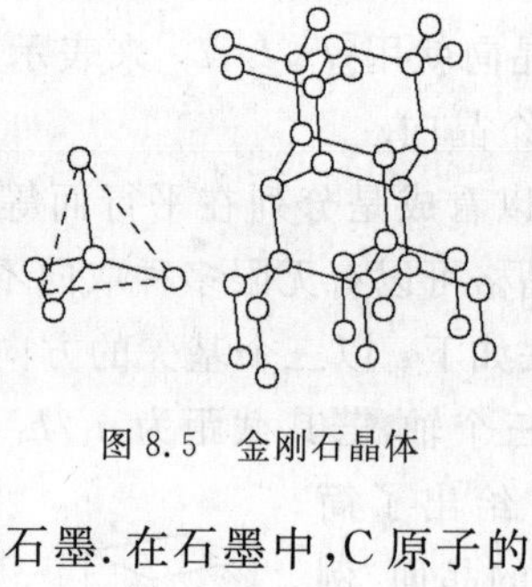
图 8.5　金刚石晶体

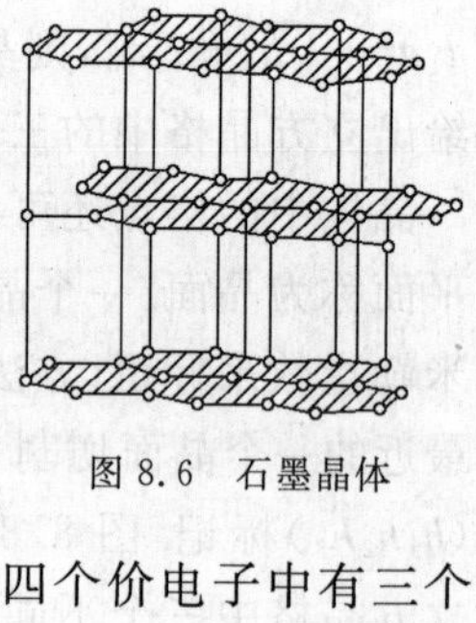
图 8.6　石墨晶体

碳的另一种晶体是石墨. 在石墨中,C 原子的四个价电子中有三个形成 sp^2 的杂化轨道,每个 C 原子与相邻的三个 C 原子以共价键结合,这三个键基本上在一个平面上. 因此,这些碳原子形成六角蜂巢层状结构,如图 8.6 中阴影部分所示. C 的第四个价电子可以在整个层面比较自由地运动,使石墨有导电性. 各层之间是由比较弱的范德瓦尔斯力相结合的(见下面的第四种结合),层间距离比较大.

有不少晶体中的粒子的结合常常是处于离子键与共价键之间,常用的砷化镓(GaAs)就是一例. Ga 有三个价电子 $4s^2 4p$,As 有五个价电子 $4s^2 4p^3$. 如果是纯离子键,应是 Ga 的三个价电子转移给 As,形成 $Ga^{3+}As^{3-}$ 结构;如果是纯共价键,则八个价电子为两个原子共享,每个原子平均有四个电子,形成 $Ca^{-1}As^{+1}$ 结构. 实际情况是在这两者之间.

(3) 金属性结合. 在金属中,带正电荷的原子实构成晶格,原来分属各原子的价电子脱离了原子的束缚,可以自由在晶格中运动,形成"电子气". 金属的良好导电性、导热性都来源于此. 构成金属结合的原子的电离能都比较低.电子气与正离子之间的库仑吸引力与同电荷粒子间的排斥力平衡,构成金属键.金属键比较强,使金属有较高的熔点和硬度.但金属键无方向性,对金属中原子实排列的具体形式无特殊的要求,所以金属一般都具有较大的范性.

(4) 范德瓦尔斯结合.组成晶体的基本单元是分子,分子间以较弱的范德瓦尔斯力相结合.这种晶体称为分子晶体.

§8.2 晶格振动

晶体中的粒子在其平衡位置附近所作的微小振动称做晶格振动.一个三维晶格的振动情况是相当复杂的,但是振动的主要特征,可以通过对理想的一维晶格振动的分析而得到一些定性的了解,下面就从这种分析开始.

8.2.1 一维单原子链

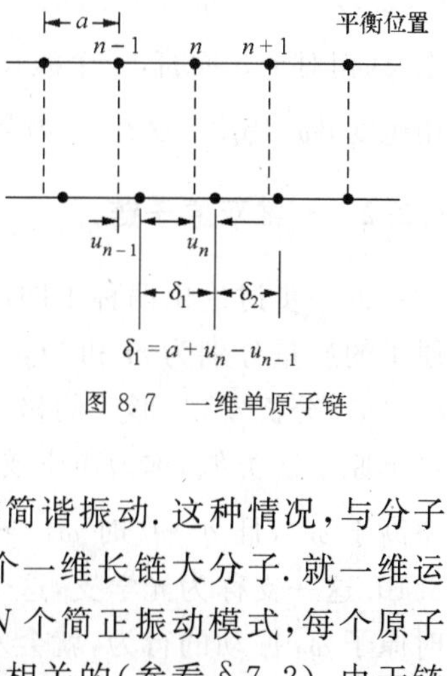

图 8.7 一维单原子链

设想一个由单种原子组成的一维长链,如图 8.7 所示.原子质量为 m,平衡时原子间距离为 a.原子共有 N 个(N 值很大),第 n 个原子相对于平衡位置的振动位移为 u_n.当相邻原子间有相对位移 δ 时,原子受到恢复力 F 的作用,有

$$F = -\beta\delta \qquad (8.2.1)$$

在这种力的作用下,各原子将围绕平衡点作简谐振动.这种情况,与分子振动类似.整个一维晶体,也可以看作是一个一维长链大分子.就一维运动而言,N 个原子共有 N 个自由度,应有 N 个简正振动模式,每个原子的振动不是孤立的,而是与相邻原子的振动相关的(参看§7.2).由于链很长,这种振动具有波的形式,称做格波.在某一简正振动模式中,各原子以圆频率 ω 振动,第 n 个原子的振动为

$$u_n = A\mathrm{e}^{\mathrm{i}(\omega t - naq)} \qquad (8.2.2)$$

式中 naq 为第 n 个粒子振动的相位.与连续介质中波的表示式 $\mathrm{e}^{\mathrm{i}(\omega t - kx)}$ 比较,可知 q 相当于波的波矢 k.实际上,由于一维长链中原子相距很近,原子数量又极大,当相邻原子振动相位差 $a|q|$ 很小的时候,"格波"相当于连续介质中的弹性波.

由于晶格的周期性,式(8.2.2)中之 q 不能任意取值.通常采用"周期性边界条件”，即假设原子标号数增加 N 时，振动相位复原①. 这就是说，应有 $e^{-inaq}=e^{-i(n+N)aq}$，即 $e^{-iNaq}=1$，故有

$$q=h\cdot 2\pi/Na \quad (h=\text{整数}) \tag{8.2.3}$$

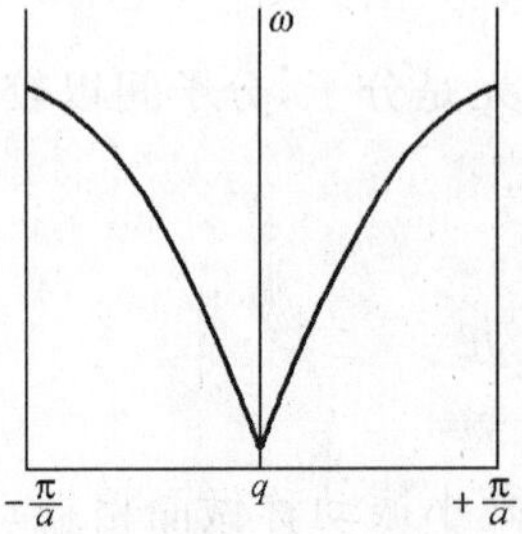

图 8.8　一维单原子链的 $\omega(q)$

h 可取从 $-N/2$ 到 $N/2$ 的 N 个值②，相当于 q 从 $-\pi/a$ 到 π/a. 它们表征 N 个不同的振动（格波）模式. 注意 q 的正负值表示格波的两个相反传播方向. 理论分析证明，振动频率与 q 值之间有关系

$$\omega=2\sqrt{\beta/m}\left|\sin\frac{1}{2}aq\right| \tag{8.2.4}$$

上式称为晶格振动的色散关系，参看图 8.8.

$|h|$ 值小的区域称为长波区，在实际问题中有重要意义. 这里 $a|q|=h\cdot 2\pi/N\ll 1$，相邻两原子间振动相位差极小，格波波长 $\lambda=2\pi/|q|=Na/|h|$ 很长（相对于 a 而言，一个波长距离中包含大量原子），$\omega\approx\sqrt{\beta/m}a\,|q|$，波的相速度 $d\omega/d|q|=\sqrt{\beta/m}a$ 为常数. $|q|\to 0$ 时，$\omega\to 0$.

8.2.2　一维双原子链

进一步讨论由两种不同的原子组成的一维晶格的振动问题. 设两种原子的质量分别为 m 和 M，它们交替地排列成链，原子间距离为 a，如图 8.9(a). 分析发现，形成的格波有两种类型. 一类振动的频率 $\omega_-(q)$ 与一维单原子链类似，称为声学支. 另一类振动 $\omega_+(q)$ 的情况则不同，振动频率高于 ω_-，且 $q\to 0$ 时 $\omega_+\to\sqrt{2\beta/\mu}$，$\mu$ 是 m 和 M 的折合质量，参见图 8.10. 这一支称为光学支，这个名称的含义如下. 具体分析长波极限 $q\to 0$ 时原子 ω_+ 振动的行为，就会发现，同一种原子有完全相同的相位，而异种原子振动的相位正好相反. 实际上，这是由质量分别为 m 和 M 的原子组成的两套晶格在作相对运动，而质心保持不变，示意图见图 8.9(b). 因为不同原子（离子）间的相对振动产生了一个随时间而变化的电偶极矩，它可以和电磁波相互作用，即和光子交换能量. 因此，长光学波具有特别重要的意义. 举例来说，实际的离子晶体中，$\omega_+(q=0)$ 位于远红外波段，能

---

①　这相当于 N 个原子首尾相连构成的一个大圆环，其有限的局部仍可看做是一个线性的链.

②　可以证明，h 取其他整数时，物理上与此等价.

引起晶体对远红外光的强烈吸收.

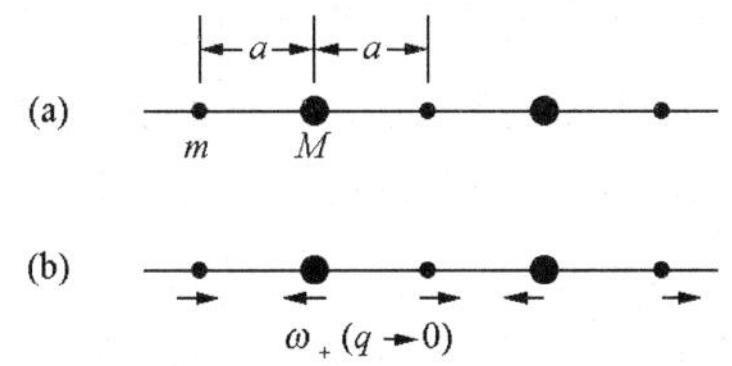

图 8.9 一维双原子链

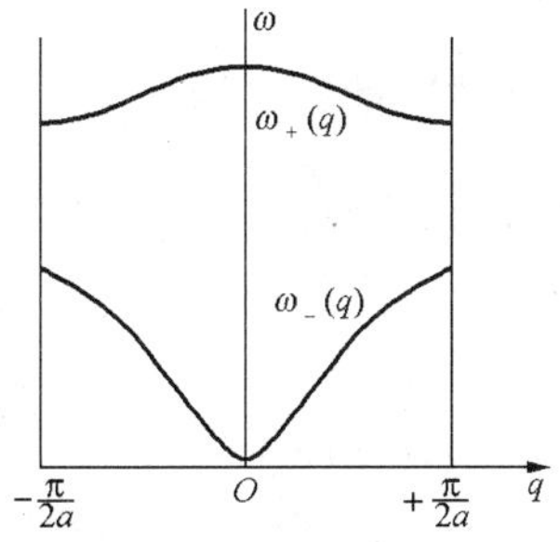

图 8.10 一维双原子链的 $\omega_{\pm}(q)$

8.2.3 三维晶格的振动、声子

由多种原子构成的三维晶格,其振动情况很复杂,但某些基本的定性特征,仍可由上面的结论来描述.若晶体中有 N 个粒子,则自由度为 $3N$,共有 $3N$ 个简正振动(格波)模式,包括声学支和光学支,且允许有横波存在.具体的振动是简正振动的某种叠加.

根据量子力学,简正振动的能量是量子化的,对圆频率为 ω_i 的振动,能量为

$$E_i = (n_i + 1/2)\hbar\omega_i \quad (n_i\text{ 为整数}) \tag{8.2.5}$$

晶格振动的能量子称为声子.声子不是真正的粒子,它是晶格中原子集体振动能量量子化的形象表述,又称为准粒子.可以用声子数来描述晶格振动的量子态,还可以用声子数的变化来描述振动量子态之间的跃迁.当光子(或其他粒子)与晶格振动相互作用,从晶格获得 $\hbar\omega_i$ 的能量时,称为吸收一个声子;如放出 $\hbar\omega_i$ 的能量,即是释放一个声子.光在晶体中的拉曼散射,亦属这一类的相互作用.

晶格受热激发,将产生大量声子,称为声子气.声子气服从玻色统计,圆频率为 ω_i 的声子平均数为

$$\bar{n}_i = 1/[\exp(\hbar\omega_i/k_B T) - 1] \tag{8.2.6}$$

我国物理学家黄昆对晶格振动动力学的研究作出过重要贡献.

§8.3 晶体的能带结构

固体中的电子能级具有能带结构.能带理论是晶体物理学中一个主

要的基础理论，应用这个理论，能说明导体、半导体、绝缘体的基本性质等一系列重大问题. 本节将对此作一些初步介绍.

8.3.1　晶体的能带结构

当原子结合成晶体时，价电子受其他粒子的影响最大，它们的运动状态变化也最大. 近似地看，可以把原子核和内层电子看成是离子实，而价电子受各离子实和其他价电子的作用，由于隧道效应，可以克服原子间的势垒，运动到其他原子附近. 在金属中，价电子为整个晶体所共有，在整个晶体中运动. 研究这些电子能级的理论出发点是单电子近似. 如同处理复杂原子中电子的运动一样，把固体中每个价电子的运动看成是它独立地在一个等效势场中的运动，这个等效势场是由所有原子实和其他价电子提供的.

晶体能带结构复杂，不过它的基本点仍可从理想的一维原子链的能带结构中看出，下面就来进行这种分析. 在图 8.11(a)中，有一个原子链，原子间距离为 a. 价电子感受到的势场 $V(x)$ 如图 8.11(b)所示，实线表示实际的势场，它是随坐标 x 而周期变化的（忽略两端）. 虚线是单个原子实所产生的势场. 作为零级近似，先忽略场的周期变化部分，假定 $V(x)$ 是平均值 $\bar{V}$. 这样，电子就是自由电子，零级近似波函数 $\psi_k^0 = Ae^{ikx}$，相应的零级近似能量

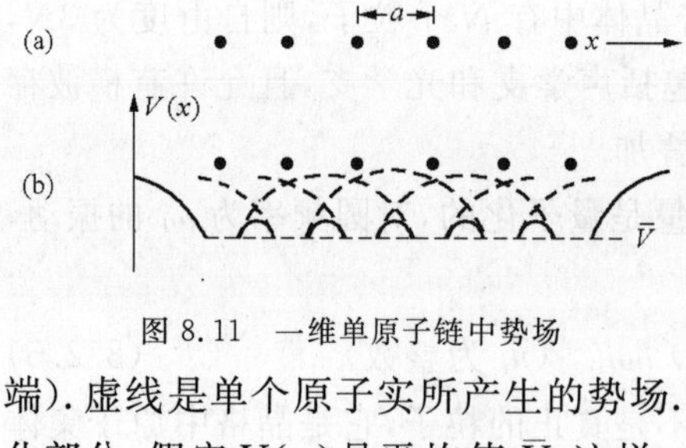

图 8.11　一维单原子链中势场

$$E_k^0 = \frac{\hbar^2 k^2}{2m} + \bar{V} \tag{8.3.1}$$

式中 k 是德布罗意波的波矢 $\boldsymbol{k}$ 的值，电子动量 $\boldsymbol{p} = \hbar\boldsymbol{k}$. 电子能量与 k 的平方值成正比，可以用一条抛物线来表示.

在考虑了势场周期性变化的部分之后，电子的运动发生了很大变化，主要有两点.（1）k 等于 $n\pi/a(n=\pm1,\pm2,\cdots)$ 的电子的运动受到最大干扰. 从物理上看，这个条件相当于 $\lambda = 2\pi/|k| = 2a/|n|$，正好满足德布罗意波被晶格反射的布拉格条件 $2a\sin\theta = |n|\lambda, \theta = 90°$（参看附录 E）. 这时电子与晶格有强相互作用，其结果是使 $E(k)$ 曲线在 $k = n\pi/a$ 处发生断裂与扭曲，如图 8.12 所示. 电子能量突变的裂隙称为能隙.（2）在其他区域，$E(k)$ 曲线仍为抛物线形，但由于周期场的作用，k 不能取任意值，而是量子化的. 由德布罗意波的周期性边界条件，$e^{ikna} = e^{ik(n+N)a}$，$e^{ikNa} = 1$，所以

应有

$$k=l\cdot 2\pi/Na\quad (l=0,\pm1,\pm2,\cdots)\tag{8.3.2}$$

容易看出，在 $k=-\pi/a$ 到 π/a 区域内，共有 N 个不同的 l 值(从 $-N/2$ 到 $N/2$)，相应地有 N 个可允许存在的能级 $E(k)$. 由于 N 值很大，能级是准连续的，称为能带. 类似地，在每个 $k=n\pi/a\to(n+1)\pi/a$，以及 $k=-n\pi/a\to-(n+1)\pi/a$ 能带内，均有 N 个能级. 由泡利不相容原理，每个能级可以容纳自旋取向相反的两个电子，每个能带能容纳 $2N$ 个电子.

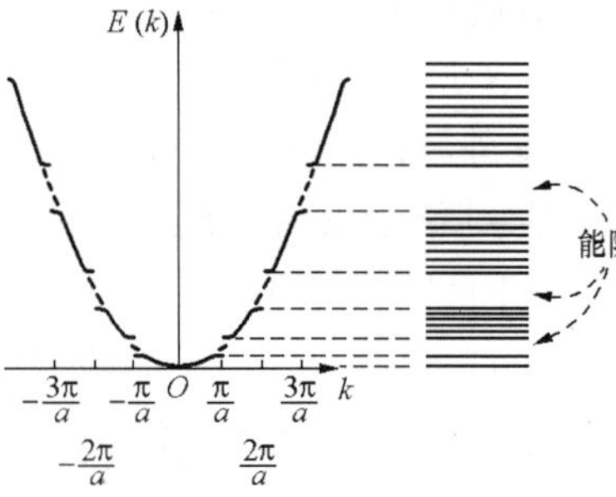

图 8.12　$E(k)$ 图和能带、能隙

能带理论的创始人是布洛赫.

8.3.2　导体与非导体

用能带理论能解释晶体的导电性质. 这里最重要的一个问题是：满带的电子不导电，只有不满带的电子才参与导电. 下面以一维晶格的情况来说明. 选取图 8.12 中最下面一个能带为例，假定此能带中的 N 个能级已为 $2N$ 个电子所占满，如图 8.13(a)所示. 图中横轴上的点表示均匀分布在 k 轴(动量轴)上的各量子态已为电子所占满，对应于每一个具有正向动量 $\hbar\boldsymbol{k}$ 的电子，必有一个能量相同而具有反向动量 $-\hbar\boldsymbol{k}$ 的电子. 这就是说，这一对电子的运动速度正好相反，它们产生的电流正好抵消，总的电流为零.

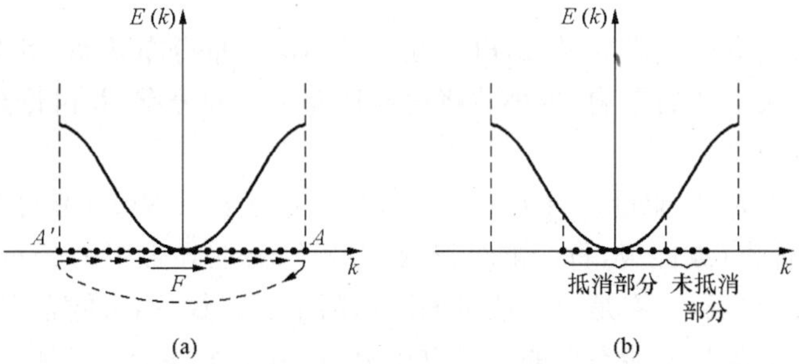

图 8.13　固体导电问题的解释

如果加上一个外电场，所有电子都将受到同一方向电场力的影响. 假设这个力使电子的动量沿正方向增大，各个电子动量量子态的变化方向就如图 8.13(a)中实线箭头所示. 但对 k 已经达到极大值 π/a 的电子而

言，k 值正好满足布拉格反射条件，于是它将被晶格反射，k 从 π/a 变为 $-\pi/a$. 这个变化在图中由虚线表示. 所以，整个能带始终处于均匀填满状态，虽在外场作用下，也不产生电流.

部分填充的能带，情况有所不同. 在无外电场时，电子将填充能量最低的若干能级，在 $E(k)$ 图上对纵轴作对称分布. 加上同上所述的外电场后，一方面，电场力使电子态在 $E(k)$ 图上向右边移动，破坏对称分布；但另一方面，晶体中的声子和缺陷对电子的散射作用使电子不能无限地被加速. 当两种作用达到平衡时，电子态的分布将维持某种不对称的状态，如图 8.13(b)所示. 这时，各个电子的电流只是部分地抵消了，一部分未被抵消，总体而言，就产生了电子的定向漂移，形成电流.

凡电子已经填满的能带称为价带，价带之上未被填满的能带称为导带. 从能带结构与填充状况来看，导体与非导体的区别如图 8.14 所示. 在导体中，具有未填满的导带. 在非导体中，在满带(价带)之上的导带全部是空的，所以不能导电. 这里又分两种情况：半导体中的能隙宽度比较小，约 0.5～2 eV. 通过热激发，部分电子能从价带跃迁到导带，这样，导带中有一些电子，而价带中产生了空穴，两者都对导电有贡献. 但在绝缘体中，能隙较宽，价带中的电子难以激发上去. 关于空穴导电的机制，见 § 8.4.1.

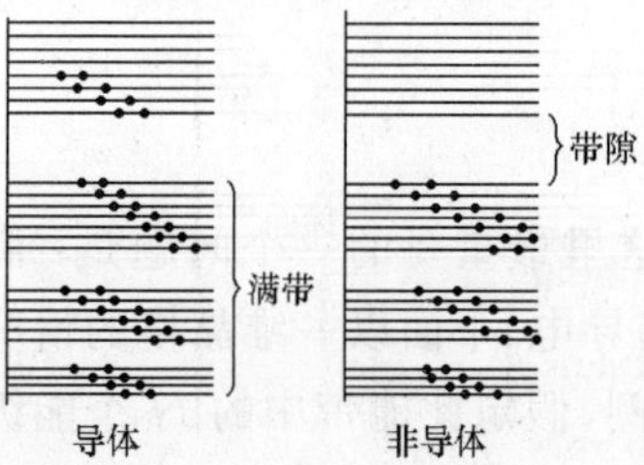

图 8.14　导体和非导体能带模型

8.3.3　金属中的电子

金属具有未填满的导带，电子在导带中的能量分布状态，对金属的若干性质有决定性的影响. 本小节将简要地介绍这种分布，并讨论金属的某些电学性质.

令 $dN(E)$ 为能量区域 $E \sim E+dE$ 内的电子数. $dN(E)$ 由两个因素决定：(1) 能态(或能级，每个能级有两个量子态)在导带中的分布情况，这由函数 $g(E)$ 表示，它是单位能量间隔内的量子态数，称为能态密度函数. (2) 在能量为 E 的能态上的平均电子数，它由 $f(E)$ 表示. 于是

$$dN(E) = g(E)f(E)dE \qquad (8.3.3)$$

下面分述 $g(E)$ 和 $f(E)$ 两个函数.

对能态密度函数 $g(E)$，这里不作推导，仅给出结果如下：

$$g(E) = 4\pi V(2m/h^2)^{3/2}E^{1/2} \qquad (8.3.4)$$

式中 V 是晶格体积. 注意式中给出的特征关系 $g(E)\propto E^{1/2}$，当能量小时，能级的分布较为稀疏，随着能量的加大，能级以正比于 $\sqrt{E}$ 的规律逐渐变密.

函数 $f(E)$ 实际上已在第二章中给出. 电子服从费米统计，由式(2.3.29)，能量为 E 的平均粒子数(统计分布函数)为

$$f(E)=\frac{1}{\exp[(E-E_{\mathrm{F}})/k_{\mathrm{B}}T]+1}\tag{8.3.5}$$

式中 k_{B} 是玻尔兹曼常数，E_{F} 是化学势. 现对此函数作具体分析. 当 $E=E_{\mathrm{F}}$ 时，$f(E)=1/2$；当 E 比 E_{F} 高出几个 $k_{\mathrm{B}}T$ 时，$\exp[(E-E_{\mathrm{F}})/k_{\mathrm{B}}T]\gg 1$，$f(E)\approx 0$；当 E 比 E_{F} 低几个 $k_{\mathrm{B}}T$ 时，$\exp[(E-E_{\mathrm{F}})/k_{\mathrm{B}}T]\ll 1$，$f(E)\approx 1$. 图 8.15 中给出了 $f(E)$ 曲线，其中粗黑线是在某一温度下的曲线. E_{F} 称为费米能级，它的具体数值视温度不同而略有区别. 当 $T\to 0$ 时，$f(E)$ 趋近于一个矩形线，矩形顶线位于 E_{F}^{0} 处，是 $T\to 0$ 时电子填充的最高能级. 对不同的金属，若能量从导带底部算起，E_{F} 在 1～10 eV 之间. 简言之，在能量较小区域，$f(E)=1$，每个能态有一个电子；在费米能级附近，$f(E)$ 比较快地由 1 降为零. 将函数 $g(E)$ 与 $f(E)$ 相乘，即得到表示电子按能量分布的函数，如图 8.16 所示. 这个分布有两个特点：(1) 在能量小的区域，$g(E)f(E)=g(E)\propto\sqrt{E}$，电子数随能量而增大. 到费米能级附近，电子数迅速减小至零. (2) 在 $T\to 0$ 时，费米能级以上无电子分布. 在一定温度下，由于热激发，在能量低于 E_{F} 约几个 $k_{\mathrm{B}}T$ 范围内，有少量电子被激发到较高能态，其他电子的状态没有变化.

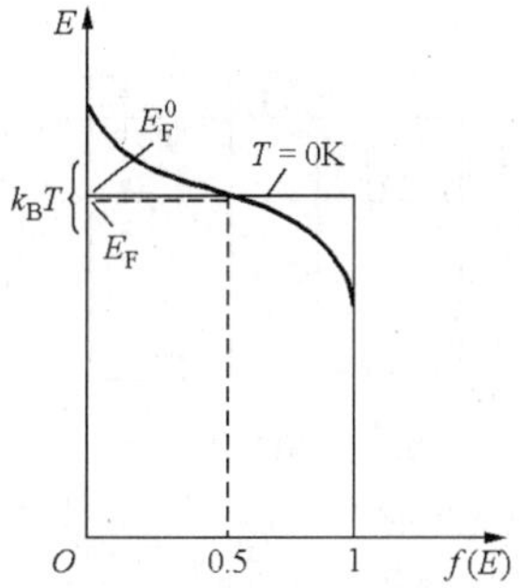

图 8.15　费米分布函数

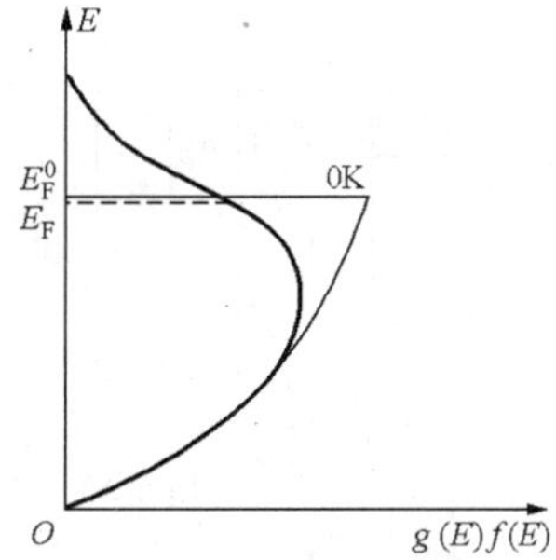

图 8.16　电子按能量的分布

值得注意的是，金属中电子的上述分布，是与经典理论根本不同的. 按经典理论，金属中的电子气(自由电子)服从玻尔兹曼分布，$f(E)\sim\exp(-E/k_{\mathrm{B}}T)$，绝大部分电子处在能量低的状态，电子的平均动能是

$(3/2)k_B T$，在室温下仅约 4×10^{-2} eV. 按量子理论，由图 8.16 可以估计，电子的平均能量比 E_F 小一些，但与 E_F 差不太多（在 $T\to0$ 时，计算表明，每个电子的平均能量是 $(3/5)E_F^0$），约为几个 eV. 若要经典电子的平均能量达此水平，温度需为几万 K，可见差别之大. 读者还可以思考一下，如分析由电子气所贡献的金属比热问题，两种模型提供的结论有何根本区别.

下面讨论一下关于金属的逸出功、热电子发射和接触电势差等问题. 金属中的电子处在势阱之中，金属外面真空的电势为零. 设势阱的深度为 χ，如图 8.17 所示，χ 表示导带底部一个电子逸出金属时必须做的功. 在 $T\to0$ 时，电子具有的最大动能是 E_F. 对这种电子，必须对它做功 W，才能使它逸出，即

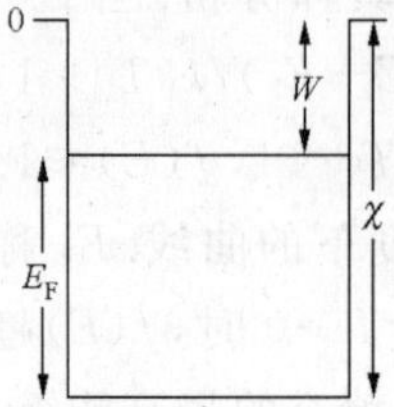

图 8.17　金属中势阱

$$W=\chi-E_F \tag{8.3.6}$$

W 称为功函数，也叫逸出功.

当温度较高时，有少量电子具有足够大的能量，足以逸出金属，这就是电子的热发射现象. 随着温度的升高，热发射增长得很快. 理论分析表明，金属的热发射电流 I 与温度有下列关系：

$$I=AT^2\exp(-W/k_B T)$$

式中 A 是一个与金属品种无关的常数.

金属和其他材料的热发射，长期以来被用作发射电子的一个重要手段，研究得相当深入. 提高发射效率的关键，是降低材料的逸出功. 在电子管中，人们广泛采用在镍基底上涂以钡、锶的氧化物阴极材料的方法. 一种银氧铯阴极材料，逸出功仅 1 eV 左右，是很低的.

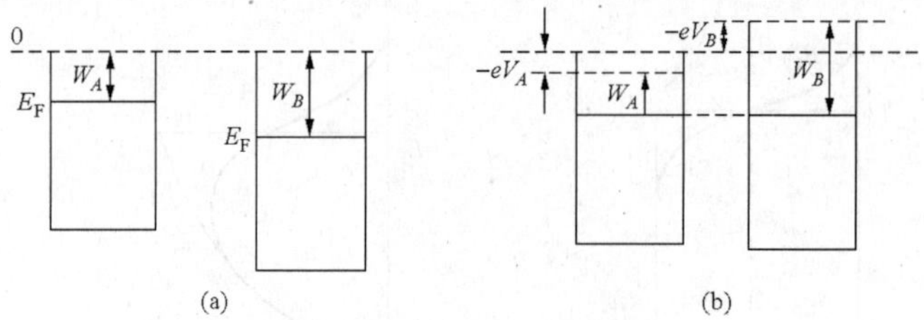

图 8.18　接触电势差的解释

由金属中电子能态关系容易解释接触电势差现象. 设有两种金属 A 和 B，其势阱如图 8.18(a)所示. 当 A 与 B 接触时，由于费米能级不同，电子将从 A 流向 B，使 A 表面带正电荷，B 表面带负电荷，从而使 A 有静电势 $V_A>0$，B 有静电势 $V_B<0$. 在这情况下，两金属中的电子将分别带有

附加静电势能$-eV_A<0$和$-eV_B>0$，A,B中电子能级位置将如图8.18(b)所示. 电子流动到一定的程度，当两金属中的费米能级持平时，流动即告终止. 这时应有

$$W_A + eV_A = W_B + eV_B$$

故

$$V_A - V_B = (W_B - W_A)/e$$

简言之，两导体依靠由边界上电荷的积累所产生的电势来补偿它们之间原来的费米能级的差别，从而使电子分布达到统计平衡.

§8.4 半 导 体

8.4.1 本征半导体与掺杂半导体

纯净的半导体称为本征半导体. 半导体的基本特性是，在很低温度下价带是满的，而导带是空的. 在一定温度下(从低温，如液氮温度，到室温以上，视情况而定)，价带顶部的少量电子被激发到导带底部，于是导带中有了能导电的电子，而价带顶部出现了空缺，称为空穴，这两者的数目相等. 首先分析一下空穴的导电机理. 已知在价带被电子填满时，所有电子速度之和为零，$\sum_i \boldsymbol{v}_i=0$. 现假定第$k$个电子空缺，把它的速度从式中分出来：$\sum_{i\neq k} \boldsymbol{v}_i+\boldsymbol{v}_k=0$，由此得到

$$\sum_{i\neq k}\boldsymbol{v}_i = -\boldsymbol{v}_k$$

这就是说，余下诸电子速度之和等于$-\boldsymbol{v}_k$. 这些电子将产生一股等于$(-e)(-\boldsymbol{v}_k)=e\boldsymbol{v}_k$的电流，等效于一个电荷为$+e$、速度与所缺电子的速度相同的粒子所给出的电流，这个等效粒子也就是空穴. 所以空穴是一个假想的粒子，它所给出的电流反映了半导体价带中整个多电子系统运动的性质.

导带中的电子(以下简称电子)与价带的空穴统称为载流子.

图8.19将半导体能级与费米分布函数画在一起，以显示电子与空穴分布的某些特点. 图中E_+和E_-分别是价带顶部和导带底部的能量. 在E_-上方小片区域(图中左侧曲线与E轴

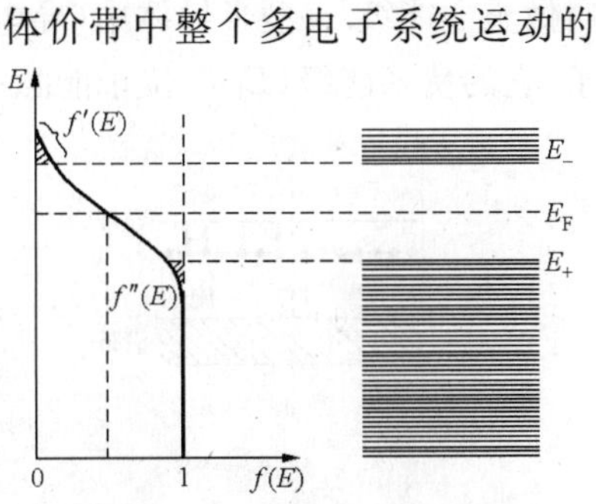

图8.19 半导体中费米分布函数

间阴影区)中有少量电子,其分布函数为费米分布曲线的尾部,那里$(E-E_F)\gg k_B T$,故

$$f'(E)=1/\{\exp[(E-E_F)/k_B T]+1\}$$
$$\approx e^{-(E-E_F)/k_B T} \tag{8.4.1}$$

这部分电子近似地是玻尔兹曼分布.在E_+的下方小片区域(亦见图中阴影部分)内,有少量空穴,其分布函数为

$$f''(E)=1-f'(E)=1-\frac{1}{\exp[(E-E_F)/k_B T]+1}$$
$$=\frac{\exp[(E-E_F)/k_B T]}{\exp[(E-E_F)/k_B T]+1}$$
$$=\frac{1}{1+\exp[(E_F-E)/k_B T]}$$
$$\approx e^{-(E_F-E)/k_B T} \tag{8.4.2}$$

因为空穴所占能态的E(电子能量)愈低,空穴的能量就愈高,所以上式正表明空穴概率随能量增加按指数规律减少,亦属玻尔兹曼分布.半导体电导率正比于载流子的浓度,由于电子和空穴的上述分布,可知本征半导体的导电率将随温度的升高而按$\exp[-c/T]$规律增长,这是与金属导电性质极为不同之处.

本征半导体中电子与空穴数目相等,费米能级位于能隙的中部.

下面介绍掺杂半导体.掺杂半导体有两个基本类型:n型和p型.

n型半导体.在一种原子构成的晶格中,掺入少量多一个价电子的原子.例如Ge有4个价电子,在Ge晶格中掺入少量具有5个价电子的V族元素的原子如As. As的4个价电子与周围的4个Ge原子形成共价键,余下的一个电子受原子实的束缚就相当弱,因而很容易被激发到导带去,形成导电电子,如图8.20(a)所示.这个电子的能级靠近导带的底部,叫做施主能级.n型半导体中(导电)电子数远大于空穴数,导电主要靠电子.它的费米能级$(E_F)_n$位于能隙中偏上部位.

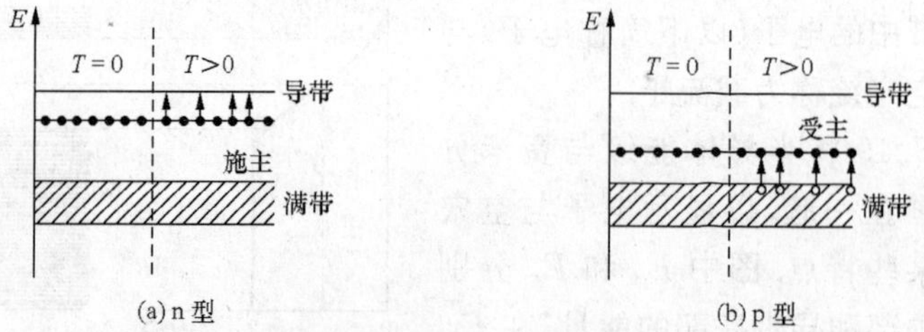

图8.20　掺杂半导体能级

p 型半导体. 在一种原子构成的晶格中,掺加少量少一个价电子的原子,例如在 Ge 中掺入Ⅲ族的 Ga. 为了与周围 4 个 Ge 原子形成共价键,这个原子容易从满带中俘获一个电子,使满带中形成一个空穴. 这个电子能级叫做受主能级,位于价带顶部上面一点,见图 8.20(b). p 型半导体中空穴多于电子数,导电主要靠空穴,费米能级$(E_F)_p$位于能隙中偏下部位.

8.4.2 pn 结

pn 结是很多半导体器件的核心. 如图 8.21(a),一块 p 型半导体与一块 n 型半导体紧密接触,在交界面处即形成 pn 结. 由于 n 区电子浓度远大于空穴浓度,而 p 区则相反,所以在 pn 结形成的初阶段,电子由 n 区向 p 区扩散,而空穴则反向扩散. 但是这种扩散不能无限地持续下去. 在界面的 n 区一侧积累了正电荷,而在 p 区一侧则积累了负电荷,因而在 pn 结处形成空间电荷区,其宽度约为微米量级. 在达到稳定状态的时候,p 区相对于 n 区有负的电势$-V_D$(类似于金属的接触电势差). 从能级图来看,由于 p 区中电子的势能提高了eV_D,整个电子能级向上移动了eV_D,恰好补偿两种半导体原来的E_F的差别,即$eV_D=(E_F)_n-(E_F)_p$,使两者的费米能级拉平. 图 8.21(b)上部是两种半导体原来的能级,下部是形成 pn 结之后的能级. 图中能带的弯曲区是 pn 结的空间电荷区,其中存在强的电场,对 n 区电子的向左运动或 p 区空穴的向右运动而言,都是一个高度为eV_D的势垒. 在这种平衡状态下,载流子的扩散运动和漂移运动(由电场驱动的定向漂移)达到动态平衡.

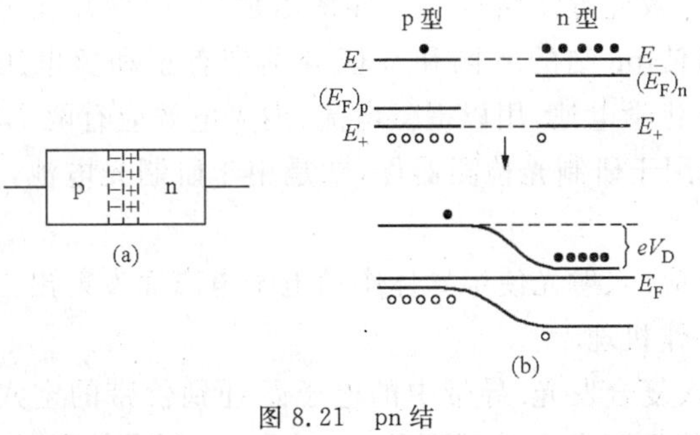

图 8.21 pn 结

由同种半导体材料(如硅、锗、砷化镓)但不同掺杂的 p 型和 n 型半导体构成的 pn 结称同质结. 由两种不同半导体构成的结称异质结. 图 8.21 中所示是同质结的情况,异质结还有更复杂的特性,不再详述.

pn 结最简单的性质是具有单向导电性. 当 p 区和 n 区分别接外加正

和负电压(称为正向偏压)时,外加电压使空间电荷区中的电场减弱,破坏了漂移运动和扩散运动的相对平衡.在正向偏压的作用下,电子将源源不断地从 n 区扩散到 p 区,而空穴从 p 区扩散到 n 区,成为非平衡载流子.这种现象称为 pn 结的正向注入,这时 pn 结表现了它的导电性质.如正向偏压为 V,则 pn 结势垒高度降为 $e(V_D-V)$,如图 8.22 所示.当 pn 结外加反向偏压时,外加电压使空间电荷区中的电场增强,势垒升高,只有少数具有足够动能的载流子才能越过它,因此反向电流很小,而且当电压增加时趋于饱和.利用 pn 结的单向导电特性,已经制成多种类型的半导体二极管,作整流、检波等之用.

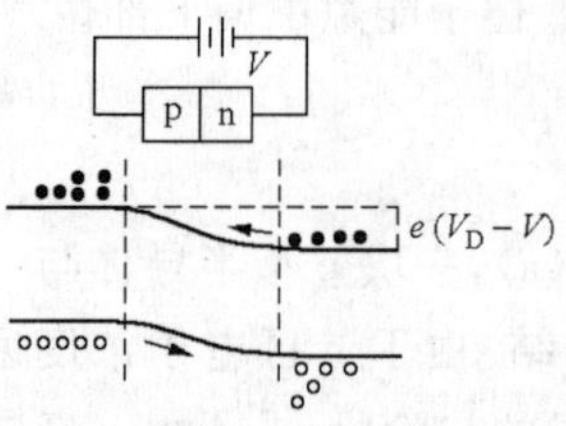

图 8.22　pn 结正向注入

用两块 p 型半导体夹一薄层 n 型半导体(两个 pn 结反向对接),并分别连上三个电极,即构成 pnp 结半导体三极管.类似地可以制成 npn 结半导体三极管.半导体三极管具有放大作用,它的发明,是电子学进入一个新时代的标志.

8.4.3　半导体的光-电子学效应

半导体具有多种光-电子学效应,有重要的应用价值.

内光电效应.入射光使价带中的电子激发到导带,形成光生载流子——电子空穴对.可以设计不同的人工结构,以利用这种效应.在一类结构中,内光电效应可使结构的电导率增加(光电导).在另一类结构中,内光电效应可使 pn 结的 p 区和 n 区分别带有正和负电压(光生伏打效应),如同一个化学电池,用以提供电流.内光电效应有两个非常重要的应用领域:一是用于研制光检测器件,二是用于研制光电池,主要是太阳能电池.

外光电效应.入射光使半导体中的电子电离而发射出去,这是光阴极发射电子的工作机理.

电子-空穴复合发光.导带中的电子跃迁到价带的空穴处,能发出一定波长的光.使用正向大偏压下的 pn 结发光,制成的器件称为发光二极管(Light Emitting Diode, LED).LED 已能覆盖从红外到可见波段,有着极为广泛的应用.

受激发射.半导体结构,在一定条件下,能形成粒子数反转状态,在谐振腔中能产生激光.一种典型的结构如图 8.23 所示.在一定的晶面上制备成平面pn结，利用垂直于该面的两个自然晶面构成法布里-珀罗腔，在适当的正向大电流注入的条件下，能产生激光．这种器件通常称为激光二极管（Laser Diode，LD）．利用不同的材料，LD的波长可以从可见延伸到近、中红外波段．它有效率高、波长容易调谐、可以集成等优点，在光通信中以及其他许多设备中用作光源．

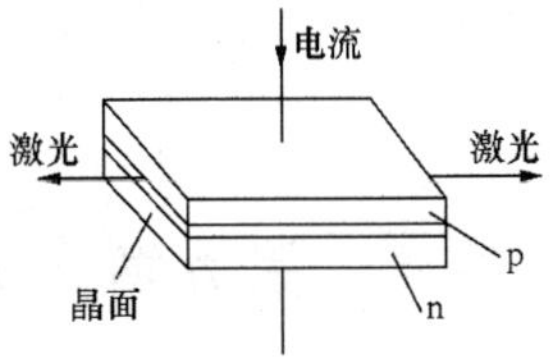

图8.23 半导体激光器一例

第九章　附篇二——原子核物理简介

我们的地球是由原子和分子组成的，我们的绝大部分活动，是在原子与分子这个层次的水平上展开的．所以本书以这两部分作为重点．就原子本身而言，其变化的能量区域上限，大致可以用以下两个数值来估算．大家知道，氢的电离能是 13.6 eV，各种原子的电离能大约在 5～25 eV 之间．如果原子接受的能量超过 25 eV，中性原子将不复存在．至于离子，如以 U^{91+} 来估算，它的结合能大约是 $13.6\times92^2\approx1\times10^5$ eV，超过此值，核外的所有电子都将被剥离掉，原子也就不存在了．

物质结构的下一个层次是原子核．原子核是由质子和中子组成的．质子和中子统称为核子，核子由核力结合成原子核．原子核的结合能有个特点：除了最轻的几个核外，其他核的结合能大体上正比于核子的数目，平均每个核子的结合能都在 8 MeV 左右．以此估算，能够存在的核的总结合能约在 2 GeV 以下．一般的低能原子核物理涉及的能量范围大约是 1 MeV～100 MeV 之间．但是这个能量区域也远离人们的日常生活，所以与物理学的其他领域相比，对原子核的研究开始得较晚，始于 20 世纪初，但在不长的时间中，理论和实验两方面的研究工作都发展得很快．原子核物理有三个方面的应用：放射性的应用，以及核裂变和核聚变作为武器和能源的应用．本章中将对有关的问题作初步的介绍．

§9.1　原子的放射性

与原子核有关的研究，开始于元素放射性的发现．1896 年，贝克勒尔(A. H. Becquerel)发现铀能够使照相底片感光，使周围的空气电离．这表明铀发出了某种射线．1898 年，居里夫妇(P. & M. Curie)发现了放射性元素钋和镭．卢瑟福在放射线研究方面作出重大贡献，他发现了 α 和 β 射线，证明它们分别是 He^{2+} 离子和电子，还用晶体衍射法证明 γ 射线是波长极短的电磁波．他发现了放射性衰变的规律，提出了元素可以转化的观点．由于这种放射现象是经典物理学完全不能解释的，它理所当然地成为当时物理学的前沿之一．人们对放射性本身，以及利用射线进行的实验，做了很多研究工作.不过,在1911年以前,只讲原子的放射性.卢瑟福提出原子的核模型后,人们知道了放射性源于核的衰变.但是直到1932年中子被发现,原子核的质子-中子模型被提出后,原子核物理的理论和实验研究才迅速展开,放射性研究就成为其中的一部分.

9.1.1 天然放射性

原子核由质子和中子组成.微观粒子的质量一般用原子质量单位u来表示,并且常折合成能量,以MeV作单位.由爱因斯坦质能关系,可知1u的质量可以转化为931.4940 MeV的能量.表9.1中分别列出质子、中子和电子的质量和自旋量子数.

表9.1 质子、中子和电子的质量及自旋量子数

	质量 u	质量 MeV	自旋
质子	1.007276	938.2720	1/2
中子	1.008665	939.5653	1/2
电子	5.485799×10^{-4}	0.510999	1/2

质子和中子合称为核子.在一个原子核中,核子数A等于质子数Z与中子数N之和,$A=Z+N$.A也是这个原子核的质量数.具有确定的Z和N的原子核也称为核素,核素由符号$^A X$表示,其中X是元素的化学符号(X已表示了该核素的Z值).

天然放射性核素只可能放出α,β和γ三种射线.核素放出一个α粒子后,它的Z和N值各减少两个;放出一个β粒子后,Z值增加1,而N值减少1;γ粒子发射对Z和N值无影响.人工制成的放射性核素,还有其他的衰变方式.

核素的衰变遵循指数衰减规律.它的变化速率正比于核子的数目n,即

$$-\mathrm{d}n/\mathrm{d}t=\lambda n \tag{9.1.1}$$

式中λ是比例系数.故

$$n(t)=n_0\mathrm{e}^{-\lambda t} \tag{9.1.2}$$

式中n_0是$t=0$时n的值.核素衰变到原有数目一半所需的时间称为半衰期,以$t_{1/2}$表示,

$$t_{1/2}=\ln 2/\lambda \tag{9.1.3}$$

下面分别说明三种衰变的情况.

(1) α衰变

原子核中,核子间的核力使它们结合在一起.核力是一种强相互作

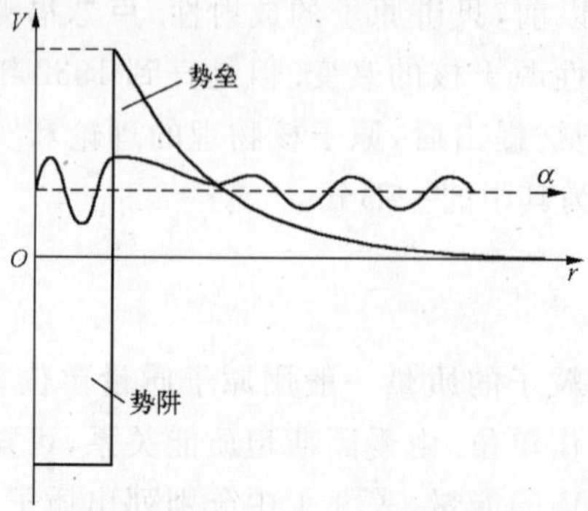

图 9.1 α粒子通过隧道效应射出

用,比电磁相互作用强得多.若设强相互作用的强度为1,则电磁相互作用的强度为10^{-2}.但核力是一种短程力,其作用距离仅为2 fm.设两核子间距离为r.进一步研究表明,当$r<0.6$ fm时核力表现为极强的排斥作用,0.6 fm$<r<$2 fm时为吸引作用,$r>$2 fm时核力基本消失.质子间还有较弱的库仑斥力.这两种力场在核内形成势阱,在核的外缘形成势垒,如图9.1所示.对于稳定的核,没有核子能逸出势垒.但是对于能放射α粒子的不稳定核而言,核中的两个质子和两个中子有时会结合在一起,并且具有一定的动能,通过隧道效应能逸出核外.表9.2中列出几种核素α衰变的粒子的动能和半衰期.可以看出,随着α粒子动能的加大,半衰期迅速变短.

表 9.2 某些α衰变的参数

核素	E_α/MeV	$t_{1/2}$	λ/s^{-1}
^{232}Th	4.01	1.4×10^{10} a	1.6×10^{-18}
^{238}U	4.19	4.5×10^{9} a	4.9×10^{-18}
^{230}Th	4.69	8.0×10^{4} a	2.8×10^{-13}
^{238}Pu	5.50	88 a	2.5×10^{-10}
^{230}U	5.89	20.8 d	3.9×10^{-7}
^{220}Rn	6.29	56 s	1.2×10^{-2}
^{222}Ac	7.01	5 s	0.14
^{216}Rn	8.05	45 μs	1.5×10^{4}
^{212}Po	8.78	0.30 μs	2.3×10^{6}

α衰变满足能量守恒定律,即母核的静止能应等于子核和α粒子的静止能加上α粒子的动能和子核的反冲动能.如有γ射线伴生,还需计及它的能量.

有的核素放射的α粒子有几条能量相近的谱线,这反映了原子核具有分立的能级结构.

(2) β衰变

在β衰变中,母核释放出一个电子,而衰变为子核.实验发现,同一种核在β衰变时放出的电子能量并不相同,而有一个连续的谱分布,可以从

0 到一个最大值 $E_{\max}$. 由于原子核是一个量子系统，具有分立的能级，在 β 衰变的电子中出现连续谱，就难以解释. 1930 年(其时还未发现中子)，泡利提出一个假设，认为母核在放出 β 粒子的同时，还放出一个叫做中微子的粒子，它的质量为零，不带电荷，但带走了一部分能量. 但是原子核中并不存在电子，这个难题还未解决. 1933 年，费米(E. Fermi)提出了 β 衰变的量子电动力学理论. 他认为 β 衰变是核中的中子转变为质子的过程，在这过程中产生并放出一个电子 β^{-1} 和一个反中微子. 这过程称为 β^- 衰变，如下式所示

$$n \rightarrow p + \beta^{-1} + \bar{\nu} \tag{9.1.4}$$

式中 $\bar{\nu}$ 是反中微子的符号，它的自旋为 1/2，没有质量、没有电荷，穿透力极强，很难探测. 费米提出，这个变化是由微观粒子间的弱相互作用引起的，与强相互作用比，弱相互作用的强度仅为后者的 10^{-14}，而且力程更短.

费米的理论经受了历史的考验. 中微子后来也被发现了. 在量子电动力学发展的初期，费米就作出了这一项出色的理论工作.

属于同一类作用的还有 β^+ 衰变，这时核内的质子转化为中子，同时产生并放出一个正电子 β^+ 和一个中微子 ν，

$$p \rightarrow n + \beta^+ + \nu \tag{9.1.5}$$

β 衰变满足能量守恒定律. 自由中子能按式(9.1.4)方式衰变，因为中子的静止能大于质子和电子的静止能之和. 中子衰变的平均寿命约为 614 秒. 而自由质子不能按式(9.1.5)方式衰变. β 衰变的半衰期可能在很大的范围内变化. 由于这个过程是与弱力的作用相联系的，所以衰变速率不会很快，半衰期不致很短. 表 9.3 列出几个 β 衰变的参数，其中 $E_{\max}$ 是电子动能的上限值.

表 9.3 几个 β 衰变的参数

核素	类型	$E_{\max}$/MeV	$t_{1/2}$
^{19}O	β^-	4.82	27 s
^{176}Lu	β^-	1.19	3.6×10^{10} a
^{25}Al	β^+	3.26	7.2 s
^{124}I	β^+	2.14	4.2 d

(3) γ 衰变

母核在 α 衰变或 β 衰变后转化为子核，此子核往往处于激发态，并通过放射 γ 光子到达基态. 所以 γ 射线常伴随 α 衰变或 β 衰变而产生.

下面介绍放射性系列. 目前存在着三个天然放射性系列，它们都是从

一个半衰期接近或大于地球年龄(约 10^9 年)的母核开始的.这点很容易理解,因为如母核的半衰期不够长,则在漫长的地球历史时期,它已衰变完了.母核通过级联衰变,最后转化为稳定的核素.这三个系列以母核命名,分别是^{238}U 系,^{235}U 系和^{232}Th 系.图 9.2 中画出了^{238}U 系的衰变情况,其中标出了大部分衰变的半衰期.注意这个半衰期是在相应的核素单独存在时测定的.如果一个母核与它下一代或几代的子核共存,要知道后代某核素的数量,就需要了解历史情况,通盘考虑,而不能简单应用公式(9.1.1)了.

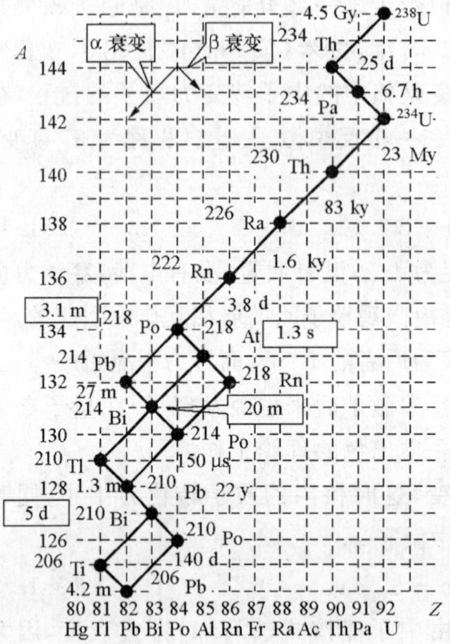

某些核素具有 α 衰变及 β 衰变两种可能性,它的总半衰期列在长方形框中

图 9.2　^{238}U 放射系

从图可以看到^{238}U 经过几次衰变,成为^{226}Ra.这就是当年居里夫妇发现的镭,它的半衰期是 1.6 千年,比^{238}U 小得多,所以如果把它从铀矿中单独提取出来,它的放射性就很强.但其半衰期仍有一千多年,足够人们长期使用.

除了天然放射性核素外,还有大量的人工放射性核素,有其他的衰变方式.例如,第一个人工放射性核素^{30}P 具有 β^+(正电子)放射性.

放射性物质单位时间内衰变的粒子数称为放射性活度,以 A 表示.活度的国际单位是贝可(Bq),

$$1\ \mathrm{Bq} = 1\ 次核衰变/\mathrm{s} \tag{9.1.6}$$

历史上还有一个活度单位叫居里(Ci),

$$1\ \mathrm{Ci} = 3\times 10^{10}\ \mathrm{Bq} \tag{9.1.7}$$

在放射性的早期研究者中,贝克勒尔和居里夫妇曾获诺贝尔物理学奖,卢瑟福和居里夫人曾获诺贝尔化学奖.居里夫人一人获诺奖两次,这是罕见的.

9.1.2　放射线的探测

放射性的探测是研究放射性的第一步,它的发展对原子核物理研究起着至关重要的作用.X 射线和核放射线最初的发现,都是由于它们对照相底版的感光作用.当时探测带电粒子,传统的方法是用验电器和电离室.电离室是在一个封闭的盒子内安装两个平板电极,并加上电压.当有放射线通过电极中间,使气体电离时,极板间有微弱的电流通过,这就给出一个电信号,可以测出.

卢瑟福用 α 粒子做散射实验,观察粒子时用的是闪烁法.α 粒子打在闪烁体上,能发出微弱的光来.做这种实验时,要在黑暗中观察微弱的亮点,还是比较辛苦的,它的好处是可以确定粒子的位置.

为了研究的需要,探测技术有了重大的发展.其中几项重大的发明,其工作原理大都与粒子经过介质时的电离作用有关.

盖革计数器 1928 年,卢瑟福的学生盖革(H. Geiger)等,在老师的建议下,发展了电离室的探测方法,发明了射线(粒子)计数器.如图 9.3,用一个圆柱形金属薄片作阴极,在轴线上拉一根细金属阳极丝.在管内充以适当压强的工作气体.电极间加上较高的电压.当有粒子经过计数器,使管内气体产生电离时,电子迅速趋向阳极,在阳极线附近的强电场区与气体分子发生大量的碰撞,产生雪崩效应.大量的电子到达阳极,形成一次脉冲放电.这个信号将通过电子线路加以记录.盖革计数器将探测效率大大提高,后来发展成为简单常用的放射性探测器件,有适应不同需要的各种类型.

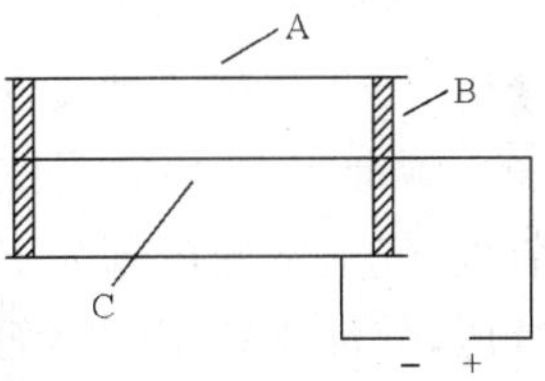

A. 薄金属阴极 B. 绝缘体
C. 金属阳极丝
图 9.3 盖革计数器原理图

云室 云室是一种粒子径迹显示器.人们知道,当大气中的水汽处于过饱和状态时,水汽会以离子为核心凝聚成水滴.威耳逊(C. T. R. Wilson)深入地研究了这个问题,他用一个封闭的容器,使其中的水汽处于饱和状态,然后使容器中的气体做绝热膨胀,使其中的水汽处于过饱和状态.这时如果有射线通过,将沿其径迹产生离子,于是便有小水滴显示径迹的存在,这就是云室.威耳逊钻研云室技术,使之成为科研工具.20 世纪 20 年代,云室的一项重要贡献是在康普顿效应方面.当康普顿发现 X 射线被原子中的电子散射而波长变长后,云室能直接显示出 X 射线以及反冲电子的径迹,验证了康普顿效应.

提高云室技术,并将其应用于原子核和宇宙线研究的科学家,首推布莱克特(P. M. S. Blackett).在以上两方面的研究中,云室发挥了非常重要的作用.举几个突出的例子.1932 年,安德森(C. D. Anderson)用云室发现了正电子,它的径迹见图 9.4.图的中部有一 1/4 英寸厚的铅板,外加

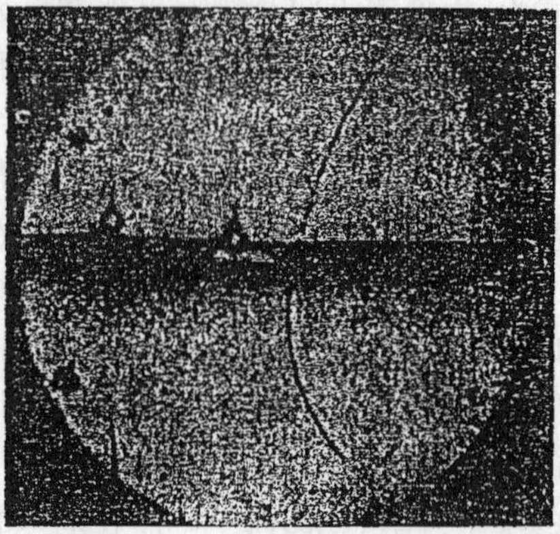

图 9.4　安德森用云室发现正电子

磁场方向垂直于纸面向内.由径迹的分析可知,一个带正电荷的高速粒子自上向下飞过,经过铅板的阻滞后,速度大大变慢,径迹的曲率半径减小,雾点增多.定量的分析可以判断这是一个正电子.

布莱克特用云室发现了正负电子对的产生和湮没现象,前者由一个 γ 光子转化为一个正电子和一个负电子;后者则相反,一对正负电子转化为一个 γ 光子.由径迹分析可知,在这两种过程中,能量(包括 $m_e c^2$)和动量都是守恒的.

顺带指出,沿着云室的思路,后来发明了气泡室和其他几种径迹探测装置.气泡室的原理如下.把密闭容器中的液体加热到接近沸点,并突然减压,使液体处于过热而不沸腾的不稳定状态.这时如有带电粒子通过,沿其径迹会有小气泡产生.由于液体的密度远大于气体,所以更有利于高能粒子的探测.气泡室是 1952 年由格拉泽(D. A. Glazer)发明的,从以有机液体为工作物质的小型气泡室,到以液氢、液氦为工作物质的大型气泡室,格拉泽作了深入的钻研,并且用它在高能物理方面带来了许多重大的发现.

核乳胶　X 射线和放射性最初都是由于照相底片被感光而被发现的,但把普通底片上的感光乳胶用于核研究还是不适合的.鲍威尔(C. F. Powell)经过长期的研究,到 20 世纪 40 年代,已经研制出适合于不同粒子,以及能够进行精确测量的多种乳胶,和相应的实验技术.用乳胶记录粒子径迹,有两个优点.(1) 一张乳胶片在没有显影前可以连续使用,记录多次事件,其径迹可以长期保存.(2) 它的密度大,粒子在其中的径迹长度只是其在云室中长度的千分之一二左右,所以乳胶片不需很大,厚度一般约为 100 μm.乳胶使用简便,是研究原子核物理和粒子物理的一个重要方法.鲍威尔曾用乳胶发现了宇宙线中的介子.在此以前,介子仅是理论上的一个假设.图 9.5 是从显微镜下看到的一张径迹

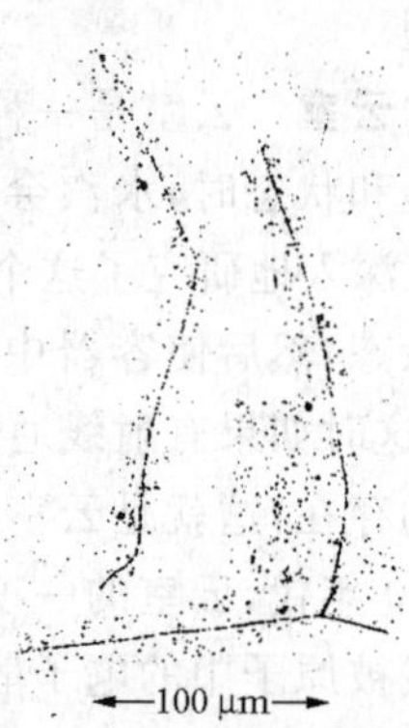

图 9.5　两个介子进入乳胶片

图.有两个高能介子自上方射进乳胶片.右边的一个击中了一个原子核,使它解体,并发射出两个 α 粒子和一个质子.粒子的类别和能量都是从其径迹的特征而辨别出来的.

威耳逊、布莱克特、安德森、格拉泽和鲍威尔等五人,均曾获诺贝尔物理学奖.

9.1.3 天然放射性引发的核反应

放射性的应用,从它被发现之日起就开始了.首先是用于原子核的研究,并有一系列重要的发现.下面是最著名的几个:

(1) 1911 年,卢瑟福分析 α 粒子被原子散射的实验结果,提出了原子的核模型.

(2) 1919 年,卢瑟福用 α 粒子轰击氮原子,发现 ^{14}N 原子转变成 ^{17}O 原子,同时放出一个质子,

$$\alpha + {}^{14}N \rightarrow p + {}^{17}O \tag{9.1.8}$$

这是首次实现的人工核反应,首次将一种元素转化为另一种元素.

(3) 1932 年,查德威克(J. Chadwick)发现了中子.在这之前,有人用 α 粒子轰击铍,发现能产生一种射线,其性质不明.居里夫妇做这个实验时,发现这个射线通过石蜡时,能从石蜡中打出高速质子.他们是用电离室测出这个质子的.但是从铍发出的射线是什么,仍难以确定.

查德威克重复了这个实验,他不但用这个射线撞击石蜡,还撞击锂、铍、硼等轻元素.对被撞出的原子核,不但用电离室,还用盖革计数器,尤其是云室来检测.通过对实验结果的分析比较,终于能够判定铍所发出的射线是一个质量与质子几乎相等的中性粒子,也就是中子.中子的发现是一件大事,从此人们认识到原子核是由质子和中子构成的.产生中子的反应是

$$\alpha + {}^{9}Be \rightarrow n + {}^{12}C \tag{9.1.9}$$

中子不带电荷,不能用前一小节中所述的方法直接探测.上面讲的实验告诉我们一种探测中子的方法:让中子撞击含氢的物质,撞出质子,然后加以探测.

人们还常用核反应法,通过测量由中子引发的核反应中所产生的带电粒子来探测中子.常用的反应是

$$n + {}^{10}B \rightarrow \alpha + {}^{7}Li \tag{9.1.10}$$

将 BF_3 气体放在电离室、盖革计数器或云室中,通过测 α 粒子可以探测中子.

(4) 1934 年,约里奥-居里夫妇(F. J. & I. J. Curie)首次获得了人工放射性核素.他们用 α 粒子轰击铝片后,发现铝片具有了放射性.这里发生了如下的核反应:

$$\alpha + {}^{27}\mathrm{Al} \rightarrow {}^{30}\mathrm{P} + \mathrm{n} \qquad (9.1.11)$$

α 粒子进入 $^{27}\mathrm{Al}$ 核之后,生成 $^{30}\mathrm{P}$ 和一个中子,而 $^{30}\mathrm{P}$ 具有正电子放射性.

以上这些实验,都使用了天然放射性核素放出的粒子.而在 1932 年前后,几种粒子加速器的出现使得人工核反应可以在更广泛的范围内展开.理论和实验两方面的因素,共同推动了此后原子核物理研究的大发展.

查德威克获得了诺贝尔物理学奖,约里奥-居里夫妇获得了诺贝尔化学奖.

9.1.4　放射性的实际应用

放射性的实际应用,从它被发现之时起就开始了.居里夫人在从铀矿中提取出镭之后,就开始了它的医用研究.由于镭极为昂贵,放射性又太强,不能直接应用.她的实验室就收集从镭转化成的氡(又称镭射气),封装于小管中,分发给医院作短期的使用①.

放射性元素可以用于测年代,卢瑟福早在 1905 年就提出来了.他建议用放射性测定地球年龄.设地球生成之日,有某种放射性母核,其数目为 n_0,它衰变成稳定的子核,此后母核与子核未曾分离.在 t(年)之后测量,得到的母核和子核数分别为 n_m 和 n_s,则有

$$n_\mathrm{m} = n_0 \exp(-\lambda t), \quad n_\mathrm{s} = n_0 - n_\mathrm{m}$$

解得

$$t = \ln(1 + n_\mathrm{s}/n_\mathrm{m})/\lambda \qquad (9.1.12)$$

测量 n_s 和 n_m 之值,即可求出 t 值.这方面的研究工作随即在科学界开展了起来.

这些都说明,基础研究的先驱者,是十分重视他们的新发现的应用价值的.其后有大量的天然和人工放射性核素被发现,在科研、生产等各方面有非常多的应用.其中,以分子中某稳定原子的放射性同位素置换该原子,以跟踪这个分子的方法,是常用的.这种具有放射性的原子就叫标记原子或示踪原子.下面再举两个例子.

---

① 由图 9.2 可见,氡 Rn-222 的半衰期为 3.6 天.放射性强,适合于微量在短期内使用.艾芙·居里(E. Curie)所著《居里夫人传》中曾提到,居里夫人的实验室为此而忙碌,甚至影响科研的情况.

C-14 的应用 放射性核素^{14}C被比利(W. F. Billy)发现可用于测定古物年代. 在大气的 CO_2 中，碳有三种同位素，它们所占的比例是：C-12，98.89%；C-13，1.11%；C-14，10^{-10}%. C-14 具有放射性. 查明 C-14 的来源是这样的：在高层大气中，N-14 受宇宙线中高能中子的轰击，发生下面的核反应

$$^{14}N + n \rightarrow {}^{14}C + p \tag{9.1.13}$$

^{14}C通过 β^- 衰变又转化为^{14}N，半衰期为 5730 年.

$$^{14}C \rightarrow {}^{14}N + \beta^- \tag{9.1.14}$$

上述两个过程早已达到平衡状态，所以大气中 C-14 的含量是稳定的. 古代的植物吸收大气中的二氧化碳，并把碳固定在体内. 体内碳中 C-14 的含量将随年代增加而衰减. 因此通过测定 C-14 含量，就可以推断植物的年龄. 凡是属于类似情况的古代器物、建筑等等，都可以用此法测年. 注意 C-14 含量仅占碳总量的 10^{-12}以下. 为了推广，人们发展了有效的检测微量 C-14 的方法.

比利为此获得诺贝尔化学奖.

另一方面，用 C-14 做标记核素的方法也迅速发展. 因为绝大部分有机化合物中含有碳，可以把 C-14 置换到这些化合物中去，做各种用途.

正电子断层成像 简称 PET，是"positron emission tomography"的简写. 本书附录 E 中已经讲过用 X 射线或其他放射线做断层成像的原理，这里的问题是同样的，只是所用的射线不同. 但是请不要从字面上看，以为是用正电子射线来代替 X 射线. PET 的原理如下. 选某种具有 β^+ 放射性的、短寿命核素做为标记核素，结合到某种合适的制剂(需要了解的某种生物分子)上. 将此制剂注入待测器官中，目的是观察它在器官中的分布情况. 放射性核素放出的正电子，在很短距离内(约 2～3 mm)即与周边的电子发生湮没过程，转化为两个向相反方向飞行的 γ 光子，它们各具有约 0.511 MeV 的能量，其轨迹近似地在一条直线上. 整个器官会放出大量的 γ 光子，但是探测器只按一定的方式布置，并且按特定的方法记录信号. 如图 9.6 所示，将大量的微型 γ 射线探测器沿一个圆周放置. 设在这个圆周平面内，器官 A 有一个断层，现在要探测放射性核素在这个断层中的

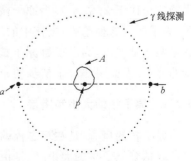

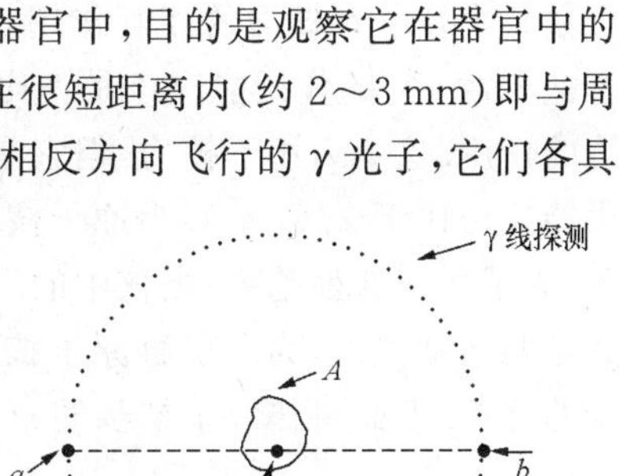

图 9.6 PET 探测原理图

分布.

记录信号的方法是这样的：设在此平面上，通过 A 的一条直线，其两端分别到达 a，b 两个探测器. 设计一种符合计数电路，当 a，b 同时接收到光子时，才给出一个信号. 这个信号意味着：在 A 中沿 ab 的连线的中点 P 处有一个放射性核素. 通过适当的设计，能够产生大量的符合计数数据，通过计算机计算，给出 A 的这个断层中放射性核素的分布，也就是生物分子的分布情况.

PET 的分辨率不如 CT 或 MRI，它的突出优点是，通过对特定分子的探测，可以进一步了解人体器官中特定功能的状况，从而对疾病作出诊断. PET 常与 CT 联合使用. 常用的放射性核素有 C-11，N-13，O-15，F-18 等等. 它们的半衰期从几分钟到一百多分钟不等，是从核反应中产生的.

§9.2 原子核的结构

原子核的结构问题，比原子的结构问题要复杂得多. 在原子中，原子核与电子间，以及各电子相互之间的作用力是很清楚的. 应用量子力学，可以计算原子各能态的能量. 对于很多常用的能级，计算结果可以达到很高的精度. 原子核结构则不同. 人们虽然对它已经研究和了解了很多，但是仍有很多不了解的地方. 不过，核子之间相互作用力的两个主要特点，可用以定性以至半定量地说明核结构中的一些现象. 如上节所说，(1) 将核子结合起来的力是强力，它是一种短程力. 一个核子只与它周围邻近的少数几个核子有核力的相互作用，而不涉及更远的核子. 换句话说，核力有饱和性，它的作用能应该是正比于核子总数 A. (2) 质子之间有库仑斥力的作用. 这个力小于核力，但它是远程力. 当核中有 Z 个质子时，库仑作用能应正比于 $Z(Z-1)$. 当原子核变得重起来的时候，后者增长得更快一些. 为了平衡这种趋势，当核中的质子数加多时，中子数会加得更快一些. 这是两个基本点，为了了解原子核的结构，还需要根据实验事实，作进一步的分析. 下面将作一个初步的介绍.

9.2.1 原子核的大小和密度

原子核的概念，是在卢瑟福的 α 粒子散射实验以后确立的. 由散射结果可以估算原子核的大小. 但是由于卢瑟福所用的 α 粒子能量不大，不能充分接近原子核，所以难以算准. 后来人们用更高能量的粒子轰击原子核，做散射实验，以求了解核结构问题. 用电子轰击时，由于电子只与质子间有电磁相互作用，所以可以了解核中质子的分布. 如用质子来轰击原子核，则由于核力远大于电磁力，故可了解核子的分布. 实验结果显示，原子核中的质子和中子的分布情况大体上是相似的. 它们近似地都是球对称分布，在球体的大部分区域中，密度是相当均匀的. 在边缘区，密度则随半径的加大而平滑下降到零，没有锐的边界. 最外层是中子层. 图 9.7(a)中给出了两个典型的核子分布图，显示核子密度 $\rho(r)$ 随原子核半径 r 而变化的情况. 这个变化曲线可以用下式来拟合：

$$\rho(r) = \rho_0 / \{1 + \exp[(r - r_0)/a]\} \tag{9.2.1}$$

图 9.7(b)中画出了这个曲线. 式中常数 $a \sim 0.55$ fm. 核密度下降到 $\rho_0/2$ 时的半径，称为核子的半密度半径，即式中的 r_0. 边缘层的厚度是 $0.44a$. 式(9.2.1)的分布称为萨克森(Saxon)分布.

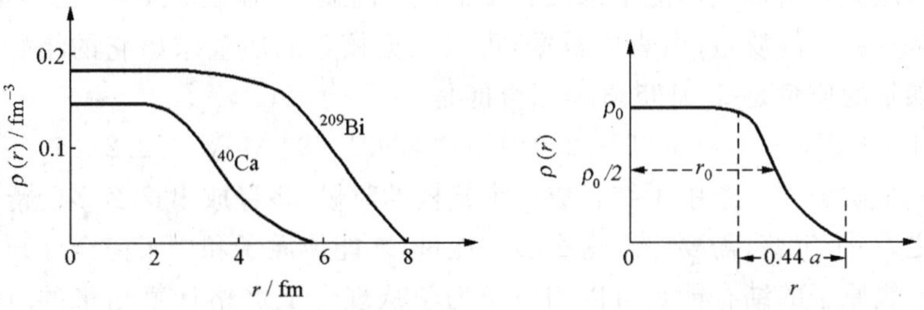

(a) 两种核素的核子密度分布　　(b) 萨克森分布

图 9.7　核子的密度分布

作为一种估算，可以定义一个等效半径 R，假定全部核子以均匀密度 ρ_0 居于半径为 R 的球体内，则有

$$\frac{4}{3}\pi R^3 \rho_0 = A$$

$$R = \left(\frac{3}{4\pi\rho_0}\right)^{1/3} A^{1/3} \tag{9.2.2}$$

式中 ρ_0 的单位为单位体积(fm^3)内的核子数，实测值约在 0.13～0.17 fm^{-3}之间，故有

$$R \sim (1.12—1.26) A^{1/3}\ \mathrm{fm} \tag{9.2.3}$$

作为粗略的估算，上式可写作

$$R \sim 1.2 A^{1/3}\ \mathrm{fm} \tag{9.2.3$'$}$$

以日常惯用的物质密度来看，核的密度极为巨大. 由以上关系可知，

$$\rho_0 \approx 3/[4\pi \times (1.2)^3] \sim 0.14\ \mathrm{fm}^{-3}$$

将核子的质量从原子单位转换成常用单位，核密度竟达到约 2×10^{14}

g/cm^3，即 2 亿吨每立方米.

9.2.2 原子核的结合能和稳定性

设某核素 X，原子核中含有 Z 个质子和 N 个中子，且原子核处于基态. 已知质子的静止质量为 m_P，中子的静止质量为 m_N，故全部核子的静止质量为 $Zm_P + Nm_N$. 原子核的静止质量 m_X 应小于此值，两者之差，按爱因斯坦质能关系换算，就是该原子核的结合能 B.

$$B = (Zm_P + Nm_N - m_X)c^2 \tag{9.2.4}$$

在 § 1.2 中讲氢原子结合能问题的时候，同样有这个关系. 氢原子的结合能是 13.6 eV，它可以由 $(m_P + m_e - m_H)c^2$ 求出. 不过在原子结构问题中，原子核与电子结合成原子时，质量的变化极小，可以忽略，所以不从这个角度处理问题. 但在核结构问题上，这个变化就明显了. 人们常径直使用由质能关系所得到的能量来代表一个粒子的质量. 在表 9.1 中，已列出三个常见粒子的质量. 由表中数据，可以根据核素的质量求出它的结合能. 例如氘的质量是 2.013553 u，结合能是

$$(1.007276 + 1.008665 - 2.013553) \times 931.494\ \text{MeV} = 2.2245\ \text{MeV}$$

当一个质子和一个中子结合成一个氘核的时候，将释放出这么多的能量. 反之，一个氘核，需要注入这么多的能量，才能使质子和中子完全分开.

氢原子的结合能是可以用量子力学从理论上严格计算出来的. 而在核物理中，则还有很大差距. 就连最简单的氘核，也是如此. 其原因在于人们对质子与中子之间的相互作用力还没有详尽的认识. 这里不讨论基本理论问题，而是分析从两组重要的实验数据中得到的规律性认识.

每核子平均结合能与核质量数的关系 原子核的结合能 B 的负值就是该核素基态的能量 E_0，

$$E_0 = -B \tag{9.2.5}$$

直接反映原子核内核子结合紧密程度的是每核子平均结合能 ε，

$$\varepsilon = B/A \tag{9.2.6}$$

ε 又称比结合能. 部分核素的比结合能 ε 与核子总数 A 的关系，见图 9.8. 图中纵坐标是 ε，横坐标是 A. 由图中可见，大部分核素的 ε 值都在 8 MeV 左右. 但这仅是一个近似的、笼统的说法. 不同核素比结合能如图 9.8 分布，有重大的意义. 它告诉人们利用核能的两种可能的途径. 各个核素中，以 A 等于 56 的 Fe 的 ε 值为最高. 如果两个轻的核素，聚合成一个 A 小于 56 的核，在这过程中将释放出巨大的能量. 显然，如轻核中有 ^1H，^2H，^3H 参与，从释放能量的角度看最为有利. 另一方面，如果一个

很重的核素分裂成两个 A 大于 56 的核素，也会放出巨大的能量. 这些问题将在 § 9.3 中介绍.

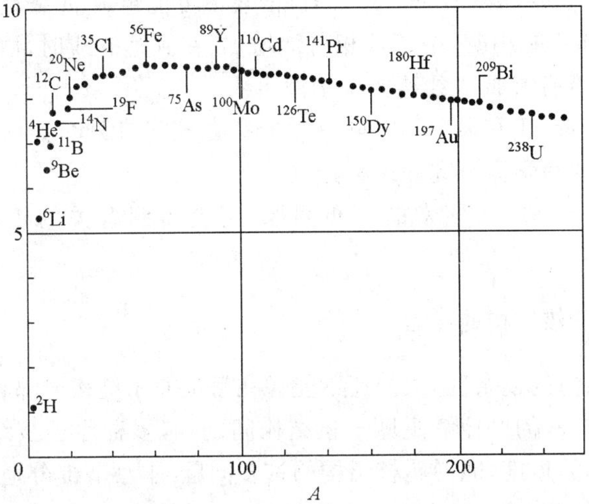

图 9.8 部分核素的核子平均结合能

核素的分布 图 9.9 给出了核素分布的情况，图中横坐标为核素中的中子数 N，纵坐标为质子数 Z. 图中的黑点代表所有的稳定的核素，其两侧折线所围的面积内分布着不稳定的核素. 图中 Z 相同而 N 不同的核素是同位素，N 相同而 Z 不同的核素称为同中子异位素(isotones)，A 相同而 Z 和 N 不同的各核素称为同量异位素(isobars). 从理论上分析得知，可以作出两条近似的直线 a 和 b，由它们所界定的中间范围内，是其他尚未发现的不稳定核素可能存在的区域，在此范围以外，核素不可能存在.

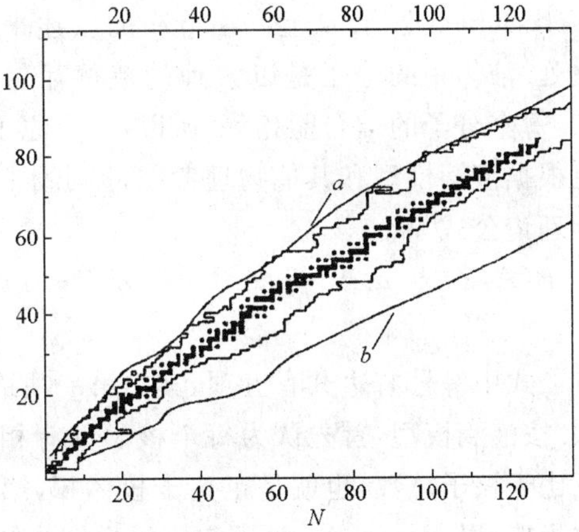

图 9.9 核素分布图

关于核素的稳定性问题，可以从图中得到定性的了解. 稳定的核素，其质子数与中子数有一定的关系. 从最轻的核素开始，起先两者数目相等. 而后，随着质量数 A 的增大，中子数逐渐多于质子数. 到 A 值很大的时候,两者之比约为 3/2. 试在图上取某一个稳定的、有确定的 Z 和 N 值的核素. 从这里出发,固定 N 值,而让 Z 值变化. 当 Z 加大时,核素趋向于不稳,在到达 a 线处,质子已经太多,核素不可能组成. a 线称为质子饱和线. 同理,当 Z 减小时,中子数相对地增加,在到达 b 线时,由于中子数过多,核素也不能组成. b 线称为中子溢出线.

从图上看,还有很大的区域有可能存在核素. 因此,如何合成这些核素,也是核物理学家研究的一个热点.

在下一小节中,核素的分布问题,将会得到有关的核模型的理论解释.

9.2.3 原子核结构的模型

由于核力的复杂性,人们还不能像在解决原子结构时那样,用一种量子力学的方法,彻底地解决原子核结构问题. 有多种原子核结构的模型,它们从不同的角度,能说明核结构的许多问题. 本小节部分地给以简单的介绍.

液滴模型 这是最早的一个模型,1935 年由魏扎克(C. F. von Weizsäcker)提出. 从上一小节中的叙述来看,核结构与液体结构有类似之处. 液体中的分子是以短程的范德瓦尔斯力相结合的,分子的密度均匀,每个分子的结合能相等. 所以,一个原子核可以比之于一个液滴. 魏扎克根据液滴模型和其他物理考虑,提出了一个计算核子结合能 B 的半经验理论公式

$$B(A,Z) = a_{\mathrm{v}}A - a_{\mathrm{s}}A^{2/3} - a_{\mathrm{c}}Z(Z-1)A^{-1/3} - a_{\mathrm{a}}(N-Z)^2A^{-1} + \delta \tag{9.2.7}$$

式中等号右边共有五项,其中第一项最大,其他四项可以看作是修正项. 按液滴模型,首先认为每个核子都有相同的结合能,核素的总结合能正比于核子总数,也就是正比于核体积,第一项就给出了这个能量,称为体积能,以 $B_{\mathrm{v}}=a_{\mathrm{v}}A$ 表示. 它可以看作是结合能的一级近似值. 式中的比例系数 a_{v} 为待定系数. 第二项是表面能,与核的表面积有关. 处于核表面层的核子,只受内层核子的力的作用,它们贡献的结合能显然要比内层的小. 这层的核子数正比于表面积,即正比于 $A^{2/3}$. 故把修正值写作 $-a_{\mathrm{s}}A^{2/3}$. 核子内还有质子间的库仑(排斥)能. 此能量一方面正比于 $Z(Z-1)$,另一方面正比于 e^2/r_0,其中 r_0 是正比于核的半径的量,也正比于 $A^{1/3}$,故有修正值 $-a_{\mathrm{c}}Z(Z-1)A^{-1/3}$. 后面两项不是来源于液滴模型. 第四项来源于核中质子数与中子数的不相等(不对称). 这项修正称为对称

能(或非对称能)修正,分析指出,修正值是 $-a_a(N-Z)^2/A$,在下面介绍原子核的费米气体模型时,将对此有一个定性的说明. 最后一项称为奇偶能修正. 经验发现,凡是 Z 和 N 都是偶数的核,结合能较大;都是奇数时,结合能较小;而在一偶一奇时,数值居中. δ 反映了这种情况,称为奇偶能

$$\delta=\begin{cases}a_P/A^{1/2}\\0\\-a_P/A^{1/2}\end{cases} \tag{9.2.8}$$

核子平均结合能的公式是

$$B/A=a_v-a_sA^{-1/3}-a_cZ(Z-1)A^{-4/3}-a_a(N-Z)^2A^{-2}+\delta/A \tag{9.2.9}$$

核素的质量公式则是

$$m(A,Z)c^2=Zm_Pc^2+(A-Z)m_Nc^2-B(A,Z) \tag{9.2.10}$$

(9.2.7)和(9.2.9)两式中的五个系数可以根据实验结果来确定. 除了以上公式外,还可以加上其他一些修正,这里先不考虑. 由于采用的公式和实验数据不尽相同,不同作者给出的系数值也有点差异. 下面是一组数据值(以 MeV 为单位):

$$a_v=16,\quad a_s=18,\quad a_c=0.72,\quad a_a=23.5,\quad \delta=11 \tag{9.2.11}$$

为了显示各种因素对核子比结合能的贡献,用这组数据作出了 ε-A 的图 9.10. 图中顶部水平横线是体积能 $a_v=16$ MeV. 下面首先扣除了表面能,它的影响随着 A 的加大而减小. 再次扣除了库仑能,它随 A 的加大而明显地增加. 在扣除了对称能后所得曲线,就是通过图 9.8 中由各实验数据点作出的一条平滑曲线($A>20$).

液滴模型还在其他方面取得成功,如 1936 年,玻尔将其用于核反应的计算,1939 年,又用以解释核裂变现象.

费米气体模型 这个模型是费米在研究金属中电子状态时提出的. 他认为金属中的自由电子,处在由晶格场产生的势阱中,犹如气体分子一样,各自独立地、自由地运动. 电子是费米子,受泡利原理的约束. 费米的理论指出,在绝对零度的时候,电子从阱底一直分布到能量为 E_F 的地方,E_F 称为费米能①. 阱底与费米能之间,密布着大量的能级,每个量子态上只容许存在一个电子. 当温度高于绝对零度时,仅能量在 E_F 附近的部分电子被激发到能量高于 E_F 的能级上. 这个理论能够解释金属的一些重要

① 严格地讲,E_F 随温度的变化而略有不同,见§8.3.3.

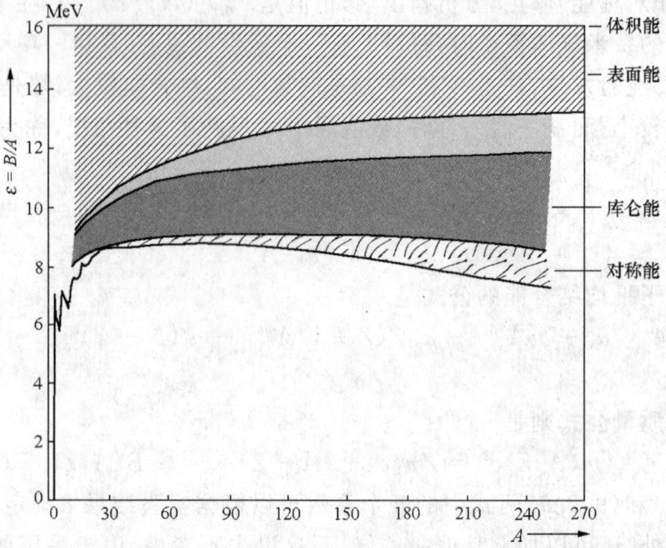

图 9.10　核子平均结合能的组成(按魏扎克半经验公式及式(9.2.11)所提供的参数值)

特性.

原子核中的质子和中子都是费米子. 韦斯科夫(V. Weisskopf)将费米气体模型应用于原子核. 假设原子核中每个核子所受到的其他核子的作用,可以用一个平均势场来代表. 质子和中子分别在各自的势阱中,如气体分子那样独立地、自由地运动. 忽略库仑作用,并设两个势阱相同. 用一个简化的球对称长方势阱,根据核子的数据,求出势阱深度约为 42 MeV,费米能为 34 MeV. 用这个模型可以求出核子总能量的表示式,但结果不甚理想. 但是从这个模型可以分析出有关对称能的性质. 下面是一个定性的分析.

设质子和中子分别在各自的方形势阱中运动,两个势阱相同,能级是等距的,其间距 Δ 相等. 如图 9.11 所示. 现有 A 个核子,从两个势阱的底部依次向上分布,每个能级上有一个核子. 显然,当 $Z=N$ 时,核子的总能量最低,如图 9.11(a)所示. 不难定性地分析 $Z\neq N$ 对总能量所起的影响. 设从 $Z=N$ 开始,依次将质子换成中子,一共换了 n 个,求能量的变化值. 图 9.11(b)中画出了三个质子替换成中子的情况. 可以看到,第一个替换者,能量增加 1Δ;第二个,增加 3Δ;…. 依此推算,第 n 个替换者,能量增加 $(2n-1)\Delta$,总共增加了

$$[1+3+\cdots+(2n-1)]\Delta = n^2\Delta.$$

但 $n=(N-Z)/2$,所以总能量的增量正比于 $(N-Z)^2$. 另一方面,势阱深度 D 和费米能级 E_F 值基本上都是一定的. 故 A 越大,阱内能级间距 Δ 越小,Δ 值反比于核子数 A,由此可以得知,核子总能量的增加值,即对称能,应正比于 $(N-Z)^2/A$.

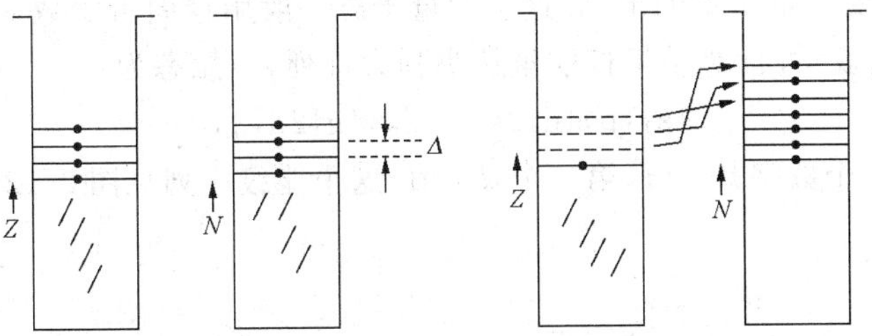

图 9.11 气体模型中,核子在势阱中的分布

壳层模型 原子核壳层模型的考虑,源于核素的某种周期性质. 人们发现,当核素中的质子数 Z 以及中子数取下列数值:

$$\begin{aligned} Z &= 2,8,20,28,50,82, \\ N &= 2,8,20,28,50,82,126 \end{aligned} \tag{9.2.12}$$

这时,其性质就特别稳定,在 Z 和 N 同时取这些数时,尤其稳定,如 ^{16}O, ^{40}Ca, ^{208}Pb 等. 这些数称为幻数. 幻数的存在,使人们联想到原子的壳层结构. 但是原子核与原子不能简单地对比,因为原子核内核子间的相互作用力非常复杂,缺少像原子中那样的简单有心力场. 虽然从理论上做了不少尝试,但仍未得到符合于幻数所显示的壳层规律. 1949 年,迈耶尔(M. G. Mayer)和詹森(J. H. D. Jensen)解决了一个关键问题,才得到满意的结果.

原子核壳层模型的最基本假设是,每个核子都感受到由其他核子所产生的平均势场,各个质子和中子分别独立地在势场中运动. 迈耶尔等采用的位势是球对称的深长方势阱 $V(r)$

$$V(r) = \begin{cases} -V_0, & r \leqslant R \\ 0, & r > R \end{cases} \tag{9.2.13}$$

式中 R 为原子核的半径. 由此可以写出核子的薛定谔方程,用分离变数法求解. 下面仅讨论其定性的结论. 类似于原子中的情况,每一个量子态由三个量子数表征:主量子数 n,径向量子数 ν 和轨道量子数 l. 沿用原子物理中的符号,$l=0,1,2,3,4,5\cdots$ 分别以 s,p,d,f,g,h… 代表. 这里与原子中的情况有一个重要的区别. 在原子中,量子态的能量主要取决于主量

子数 n，每一 n 项下，有若干个 l，$l=0,1,2,\cdots,n-l$，所以具有主量子数 n 的量子态数是 n^2 个.这样，原子中的各个 n 壳层，分别可以填充的电子数是 2，8，18，…，原子结构中的“幻数”就是 2，10，28，….原子核则不同，量子态的能量主要不是由主量子数 n 决定的，而量子数 l 可取任意的正整数值，不受主量子数的限制.这里的量子态一般用径向量子数 ν 和轨道量子数 l 来表示.计算结果按能量从小到大排列，各能态为：

$$1s,1p,1d,2s,1f,2p,1g,2d,3s,\cdots$$

其中第一个数字是 ν 值，第二个是 l 值.这个能级序列见图 9.12 中最左边的一列.

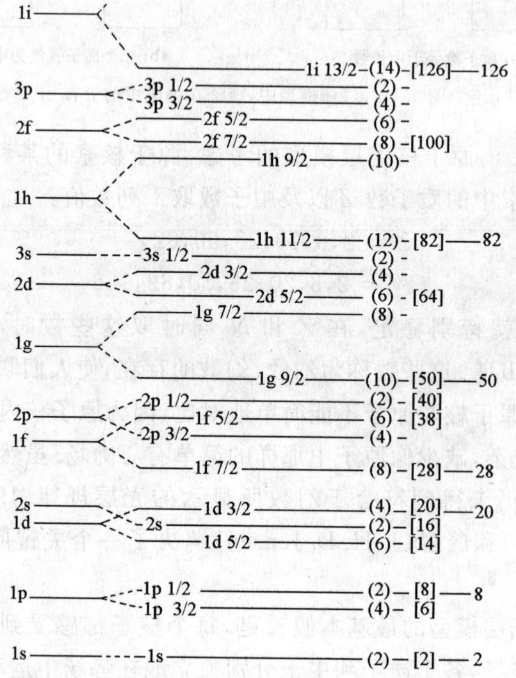

a 列：由量子数 ν,l 标示的能级序列

b 列：迈耶尔理论能级，由 ν,l,j 标示

c 列：每能级容纳的质子数或中子数

d 列：到此能级为止共容纳的质子数或中子数

e 列：幻数，构成壳层

图 9.12　核的壳层结构

核子的自旋为 1/2，应有自旋轨道相互作用.沿用原子物理中的公

式，将自旋轨道相互作用所导致的能级能量变化写作

$$\Delta E_j=(C/2)[j(j+1)-l(l+1)-3/4],\quad j=|l\pm 1| \quad (9.2.14)$$

每个 l 能级分裂为两个 j 能级，把量子数 j 记于能级符号的右下角，例如 2d 能级分裂为 $2d_{3/2}$ 和 $2d_{5/2}$. 因为每个 j 能级有 $2j+1$ 个不同 m_j 的子能级，每一个 j 能级可以容纳 $2j+1$ 个核子.

在原子中，由此产生的能级分裂很小，称为精细结构. 如套用这个结论于原子核，认为核子的自旋轨道作用不会影响到上述能级序列. 不难算出：

	1s	1p	1d	2s	1f	2p	…	
可填充核子数	2	6	10	2	14	…		(9.2.15)
幻数	2	8	18	20	34	…		

除了头两个符合实验值外，其他都不符合.

迈耶尔等人走出的关键一步，是假设核子的自旋轨道相互作用很强. 每一 l 能级分裂为 $j=l\pm 1$ 两个能级，$l-1$ 能级在上，另一个居下，裂距很大，足以改变分裂前的能级排序. 由式(9.2.14)可以推算出来，某一 l 能级的两个子能级之间的裂距是

$$\delta=(2l+1)\mid C\mid/2 \quad (9.2.16)$$

根据实验结果，将 $|C|$ 设定为足够大的数值，就能够出现符合于幻数要求的能级结构. 见图 9.12 右边能级. 图中按幻数可以区别出 7 个壳层，壳层内相邻能级间的距离都明显地小于相邻壳层间的距离.

壳层模型还可以相当好地解释大多数原子核基态的自旋和宇称，对原子核基态的磁矩也作了一定的预告.

迈耶尔与詹森二人获 1963 年诺贝尔物理学奖.

§ 9.3　核反应、核裂变和核聚变

我们在§9.1 中已经提到过几种核反应. 核反应的理论研究领域和应用领域都很广，引起了物理学家的重视，这就催生了人工粒子加速器的研究. 从 1919 年卢瑟福第一次实现核反应算起，经过十年多，在 1930 年前后，几种粒子加速器相继出现，且正值中子、正电子、人工放射性等被发现之时，这些因素有力地推动了原子核物理的研究工作.

随着核反应研究的广泛开展，核裂变现象被发现了，并且已被人们所应用，核聚变的人工控制问题正在研究之中.

9.3.1 核反应

核反应是指用某种粒子轰击核素,使核素发生变化的反应.多数的核反应可以简写为 $A(a,b)B$ 的形式,其中 a 代表入射的粒子,A 代表靶核,b 为反应后出射的粒子,B 是剩余的核.早期的核反应,其代表性的实验已在§9.1有述.如第一个人工核反应可记为

$$^{14}\mathrm{N}(\alpha,\mathrm{p})^{17}\mathrm{O}$$

核反应并不止这种类型,有许多更复杂的情况,如(1)反应后的粒子在两个以上;(2)同一种入射粒子和靶核,可能产生不同反应后果;(3)同为 $A(a,b)B$,但是 b 与 B 所处的量子状态可能不同.某一特定的反应过程称为一个反应道.A,a 构成入射道,b,B 的每一种不同的量子态构成一个出射道.

核反应遵循几个守恒定律:反应前后的电荷守恒,能量守恒,动量守恒,角动量守恒.为了表示能量的关系,核反应式常写作

$$A + a \rightarrow B + b + Q \tag{9.3.1}$$

式中的 Q 是反应时释放出的能量,$Q>0$ 表示反应时放出能量.$Q<0$ 则是反应时吸收能量,这时入射粒子的动能必须大于某一数值,才能引发核反应.

对应于某一确定的入射道和出射道的核反应,有确定的概率.这个概率以反应截面 σ 表示

$$\sigma = \frac{\text{单位时间内每个核发生的反应次数}}{\text{单位时间内通过单位面积的入射粒子数}}$$

如果单位面积上的靶核数是 N_s,单位时间内打在靶上的入射粒子数(束流强度)是 I,单位时间内发生反应的次数是 n,则有

$$\sigma = (n/I) \cdot N_s \tag{9.3.2}$$

反应截面具有面积的量纲,它的单位是靶(b)

$$1\,\mathrm{b} = 10^{-24}\ \mathrm{cm}^2 \tag{9.3.3}$$

反应截面是核反应问题中的一个重要的物理量.通过对反应截面的测量和分析,人们可以了解核的结构,以及入射粒子与靶核之间相互作用的性质.另一方面,反应截面直接关系到反应的效率,涉及诸如反应产物产量高低等问题,在核技术和核能的应用方面有重大的意义.

核反应的机理是物理学家们非常关心的问题.在§9.2.3中提到,玻尔曾用液滴模型解释核反应问题,大意如下.玻尔认为,入射粒子进入靶核后,经过与核子的多次碰撞,就融入其中,成为复合核中的成员.原来的

靶核由于多了一个核子,变得不稳定而发生衰变,这就是核反应过程. 他的理论分析,能部分地解释核反应的一些现象. 有关核反应理论的研究很多,且仍在继续发展中.

9.3.2 粒子加速器

粒子加速器是核物理研究中非常重要的设备,借助它人们不仅得到能量和束流强度可以调节的带电粒子流,而且通过带电粒子流引发的核反应还可以产生强中子流,用以进行各种实验,大大推进了核物理的研究. 另一方面,由于这种粒子流的强度大大超过天然放射性,可以通过核反应产生足够量的各种放射性核素,这是使放射性核素的应用得到普及的关键.

在 20 世纪 20 年代开始发展起来的粒子加速器主要有四种类型,即使用静电式和高压整流式高压发生器的加速器,回旋加速器和直线加速器.

范德格拉夫机 静电式加速器以范德格拉夫(Van de Graaff)机的加速器为代表,它产生高压的原理如图 9.13 所示. 一根绝缘的输电带在两个转轴之间传动. 带的下端有高压直流电源不断地向其放电,输送正电荷到带上,由它带到上端. 在这里,电荷再被刮电针转送到球形电极的外壳上. 经过一定时间的积累后,球形电极可以达到很高的静电压. 当然,也可以使球电极带负电,用以加速电子. 经过多年的改进,目前作为电压不太高(约低于 10 MV)的加速器,还在生产和应用.

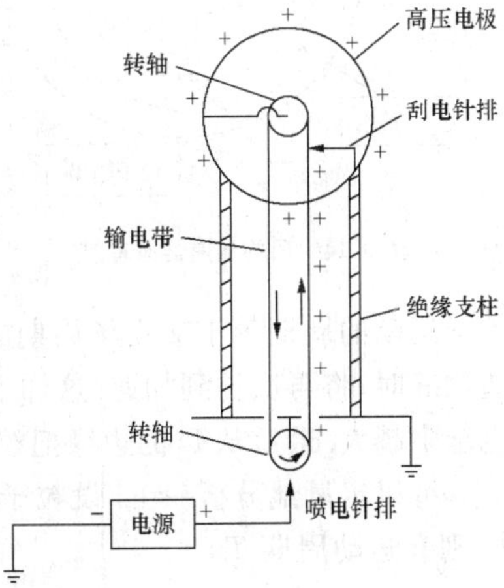

图 9.13 范德格拉夫静电高压发生器

考克拉夫特加速器 考克拉夫特(J. D. Cockcroft)与瓦耳顿(E. T. S. Walton)构建了一台高压发生器,使用了变压器升压,真空二极管倍压整流的方案,指标为 600 kV. 高压发生器与他们研制的真空加速装置联用,就成为加速器. 这在当年技术水平下,还是不容易的. 1932 年,装置完成. 他们用 500 keV 的质子轰击锂靶,实现了 ^{7}Li(p,α)α 核反应:

$$p + {}^7Li \rightarrow \alpha + \alpha \qquad (9.3.4)$$

这是第一个用人工加速粒子实现核反应的实验. 这里有一个问题值得注意：0.5 MeV 的能量，远低于 Li 原子核的势垒高度，为什么具有这种能量的质子能够打到核的内部？原来，在这以前，理论物理学家们已经分析过这类与此有关的问题. 他们认为，放射性原子核中的 α 粒子能够通过隧道效应穿出势垒，反过来考虑，核外能量低于势垒的粒子，也应有一定的概率通过隧道效应钻进核内. 上述实验证实了这点. 这使得核反应更容易进行了.

回旋加速器　回旋加速器是由劳伦斯(E. O. Lawrence)发明的，用的是一种创新的原理. 它不是去追求高的加速电压，而是使用不太高的电压，让粒子在此电压下多次加速，以获得高的能量. 回旋加速是按这种思路工作的方案之一，原理见图 9.14. 两个金属做的半圆形的扁盒(简称为"D")，直边开口，相对放置，中间隔一道空隙，如图中所示. 它们就作为一个高频电源的两极. 在两个 D 之间的空隙处有电场，而在盒子内部没有电场. 离子源放在空隙的中央，整个装置放于高真空中. 垂直于 D 的平面上加磁场 B. 设某带电粒子在在穿过隙缝时受到加速，在 D 中运动，其轨迹由于磁场的存在而成为半圆形. 如果粒子运动的周期等于交变场周期的奇数倍，则此粒子走过半圆而再次到达隙缝时，将再次得到加速. 这样下去，粒子的速度越来越大，轨道的半径也越来越大. 最后从 D 的边缘把粒子引出盒外，以供实验之用.

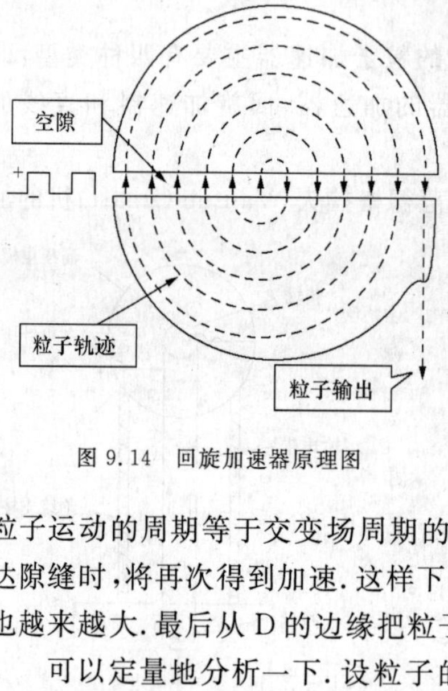

图 9.14　回旋加速器原理图

可以定量地分析一下. 设粒子的质量为 m，电荷为 q，磁感应强度为 B，则有运动周期 T

$$T = 2\pi m/qB \tag{9.3.5}$$

轨迹的半径 R

$$R = mv/qB = (2mE)^{1/2}/qB \tag{9.3.6}$$

式中 E 是粒子的能量. 设使用 $R=0.2$ m，$B=1$ T 的加速器，用以加速质子，不难算出，此加速器可以将质子加速到约 1.9 MeV 的能量，需用的电源频率为 $f=1/T\approx 3$ GHz，属微波范围.

1932 年劳伦斯完成的第一个加速器 D 的半径是 27 cm，磁场强度不太高，加速质子到 1 MeV. 相比之下，考克拉夫特为得到 0.5 MeV 的质子，要用

60 万伏的高压发生器. 在实验室里,这是一个庞然大物了. 回旋加速器作为一种科研装置,其复杂与精密的程度,在那时被认为是前所未有的.

回旋加速器的推广很快,而其潜力也很大. 几年之后,劳伦斯已将加速质子的能量提高到近 40 MeV. 当能量需进一步提高时,相对论效应逐渐突出,粒子的速度相对地变慢,作回旋运动的周期与交变场的周期难以同步,于是又研制了同步回旋加速器. 到 20 世纪 50 年代,粒子能量已可加速到 GeV 量级. 目前世界上最大的同步回旋加速器是建在美国费米实验室的 Tevatron,加速粒子的能量可达 1 TeV. 由于用了超导磁体,加速管道圈的直径已经大大地缩小了,但仍约 2 km.

直线加速器 最早提出的用多次加速方式加速带电粒子的方案是线性加速. 如图 9.15 所示,一列中空的金属圆管沿直线放置,两管之间留有缝隙. 相邻管分别接于高频电源的两极. 粒子在圆管中以直线传播,仅在穿过缝隙时受到电场的作用. 安排管的长度和高频场的频率,使粒子穿过每一个缝隙时都得到最大的加速. 经过多次加速,粒子可获得高能量. 直线加速器一般需要很大的长度,但是它也有许多优点,例如不需要磁铁、粒子的导入和引出都比较容易等. 上述原始型和后来改进型的直线加速器,现在都有应用. 目前最大的直线加速器是斯坦福直线对撞机,机长 3.2 km. 它能使正、负电子从两端分别沿相反的方向运行,使它们在中间以 50 GeV 的能量对撞.

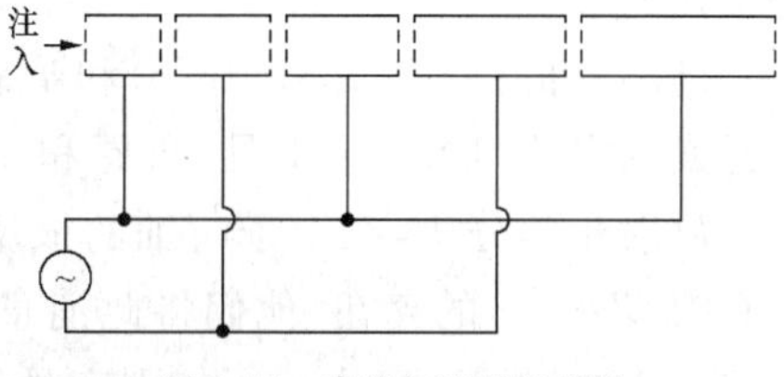

图 9.15 直线加速器原理图

上述特大型加速装置,是近代粒子物理实验研究所必需的,这里顺带提一下.

考克拉夫特和瓦尔顿,以及劳伦斯,均曾获诺贝尔物理学奖.

9.3.3 核裂变

核裂变的发现 核裂变现象的研究,是从用中子引发核反应的研究开始的. 1934 年,约里奥-居里夫妇用 α 粒子轰击铝,产生了具有人工放射性的 P-31. 这个发现受到很大的重视,因为人们有希望制造出更多的放射性物质,以代替当时最重要的放射源,稀少昂贵的镭. 然而用 α 粒子或质子去轰击原子核,并不太有效,因为需要克服势垒. 中子不带电荷,容易进入原子核内,这是一个有利条件. 费米开始用中子来引发核反应,发现非常有效.更为重要的是,他发现用速度慢的中子,可使核反应截面大大提高.使中子减速的方法也很简单.让快中子通过原子量小的物质,如氢、氘、铍、石墨等,快中子与静止的轻核相碰时,能量损失很快,例如与氢核碰撞,大约经过二十次,就成了热中子①.费米进行了大量的核反应实验研究,得到了多达400种新的人工放射性物质.

费米等人用中子轰击重元素时,发现许多元素的核在吸收一个中子后,具有 β^- 放射性,即在中子放出一个电子转化为质子后,成为 Z 值增加了1的新元素.他们就用中子撞击铀,意图获得 Z 为93,94的超铀元素.从这类实验的反应产物中他们发现某些未知元素,经过分析,认为很可能是93号元素,其后又有94号元素.但费米又有犹豫,认为"证据不能认为是很强的".

德国的梅特勒(L. Meitner)和哈恩(O. Hahn)决定重复费米关于超铀元素的实验.1939年1月,哈恩和斯特拉斯曼(F. Strassmann)通过精密的放射化学分析,在中子与铀的核反应产物中,没有发现超铀元素,但是有钡($Z=56$)的存在.他们将此消息告诉梅特勒,梅特勒与弗里什(O. R. Frisch)判断,这里发生了核裂变过程.以上的发现震动了物理学界,因为一个重核分裂时释放出的能量是巨大的.例如 ^{235}U 分裂后,释出约200 MeV的能量,其中绝大部分可以利用.这比一个碳原子氧化后释放的能量大了约 5×10^7 倍.

图9.16是一张用云室拍得的直接显示裂变的图.云室中间是一片涂了铀的薄云母片,两条长径迹显示出反冲的碎片.

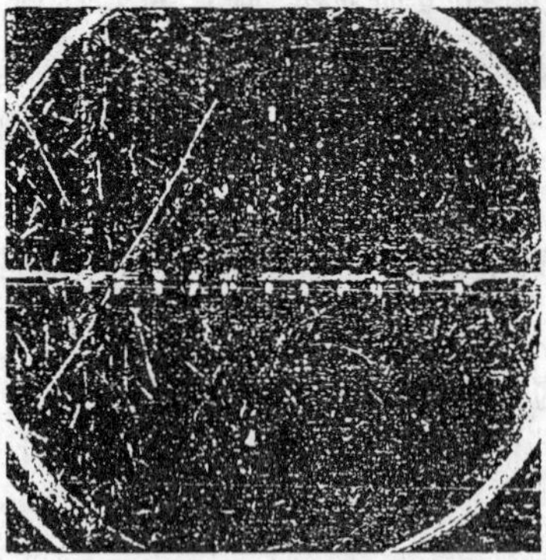

图9.16　云室中的核裂变

核裂变现象　核裂变是一个极为复杂的过程,其实,在哈恩发现之前,已经有人指出了核裂变的可能性,但并未引起注意.因为人们认为,铀核只有很小的概率放出 α 粒子,基本上是稳定的.有两百多个核子的集体,进去一个中子,怎么就会引起一种激烈的、爆炸式的裂变反应呢.得知哈恩的发现后,弗里什才想到,用液滴模型可以理解这种反应.

① 指在室温下速度为麦克斯韦分布的中子.

用液滴模型来解释的大意如下.一个重核,好比一个不可压缩的圆液滴.一个中子进入核后,与诸多核子碰撞,很快地融入其中,共同组成一个复合核.这个复合核处于激发态,并发生形变和振动,从圆形向两端拉长.这时,有两种力的作用.核力引起的表面张力趋向于使核恢复圆形,而质子间静电排斥力使核继续拉长.两者竞争的结果,有以下几种可能:复合核发射出 γ 射线,释放出多余的能量,回到稳定的状态;复合核发射出中子或其他粒子,而转变为另一个稳定的核素;复合核分裂为两个碎片,即发生裂变.究竟会出现哪一种情况,是由原来的核的性质和入射中子的能量决定的.图 9.17 是用液滴模型来描绘裂变过程的示意图.

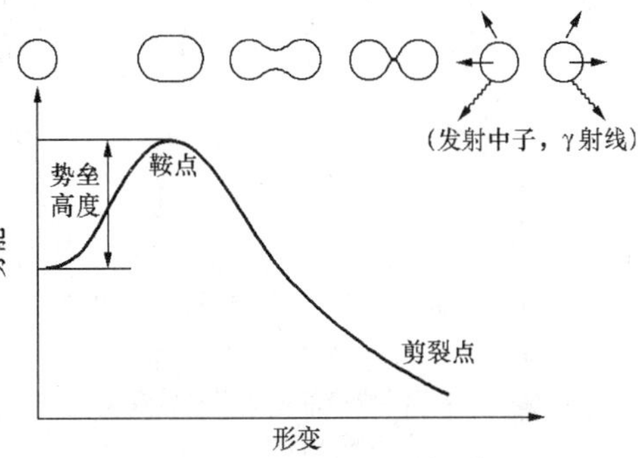

图 9.17　用液滴模型解释核裂变过程

人们对核裂变现象进行了大量的实验研究.原子核分裂成的两个碎片,碎片中的中子数与质子数之比过大,所以随即从中喷发出几个中子和 γ 射线,这些中子叫做瞬发中子.其后,碎片成为具有 β^- 放射性的裂变产物,其中含有的中子数仍然过多.它们通过一系列的 β^- 发射而趋于稳态,其间也有少量中子发出.这些后发的中子叫做缓发中子,它们只占裂变放出的全部中子的很小份额.下面将指出,它在核裂变的控制上有着重要的作用.

裂变的两个产物的质量数一般并不相同,而是一个大一些,另一个小一些.图 9.18 给出了一个例子,是 U-235 吸收一个热中子而发生裂变后,裂变产物质量数 A 的分布情况.

原子核在裂变时还可能发生三分和四分的情况,其概率要比二分小得多.1946 年我国科学家钱三强、何泽慧等发现了原子核的三分和四分.图 9.19 是从核乳胶中获得的一张核三分图,乳胶中含有硝酸铀.

重原子核有一定的概率发生自发裂变.

核裂变反应堆　当实验发现,铀核在裂变时会放出几个中子时,核能的利用出现了现实的可能性.如果一个核裂变时放出的中子当中,至少有一个能引发下一次核裂变,就形成了链式反应,有可能达到自持式的裂变.一种反应能否达到自持,可以用中子增殖系数 k 之值来判断.设引起

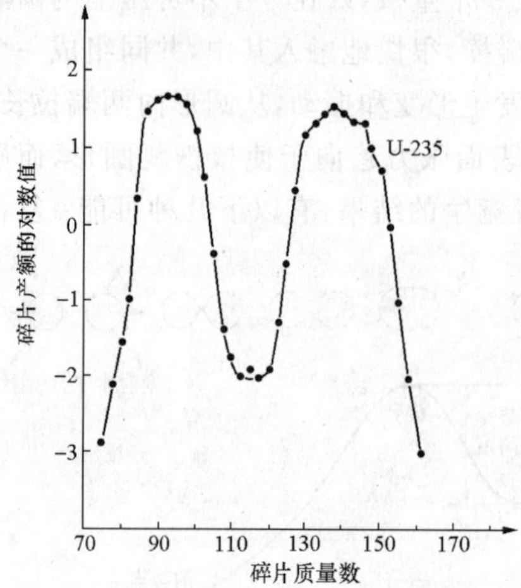

图 9.18 U-235 吸收热中子裂变后裂变产物的分布图

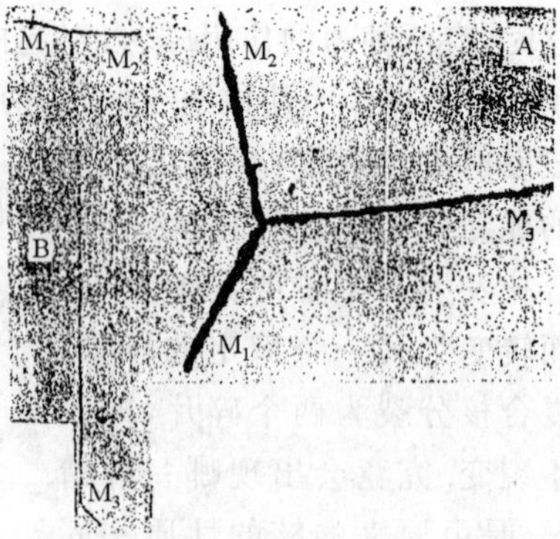

图 9.19 U-235 的三分裂变，A 图显示三个碎片都较大，B 图显示二大一小

裂变的中子(上一代中子)数是 n_1，裂变后产生的中子当中能引发新的裂变的中子(下一代中子)数是 n_2，则 $k=n_2/n_1$. $k=1$ 时是临界状态，这时裂变可以自持，规模稳定. $k<1$ 时为次临界状态，链式反应将会终止. $k>1$ 为超临界状态，这时裂变和中子数将会指数式地增长，是一种可能引发爆炸的危险状态. 所以要实现自持核反应，关键在于如何控制中子.

1940 年初，费米开始主持建立一个实验性的、能实现自持式核反应的装置. 首先是选择核反应材料的问题，许多重核能发生裂变反应. 在天然的铀中，除了含量约 0.7%的 ^{235}U 外，其他为 ^{238}U. U-235 能由热中子引发裂变，反应概率很高，每次裂变平均放出 2.6 个中子. U-238 需要能量大于 1 MeV 的中子来引发裂变，反应概率低，还有其他缺点. 所以费米选用了热中子引发 U-235 裂变的方案. 他所设计的核反应装置，当时叫做核反应堆①.

使中子减速比较简单，通用的减缓剂有石墨、重水等. 然而要保证每 2.6 个中子，除了被吸收和逃逸的之外，必须至少有一个有机会能为铀所俘获，而这是极其复杂而困难的事，核裂变产生的中子的变化情况是很复杂的. 它的性质首先是由核反应本身决定的，还与裂变材料的形状、大小等因素有关. 其次，中子产生之后，与周围的各种物质作用，可能被减缓、

① 堆(pile)是当时美国对此类装置所用的名称，只用了几年，就逐渐为 reactor 所代替. 我们似也应改用“反应器”译名.

吸收、散射、……,或者逃逸.这就与反应堆内的各种装置,包括减缓剂、(中子)吸收体等的性能和布置都有密切的关系.核反应堆有一个临界体积,必须达到这个体积,才有可能发生可持续的链式反应.

费米设计了第一个试验性的反应堆,并且在 1942 年底一次实验成功,获得了自持核裂变,为人类应用核能开辟了道路.他所设计的反应堆,是将减速剂放置在堆内,核燃料铀块分置于石墨减速剂中,形成一个立方点阵.堆内还放置几根能强烈吸收中子的吸收棒及安全棒,这些棒可上下移动,是控制中子的关键部件.堆的最外层是屏蔽体.用中子计数器和其他仪器检测堆内中子的浓度.反应堆的示意图见图 9.20.

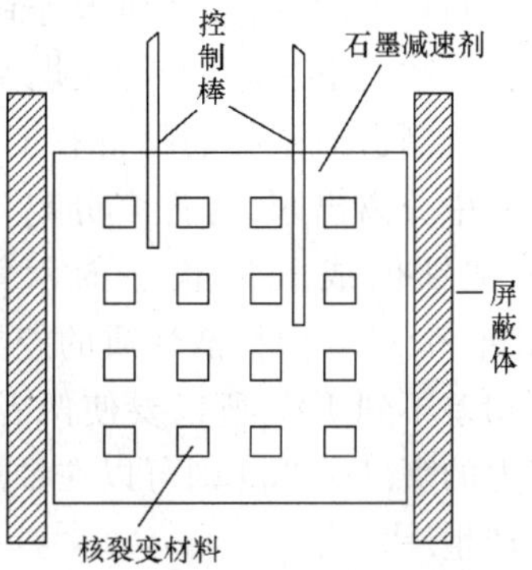

图 9.20 第一座核裂变反应堆示意图

启动反应堆是使用控制棒.逐步抽出控制棒,使堆内中子数增加.在控制中子问题上,也有一个关键问题.为了达到所希望的裂变强度水平,反应堆必须在 k 值略大于 1 的水平上工作,使中子数能增长.直到达到应有水平,k 值才达到 1.但瞬发中子是在核裂变后约 10^{-4} 到 10^{-3} 秒内发生的,如果超临界运转全依靠它们,就极难控制①.因为在 1 秒内,瞬发中子可以增殖约 1000 代.幸而有缓发中子存在,它们是在裂变后约秒级以至分级的时间中被陆续放出来的,其数量虽然只占中子总数的 0.7%,仍可用来控制中子增殖的进程.调节的原则就是,必须计入缓发中子之后,才使一个适度的超临界运转得以维持.由于缓发中子是在若干分钟内陆续发出的,人们有足够的时间来进行调节,所以也就能控制超临界运转.

从发现核裂变到实现人工可控核裂变,仅用了不到四年的时间.从纯科学研究到技术应用,过渡得如此之快,各国的、各方面的科学家的密切合作是很重要的.而费米兼具理论物理学家和实验物理学家的卓越才能,顺利完成第一个核反应堆的设计和试验任务,功不可没.另一方面,国际形势也起了重要的推动作用.因为当时正值第二次世界大战,纳粹德国完

① 如果 $k=1.01$.则 1 秒钟后,瞬发中子将增殖 $(1.01)^{1000}$ 约 10^4 倍!无法控制.即使 $k=1.001$,每秒增长也近 3 倍.所以在超临界运转时,对 k 的控制是要很仔细的.

全有能力开展这方面的工作①.为了与法西斯争时间,美国政府也是全力以赴的.当然,这是为了制造原子弹的需要.有良知的科学家对此深怀不安,但当时别无选择.

现在已有多种更为完善的反应堆,做各种用途.一般在堆芯之外包以中子反射层,使部分逃逸的中子返回堆芯内.为了取得堆芯产生的热量,并使设备不致过热,需在堆芯内安装循环冷却系统.用热中子引发裂变的称为热中子反应堆.

原子弹 费米建立第一个核反应堆的主要任务之一,是为制造原子弹做基础物理的准备.然而未等到此反应堆的运转,已有的物理分析已足够使美国政府下决心,开始大规模的原子弹制造工作.

适于制造原子弹的材料有 U-235、Pu-239、U-233 等.U-235 需要从天然铀中分离出来.有许多分离 U-235 的方法,通用的一种是用气体扩散法.把铀做成气体状态的六氟化铀,根据两种分子量不同的气体($^{235}UF_6$ 和 $^{238}UF_6$)扩散性质的差异,使两者分离.可是两种六氟化铀的分子量相差不到 1%,所以要使两者分离,或使 U-235 富集,也是一项很费钱费力的事.Pu-239 则可以在铀反应堆中,由 U-238 俘获一个中子后转化而产生.

核弹要求瞬间的强力爆炸.所以对原子弹,第一要求有一个触发核裂变的方法,其次要求触发后,核裂变材料在被炸散以前,尽可能多地参与裂变,以发挥最大的威力.

控制原子弹爆炸的关键仍是控制中子.一块核爆材料,总有自发裂变.当它体积小的时候,由于中子逸出体外很多,不能发生爆炸.刚足以使爆炸发生的体积称为临界体积.在组装原子弹时,使两块小于临界体积的核爆材料分隔开.引爆的方法,最简单的而有效的办法是爆炸法.用少量普通炸药爆炸的力量,使两块材料瞬间合为一块,从而引发核爆.核爆持续的时间大约是 1 微秒.

9.3.4 核聚变

核聚变是两个或多个轻核聚合成一个核(质量数小于 56)的反应.对它的研究,与核裂变正好相反.核裂变是由实验物理学家在并非有意寻找的情况下被发现的,而后理论研究,尤其是实验和应用研究,极为迅速地

---

① 有论者认为,纳粹德国科学家未能掌握控制中子的秘密,以致未能实现自持核裂变.这是一件幸事.

开展起来.而核聚变则是由理论物理学家为解决一个重大科学问题而提出来,并且给出了具体的聚变过程,后来才由实验证实.至于它的人工控制研究,则是一个漫长的探索过程.

太阳内部的核聚变 从历史上看,太阳以及其他恒星好像无穷尽地辐射能量,其来源一直是个谜.天文学家和物理学家有过许多猜测.在核反应被发现后,人们寄希望于从这个角度来解决问题.这也吸引了贝蒂(H. A. Bethe)等物理学家的注意.当时对太阳等星体可观察到的有关物理量不多,只有表面温度、总发光度等.间接推算出来的有太阳内部的组成和温度等.贝蒂等人根据这些材料,提出了两种产生太阳能的热核反应机制.

(1) C-N 循环 这是贝蒂于 1938 年提出的,魏扎克也独立提出过.这个循环由四次核反应和两次核衰变构成:

$$
\begin{aligned}
p + {}^{12}C &\rightarrow {}^{13}N \\
{}^{13}N &\rightarrow {}^{13}C + \beta^{+} + \nu \\
p + {}^{13}C &\rightarrow {}^{14}N + \gamma \\
p + {}^{14}N &\rightarrow {}^{15}O + \gamma \\
{}^{15}O &\rightarrow {}^{15}N + \beta^{+} + \nu \\
p + {}^{15}N &\rightarrow {}^{12}C + \alpha + \gamma
\end{aligned}
\tag{9.3.7}
$$

在这个过程中,C-12 起着触媒的作用,最后总数不变.总的变化是,四个质子聚合成一个 α 粒子,释放出两个正电子、两个中微子、γ 射线和多余的能量,如下式所示

$$
4p \rightarrow \alpha + 2\beta^{+} + 2\nu + 26.7\ \text{MeV} \tag{9.3.8}
$$

式(9.3.7)中提出的四种核反应均在实验室得到验证.

(2) p-p 循环 这是魏扎克于 1937 年提出的,后来由贝蒂和克里齐菲尔德进行了理论计算.过程如下

$$
\begin{aligned}
p + p &\rightarrow d + \beta^{+} + \nu \\
p + d &\rightarrow {}^{3}He + \gamma \\
{}^{3}He + {}^{3}He &\rightarrow \alpha + 2p
\end{aligned}
\tag{9.3.9}
$$

式中 d 是氘的符号.总的结果,还是与式(9.3.8)完全相同,是四个质子的聚变成 α 粒子的过程.

太阳是一个高温等离子体,其中心物质,质子占大部分,温度约为 1.5×10^{7} K,可以维持热核反应,达到一种相当稳定的状态.在这个温度下,p-p 循环是主要的,约占 96%.虽然太阳中心的温度是如此之高.但由自身庞大的质量所产生的重力,能够将其约束在一起.

每次循环所释放的能量虽然巨大，其实反应的速度非常慢. 因为以上两种循环中的各个核反应都需要两个带正电的粒子克服势垒才能互相接近. 太阳中心温度虽然很高，但是粒子的平均动能，如以$(3/2)kT$计，仅为2 keV左右，只有动能远高于此的极少数粒子，才有一定的概率，通过隧道效应进入靶核，所以反应截面是很小的. 上述两个循环的周期，分别约为6×10^6年和3×10^9年，所以，虽然太阳的寿命已有四十多亿年，它现在的含氢量还占其总质量的大部分，有足够的核燃料以供"活命"之用.

贝蒂获得过诺贝尔物理学奖. 他的工作，还开辟了研究星体演化的途径.

热核反应的应用　热核聚变比之核裂变是资源更为丰富的能量源泉，不过人们仍然考虑战争武器——热核炸弹，即氢弹. 实现爆炸式的核聚变反应，要比实现用作能源的可控核聚变容易得多，关键是需要找到在温度不太高时有较大反应截面的聚变过程. 最有利的是氢的两个同位素，氘(D,d)和氚(T)的聚变反应

$$d + T \rightarrow \alpha + n + 17.58\,\text{MeV} \qquad (9.3.10)$$

氘在天然氢中占0.015%，可以从海水中大量提取. 氚在自然界不存在，但是可以用下面的反应产生

$$n + {}^6\text{Li} \rightarrow \alpha + T + 4.9\,\text{MeV} \qquad (9.3.11)$$

所以可以用氘化锂(LiD)做氢弹的聚变燃料. 设计的原理，简单地说，大致是这样的：先在一个容器内用普通炸药引发核裂变的连锁反应，发生爆炸. 同时这个过程中产生的中子与锂核作用，产生了氚. 由裂变产生的高温和高压，引发氘和氚的聚变，发生更大的爆炸. 这个聚变过程在氘化锂被炸散之前就已完成，所以也是一种惯性约束的聚变.

受控热核反应作为能源的研究，已经有了很长的时间. 这里有两个主要问题，一是如何将热核材料加热到极高的温度，使热核反应得以进行；二是如何控制反应在一定的区域内进行，并将产生的能量传送出去. 在控制方案上，有磁约束与惯性约束两种，提出的方案和进行的实验很多. 20世纪60年代苏联科学家提出的一种应用磁约束的"托卡马克(TOKAMAK)"装置，经多年发展，目前被认为极有希望实现工业应用. 下面对此作一个简单的介绍.

托卡马克是俄文缩写的中译，原文是环流磁真空室之意. 它的核心是一个圆环形的真空反应室，如图9.21所示. 室内充入稀薄的核聚变气体，如氘与氚. 设法在其中产生极强大的等离子体电流，达到极高的温度，引发热核反应. 为了持续产生反应，则需不断地抽出反应后的产物，并充进

新的热核材料.

如何将等离子体约束在环形管的内部,是关键问题之一. 理论和实验证明,需要在管内有一个磁力线成疏松螺旋状的磁场. 这个磁场由两个分量组成,主要分量是磁力线沿管内部成圆环状的纵向磁场 B_0. 这个场由绕在圆环臂上线圈中的电流产生,其作用是使离子绕着磁力线作螺线形运动. 场越强,越有利于对等离子体的约束. 另一个分量是在这个场之上叠加的一个磁场,其磁力线绕环臂成小圆环形,如图中之 B_ϕ. 它的作用是阻止离子向管壁扩散. B_ϕ 可以用外部装置产生,等离子体电流本身也产生这样的磁场.

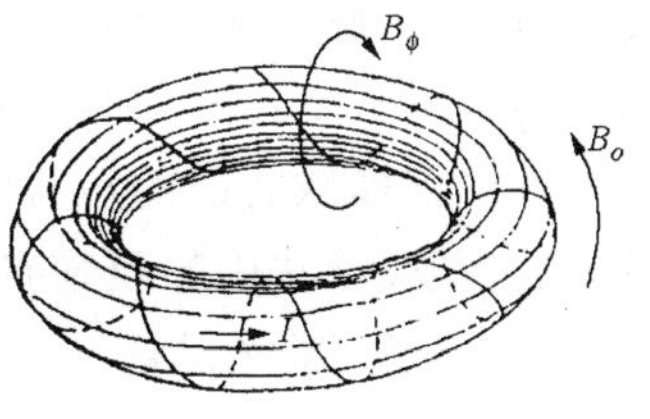

图 9.21 托卡马克的核心——约束等离子体的圆环状真空室内的磁场分布图

近二十多年来,托卡马克装置有许多重要进展. 从应用的角度看,核聚变的一个重要指标是聚变增益 Q,即聚变输出功率与净输入功率之比. 人们把到达 $Q=1$ 这个临界点叫做"点火". 有的托卡马克装置已接近这个点.

中国科学院等离子体物理研究所 2007 年研制成的新一代超导托卡马克聚变实验装置(EAST),居于世界先进水平之列. 它的圆环大半径 1.75 m,小半径 0.425 m,使用超导线圈产生环形磁场,设计指标 B_0 为 3.75 T,等离子体电流 0.5 MA,放电脉冲持续时间 1～1000 s. 它的全超导非圆截面(指环臂的横截面)设计是世界上第一个.

多国的科学家曾经讨论过. 认为进行更大规模的实验研究的时机已经成熟. 他们合作设计了一个大型托卡马克实验装置,定名为"国际热核聚变实验反应器",简称为 ITER. 其目的是显示核聚变用作未来能源的可行性,从研究中获得必要的数据,为设计第一个核聚变发电站做准备. 设计的指标是,在脉冲工作时,Q 达到 10,而在转入连续工作时,$Q>5$,即聚变输出的能量为输入的能量的 5 倍多. 鉴于预算的庞大,进行了国际合作. 现今正式参加的有欧盟、日本、中国、印度、韩国、俄罗斯、美国等七方. 地点选在法国. 实验装置的建设于 2007 年开始,计划需十年左右的时间,然后开始进行实验.

如果 ITER 的研究工作顺利,就可以开始着手从事聚变发电的工业应用问题.

另一项重大工程是美国的"国家点火设施",简称 NIF. 这是一个惯性约束方案. 用 192 束 351 nm 的脉冲紫外激光,聚焦在盛有核聚变材料的靶丸上.每一次脉冲能给出 1.8 MJ 的能量.激光作用的后果是将聚变材料压缩到超高密度,并达到超高温度,引发热核反应.利用粒子的惯性,在靶丸尚未严重爆散之前的短暂时间($10^{-10}\sim10^{-11}$ s)内,热核反应能进行到足够的程度.设法引出反应产生的热量,以供应用.该方案计划能达到 $Q>1$,实现点火.激光设备已经完成.

NIF 还计划进一步用于聚变-裂变方案.上述靶丸中发生聚变时将发射出大量的高能中子.如在靶的四周有合适的裂变材料,它们将发生不到临界的裂变,从而产生更多的能量.最重要的是,它们可以使用现在被当作"核废料"的许多放射性物质做裂变材料,化废为宝.

附表一　元素周期表

原子序数 — 26 $3d^64s^2$ — 价层电子构型
元素符号 — **Fe** 铁 — 元素汉语名称
55.85 — 相对原子质量，括号内为最长寿命同位素的相对原子质量或质量数

	1 Ⅰ$_A$	2 Ⅱ$_A$	3 Ⅲ$_B$	4 Ⅳ$_B$	5 Ⅴ$_B$	6 Ⅵ$_B$	7 Ⅶ$_B$	8 Ⅷ$_B$(Ⅷ)	9 Ⅷ$_B$(Ⅷ)	10 Ⅷ$_B$(Ⅷ)	11 Ⅰ$_B$	12 Ⅱ$_B$	13 Ⅲ$_A$	14 Ⅳ$_A$	15 Ⅴ$_A$	16 Ⅵ$_A$	17 Ⅶ$_A$	18 (0)
1	1 $1s^1$ **H** 氢 1.008.																	2 $1s^2$ **He** 氦 4.003
2	3 $2s^1$ **Li** 锂 6.941	4 $2s^2$ **Be** 铍 9.012											5 $2s^22p^1$ **B** 硼 10.81	6 $2s^22p^2$ **C** 碳 12.01	7 $2s^22p^3$ **N** 氮 14.01	8 $2s^22p^4$ **O** 氧 16.00	9 $2s^22p^5$ **F** 氟 19.00	10 $2s^22p^6$ **Ne** 氖 20.18
3	11 $3s^1$ **Na** 钠 22.99	12 $3s^2$ **Mg** 镁 24.31											13 $3s^23p^1$ **Al** 铝 26.98	14 $3s^23p^2$ **Si** 硅 28.09	15 $3s^23p^3$ **P** 磷 30.97	16 $3s^23p^4$ **S** 硫 32.07	17 $3s^23p^5$ **Cl** 氯 35.45	18 $3s^23p^6$ **Ar** 氩 39.95
4	19 $4s^1$ **K** 钾 39.10	20 $4s^2$ **Ca** 钙 40.08	21 $3d^14s^2$ **Sc** 钪 44.96	22 $3d^24s^2$ **Ti** 钛 47.87	23 $3d^34s^2$ **V** 钒 50.94	24 $3d^54s^1$ **Cr** 铬 52.00	25 $3d^54s^2$ **Mn** 锰 54.94	26 $3d^64s^2$ **Fe** 铁 55.85	27 $3d^74s^2$ **Co** 钴 58.93	28 $3d^84s^2$ **Ni** 镍 58.69	29 $3d^{10}4s^1$ **Cu** 铜 63.55	30 $3d^{10}4s^2$ **Zn** 锌 65.41	31 $4s^24p^1$ **Ga** 镓 69.72	32 $4s^24p^2$ **Ge** 锗 72.64	33 $4s^24p^3$ **As** 砷 74.92	34 $4s^24p^4$ **Se** 硒 78.96	35 $4s^24p^5$ **Br** 溴 79.90	36 $4s^24p^6$ **Kr** 氪 83.80
5	37 $5s^1$ **Rb** 铷 85.47	38 $5s^2$ **Sr** 锶 87.62	39 $4d^15s^2$ **Y** 钇 88.91	40 $4d^25s^2$ **Zr** 锆 91.22	41 $4d^45s^1$ **Nb** 铌 92.91	42 $4d^55s^1$ **Mo** 钼 95.94	43 $4d^55s^2$ **Tc** 锝 (97.91)	44 $4d^75s^1$ **Ru** 钌 101.1	45 $4d^85s^1$ **Rh** 铑 102.9	46 $4d^{10}5s^0$ **Pd** 钯 106.4	47 $4d^{10}5s^1$ **Ag** 银 107.9	48 $4d^{10}5s^2$ **Cd** 镉 112.4	49 $5s^25p^1$ **In** 铟 114.8	50 $5s^25p^2$ **Sn** 锡 118.7	51 $5s^25p^3$ **Sb** 锑 121.8	52 $5s^25p^4$ **Te** 碲 127.6	53 $5s^25p^5$ **I** 碘 126.9	54 $5s^25p^6$ **Xe** 氙 131.3
6	55 $6s^1$ **Cs** 铯 132.9	56 $6s^2$ **Ba** 钡 137.3	57–71 **La** 系 镧系	72 $5d^26s^2$ **Hf** 铪 178.5	73 $5d^36s^2$ **Ta** 钽 180.9	74 $5d^46s^2$ **W** 钨 183.8	75 $5d^56s^2$ **Re** 铼 186.2	76 $5d^66s^2$ **Os** 锇 190.2	77 $5d^76s^2$ **Ir** 铱 192.2	78 $5d^96s^1$ **Pt** 铂 195.1	79 $5d^{10}6s^1$ **Au** 金 197.0	80 $5d^{10}6s^2$ **Hg** 汞 200.6	81 $6s^26p^1$ **Tl** 铊 204.4	82 $6s^26p^2$ **Pb** 铅 207.2	83 $6s^26p^3$ **Bi** 铋 209.0	84 $6s^26p^4$ **Po** 钋 (209.0)	85 $6s^26p^5$ **At** 砹 (210.0)	86 $6s^26p^6$ **Rn** 氡 (222.0)
7	87 $7s^1$ **Fr** 钫 (223.0)	88 $7s^2$ **Ra** 镭 (226.0)	89–103 **Ac** 系 锕系	104 $6d^27s^2$ **Rf** 𬬻 (261.1)	105 $6d^37s^2$ **Db** 𬭊 (262.1)	106 $6d^47s^2$ **Sg** 𬭳 (263.1)	107 $6d^57s^2$ **Bh** 𬭛 (264.1)	108 $6d^67s^2$ **Hs** 𬭶 (265.1)	109 $6d^77s^2$ **Mt** 鿏 (266.1)	110 **Ds** 𫟼 (271)	111 **Uuu** (272)	112 **Uub** (277)	113 **Uut** (284)	114 **Uuq** (289)	115 **Uup** (288)	116 **Uuh** (289)		118 **Uuo** (294)

镧系	57 $5d^16s^2$ **La** 镧 138.9	58 $4f^15d^16s^2$ **Ce** 铈 140.1	59 $4f^36s^2$ **Pr** 镨 140.9	60 $4f^46s^2$ **Nd** 钕 144.2	61 $4f^56s^2$ **Pm** 钷 (144.9)	62 $4f^66s^2$ **Sm** 钐 150.4	63 $4f^76s^2$ **Eu** 铕 152.0	64 $4f^75d^16s^2$ **Gd** 钆 157.3	65 $4f^96s^2$ **Tb** 铽 158.9	66 $4f^{10}6s^2$ **Dy** 镝 162.5	67 $4f^{11}6s^2$ **Ho** 钬 164.9	68 $4f^{12}6s^2$ **Er** 铒 167.3	69 $4f^{13}6s^2$ **Tm** 铥 168.9	70 $4f^{14}6s^2$ **Yb** 镱 173.0	71 $4f^{14}5d^16s^2$ **Lu** 镥 175.0
锕系	89 $6d^17s^2$ **Ac** 锕 (227.0)	90 $6d^27s^2$ **Th** 钍 232.0	91 $5f^26d^17s^2$ **Pa** 镤 231.0	92 $5f^36d^17s^2$ **U** 铀 238.0	93 $5f^46d^17s^2$ **Np** 镎 (237.0)	94 $5f^67s^2$ **Pu** 钚 (244.1)	95 $5f^77s^2$ **Am** 镅 (243.1)	96 $5f^76d^17s^2$ **Cm** 锔 (247.1)	97 $5f^97s^2$ **Bk** 锫 (247.1)	98 $5f^{10}7s^2$ **Cf** 锎 (251.1)	99 $5f^{11}7s^2$ **Es** 锿 (252.1)	100 $5f^{12}7s^2$ **Fm** 镄 (257.1)	101 $5f^{13}7s^2$ **Md** 钔 (258.1)	102 $5f^{14}7s^2$ **No** 锘 (259.1)	103 $5f^{14}6d^17s^2$ **Lr** 铹 (260.1)

附表二　本书常用的物理常数表*

国际科联所属的科技数据委员会(The Committee on Data for Science and Technology，简作CODATA)2006年推荐值.

物理量	符号	数　值	单　位	不确定度
真空中光速	c	299 792 458	$m \cdot s^{-1}$	设定值，无误差
真空磁导率	μ_0	$4\pi \times 10^{-7}$		
		$=12.566\,370\,614 \times 10^{-7}$	$N \cdot A^{-2}$	同上
真空介电常数	ε_0	$8.854\,187\,817 \times 10^{-12}$	$F \cdot m^{-1}$	同上
万有引力常数	G	$6.674\,28(67) \times 10^{-11}$	$m^3 \cdot kg^{-1} \cdot s^{-2}$	1.0×10^{-4}
摩尔气体常数	R	$8.314\,472(15)$	$J \cdot mol^{-1} \cdot K^{-1}$	1.7×10^{-6}
玻尔兹曼常数	k	$1.380\,6504(24) \times 10^{-23}$	$J \cdot K^{-1}$	1.7×10^{-6}
阿伏伽德罗常数	N_A, L	$6.022\,141\,79(30) \times 10^{23}$	mol^{-1}	5.0×10^{-8}
普朗克常数	h	$6.626\,068\,96(33) \times 10^{-34}$	$J \cdot s$	5.0×10^{-8}
$h/2\pi$	$\hbar$	$1.054\,571\,628(53) \times 10^{-34}$	$J \cdot s$	5.0×10^{-8}
电子电荷	e	$1.602\,176\,487(40) \times 10^{-19}$	C	2.5×10^{-8}
电子质量	m_e	$9.109\,382\,15(45) \times 10^{-31}$	kg	5.0×10^{-8}
质子质量	m_p	$1.672\,621\,637(83) \times 10^{-27}$	kg	5.0×10^{-8}
	m_p/m_e	$1836.152\,672\,47(80)$		4.3×10^{-10}
精细结构常数	α	$7.297\,352\,5376(50) \times 10^{-3}$		6.8×10^{-10}
	α^{-1}	$137.035\,999\,679(94)$		6.8×10^{-10}
里德伯常数	R_∞	$10973\,731\,568\,527(73)$	m^{-1}	6.6×10^{-12}
	$R_\infty hc$	$13.605\,691\,93(34)$	eV	2.5×10^{-8}
玻尔半径	a_0	$0.529\,177\,208\,59(36) \times 10^{-10}$	m	6.8×10^{-10}
经典电子半径	$r_e = \alpha^2 a_0$	$2.817\,940\,2894(58) \times 10^{-15}$	m	2.1×10^{-9}
玻尔磁子	μ_B	$927.400\,949(80) \times 10^{-26}$	$J \cdot T^{-1}$	6.6×10^{-8}
原子质量单位 $1\,u = m(^{12}C)/12$	u	$1.660\,538\,782(83) \times 10^{-27}$	kg	5.0×10^{-8}

* 材料取自美国国家标准与技术研究院(National Institute of Standard and Technology，简称NIST)网站(www.nist.gov).如有更新，请查阅该网站.

附表三　能量换算因子表*

通过关系式 $E=mc^2=hc/\lambda=h\nu=kT$,得到能量与质量、波长、频率、温度等物理量之间的换算关系.

	J	kg	m^{-1}	Hz
1 J	$(1\ J)=1\ J$	$(1\ J)/c^2=$ $1.112\,650\,056\cdots\times10^{-17}$ kg	$(1\ J)/hc=$ $5.034\,117\,47(25)\times10^{24}\ m^{-1}$	$(1\ J)/h=$ $1.509\,190\,450(75)\times10^{33}$ Hz
1 kg	$(1\ kg)c^2=$ $8.987\,551\,787\cdots\times10^{16}$ J	$(1\ kg)=1\ kg$	$(1\ kg)c/h=$ $4.524\,439\,15(23)\times10^{41}\ m^{-1}$	$(1\ kg)c^2/h=$ $1.356\,392\,733(68)\times10^{50}$ Hz
$1\ m^{-1}$	$(1\ m^{-1})hc=$ $1.986\,445\,501(99)\times10^{-25}$ J	$(1\ m^{-1})h/c=$ $2.210\,218\,70(11)\times10^{-42}$ kg	$(1\ m^{-1})=1\ m^{-1}$	$(1\ m^{-1})c=$ 299 792 458 Hz
1 Hz	$(1\ Hz)h=$ $6.626\,068\,96(33)\times10^{-34}$ J	$(1\ Hz)h/c^2=$ $7.372\,496\,00(37)\times10^{-51}$ kg	$(1\ Hz)/c=$ $3.335\,640\,951\cdots\times10^{-9}\ m^{-1}$	$(1\ Hz)=1\ Hz$
1 K	$(1\ K)k=$ $1.380\,6504(24)\times10^{-23}$ J	$(1\ K)k/c^2=$ $1.536\,1807(27)\times10^{-40}$ kg	$(1\ K)k/hc=$ $69.503\,56(12)\ m^{-1}$	$(1\ K)k/h=$ $2.083\,6644(36)\times10^{10}$ Hz
1 eV	$(1\ eV)=$ $1.602\,176\,487(40)\times10^{-19}$ J	$(1\ eV)/c^2=$ $1.782\,661\,758(44)\times10^{-36}$ kg	$(1\ eV)/hc=$ $8.065\,544\,65(20)\times10^{5}\ m^{-1}$	$(1\ eV)/h=$ $2.417\,989\,454(60)\times10^{14}$ Hz
1 u	$(1\ u)c^2=$ $1.492\,417\,830(74)\times10^{-10}$ J	$(1\ u)=$ $1.660\,538\,782(83)\times10^{-27}$ kg	$(1\ u)c/h=$ $7.513\,006\,671(11)\times10^{14}\ m^{-1}$	$(1\ u)c^2/h=$ $2.252\,342\,7369(32)\times10^{23}$ Hz
$1\ E_h$	$(1\ E_h)=$ $4.359\,743\,94(22)\times10^{-18}$ J	$(1\ E_h)/c^2=$ $4.850\,869\,34(24)\times10^{-35}$ kg	$(1\ E_h)/hc=$ $2.194\,746\,313\,705(15)\times10^{7}\ m^{-1}$	$(1\ E_h)/h=$ $6.579\,683\,920\,722(44)\times10^{15}$ Hz

* 材料取自美国国家标准与技术研究院(National Institute of Standard and Technology,简称 NIST)网站(www. nist. gov). 如有更新,请查阅该网站.

部分思考题注释

第　一　章

1.1　原子和分子的谱线，其频率从 X 射线频段一直延伸到射频段. 射频段谱线的频率可以直接测量. 传统的光谱方法中，只能用波长计测量谱线的波长，而无法测频率. 近代直接测光谱线频率的方法见附录 K.

原子和分子发出的谱线，在传播过程中，其频率是不变的，但其波长却随传播介质的不同而变化. 由波长算出频率，还需要知道哪些因素?

1.4　万有引力常数 $G=6.67\times10^{-11}\,\mathrm{m^3\cdot kg^{-1}\cdot s^{-2}}$.

1.9　太阳的辐射，主要来自太阳内部的中心区域，那里进行着热核反应，温度高达 $10^7\,\mathrm{K}$，较重的原子都不能存在. 当发自中心区的连续谱辐射到达太阳边缘温度低得多的区域的时候，遇到各种中性的原子和它们的离子，于是就产生了吸收. 这就是太阳连续光谱中有夫琅禾费黑线的原因. 在历史上，人们曾从夫琅禾费黑线的研究中，发现了几种新的元素.

1.10　原子第一玻尔半径为 0.529×10^{-10} m(0.05 nm)，可用 0.5×10^{-10} m 作为一般原子半径的数量级估算值. 因此原子面积的数量级为 $3\times10^{-20}\ \mathrm{m^2}$ ($3\times10^{-16}\ \mathrm{cm^2}$). 本题中提出的吸收截面为 $10^{-5}\ \mathrm{cm^2}$，显然是太大了，不合理.

在作这种判断的时候，需要注意的有两方面：一方面，这里用的原子面积数值，仅是一个粗估值，而且原子对共振光的吸收本领，是由原子的内部量子态决定的，不是由原子的大小决定的. 另一方面，它给人们提供一种思考问题的参考值. 例如在本题中，一束共振光，其截面积比原子的面积大了约 10 个量级，照射到一个原子上，能被原子全部吸收，这是任何理论所无法解释的.

因此，记住一些重要物理量的数值，并对一些物理过程有比较直观的理解，是很有用的学习方法.

1.12　要点是，需要从随原子运动的坐标系来分析问题. 如果读者还未学习过相对论，可以把问题留待以后学习时再思考.

理论分析发现，由于相对论效应，光谱还具有二级多普勒频移. 相对频移值 $\delta\omega/\omega=-(v/c)^2/2$. 此值与原子运动的方向无关. 设原子的速率为 $v=10^3$ m/s，则 $\delta\omega/\omega\sim5\times10^{-12}$，对高精确的光谱，是不可忽略的. 通过减低原子的运动速率，可以有效地减少二级多普勒频移.

1.13，1.14　传统的光学显微镜，其分辨率受限于光的衍射. 它的分辨极限略小于一个波长，对可见光而言，约为几百纳米. 电子显微镜的分辨率很高，能达到原子大小的尺度. 它的最大缺点是样品必需放在高真空中，并且受到高能电子流的轰击，此外，设备也比较复杂.后来发展起来的显微装置，如扫描隧道显微镜、扫描近场光学显微镜、扫描原子力显微镜等，从技术角度看，都得益于微型精密的光学—电子—机械技术的发展.它们设备精巧，对样品没有破坏性，有的分辨率已达到原子水平，是研究物质表面微观结构的有力工具.

原子力显微镜中的原子力，是指原子之间的相互作用力.使用原子力显微镜，衬底必须非常平(例如单晶面).在此平面上如果有极微小的物体，原子力显微镜在扫描时将显示出它的轮廓.进一步的发展，则是利用改进的原子力显微镜搬动原子，这种技术显然有应用前途.

近场显微镜与普通光学显微镜在原理上的基本区别是，后者用几何光学来处理，而前者则必须用光的电磁场理论.显然，在近场显微镜中，需测量的光强很弱，但近代技术完全能解决这个问题.

第 二 章

2.4 质子的直径，粗略地可以用 1 fm 来估算.如果电子落入此范围内，它的德布罗意波长不确定值 $\Delta\lambda \sim 1$ fm.请分析它的 Δp 值，来进行讨论.

2.7,2.8 参看§8.3.1 中关于一维单原子链势场的叙述.

2.10 从图 2.16 中可以看到，氢原子中的价电子，在不同的量子态时，其电子云的分布是有方向性的.由此想到，其他原子中价电子也有类似情况.在分子中，两个相邻原子是通过价电子互相结合的.在三原子分子中，位于中间的原子，其价电子分别与另外两个原子中的价电子结合.如果中间原子的价电子，其电子云的空间分布不同，将导致这三个原子的位形不同.

到此为止，上面的话只能算是一种联想，一种猜测.想过这个问题的读者，不妨在头脑里保留这样一个问题.

2.11 狄拉克的这句话，是 20 世纪 20 年代，量子力学发展初期说的，一直被认为是经典名言.不过到了 20 世纪末，就开始出现了不同的意见.主要是认为，量子力学里的干涉，不能认为是粒子的干涉，而只能是概率幅的干涉.诺贝尔物理学奖获得者格劳伯曾说过，狄拉克的名言，是在量子力学早期写下的、是在物理学家中引起混乱的过分简单的议论，不必再提了.这种意见可供参考.

2.12 量子力学发展的历史上，有过激烈的争论.一方的科学家主张波函数的统计诠释，而对立方表示怀疑，提出各种质疑.爱因斯坦的这句话很有代表性.但迄今为止，所有的实验事实，都支持前者.

2.13 参看§6.4.3 和附录 L.

2.15 电磁场是量子化了的，只能以能量为 $h\nu$ 的光子形式整个地产生或湮没.

2.16 题中所列几种受迫振动是有共性的.认识它们的共性，以及其间的差异，有助于更深入地理解有关的物理过程.请注意，在基础物理课程中，当学习有阻尼的机械振动或谐振电路的时候，一般只求“稳定解”.

2.17 扫频速率过快，线形会发生畸变.想一想，为什么?

第 三 章

3.1 碱金属原子中的电子是由封闭壳层和一个价电子构成.第二章中已经指出,封闭壳层中全部电子总概率密度分布是球对称的.如果简单地认为一个价电子完全在这个壳层以外,那么这个电子就相当于受到核处一个正电荷的作用.应该与氢原子 $n=3$ 能级位置相同.而实际上,核外的各个电子,其概率密度分布向内延伸到原子核附近,受到核的影响大为增强.向外也延伸得比较远.所以 Na 的 $n=3$ 能级能量远低于 H 的 $n=3$ 能级.其他能级也类似.见书中图 3.2.

3.2 按经典的电子半径(约 2.8×10^{-15} m)数值来计算.如果这个电子转了起来,且具有角动量 $h/2\pi$,则电子边缘的速率将超过光速.按经典力学,这是不可能的.

在乌楞贝克和古德史密特提出电子自旋假设之前,已经有人提出过,但是因为听到几位权威学者的反对意见,未敢发表.乌氏和古氏二位独立提出后,写出一篇论文交与他们的老师看.不久他们也听到了反对的意见,就请老师将论文撤回.老师说:论文已经送出去了.又补充说,你们两位是那么年轻(他们当年分别是 25 岁和 23 岁),说些蠢话也无妨.这样,两位就成为历史上电子自旋的(正式的)提出者.

3.5 (a) 根据量子力学,s 电子轨道角动量为零,所以没有自旋轨道相互作用.(b) 当 n 加大时,电子的概率密度分布趋向于距核更远的区域,它所感受到的磁场迅速减小.

3.7 有强度和定则.

3.9 常用的一种方法如下.使光源发射的共振光的频率有一个小的交流调制,调制的频率是低频 f.此光通过吸收室后,其透射光强也就有一个低频调制,如附图所示.在图中,吸收线的中心频率是 ν_0,共振光频率分别两种情况,(a) $\nu<\nu_0$,(b) $\nu>\nu_0$.图中给出了两种情况下透射光强变化的波形图.请读者先判明两种波形的异同,而后就不难想到一种方法,当光源频率小于 ν_0 时,通过电子电路使其增高,而当频率大于 ν_0 时则反之.(在电子电路中,这叫负反馈作用)

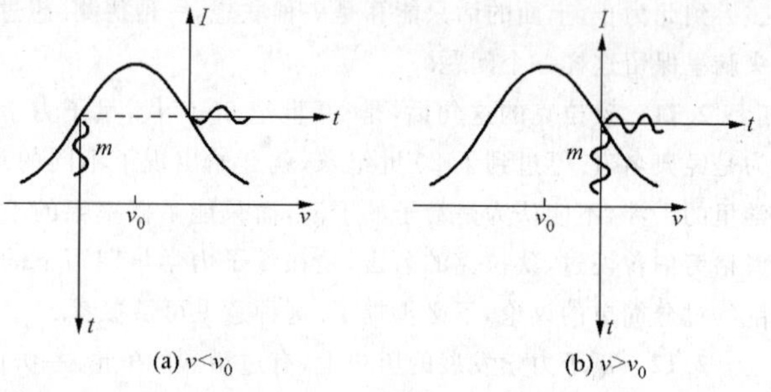

3.9 附图

m 为入射光调制波形,I 为透射光波形

3.10 一种超窄带滤光器.如果有一束比较宽带的、含有 455.5 nm 的光射入这滤光器,则仅有频宽极窄的 455.5 nm 光的强度可被测出.

3.11 利用类似的原理,可以进行各种气体的遥感工作,如远程探测毒气等有害气体,检测汽车尾气等.

第 四 章

4.1,4.3 微观粒子的许多物理量是量子化的.表征这些量的整数或半整数称为量子数.一部分量子数能确切地表现粒子的特性,如粒子的自旋量子数,氢原子中表征量子态能量的主量子数,表征轨道角动量的轨道量子数等.它们都是好量子数.复杂原子中各个电子的主量子数和轨道量子数都或多或少带有近似的性质,比如题4.3指出的例子.大家都知道氦原子基态有两个电子处在 $n=1$ 的轨道上,殊不知这里也有点近似成分,不过很少罢了.在这里,n 还算是足够好的量子数.碱金属原子中的各量子数也是相当好的.至于某些更复杂原子中的耦合类型,近似程度就更大.即使想定性地了解其能级分裂的情况,也需要谨慎地对待,不宜只看字面上写的××耦合,就习惯地相信由此作出的各种定性推论都是正确的.

读者可以考虑一下,各种磁量子数是否为好量子数.

4.5 以二价原子为例.对于原子量小的元素,两个处于基态价的电子,它们间的静电相互作用强于各自的自旋轨道相互作用,属 LS 耦合类型.而对于重的元素,自旋轨道相互作用增加很快,这在第三章中已有说明.价电子间静电相互作用反而有所削弱(因为原子半径变大了一些,两个价电子的平均距离也大了一些),这使结构趋向 jj 耦合.对于高激发态,可做类似的分析.

4.8 此式不正确.

4.10 如用已知能量的电子撞击原子,使原子激发或电离,则电子本身的能量也将减少.这个减少量就包含有原子能级的信息.

另有一项重要的方法,本书第六章将有介绍.读者如不学习该章,不妨在此有所了解.当共振电磁场与原子或分子相互作用,发生吸收现象的时候,电磁波通过该介质时的相速度也同时受到影响,也就是它感受到的介质折射率,在大致等于线宽的范围内,发生了特殊的变化过程.在光学中,这种现象称为反常色散.而在光谱学中,一般去掉“反常”二字.吸收与色散,这是共振光与原子相互作用过程在两个不同方面的表现.所以,用吸收法可以研究的问题,原则上用色散法也可以研究.至于是否选用,则视需要与可能(实验条件是否可行等等)而定.

第 五 章

5.2 自由电子在磁场中的能级是等距分布的,相邻能级间的距离是 $\hbar\omega_r$,ω_r 是电子回旋运动的角频率.

5.3 原子中价电子能级的塞曼分裂只取决于能态的角动量及相应的磁矩,而与电子到核的距离无关.

5.5 这是不正确的.题中使用的 ΔE 值是根据弱场近似公式得出的.需要考虑此公式使用的范围.

5.6 $j\to j'$ 跃迁的上能级有 $2j+1$ 个磁子能级,即使它们没有分裂,也属于不同的量子态.通常,在原子被激发的时候,某一 j 能级的各个子能级上的粒子数密度相同.在这个条件下,它发射的谱线是各向同性的.

5.7 $^1P_1 \to {}^1S_0$ 线共有三个分量.题中左图和右图分别是逆磁场方向和垂直于磁场方向观察的结果.全部谱线总加起来是各向同性的、非偏振的.据此,(1) 两个不同方向看到的总强度相同,所以左图中 2 线的强度和应等于右图中 3 线的强度和.(2) 左右两图,谱线合起来都是非偏振的.因此,左图中 2 线强度应相同,右图中 3 线的强度比应为 1∶2∶1.由此得到图中所标的强度相对值.

5.9,5.10 从经典物理来看,Hg 原子中的感生偶极矩沿 z 轴作受迫振动,它发出的共振荧光也是线偏振的.从垂直于 z 的方向观察,偏振沿 z 方向,从量子物理角度看,253.7 nm 线是由 Hg 的 $^3P_1 \to {}^1S_0$ 跃迁产生的.上能级有三个子能级.$m=1,0,-1$.按图中的方式激发 Hg 原子,使它由基态跃迁到激发态,只能到 $^3P_1, m=0$ 子能级.从这个能级返回基态,发出的共振荧光,其偏振与上述情况相同.

5.16 核磁共振频率正比于磁场强度.共振时吸收的射频光子的能量越大,信号也越强.所以场强越高,探测越容易.

第 六 章

6.2 应用力学中外力做功的公式 $W=\int dW=\int F dx$,设外力 $F=F_0\cos\omega t$,振子的位移 $x=x_0\cos(\omega t+\varphi)$,试在不同条件下求 W 的平均值.

6.3 先考虑一种在谱线频率范围内产生色散的方法.例如做 Na 黄线的色散谱,用一个中空的三棱镜,内储 Na 的蒸气.则这个三棱镜的折射率,在 Na 黄线附近,呈反常色散型的变化.黄光通过此棱镜后,色散现象即被在空间展开.再用普通光谱方法,就可以得到类如图 6.3 所示的 589 nm 色散谱线.

6.4 重氢的原子是氘.重氢的能级与氢的基本相同.但是氘的自旋量子数是 1,而且核磁矩的数值很小,所以重氢原子基态的超精细结构,与氢的相比,差别很大,即使作成激射器,频率差别也会很大.

6.5 参看习题 6.6.

6.6 谱线的自然线宽仅仅适用于一般的自发发射和吸收过程.激光源于量子振荡,在发生量子振荡过程的谐振腔中,上能级的粒子数处于稳定状态,腔中所存储的光子数也处于稳定状态.这就相当于上能级的"寿命"无限长,腔中存储的光子的"寿命"也是无限长.所以,如果忽略很少量的掺在受激发射里面的自发发射,激光的线宽将是无穷窄的.从波动光学的角度看,如忽略自发发射,激光器输出的是理想的无限长正弦波列,它的线宽为零,相干时间和相干长度都是无限大.

以上是就连续激光而言.如果激光持续的时间很短,将会影响线宽.请看思考题 6.7.

6.10 请注意激光腔的长度与激光频率的关系.用谱线作监频器,监频结果通过改变腔长来调整激光频率.

6.11 由 $s=gt^2/2$,可知 $\Delta g/g$ 取决于 $\Delta s/s$ 和 $2\Delta t/t$.现在用稳频激光和干涉的

方法测 s，$\Delta s/s$ 精度可达 10^{-10}，用原子钟测时间，$\Delta t/t$ 精度可达 10^{-11}，所以测 g 值的精度高.

6.13 强光导致饱和，使下能级上具有某些特定速率的粒子数减少. 请看附录 J.

6.14 用一束频率为 ν' 的强光通过吸收室中的样品，一束弱的共振光从另一端射进样品，并使其频率扫过谱线. 由于此光不影响下能级粒子数，所以从弱光测出的线形，就如同思考题 6.13 中图示的那样. 装置见附图.

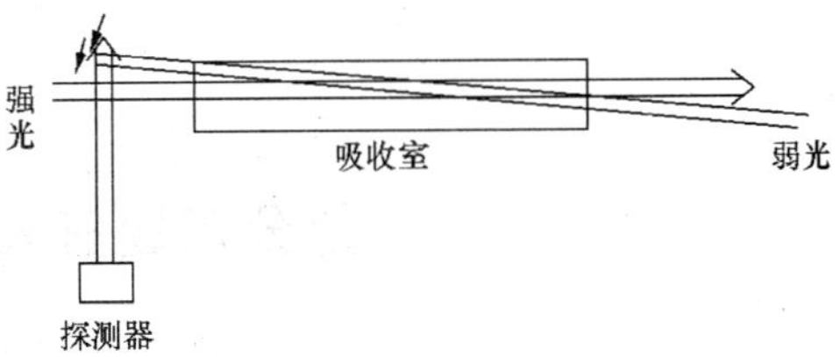

6.14 附图

第 七 章

7.2 在分子中原子核所带的电荷可以看成是一个点电荷. 但是电子却不能看成是点运动，而只能用概率密度分布来理解. “离子键”仅是一种近似的说法，决不能将它看成是具有点电荷的一对离子的结合. 对整个分子的形成，还是要从能态的势能曲线(如图 7.15)来认识.

7.5 以二原子分子为例，塞曼效应主要来自电子的轨道运动磁矩和自旋磁矩. 大多数分子基态为 $^1\Sigma$ 态，轨道角动量为零；两个价电子配对，自旋角动量为零. 所以这类分子没有类似原子那样大的塞曼效应. 但是分子作为整体的转动，也能产生微小的磁矩，大小约为核磁矩的量级. 这个磁矩引起能级非常小的塞曼分裂.

7.6 基态不稳定，分子由上能级跃迁到基态后，很快离解. 这就相当于激光跃迁的下能级上的粒子数很少，所以特别有利于产生激光. 这种激光器叫准分子激光器.

7.8 一个频道中的信息串入另一频道，如同电话中的串音那样.

7.9 原则上是可以的，不过真正做起来太复杂，所以另有更为实用的方案.

部分习题答案或解

第 一 章

1.1 谱线频率是 6.68 GHz，原则上可以用微波谱的方法来探测. 不过这个原子实在太大. 按玻尔理论，$n=100$ 的电子轨道直径约为 $100^2\times 2a_1$ 约 1×10^{-6} m(1 微米)! 整个原子的体积约为 1 立方微米. 按下一章所讲的量子力学理论，这个体积还要更大. 为了使这个大而空的原子的结构不被干扰，假定每 1000 立方微米中有一个原子. 这就成为极稀薄的气态实验样品，不容易做微波谱的实验.

1.2 可用 Ne^{9+}，Na^{10+} 等离子.

1.5 电子速率 $v=3.1\times10^6$ m/s.

1.6 电子的折合质量为 $m/2$，所以能级的能量为氢原子相应值的一半，谱线波长为氢相应值的 2 倍.

1.7 氢原子反冲速率 = 3.26 m/s. 频率修正值 $\Delta\nu=1.34\times10^7$ Hz，$\Delta\nu/\nu=5.4\times10^{-9}$.

1.10 平均每个原子每秒钟通过自发发射放出 10^8 个光子，$10^8/10^4=10^4$，只要能看见每秒一万个光子的眼力即可(这是一般人可以达到的). 但是，这个实验很难做. 因为用强的共振光照射着原子，要保证这光线在穿过存储静止原子的设备时没有一点散射到人的眼中来，却是很不容易的.

另外，在这里，还有一个有趣的问题，什么叫“看见”? 是真的看见原子了吗? 可能有不同的看法. 请你发表意见.

1.11 **解** 由 $pV=nRT$，已知 $p=1$ Pa，$T=300$ K，则

$$n = pV/RT = 4\times10^{-4}V \text{ mol}$$

故单位体积中原子数 $N=nN_A/V$，式中 N_A 是阿伏伽德罗常数

$$N = 4\times10^{-4}\times6.02\times10^{23} = 2.408\times10^{20}\ \text{m}^{-3}$$

所以

$$\alpha = N\sigma = 0.7224\ \text{m}^{-1}$$

经过 1 m 长的吸收室之后，光强减至原来的 51%.

第 二 章

2.1 $E=10$ eV 时，$\lambda=3.87\times10^{-10}$ m；原子的直径以 1×10^{-10} m 估计，外围电子轨道长度应等于整数个德布罗意波长. 上面的数值符合此要求，所以能量为 10 eV 的电子可以存在于原子系统中.

电子能量 $E=10$ MeV 时，$\lambda=124$ fm(应用了相对论来求动量). 原子核的直径，以氦核计，约为 10 fm. 重核的直径更大. 粒子如存在于核内，其德布罗意波长不能大于

此直径,所以电子不能存在于核内.

2.2 λ 约 200 nm(0.2 μm). 此数值从微观角度看,已是比较大的值,进入"介观"范围. 这里的物理含义,在 § 6.5 中将有所说明.

2.4 解 设光子在散射前和散射后的能量分别为 E 及 E',动量分别为 p 及 p'. 有

$$E = h\nu, \quad p = h\nu/c; \quad E' = h\nu', \quad p' = h\nu'/c$$

电子在散射前的能量和动量分别为 $E_e = mc^2$, $p_e = 0$;散射后,能量 E_e' 与动量 p_e' 之间满足

$$(E_e')^2 = (mc^2)^2 + (cp_e')^2$$

在散射前后,光子与电子系统的能量守恒,动量守恒,故有

$$h\nu + mc^2 = h\nu' + [(mc^2)^2 + (cp_e')^2]^{1/2} \tag{1}$$

$$\boldsymbol{p} - \boldsymbol{p}' = \boldsymbol{p}_e' \tag{2}$$

注意在(2)式中矢量 $\boldsymbol{p}$ 与 $\boldsymbol{p}'$ 之间的夹角为 θ. 解以上两式,得

$$\nu' = \nu/[1 + h\nu(1 - \cos\theta)/mc^2]$$

由此可得

$$\lambda' - \lambda = h(1 - \cos\theta)/mc$$

2.5 答案:

(1) $\psi(x) = A\sin\pi x/a$, $A = (2/a)^{1/2}$,粒子在 $x = a/2$ 处概率最大.

(2) $\psi(x) = Ax(a-x)$, $A = (30/a)^{1/2}/a^2$,粒子在 $x = a/2$ 处概率最大.

2.6 答案: $r = a_0$ 处径向概率密度最大. $\bar{r} = 3a/2$.

2.8 答案: $\Delta E = m\hbar AB$.

解 设原子原来处于 ψ_{nlm} 态. 由于轨道磁矩与外场的相互作用能远小于此态的本征能量,可采用微扰算法.

$$\Delta E = \int \psi_{nlm}^* \Delta\hat{H}\psi_{nlm}\,\mathrm{d}r$$

由于算符 l_z 仅与坐标 ϕ 有关,故计算很简单.

2.10 答案: 需要使用一个 $7\pi/6$ 脉冲.

2.11 答案: 需使用 $I > 6\times10^5\,\mathrm{W/m^2}$ 的脉冲激光.

第 三 章

3.5 答案: 2.553.

3.7 答案: $g_I = 5.58$, $\mu_I = 1.41\times10^{-26}\,\mathrm{J\cdot T^{-1}}$.

3.11 解 (1) 用吸收系数计算

由比尔定律, $-\mathrm{d}I = \alpha I\mathrm{d}z$,故

$$-\mathrm{d}I_\nu = \alpha I_\nu \mathrm{d}z$$

I 的定义是,在单位时间中,通过单位面积的光流能量 ρc. 所以,在 $\nu \sim \nu + \mathrm{d}\nu$ 区间内,吸收功率是

$$\alpha I_\nu \mathrm{d}z\mathrm{d}\nu \times S = \alpha\rho_\nu c\,\mathrm{d}z\mathrm{d}\nu \quad (S=1)$$

因为入射光是宽谱的，在谱线范围内，ρ_ν 可以认为是常数. 所以全谱线的吸收功率是

$$P = \rho_\nu c\,\mathrm{d}z\int \alpha \mathrm{d}\nu \tag{1}$$

(2) 用 B 系数计算

由 B 系数定义可知，在单位时间内，在全谱线范围内，跃迁的粒子数是

$$N\mathrm{d}zS\rho_\nu B = N\mathrm{d}z\rho_\nu B$$

吸收功率是

$$P = h\nu N\mathrm{d}z\rho_\nu B = hN\mathrm{d}z\rho_\nu Bc/\lambda \tag{2}$$

(1)与(2)相等，所以 $\int \alpha \mathrm{d}\nu = NhB/\lambda$.

3.12　解　由上题，$\int \alpha \mathrm{d}\nu = NhB/\lambda$

今线形为一矩形，在线形内吸收系数为一常数，故 $\int \alpha \mathrm{d}\nu = \alpha\Delta\nu$，式中 $\Delta\nu$ 为矩形宽度. 又 B 与 A 两系数有确定关系，于是

$$\alpha = NA\lambda^2/8\pi\Delta\nu$$

计算得到 $\alpha = 1.66\times10^3\,\mathrm{m}^{-1}$，由此求出光强衰减到 $1/\mathrm{e}$ 的长度.

说明：本题用一个矩形谱线代替多普勒线形，是一种较快的估算方法. 看似粗糙，其实，用宽度相同的多普勒线形来计算，得到的吸收系数峰值，不致与这里的估算值相差太大.

3.13　解　由图 3.11 可知，在一般放电激发情况下，$^2\mathrm{P}$ 能级 6 个子能级（各个 j 能级）上的粒子数密度相等，因此 λ_1 与 λ_2 线强度之比为 1 : 2. 在题设条件下，$^2\mathrm{P}_{3/2}$ 上粒子数密度减少了. 可以由玻尔兹曼分布公式求出温度.

答案：2375 K.

第　四　章

4.6　答案：$I=7/2$.

4.8　电子在两平板间受力为 $F=eV/d$，它在平板间飞行的距离 l 是入射角 θ 的函数.

由 $\frac{\partial l}{\partial \theta}=0$ 的条件，可知 $\theta=45°$ 时，有一定的聚焦能力.

4.9　解　40.8 eV 高于 He 的电离能，所以它必定来自氦离子. 由式(1.2.14)，He^+ 能级的能量为 $E_n=-4\times13.6/n^2$ eV，不难看出，此线来自 $n=2\rightarrow n=1$.

第　五　章

5.4　解　在不考虑自旋轨道相互作用时，$\boldsymbol{l}$ 和 $\boldsymbol{s}$ 分别独立地绕 B 进动，m_l 和 m_s 是好量子数. 考虑自旋轨道相互作用时，将其作用看做一个小的修正，认为 m_l 和 m_s

两个量子数不变.于是有

$$\boldsymbol{l}\cdot\boldsymbol{s}=l_xs_x+l_ys_y+l_zs_z=l_zs_z$$

由于 l_x,s_x,l_y,s_y 等量随时间而变化,上式需取平均值,

$$\overline{\boldsymbol{l}\cdot\boldsymbol{s}}=l_zs_z$$

所以 ΔE 的修正值 $\Delta E'$

$$\Delta E'=A\boldsymbol{l}\cdot\boldsymbol{s}=Am_lm_s\hbar^2=am_lm_s\quad(a\ll\mu_BB)$$

5.5 答案:

$$g_F=g_J[F(F+1)+J(J+1)+I(I+1)]/2F(F+1)$$

5.6 答案:估计 B 应小于 1×10^3 Gs.

5.8 **证明** 在未加磁场前,

$$e^2/4\pi\varepsilon_0r^2=m\omega_0^2r\tag{1}$$

加上磁场后,由于洛伦兹力

$$|e\boldsymbol{v}\times\boldsymbol{B}|=e(\omega_0+\Delta\omega)rB$$

故

$$e^2/4\pi\varepsilon_0r^2+e(\omega_0+\Delta\omega)rB=m(\omega_0+\Delta\omega)^2rB\tag{2}$$

由(1),(2)两式,得

$$e(\omega_0+\Delta\omega)rB=2m\omega_0\Delta\omega_r+O(\Delta\omega)^2$$

忽略最后一项,得到拉莫尔频率

$$\Delta\omega=eB/2m$$

5.9 地球表面磁场强度约为 0.5 Gs.

5.10 **解** 设图中各能级从上、左边开始依次记为能级 1,2,3 和 4.依题意得粒子数方程:

$$\mathrm{d}N_1=N_2\rho_\nu B\mathrm{d}t-3N_1A\mathrm{d}t$$
$$\mathrm{d}N_2=N_1A\mathrm{d}t-N_2\rho_\nu B\mathrm{d}t$$
$$\mathrm{d}N_3=N_1A\mathrm{d}t$$
$$\mathrm{d}N_4=N_1A\mathrm{d}t$$

如严格求解.需解上述联立微分方程.近似地分析一下,因为 $A=10^4\rho_\nu B$,粒子从能级 2 被激发到上能级 1 后,机会均等地回到下面三个能级上,时间可以忽略.这样,N_2 随时间的变化,近似地可以写作

$$\mathrm{d}N_2=-(2/3)\rho_\nu B\mathrm{d}t$$

所以

$$N_2=N_{20}\exp[-(3/2)\rho_\nu Bt]$$

答案:在 $t=(3/2)\rho_\nu B=1.5\times10^{-4}$ s 时,N_2 上的粒子数减到原来的 1/e.(准到 10^{-4} 量级)

第 六 章

6.1 查电学书(例如,赵凯华、陈熙谋:《电磁学》)中有关各物理量的量纲,即可推导.宜用 SI 单位制.(注:对一个生疏的物理量,了解它的量纲,常有助于对它的

理解.)

6.3 答案：$\chi''_{max}=2\times10^{-4}$，所以$|\Delta n|_{max}=2\times10^{-4}$，$\alpha_{max}=2\times10^{3}\,m^{-1}$.

6.4 **解** 渡越增宽约

$$\Delta\omega\sim 1/t=v/d$$

多普勒线宽

$$\Delta\omega_D=2\omega_0 v\sin\alpha/c\approx 2\omega_0 v\alpha/c$$

$$2\omega_0 v\alpha/c<v/d$$

所以 $\alpha<c/2d\omega_0$

6.5 **解** 由于原子与光作用时间短，原子只感受到一个短的余弦波列. 变换到频域，看到谱线有一定宽度. 设此余弦波列为

$$E(t)=E_0\exp(i\omega_0 t),\quad 0\leqslant t\leqslant T$$

变换到频域，

$$E(\omega)=(1/2\pi)\int E(t)\exp(-i\omega t)\mathrm{d}t$$

$$=\frac{\varepsilon_0}{2\pi}\int_0^T e^{i(\omega_0-\omega)\tau}\mathrm{d}t=\frac{E_0}{2\pi}\cdot\frac{e^{i(\omega_0-\omega)t}-1}{i(\omega_0-\omega)}$$

光强 $I(\omega)\propto|E(\omega)|^2=A|E(\omega)|^2$，$A$ 为比例系数. 因此

$$I(\omega_0)=\frac{AE_0^2}{4\pi^2}\cdot\frac{2-2\cos(\omega_0-\omega)T}{(\omega_0-\omega)^2}=\frac{AE_0^2}{\pi^2}\cdot\frac{\sin^2(\omega_0-\omega)T/2}{(\omega_0-\omega)^2}$$

首先求出线形中心处($\omega=\omega_0$)的光强 $I(\omega_0)$. 这需要在上式右边应用

$$\lim_{x\to 0}\frac{\sin x}{x}\to 1$$

由此得到 $I(\omega_0)=AE_0^2T^2/4\pi^2$. 其次定出光强为 $I(\omega_0)/2$ 处的频率值 ω'. 由

$$\frac{AE_0^2}{\pi^2}\cdot\frac{\sin^2(\omega_0-\omega')T/2}{(\omega_0-\omega')^2}=\frac{AE_0^2T^2}{8\pi^2},$$

解得

$$\omega_0-\omega'=\pm 2.78/T$$

所以半高全宽 $\delta\omega=5.56/T$.

6.6 **解** $S(\omega_0-\omega')=\int Ae^{-a^2(\omega-\omega_0)^2}\cdot Be^{-b^2(\omega_0-\omega'_0)^2}\mathrm{d}\omega$

经过计算

$$S(\omega_0-\omega_0')=AB\sqrt{\frac{\pi}{a^2+b^2}}e^{-\frac{a^2b^2}{a^2+b^2}(\omega_0-\omega'_0)^2}$$

这也是一多普勒线形，它的线宽是

$$\delta\omega=\sqrt{\frac{a^2+b^2}{ab}}2\sqrt{\ln 2}$$

对比于 $\delta\omega_1=2\sqrt{\ln 2}/a$，和 $\delta\omega_2=2\sqrt{\ln 2}/b$，可知

$$\delta\omega_1,\delta\omega_2<\delta\omega<\delta\omega_1+\delta\omega_2$$

6.7 答案：11 个.

6.8 解 $\delta\omega \approx 3\times10^6$ Hz，

$$P_c/P_{pc} = \delta\omega/\delta\omega_e = 3\times10^6/2\pi\times10^{-3} \approx 5\times10^8$$

6.9 解 设由能级2到能级1的自发发射速率为A_2. 由能级1到能级0的自发发射速率为A_1，当$A_1 > A_2$时，将会发生$N_2 > N_1$.

第 七 章

7.1 解 振动基频$v=0$，振动频率$=\omega_e/2+\omega_e x_e/4=2230.3\ \text{cm}^{-1}$，转动谱基频$\sigma=2B=118.6\ \text{cm}^{-1}$.

7.2 解 (1) 氢离分子中电子绕两个核的运动，以氢原子中电子绕核运动来比拟. 氢原子的基态能，以波数来衡量，是R_H，量级约$10^7\ \text{m}^{-1}$.

(2) 氢分子的振动，以其基态能来度量，由上题，$\omega_e/2$约$2\times10^5\ \text{m}^{-1}$.

(3) 氢分子的转动，也以其基态能来度量，$2B$约$1\times10^4\ \text{m}^{-1}$.

从以上三个数值看，依次相差约两个量级. 当分子变重的时候，后两个数值减小得更快. 所以玻恩-奥本海默近似是可行的.

7.3 解 由$\Delta\sigma=2B$，可以求出转动惯量$I=3.3\times10^{-47}\ \text{kg}\cdot\text{m}^2$，由$I$求出核间距离$r=0.142$ nm.

7.4 解 因为是近红外光谱带，所以是振转谱. 这五条线的波数是从大到小排列的. 看相邻两线之间的间距，可见第二、三线间距约为其他间距的两倍. 所以基线波数是

$$(2906.25+2865.09)/2 = 2885.67\ \text{cm}^{-1}$$

参看书上图7.13. 从第一线到第五线的间距等$10\times2B$. 由此得到

$$I = 2.68\times10^{-47}\ \text{kg}\cdot\text{m}^2$$

7.5 答案：1.00076.

7.6 答案：600.42 nm.